FLORA

GRÆCA

Sibthorpiana.

CENTURIA QUARTA.

1823.

BYZANTIUM.

FLORA GRÆCA:

SIVE

PLANTARUM RARIORUM HISTORIA,

QUAS

IN PROVINCIIS AUT INSULIS GRÆCIÆ

LEGIT, INVESTIGAVIT, ET DEPINGI CURAVIT,

JOHANNES SIBTHORP, M.D.

S. S. REG. ET LINN. LOND. SOCIUS,

BOT. PROF. REGIUS IN ACADEMIA OXONIENSI.

HIC ILLIC ETIAM INSERTÆ SUNT

PAUCULÆ SPECIES QUAS VIR IDEM CLARISSIMUS, GRÆCIAM VERSUS NAVIGANS, IN
ITINERE, PRÆSERTIM APUD ITALIAM ET SICILIAM, INVENERIT.

CHARACTERES OMNIUM,

DESCRIPTIONES ET SYNONYMA,

ELABORAVIT

JACOBUS EDVARDUS SMITH, EQU. AUR. M. D.

S. S. IMP. NAT. CUR. REG. LOND. HOLM. UPSAL. PARIS. TAURIN. OLYSSIP. PHILADELPH. NOVEBOR.
PHYSIOGR. LUND. BEROLIN. PARIS. MOSCOV. GOTTING. ALIARUMQUE SOCIUS;

SOC. LINN. LOND. PRÆSES.

VOL. IV.

LONDINI:

TYPIS RICHARDI TAYLOR.

VENEUNT APUD PAYNE ET FOSS, IN VICO PALL-MALL.

MDCCCXXIII.

Statice sinuata.

PENTANDRIA PENTAGYNIA.

TABULA 301.

STATICE SINUATA.

Statice caulibus herbaceis alatis, foliis radicalibus sinuatis; caulinis subulatis decurrentibus ternis, calyce indiviso.

S. sinuata. *Linn. Sp. Pl.* 396. *Willden. Sp. Pl. v.* 1. 1531. *Sm. apud Rees. Cyclop. v.* 34. *Ait. Hort. Kew. ed.* 2. *v.* 2. *Curt. Mag. t.* 71.

Limonium peregrinum, foliis asplenii. *Bauh. Pin.* 192. *Tourn. Inst.* 342.

L. elegans. *Rauw. It.* 313. *t.* 314. *Dalech. Hist. append.* 35.

L. Rauwolfianum. *Clus. Cur. Post.* 33. *Park. Parad.* 250. *t.* 251. *f.* 6.

L. syriacum. *Besl. Eyst. œstiv. ord.* 7. *t.* 8. *f.* 1.

L. quibusdam rarum. *Bauh. Hist. v.* 3. *append.* 861. *f.* 862.

L. folio sinuato. *Ger. Em.* 412.

Cichoria globulare. *Imperat. Hist. Nat.* 660.

Τριπολιον *Diosc. lib.* 4. *cap.* 135. *Sibth.*

Πρώφασις, ἢ Πϱοβάϰι, *hodiè.*

In littoribus maritimis inundatis insularum Græcarum frequens. Prope Piræeum copiosè. ♃.

Radix fusiformis, gracilis, fusca, perennis. *Caules* plures, spithamæi, quaquaversùm patentes, vel decumbentes, herbacei, alato-triquetri, foliolosi, hirti; supernè ramosi, corymbosi, multiflori. *Folia* hirta, lætè viridia; *radicalia* numerosa, cæspitosa, lyrato-sinuata, obtusa, mucronulata, repanda, ferè palmaria; *caulina* uncialia, terna, subulata, triquetra, indivisa; *floralia* diminuta. *Flores* spicati, fastigiati, erecti, pulcherrimi. *Pedunculi* alato-cuneiformes. *Bracteæ* mucronatæ, hirtæ; *exteriores* ovato-lanceolatæ; *interiores*, perianthium amplectentes, geminæ, inæquales, carinatæ, tricuspidatæ. *Perianthii tubus* cylindraceus, gracilis, glaber; *limbus* cyathiformis, plicatilis, scariosus, nervosus, lætè purpureus, indivisus, crenulatus. *Petala* sulphurea, limbo obcordato. *Semen* parvum, triquetrum, nigrum.

Acetaria e foliis conficiunt Græci hodierni. Flores colorem mutare videntur, ex corollâ albidâ, evanidâ, calyceque purpureo, persistente. Hinc forsitàn eam ad Τριπολιον Dioscoridis, nec malè, Clarissimo Sibthorp visum est referre.

a. Bractea exterior.	*b.* Bracteæ interiores.
c. Calyx.	*d.* Petala cum staminibus.
e. Germen cum stylis.	*f.* Semen. Omnia proportione naturali.

VOL. IV.　　　　　　　　　B

LINUM.

Linn. Gen. Pl. 153.   *Juss.* 303.   *Gærtn. t.* 112.

Calyx pentaphyllus.   *Petala* quinque.   *Capsula* supera, decemvalvis, decemlocularis: *Semina* solitaria.

TABULA 302.

LINUM HIRSUTUM.

Linum foliis alternis obtusiusculis trinervibus pilosis, floribus subsessilibus, calycibus lineari-lanceolatis elongatis.

L. hirsutum.   *Linn. Sp. Pl.* 398.   *Willden. Sp. Pl. v.* 1. 1534.   *Ait. Hort. Kew. ed.* 2. *v.* 2. 185.   *Scop. Carn. ed.* 2. *v.* 1. 228. *t.* 11.   *Jacq. Austr. v.* 1. 21. *t.* 31.

L. sylvestre latifolium hirsutum cæruleum.   *Bauh. Pin.* 214.   *Tourn. Inst.* 339.   *Moris. v.* 2. 573. *sect.* 5. *t.* 26. *f.* 5.

L. orientale sylvestre latifolium hirsutum, flore suaverubente vel roseo.   *Tourn. Cor.* 24.

L. sylvestre latifolium.   *Clus. Hist. v.* 1. 317.   *Lob. Ic.* 414.   *Ger. Em.* 559.

In herbidis montis Olympi Bithyni, tum in insulæ Cypri campestribus, et agro Eliensi. ♃.

Radix teres, flexuosa, sublignosa, perennis.   *Caules* plures, herbacei, erecti, pedales aut sesquipedales, teretes, foliosi, hirti, pilis mollibus, patentibus; apice corymbosi, multiflori.   *Folia* numerosa, sparsa, sessilia, lanceolata, vel obovato-lanceolata, obtusiuscula, obsoletè trinervia, integerrima, utrinque laxè pilosa; summa interdùm margine glandulosa.   *Stipulæ* nullæ.   *Spicæ* terminales, dichotomæ, aggregato-corymbosæ, erectæ, multifloræ, bracteatæ.   *Bracteæ* alternæ, lineari-lanceolatæ, acutæ, pilosæ, glanduloso-ciliatæ.   *Flores* vel omninò sessiles, vel brevissimè pedicellati, majusculi, formosi, rosei, aut cærulei; quandoque, monente Bauhino, albi, purpureo-venosi.   *Calycis foliola* basi oblonga, pallida, pilosa, trinervia, nervis approximatis, crassis; supernè linearia, acuta, uninervia, glanduloso-ciliata.   *Petala* obovato-cuneata, rotundata, mutica, indivisa, venosa; ungue lineari, pallido, calyce vix longiori.   *Stamina* longitudine unguium, alba, basi dilatata; *antheris* incumbentibus, peltatis.   *Germen* superum, pyramidatum, sulcatum, pilosum, receptaculo crasso, carnoso insidens; apice attenuatum, mucronatum.   *Styli* filiformes, ultra medietatem conniventes, stamina paulùm superantes.   *Stigmata* simplicia.   *Capsula* subrotunda, mucronata, decemsulcata, apice tantùm densè pilosa.

Stylos quatuor, nec quinque, notavit Scopolius.

Linum hirsutum.

Linum gallicum.

Linum strictum.

Linum viscosum, huic valdè affine, discrepat foliis quinquenervibus, omnibus plerumque
densè glanduloso-ciliatis; floribus pedicellatis; calyce minùs elongato; stylis vix
conniventibus.

a, A. Calyx cum staminibus et stylis, magnitudine naturali et auctâ.
b. Petalum.

TABULA 303.

LINUM GALLICUM.

Linum foliis lineari-lanceolatis alternis lævibus, calycibus carinatis uninervibus, caule
paniculato patente.

L. gallicum. *Linn. Sp. Pl.* 401. *Willden. Sp. Pl. v.* 1. 1537. *Ait. Hort. Kew. ed.* 2.
v. 2. 186.

L. n. 9. *Gerard. Galloprov.* 421. *t.* 16. *f.* 1.

L. sylvestre minus luteum annuum, folio latiore; ut et folio angustiore. *Moris. v.* 2.
574. *sect.* 5. *t.* 26. *f.* 12. *et* 13. *Tourn. Inst.* 340.

L. sylvestre minus, flore luteo. *Bauh. Pin.* 214.

Λινον *Lacon.* .

In Laconiâ, et in Archipelagi insulis. ☉.

Radix gracilis, fibrillosa, annua. *Caulis* erectus, spithamæus, subindè pedalis, foliosus,
angulato-teres, glaberrimus; basi ramosus; supernè paniculatus, modicè patens,
multiflorus, ramulis subracemosis. *Folia* sparsa, sessilia, lineari-lanceolata, acuta,
integerrima, utrinque margineque lævia; inferiora abbreviata, obtusiuscula, subpetiolata. *Flores* pedicellati, alterni, bracteati, parvi, lutei. *Bracteæ* sæpiùs alternæ, subulatæ, ferè setaceæ. *Calycis foliola* ovata, acuminata, lævia, nuda, vel
rariùs margine glandulosa; basi utrinque membranacea, nervo centrali valido.
Petala cuneiformia, trinervia, obtusa cum mucronulo. *Capsula* parva, glabra.
Semina obliquè ovata, ferruginea, nitida.

a. Flos, demptis petalis.
c. Capsula.
b, B. Petalum seorslm, magnitudine naturali et multùm auctâ.
d, D. Semen.

TABULA 304.

LINUM STRICTUM.

Linum foliis lanceolatis alternis flores superantibus: margine scabris, calycibus lanceolatis glandulosis, caule stricto.

L. strictum. *Linn. Sp. Pl.* 400. *Willden. Sp. Pl. v.* 1. 1539. *Ait. Hort. Kew. ed.* 2.
v. 2. 187.

L. foliis asperis umbellatum luteum. *Magnol. Monsp.* 164. *Tourn. Inst.* 340.

Lithospermum linariæ folio monspeliacum. *Bauh. Pin.* 259. *Magnol. Monsp.* 164.

Passerina linariæ folio. *Lob. Ic.* 411, malè. *Ger. Em.* 554. *Dalech. Hist.* 1152.

P. Lobelii. *Bauh. Hist. v. 3. p. 2.* 455, longè meliùs.

In insulis Archipelagi frequens. ☉.

A præcedente differt staturâ minori; *foliis* approximatis, mucronulatis, subtùs margineque scabris; *floribus* minoribus, solitariis vel aggregatis, axillaribus, folio superatis;
denique *bracteis calycibusque* lanceolatis, elongatis, margine, rariùs nervo, scabris.
Flores subindè terminales, aggregato-corymbosi.

     a, A. Flos absque petalis.   *b*. Petalum.   *c*. Capsula.

TABULA 305.

LINUM ARBOREUM.

Lɪɴᴜᴍ foliis obovatis recurvato-patentibus, caule arborescente: apice paniculato multifloro.

L. arboreum. *Linn. Sp. Pl.* 400. *Willden. Sp. Pl. v.* 1. 1540. *Ait. Hort. Kew. ed.* 2.
     v. 2. 188. *Curt. Mag. t.* 234. *Alpin. Exot.* 19. *t.* 18.

L. sylvestre creticum arboreum luteum. *Moris. v.* 2. 573. *Tourn. Inst.* 340.

In montibus Sphacioticis elatioribus Cretæ. ♄.

Frutex, vel *arbuscula* erecta, tripedalis, determinatè ramosa, glabra; *ramis* erectis, teretibus, densè foliosis; apice paniculatis, multifloris. *Folia* petiolata, alterna, approximata, patentia, plùs minùs deflexa, vel recurva, obovata, obtusiuscula, integerrima, lævia, glaucescentia, subcarnosa, trinervia; basi angustata in *petiolum*
brevem, canaliculatum. *Stipulæ* nullæ. *Paniculæ* densæ, foliosæ, *ramulis* bis vel
ter plerumque dichotomis. *Bracteæ* oppositæ, ovatæ, acutæ, sessiles, ad omnem
dichotomiam, calyce semper breviores. *Flores* pedicellati, magni, speciosi, aurei.
Calycis foliola ovata, acuminata, uninervia, nuda, glaberrima. *Petala* obovata,
obtusa, venosa, calyce duplò lòngiora. *Stamina* corollæ ungues vix superantia,
erecta; basi dilatata. *Antheræ* oblongæ, erectæ, flavæ. *Germen* ovatum, album,
glabrum. *Styli* discreti, patentiusculi, staminibus duplò circitèr breviores. *Stigmata* oblonga, pubescentia, alba, ex icone subpeltata, quod in flore exsiccato haud
apparuit, ubi duo tantùm, vel tria, interdùm inveni. *Fructus* nobis desideratur.

     a. Flos absque petalis.   B. *Stamina,* cum stylis, duplò aucta.
     C. Styli cum germine.

Linum arboreum.

Linum cœspitosum.

Linum nodiflorum?

TABULA 306.

LINUM CÆSPITOSUM.

Linum foliis obovatis acutis glaucis, caulibus fruticulosis cæspitosis.

L. creticum fruticosum, foliis globulariæ, flore luteo.　*Tourn. Cor.* 24.

In Cretæ montibus elatioribus.　♄ .

Radix multiceps, densè cæspitosa, lignosa, crassa, durissima, altè descendens, perennis et longæva. *Caules* cæspitosi, fruticulosi, glabri, foliosi, brevissimi; floriferi vix digitales, supernè cymosi, at sæpiùs pauciflori. *Folia* præcedente minora et acutiora, glauca, glaberrima; in caulibus nondùm floriferis rosulas densas formantia; in floridis minora, sparsa; superiora minima, bracteiformia, alterna. *Flores* magni, aurei, subcymosi, pedicellati, vix ultra quinque, subindè solitarii vel bini. *Calycis foliola* ovato-lanceolata, acuta, glabra, obsoletè trinervia. *Petala* calyce triplò ferè longiora, obovata, obtusa, venosa, ungue brevi. *Stamina* petalis duplò breviora, erecta. *Styli* quinque, staminibus longiores, distincti, *stigmatibus* obtusiusculis. *Capsula* subglobosa, acuminata, fusca, decemlocularis, decemvalvis. *Semina* ovata, nitida.

a. Flos absque corollâ.　　b. Petalum.
c. Capsula matura.　　　　d. Semen.

TABULA 307.

LINUM NODIFLORUM.

Linum foliis floralibus oppositis lanceolatis, floribus alternis sessilibus, calycibus longitudine foliorum.

L. nodiflorum.　*Linn. Sp. Pl.* 401.　*Willden. Sp. Pl. v.* 1. 1541.　*Ait. Hort. Kew. ed.* 2. *v.* 2. 188.

L. luteum ad singula genicula floridum.　*Bauh. Pin.* 214.　*Moris. v.* 2. 574. *sect.* 5. *t.* 26. *f.* 11.

L. luteum sylvestre latifolium.　*Column. Ecphr. v.* 2. 79. *t.* 80.

In Cypro et Zacyntho insulis.　☉ .

Radix teres, gracilis, fibrosa, flexuosa, annua; supernè violacea. *Herba* saturatè virens, spithamæa, vix pedalis. *Caulis* foliosus, angulato-teres, angulis scabriusculis, sive cartilagineo-denticulatis, e basi ramosus; ramis strictis, divaricatis, semel dichotomis, rariùs indivisis. *Folia* alterna, sessilia, lanceolata, acuta, uninervia, utrinque glabra; margine denticulato-scabra: infima abbreviata, obtusa, obovata, vel spathulata, mar-

VOL. IV.　　　　　　c

gine læviora; floralia bracteiformia, sub singulo flore opposita, calyci æqualia, margine carinâque asperrima. *Flores* omninò ferè sessiles, inter folia floralia, solitarii, erecti, flavi. *Calycis foliola* foliis superioribus simillima, paulò minora; basi, margine membranaceo, dilatata. *Petala* obovata, calyce duplò longiora, venosa, integerrima, mutica. *Stamina* unguibus vix longiora; basi connata, diu persistentia, stylos vaginantia. *Antheræ* oblongæ, luteæ. *Germen* subrotundum, glabrum. *Styli* staminibus breviores, distincti, persistentes, filamentis vaginati. *Stigmata* obtusa. *Capsula* subglobosa, acuminata, sulcata, dura, decemlocularis. *Semina* obliquè ovata.

a. Calyx.
c. Stamina et Pistilla.
e. Capsula stylis coronata, magnitudine naturali.

b. Petalum.
D. Germen cum stylis auctum.
f. Semen.

Narcissus Tazzetta.

HEXANDRIA MONOGYNIA.

NARCISSUS.

Linn. Gen. Pl. 161.   *Juss.* 55.

Petala sex, æqualia, *nectario* infundibuliformi, monophyllo, supero, inserta.   *Stamina* intra nectarium.   *Stigma* trifidum.

TABULA 308.

NARCISSUS TAZZETTA.

Narcissus spathâ multiflorâ, nectario campanulato plicato truncato petalis ellipticis triplò breviore, foliis planiusculis.

N. Tazzetta.   *Linn. Sp. Pl.* 416.   *Willden. Sp. Pl. v.* 2. 39.   *Ait. Hort. Kew. ed.* 2. *v.* 2. 217.   *Redout. Liliac. t.* 17.   *Curt. Mag. t.* 925.

N. medio luteus, copioso flore, odore gravi.   *Bauh. Pin.* 50.   *Tourn. Inst.* 354.   *Rudb. Elys. v.* 2. 57. *t.* 11.

N. primus.   *Matth. Valgr. v.* 2. 578.

N. latifolius simplex primus.   *Clus. Hist. v.* 1. 154.

N. medio luteus alter.   *Dod. Pempt.* 224.   *Dalech. Hist.* 1518.

N. medio luteus, Donas narbonensium.   *Lob. Ic.* 114.

N. medio luteus, polyanthos.   *Ger. Em.* 124.

N. pisanus.   *Ibid.* 125.   *Lob. Ic.* 115.

Ναρκισσος ενδον κροκωδες.   *Diosc. lib.* 4. *cap.* 161.

In montibus Græciæ, cum *Narcisso poetico. Wheler.* In agro Eliensi. *Sibth.* ♃

Radix bulbus ovato-subrotundus, nigro-fuscus; intùs lamellosus, candidus; basi fibras copiosas, longas, simplices, albas demittens. *Caulis* nullus. *Folia* pauca, radicalia, disticha, erectiuscula, sesquipedalia, linearia, obtusa, integerrima, obsoletè nervoso-striata, glaucescentia; suprà planiuscula; subtùs obtusè carinata; basi arctè vaginata, vaginâ palmari, duplici, membranaceâ, retusâ, albidâ. *Scapus* solitarius, simplex, tereti-compressus, anceps, cavus, nudus, foliis altior. *Umbella* terminalis, quadriflora, in cultis sæpè multiflora. *Spatha* umbellam basi amplectens, oblonga, membranacea, nervosa, fusca. *Pedicelli* simplices, teretiusculi, glabri, uniflori, spathâ longiores. *Flores* subnutantes, formosi, sesquiunciam lati, gravè, nec ingratè, olentes. *Perianthium* nullum. *Petala* uniformia, elliptica, mucronata, lactea, patentia, longitudine circitèr tubi, cujus apici inseruntur, sub *nectarii* limbo campanulato, croceo, subplicato, retuso, indiviso, ipsis petalis triplò breviori. *Stamina* sex, duplici serie tubo inserta, filiformia, quorum tria, paulò longiora, e fauce, cum *antheris* oblongis, acutis, incumbentibus, croceis, obliquè prominent. *Germen* elliptico-triquetrum, inferum, subglaucum, glabrum. *Stylus* triqueter, longitudine tubi. *Stigma* parvum, trifidum.

　　　a. Nectarium, hinc scissum, cum staminibus in situ naturali.
　　　b. Germen cum stylo.

PANCRATIUM.

Linn. Gen. Pl. 161.　*Juss.* 55.

Petala sex, *nectario* infundibuliformi, monophyllo, supero, duodecimfido inserta. *Stamina* nectario, inter lacinias, imposita.

TABULA 309.

PANCRATIUM MARITIMUM.

Pancratium spathâ multiflorâ, foliis lineari-lanceolatis glaucis, nectarii dentibus duodecim longitudine dimidii filamentorum.

P. maritimum.　*Linn. Sp. Pl.* 418.　*Willden. Sp. Pl. v.* 2. 42.　*Ait. Hort. Kew. ed.* 2. *v.* 2. 219.　*Salisb. Tr. of Linn. Soc. v.* 2. 70. *t.* 9.　*Cavan. Ic. v.* 1. 41. *t.* 56. *Desfont. Atlant. v.* 1. 283.　*Redout. Liliac. t.* 8.

P. marinum.　*Lob. Ic. v.* 1. 152.　*Ger. Em.* 172.

P. verecundum.　*Ait. Hort. Kew. ed.* 1. *v.* 1. 412.

P. carolinianum.　*Linn. Sp. Pl. ed.* 1. 291. *ed.* 2. 418.

P. floribus rubris.　*Ger. Em.* 173.

Pancratium.　*Dalech. Hist.* 1579.

Narcissus maritimus.　*Bauh. Pin.* 54.　*Tourn. Inst.* 357.

N. marinus.　*Dod. Pempt.* 229.

N. major, sive Pancratium floribus rubris.　*Sweert. Floril. t.* 30. *f.* 5.

N. Pancratium marinum, vel Hemerocallis valentina Clusii. . *Ibid. f.* 6.

Hemerocallis valentina.　*Clus. Hist. v.* 1. 167.

Παγκρατιον.　*Diosc. lib.* 2. *cap.* 203.

'Αγρια σκίλλα *hodiè.*

In maritimis arenosis Græciæ frequens ; etiam ad Zacynthi et Cypri littora.　♃.

Pancratium maritimum

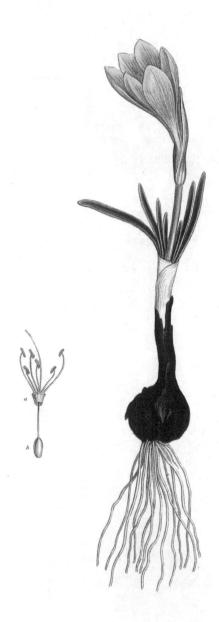

Amaryllis lutea.

Radix bulbus ovatus, fuscus, magnitudine Gallo-pavonis ovi ; basi fibrosus. *Herba* glauca, lævis, succosa, pedalis, vel altior. *Caulis* nullus. *Folia* quatuor vel quinque, rariùs plura, radicalia, disticha, erecto-recurva, pedalia aut sesquipedalia, lineari-lanceolata, concaviuscula, ecarinata, multinervia, obtusiuscula, integerrima ; basi paululùm dilatata, marginsque attenuata, squamis pluribus, longè brevioribus, membranaceis, vaginantibus, cincta. *Scapus* lateralis, solitarius, foliis plerumque brevior, erectus, simplex, compresso-teres, nudus. *Umbella* terminalis, sexflora, pedicellis brevissimis. *Spatha* bivalvis, membranacea, acuta, nervosa, fuscescens, persistens, floribus duplò brevior. *Flores* erecto-patuli, magni, gratè odori, albi, interdùm, ut fertur, rubicundi. *Perianthium* nullum. *Petala* sex, sesquiunciualia, æqualia, uniformia, lanceolato-oblonga, recurva, nivea, nectario tubuloso extùs inserta, decurrentia, marcescentia, demùm erecto-conniventia. *Nectarium* gracile, infundibuliforme ; *tubo* biunciali, dilutè virescente, supernè sensìm dilatato, angulato ; *limbo* cyathiformi, petalis longè breviori, niveo, membranaceo, margine duodecim-partito, laciniis erectis, ovato-lanceolatis, acutis, per paria combinatis, æqualibus, persistentibus. *Stamina* sex ; *filamentis* albis, erectis, simplici serie inter laciniarum paria insertis, iisque duplò circitèr longioribus, nectarii limbum basi percurrentibus ; *antheris* versatilibus, oblongis, flavis. *Germen* inferum, elliptico-triquetrum, glaucum, glabrum. *Stylus* filiformis, erectus, stamina paulò superans. *Stigma* obtusum. *Capsula* elliptico-subrotunda, vix uncialis, seminibus pluribus, angulatis.

In hortis rarissimè floret, et dudùm cum *Pancratio illyrico*, longè vulgatiori, a cultoribus nostris confusum fuit. Statura variat. Hujus generis species primus omnium dilucidè exposuit Clarissimus R. A. Salisbury, apud Societatis Linnæanæ Acta, tom. 2.

    a. Nectarium, longitudinalitèr sectum, cum petalis et staminibus.
    b. Pistillum.

AMARYLLIS.

Linn. Gen. Pl. 162. *Juss.* 55.

Lilio-narcissus. *Tourn. t.* 207. *f.* B, D.

Corolla tubulosa ; limbo sexpartito, irregulari. *Nectarium* nullum. *Stamina* fauce tubi inserta, declinata, inæqualia.

TABULA 310.

AMARYLLIS LUTEA.

AMARYLLIS spathâ indivisâ obtusâ, corollâ campanulatâ erectiusculâ: laciniis ellipticis concavis, stigmate simplici.

A. lutea.   *Linn. Sp. Pl.* 420.   *Willden. Sp. Pl. v.* 2. 50.   *Ait. Hort. Kew. ed.* 2. *v.* 223.   *Curt. Mag. t.* 290.   *Redout. Liliac. t.* 148.   *Smith Consid. respect. Cambr.* 39.   *Defence,* 92.

Colchicum luteum majus.   *Bauh. Pin.* 69.   *Rudb. Elys. v.* 1. 129. *f.* 1.

C. luteum.   *Lob. Ic. v.* 1. 147.

C. flore luteo.   *Sweert. Floril. t.* 56. *f.* 4.   *Bauh. Hist. v.* 2. 661.

Narcissus autumnalis major.   *Clus. Hist. v.* 1. 164.   *Ger. Em.* 130.   *Park. Parad.* 77.   *t.* 75. *f.* 7.

N. autumnalis minor.   *Park. Parad.* 77. *t.* 75. *f.* 6; nec Clusii.

Lilio-narcissus luteus autumnalis major.   *Tourn. Inst.* 386.

Ἄγριο κρίνα, ἢ Ἄγριο λάλες, potiùs λαλὸς, *hodiè.*

In Olono Peloponnesi, et Athô, montibus, sero autumno florens.   Circa Athenas frequens. ♃.

Radix bulbus subrotundus, tunicâ nigrâ; basi fibras longas, albas, simplices exserens. *Herba* glaberrima. *Caulis* nullus. *Folia* subsena, radicalia, disticha, linearia, obtusiuscula, integerrima, plana, uninervia, saturatè viridia, nitida, paulò post florescentiam orta; demùm elongata, patenti-diffusa; basi vaginâ bivalvi, obtusâ, cylindraceâ, membranaceâ, albâ vestita. *Pedunculus* centralis, solitarius, simplex, uniflorus, teres, erectus, palmaris, vel spithamæus. *Spatha* terminalis, erecta, univalvis, membranaceo-foliacea, cylindracea, emarginata, flore brevior. *Flos* subsessilis, paululùm inclinatus et irregularis, magnus, ferè biuncialis, aureo splendens, nitidissimus, inodorus; basi tubulosus, pallidior; *limbo* campanulato, inæquali, sexpartito, laciniis elliptico-oblongis, concavis, multinervibus, adscendentibus, tubo longioribus. *Stamina* sex, fauce tubi inserta, limbo humiliora, subdeclinata, filiformia, nuda, quorum tria alterna reliquis breviora. *Antheræ* incumbentes, oblongæ, uniformes, flavæ. *Germen* inferum, ovale. *Stylus* filiformis, adscendens, staminibus longior. *Stigma* parvum, obtusiusculum, simplex.

Hæc est apud Atticos planta coronaria, et etiam ad Turcorum sepulchra, amoris ac pietatis causâ, frequentiùs plantatur. Flores ejus, splendore aureo et verè regali, campos varios Europæ, sole fervidiori illustratos, messe peractâ, pulcherrimè ornant. Hinc liliis agrestibus Evangelii, longè meliùs quàm lilia candida hortorum, nunquam in Syriâ spontè crescentia, proculdubiò respondent; quod nomine Græco hodierno confirmatur. Confer auctoris opuscula suprà citata, necdum, si fas dixisse, refutata.

    a. Stamina, cum portiunculâ tubi.

    b. Germen cum stylo, in situ naturali, abscisso corollæ tubo ferè toto, ut et limbo.

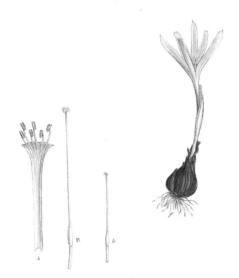

Amaryllis citrina.

Allium Ampeloprasum.

TABULA 311.

AMARYLLIS CITRINA.

Amaryllis spathâ indivisâ obtusâ, corollâ subcampanulatâ erectâ : laciniis linearibus emarginatis, stigmate trilobo.

Sternbergia colchiciflora. *Marsch. á Bieb. Fl. Taurico-Caucas. v.* 1. 261.

Colchicum luteum minus. *Bauh. Pin.* 69. *Rudb. Elys. v.* 1. 129. *f.* 4.

C. parvum montanum luteum. *Lob. Ic. v.* 1. 148. *Ger. Em.* 161. *Bauh. Hist. v.* 2. 662.

Narcissus autumnalis minor. *Clus. Hist. v.* 1. 164, nec *Ger. Em.* 131.

N. autumnalis luteus minimus. *Barrel. Ic. t.* 984.

In monte Olono Peloponnesi, sero autumno florens. ♃.

Præcedente triplò vel quadruplò minor, *flore* multò pallidiore, minùsque irregulari, at vix characterem genericum distinctum præbente. *Bulbus* ovatus, fuscus. *Folia* non nisi flore delapso producta, linearia, adscendentia, subtorta. *Flos* solitarius, ferè sessilis. *Spatha* pallida, emarginata. *Corollæ tubus* gracilis, lutescens; *limbus* flavus, vix irregularis, laciniis erecto-patentibus, linearibus, concaviusculis, obtusis; quarum tres mucronulatæ sunt; tres intermediæ paulò breviores, emarginatæ, muticæ. *Stamina* limbo longè breviora, tribus alternis minoribus. *Antheræ* præcedentis. *Germen* elliptico-oblongum, parvum. *Stylus* rectus. *Stigma* majusculum, obtusè trilobum. *Capsula*, ex auctoribus, subrotunda, pedunculata, infera.

A. Tubus corollæ auctus, cum staminibus.

b, B. Pistillum magnitudine naturali et auctâ.

ALLIUM.

Linn. Gen. Pl. 163. *Juss.* 53. *Gærtn. t.* 16.

Corolla infera, hexapetala, patens. *Spatha* bifida, multiflora. *Stigma* subsimplex.

* *Foliis caulinis planis.*

TABULA 312.

ALLIUM AMPELOPRASUM.

Allium caule planifolio umbellifero, umbellâ globosâ, staminibus tricuspidatis, petalis dorso scabris.

A. Ampeloprasum. *Linn. Sp: Pl. 423.* *Willden. Sp. Pl. v. 2. 63.* *Sm. Fl. Brit. 355.* *Engl. Bot. t.* 1657.

A. sphæriceo capite, folio latiore, sive Scorodoprasum alterum. *Bauh. Pin.* 74. *Tourn. Inst. 383. Rudb. Elys. v.* 2. 151. *f.* 6.

A. Holmense, sphæriceo capite. *Raii Syn. ed.* 2. 229. *ed.* 3. 370.

A. staminibus alternè trifidis, foliis gramineis, floribus sphæricè congestis, longè petiolatis, radice laterali solidâ. *Hall. All.* 16.

A. n. 1218. *Hall. Hist. v.* 2. 104.

Ampeloprasum. *Dod. Pempt.* 689, 690.

Scorodoprasum primum. *Clus. Hist. v.* 1. 190. *Ger. Em.* 180. *Lob. Ic. v.* 1. 157. *f.* 1. *Mich. Gen.* 24.

S. dictum. *Bauh. Hist. v.* 2. 558.

S. latifolium spontaneum italicum, floribus dilutè purpureis odoratis. *Mich. Gen.* 25. *t.* 24. *f.* 5.

Αμπελοπρασον. *Diosc. lib.* 2. *cap.* 180. *Sibth.*

In rupibus, insulisque minoribus Archipelagi, frequens. ♃

Radix bulbus subglobosus, albus, uncialis, vel major; basi densè fibrosus et copiosè prolifer. *Caulis* solitarius, erectus, plerumque bi- vel tri-pedalis, teres, solidus, glaber, exsiccatione tantùm striatus; infernè foliosus. *Folia* alterna, patentia, plana, linearia, latitudine varia, subcarinata, uninervia; margine denticulato-scabra; apice sensìm attenuata; basi vaginantia, striata. *Umbella* solitaria, erecta, globosa, multiflora, pedunculis angulatis, æqualibus, subindè scabriusculis, purpurascentibus. *Spatha* lata, concava, decidua, univalvis, cum squamulis pluribus, ad basin pedicellorum, niveis, persistentibus. *Flores* haud magni, pallidè purpurei, campanulati, uniformes. *Petala* ovata, concava, carinâ viridi, scabrâ. *Stamina* sex, alba; quorum tria simplicia, subulata; tria intermedia longiora, exserta, complanata, utrinque, sub apice antherifero, corniculata, corniculis prominentibus, capillaribus, flexuosis. *Antheræ* oblongiusculæ, flavescentes. *Germen* sexsulcatum, quasi pyramidatum. *Stylus* teres, staminibus brevior. *Stigma* acutum, simplicissimum.

Herba succo plena, odore forti, porraceo. *Bulbi* apud nos in horto copiosè multiplicantur, fasciculum, uvarum racemo haud absimilem, sæpiùs componentes; unde forsitàn nomen antiquum.

       a, A. Flos cum pedicello, magnitudine naturali et auctâ.
         B. Petalum seorsìm.
         C. Stamina biformia.
         D. Pistillum.

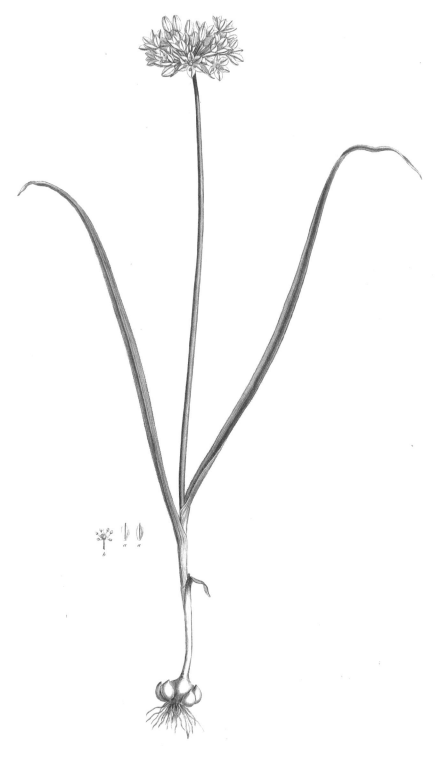

Allium subhirsutum L.

Allium roseum.

TABULA 313.

ALLIUM SUBHIRSUTUM.

ALLIUM caule planifolio umbellifero, foliis pilosis : apice glabratis, staminibus omnibus subulatis simplicibus.

A. subhirsutum. *Linn. Sp. Pl.* 424. *Willden. Sp. Pl. v.* 2. 66. *Ait. Hort. Kew. ed.* 2. *v.* 2. 233. *Curt. Mag.* 1141 β. *t.* 774. *Redout. Liliac. t.* 305.

A. foliis radicalibus subhirsutis, caulinis glabris, floribus umbellatis. *Hall. All.* 32.

A. angustifolium umbellatum, flore albo; etiam flore carneo. *Tourn. Inst.* 385.

A. sylvestre, sive Moly angustifolium umbellatum PIN. *Magnol. Monsp.* 9.

Moly angustifolium umbellatum. *Bauh. Pin.* 75. *Rudb. Elys. v.* 2. 164. *f.* 8. *Moris. v.* 2. 393. *sect.* 4. *t.* 16. *f.* 7.

M. angustifolium. *Dod. Pempt.* 685.

M. Dioscoridis. *Clus. Hist. v.* 1. 192. *Ger. Em.* 183.

Ελαφοσκοροδον *Diosc. lib.* 2. *cap.* 182? *Sibth.*

Λύχορδα *hodiè.*

᾿Αγριο πρᾶσον *Zacynth.*

In Græciâ frequens; etiam in Cretâ, Cypro et Zacyntho. ♃.

Radix bulbus parvus, albus, subrotundus, copiosè prolifer. *Caulis* erectus, teres, glaber, circitèr pedalis; basin versus foliosus. *Folia* plerumque tria, lætè viridia, linearia, acuminata, planiuscula, ecarinata, utrinque pilis mollibus, inconspicuis, plùs minùs hirsuta, ut et margine ciliata; apicem versus glabra; basi vaginantia, nervosa. *Umbella* multiflora, patula. *Spatha* bivalvis, ovata, acuta, pedunculis glabris brevior. *Petala* elliptica, uniformia, glabra, patentia, alba, carinâ sæpè rubicundâ. *Stamina* uniformia, subulata, longitudine æqualia, petalis duplò breviora, *antheris* subrotundis. *Germen* tricoccum. *Stylus* staminibus æqualis. *Stigma* simplicissimum.

Foliorum pubescentiam planè neglexerunt pictores veteres, at descriptio Clusiana stirpem ejus extra dubium posuit. De synonymo Dioscoridis vix aliquid certi asseverandum.

a, a. Petalum anticè et posticè.   *b.* Stamina et pistillum.

TABULA 314.

ALLIUM ROSEUM.

ALLIUM caule planifolio umbellifero, umbellâ fastigiatâ, staminibus simplicibus, spathâ basi monophyllâ tubulosâ.

VOL. IV.   E

A. roseum.   *Linn. Sp. Pl.* 432.   *Syst. Veg. ed.* 13. 266.   *Willden. Sp. Pl. v.* 2. 68.   *Ait. Hort. Kew. ed.* 2. *v.* 2. 234.   *Redout. Liliac. t.* 213.

A. sylvestre, sive Moly minus, roseo amplo flore.   *Magnol. Monsp.* 11. *t.* 10.   *Tourn. Inst.* 385.

Moly sylvestre, flore roseo.   *Rudb. Elys. v.* 2. 166. *f.* 17.

M. minus, angusto folio, flore lætè purpureo majore.   *Cupan. Panph. ed.* 2. *t.* 32 ?

Ἀγριο κρεμμύδι Zacynth.

In Cretâ et Zacyntho insulis.   ♃.

Bulbus ferè præcedentis, copiosè prolifer.   *Herba* glaberrima.   *Caulis* teres, sesquipedalis aut bipedalis ; basi foliosus.   *Folia* plerumque tria vel quatuor, linearia, concaviuscula, acuminata ; basi tubulosa, vaginantia.   *Umbella* multiflora, fastigiata, pedunculis lævibus, æqualibus.   *Spatha* monophylla, umbellâ duplò brevior, pallidè fusca, subcoriacea, glabra ; basi tubulosa, campanulata ; supernè bipartita, laciniis plùs minùs bifidis, acuminatis, patentibus.   *Flores* magni, pulcherrimè rosei, subnutantes.   *Petala* elliptico-oblonga, carinata, obtusiuscula, nec emarginata.   *Stamina* æqualia et uniformia, subulata, simplicia, patentia, petalis duplò breviora.   *Antheræ* incumbentes, luteæ, subrotundæ.   *Pistillum* omninò prioris.

Flores gratè odori ; interdùm albi.   *Magnol.*

    a. Spatha.   *b.* Petalum, e parte interiori.   *c.* Stamina cum pistillo.

** *Foliis caulinis teretiusculis.*

TABULA 315.

ALLIUM MARGARITACEUM.

ALLIUM caule teretifolio umbellifero, foliis canaliculatis, staminibus tricuspidatis exsertis, petalis obovatis obtusis.

Circa Bursam Bithyniæ ; etiam in monte Athô, insulisque Naxo, Cypro et Cimolo.   ♃.

Bulbus ovatus, magnitudine nucis Avellanæ ; tunicis multiplicibus, duris, nervosis, fuscis, longitudinalitèr facilè diffissis.   *Caulis* pedalis, quandoque bipedalis, erectus, subflexuosus, gracilis, teres, glaberrimus, ad medium usque foliosus.   *Folia* quatuor vel quinque, teretiuscula, gracilia, acuta, glabra ; suprà canaliculata ; basi vaginantia, tubulosa, stricta.   *Umbella* erecta, ovato-subrotunda, densa, multiflora.   *Spatha* ovata, membranacea, umbellâ brevior, decidua ; squamulis interioribus plurimis, scariosis, niveis, laceris, multifidis, deflexis, persistentibus.   *Pedunculi* graciles, erecto-patentes, glabri.   *Flores* parvi, erecti, nitidi, petalis obovatis, niveis, viridi

Allium margaritaceum.

Allium descendens.

striatis, fusco-carinatis. *Stamina* alterna tricuspidata, plana, sterilia; intermedia subulata, *antheris* fuscis, exsertis. *Germen* pyramidatum, sexangulare. *Stylus* brevissimus, stigmate obtuso, simplicissimo.

Synonyma vix invenimus.

a, A. Flos, magnitudine naturali et auctâ, cum pedunculo.   B. Petalum exteriùs.
C. Filamentum tricuspidatum, sterile.   D. Stamen cum antherâ.   E. Pistillum.
f. Caulis apex, cum squamis laceris ad basin pedunculorum.

TABULA 316.

ALLIUM DESCENDENS.

ALLIUM caule subteretifolio umbellifero, pedunculis exterioribus brevioribus, staminibus tricuspidatis, foliis carinato-triquetris.

A. descendens. *Linn. Sp. Pl.* 427. *Willden. Sp. Pl. v.* 2. 71. *Ait. Hort. Kew. ed.* 2. *v.* 2. 235. *Curt. Mag. t.* 251.

A. staminibus alternè trifidis, foliis fistulosis, capite sphærico, non bulbifero, atropurpureo. *Hall. All.* 23, cum icone.

Moly atropurpureum. *Bauh. Pin.* 76. *Sweert. Floril. t.* 60. *f.* 1, malè. *Rudb. Elys. v.* 2. 165. *f.* 13, meliùs.

Σκοϱδοπϱασον *Diosc. lib.* 2. *cap.* 183? *Sibth.*

In Cypro, insulisque variis Græciæ, copiosè; etiam ad littora Caramaniæ. ♃.

Bulbus ovatus, tunicis albis, lævibus. *Caulis* ferè tripedalis, strictus, teres, glaberrimus, ultra medium, plerumque, foliosus; apice purpurascens. *Folia* patentia, fistulosa, acuminata, obtusè triquetra; suprà canaliculata; basi elongata, vaginantia, stipulâ, vel ligulâ, brevi, more graminum. *Umbella* globosa, densissima, multiflora, atropurpurea; ante florescentiam basi virens. *Flores* copiosissimi, sub florescentiâ atropurpurei, ut et *pedunculi;* superiores præcociores, (unde nomen specificum,) mox, pedunculis elongatis, corymbosi; inferiores deflexi, pedunculis constantèr brevioribus. *Petala* oblonga, erecta. *Stamina* alba, exserta, forma præcedentis, *antheris* luteis. *Germen* oblongo-tricoccum.

Nescio an *stamina* tricuspidata, in hâc et præcedente, semper *antheris* orbata sint, vel si, reliquis præcociora, eas mox amittant. De his rebus silent botanici, dum de nomine specifico, nec non de *staminum* vel *antherarum* charactere, in errorem quandoque incidunt.

a, A. Flos pedunculo suffultus.   B. Stamina omnia, cum pistillo.
C. Stamen subulatum, cum antherâ.   D. Stamen tricuspidatum, antherâ carens.
E. Pistillum seorsìm.

TABULA 317.

ALLIUM PALLENS.

ALLIUM caule subteretifolio umbellifero, spathâ subulatâ, petalis retusis muticis, staminibus simplicibus, germine scabriusculo.

A. pallens. *Linn. Sp. Pl.* 427. *Willden. Sp. Pl. v.* 1. 72. *Ait. Hort. Kew. ed.* 2. *v.* 2. 235, excluso fortè synonymo posteriori.

A. montanum bicorne, flore pallido odoro. *Bauh. Pin.* 75. *Tourn. Inst.* 384. *Rudb. Elys. v.* 2. 157. *f.* 5.

A. sylvestre bicorne, floribus sandarachatè æneis. *Cupan. Panphyt. ed.* 2. *t.* 26.

A. sylvestre bicorne, flore viridi. *Bauh. Hist. v.* 2. 561.

Gethioides sylvestre. *Column. Ecphr. v.* 2. 6. *t.* 7. *f.* 2.

In insulis Græciæ frequens occurrit, Julio florens. ♃.

Bulbus ovatus, parvus, pallidus. *Herba* staturâ varia, spithamæa vel cubitalis, glabra, *caule* tereti, folioso. *Folia* fistulosa, gracilia, semicylindracea ; suprà canaliculata ; basi elongata, vaginantia. *Umbella* laxa, subcorymbosa. *Pedunculi* graciles. *Flores,* ut fertur, gratè odori, omnes laxè patentes ; exteriores penduli. *Spatha* diphylla, umbellâ longior, patula, longiùs acuminata ; basi membranacea, nervosa. *Petala* obovata, obtusa, concaviuscula, pallidè ac tristè purpurascentia, carinâ saturatiori, margine lutescente. *Stamina* omnia subulata, simplicia, longitudine vix petalorum, *antheris* flavis. *Germen* obovato-oblongum, sexsulcatum, angulis granulato-scabriusculis, apice submucronatum, emarginatum. *Stylus* brevis. *Stigma* acutum. *Capsula* tricocca, subrotunda, valvulis mucronulatis.

Synonyma hujus et sequentis ambigua omninò sunt. Utrasque sub *Allio flavo,* n. 21, olim confudit Hallerus, in dissertatione de hoc genere, p. 46, 47. Hinc confusio apud Linnæum aliosque orta est. Aut culturâ abnormitèr variat hæc species, aut aliam, nobis ignotam, pinxit clarissimus Redouté, inter Liliaceas suas, t. 272.

a, A. Petalum cum stamine.   *b,* B. Pistillum.
c. Capsula matura.   *d.* Semen seorsìm.

TABULA 318.

ALLIUM PANICULATUM.

ALLIUM caule subteretifolio umbellifero, pedunculis capillaribus effusis, spathâ longissimâ, petalis mucronulatis, staminibus simplicibus.

A. paniculatum. *Linn. Sp. Pl.* 428. *Willden. Sp. Pl. v.* 2. 73. *Ait. Hort. Kew. ed.* 2. *v.* 2. 236. *Redout. Liliac. t.* 252.

Allium pallens.

Allium paniculatum

Allium montanum?

A. foliis teretibus, vaginâ bicorni, umbellâ pendulâ suavepurpureâ. *Hall. Opusc.* 386. *n. 25. t. 1. f.* 1.

A. n. 1225. *Hall. Hist. v. 2.* 108.

A. montanum bicorne, flore obsoletiore. *Bauh. Pin.* 75. *Tourn. Inst.* 384. *Seguier Veron. v. 2.* 71.

Allii montani quarti species secunda. *Clus. Hist. v. 1.* 194. *f. 3.*

Circa Bursam Bithyniæ, et in monte Athô. ♃.

Bulbus subrotundus, intra tunicam nervosam prolifer. *Caulis* bipedalis, erectus, foliosus, teres, cavus. *Folia* fistulosa, depressa, canaliculata, carinata, nec teretia; basi nervosa, vaginantia. *Umbella* multiflora, laxa, pedunculis inæqualibus, capillaribus, effusis; superioribus erectis; infimis pendulis. *Spatha* diphylla, subulata, divaricata, umbellâ triplò longior; basi paululùm dilatata, membranacea, nervosa. *Flores* campanulati, colore tristes; siccitate purpureo-carnei. *Petala* obovata, mucronulata, concava, carinata, uniformia; basi fusco-flavida; supernè, marginem versus, pallidè ac tristè purpurascentia. *Stamina* fusca, subulata, longitudine vix petalorum, *antheris* albidis. *Germen* turbinatum, sexsulcatum, obtusum, læve. *Stylus* brevis. *Stigma* acutum. *Capsula* turbinata, valvulis obcordatis, muticis.

Hanc posteà ab *Allio flavo* separavit clarissimus Hallerus, nec tamen synonyma aut characteres optimè perlustravit, cum plantas recentes illi comparare non licuit. Hæc a præcedente differt magnitudine plerumque majori, *spathâ* longiore, *inflorescentiâ* laxiore et ferè paniculatâ, *germine* turbinato, obtuso, mutico, lævi, denique *petalis* mucronulatis, apice, nec basi, fusco-purpurascentibus. Ab *A. flavo* ægrè distinguitur, nisi florum colore fusco, et staminibus brevioribus; sed hæc, ut videtur, peractâ impregnatione, elongantur.

a, A. Flos pedunculo insidens. B. Petalum auctum.
C. Stamen. D. Pistillum.

TABULA 319.

ALLIUM MONTANUM.

ALLIUM caule subteretifolio umbellifero, spathâ elongatâ deflexâ, staminibus simplicibus, pedunculis uniformibus.

A. montanum, radice oblongâ. *Bauh. Pin.* 75. *Prodr.* 27. *Tourn. Inst.* 384. *Sibth.*

In herbidis Olympi Bithyni. ♃.

Bulbus oblongus, rubicundus, tunicis coriaceis, fuscis. *Caulis* palmaris, vix spithamæus, adscendens, foliosus, teres. *Folia* plerumque bina, medium versus caulis, semicylindracea, angusta; suprà canaliculata; basi vaginantia, vaginâ retusâ. *Umbella* sub-

rotunda, laxa, parva, pedunculis æqualibus, undique patentibus, rubicundis, glabris. *Flores* magnitudine præcedentis, rosei. *Spatha* subulata, arctè deflexa, umbellâ
duplò vel triplò longior. *Petala* obovata, mutica, carnea, nervo saturatè roseo. *Stamina* omnia subulata, longitudine vix petalorum. *Antheræ* globoso-didymæ, flavæ.
Germen obtusum, sexsulcatum. *Stylus* præcedentium. *Capsulam* non vidi.
Synonymon, Bauhini descriptione brevi et incompletâ, haud, extra omnem dubitationem,
stabiliendum est.

A. Flos duplò auctus.   B. Petalum interiùs.
C. Stamen.   D. Pistillum.

TABULA 320.

ALLIUM STATICIFORME.

ALLIUM caule subteretifolio umbellifero, staminibus simplicibus, germine tricocco, umbellâ multiflorâ subcapitatâ.

In insulâ Cimolo. ♃.

Bulbus ferè globosus, albidus, lateribus undiquè prolifer. *Caulis* spithamæus, teres, ad
medium usque foliosus; supernè rubicundus, glaber. *Folia* patenti-recurva, semicylindracea, fistulosa; vaginâ retusâ, lævi. *Umbella* capitato-globosa, densa, multiflora, rosea. *Spatha* diphylla, lanceolata, concava, æqualis, umbellâ brevior, deflexa,
persistens. *Petala* obovato-oblonga, obtusa, mutica, incarnata, cum nervo saturatè
roseo. *Stamina* subulata, paulò exserta, alba. *Antheræ* luteæ. *Germen* turbinatum,
tricoccum. *Stylus* breviusculus, persistens. *Stigma* acutum. *Capsula* subrotunda,
tricocca, petalis emarcidis, persistentibus, ut in tribus præcedentibus, vestita.

a. Caulis apex cum spathâ.   *b*, B. Flos magnitudine naturali et auctâ.
C. Pistillum seorsìm, cum pedunculo.   *d*, D. Capsula stylo terminata.
e, E. Semen.

TABULA 321.

ALLIUM PILOSUM.

ALLIUM caule subteretifolio umbellifero, staminibus simplicibus, foliis vaginisque pilosissimis.

In insulâ Cimolo, et, ni fallor, in Achaiâ legit Clar. Sibthorp. ♃.

Priore vix major. *Bulbus* globosus, albus. *Caulis* paululùm flexuosus, teres, glaber,
ad medium usque foliosus. *Folia* patentia, semicylindracea, hirta, pilis prominenti-

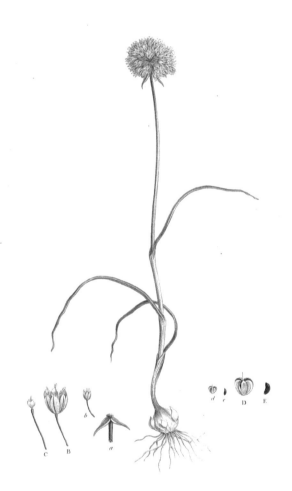

Allium staticiforme.

Allium pilosum.

Allium junceum.

bus, rigidulis, albis; apice subulato tantùm glabrato; vaginis etiam pilosissimis. *Umbella* subcorymbosa, densiuscula, multiflora, undique rosea. *Spatha* subulata, umbellâ parùm longior, patens, inæqualis; basi membranacea, concava, nervosa. *Flores* campanulati; exteriores nutantes. *Petala* obovato-oblonga, rosea, nervo saturatiore. *Stamina* omnia subulata, rosea, longitudine corollæ. *Antheræ* subrotundæ, luteæ. *Germen* subrotundum, tricoccum, viride, *stylo* roseo. *Capsula* tricocca, subrugosa, corollâ persistente vestita, atque stylo terminata.

A. Flos auctus cum pedunculo.   B. Germen cum stylo.

TABULA 322.

ALLIUM JUNCEUM.

Allium caule teretifolio umbellifero, staminibus alternis quinquefidis, umbellâ capitatâ.

In insulâ Cypro. ♃.

Bulbi ovati, sæpiùs aggregati, parvi, tunicâ nigrâ. *Caulis* pedalis, junceus, teres, fistulosus, glaber; supra basin, medium versus, di- vel tri-phyllus. *Folia* cylindracea, fistulosa, gracillima, acuta, glaberrima, saturatè viridia; vaginis strictis, pallidis, retusis, lævibus. *Umbella* globosa, densa, *floribus* majusculis, erectis, breviùs pedunculatis. *Spatha* diphylla, ovata, concava, æqualis, acuta, umbellâ duplò brevior, persistens. *Petala* ovato-oblonga, acuta, carinata, purpurea, margine pallidiora. *Stamina* paululùm exserta, alba, omnia fertilia; quorum tria subulata, simplicia; tria alterna complanata, dilatata, apice quinquecuspidata, cuspide intermediâ antheriferâ. *Antheræ* sex, uniformes, oblongæ, fusco-luteæ. *Germen* ovale. *Stylus* longitudine ferè staminum, albus. *Stigma* simplex, obtusiusculum.

Allium ascalonicum herbarii Linnæani, ab Hasselquistio lectum, et in Sp. Pl., ed. 2. 429, descriptum, foliis multò crassioribus, præcipuè verò staminibus alternis trifidis, nec quinquefidis, ab *Allio junceo* nostro discrepat. Cæterùm simillima sunt. Hasselquistii specimina radicibus carent; et *Cepa ascalonica* auctorum, in hortis tam vulgaris, flores nunquam profert. Hinc vix comparandæ sunt hæ plantæ; et *A. ascalonicum* botanicis etiamnum obscurum manet. *A. juncei* radices nullo modo cum *Cepis ascalonicis* cultis conveniunt.

a. Spatha, cum caulis apice.   b, B. Flos, cum pedunculo.
C. Stamina biformia.   D. Pistillum.

*** *Foliis radicalibus, scapo nudo.*

TABULA 323.

ALLIUM NIGRUM.

ALLIUM scapo nudo tereti, foliis lanceolato-oblongis, umbellâ erectâ hemisphæricâ, staminibus simplicibus monadelphis.

A. nigrum.   *Linn. Sp. Pl.* 430.   *Willden. Sp. Pl. v.* 2. 78.   *Ait. Hort. Kew. ed.* 2. *v.* 2. 238.   *Redout. Liliac. t.* 102.   *Retz. Obs. fasc.* 1. 15. *fasc.* 6. 27.

A. magicum.   *Curt. Mag. t.* 1148.

A. multibulbosum.   *Jacq. Austr. t.* 10.

A. monspessulanum.   *Gouan. Illustr.* 24. *t.* 16.

A. latifolium hispanicum.   *Tourn. Inst.* 384.

Moly latifolium hispanicum.   *Bauh. Pin.* 75.   *Rudb. Elys. v.* 2. 162. *f.* 3.

M. indicum flore purpureo.   *Sweert. Floril. t.* 61.

In insulâ Cypro. ♃.

Bulbus magnus, subrotundus, albus, undique fœcundissimus   *Caulis* bipedalis, erectus, firmus, fistulosus, nudus, teres, glaberrimus.   *Folia* plerumque bina, radicalia, patenti-recurva, bipedalia, lanceolato-oblonga, acuminata, concava, ecarinata, latitudine bi- vel tri-uncialia; basi vaginantia, cylindracea; e bulbillis anni præcedentis longè minora, et omninò linearia.   *Umbella* magna, convexa, multiflora, glabra.   *Spatha* umbellâ brevior, bi- vel tri-partita, planiuscula, persistens; basi submonophylla. *Flores* patentes, pallidè rosei; in hortis sæpiùs albi, cum germine nigro, unde forsitàn nomen specificum ortum est.   *Petala* elliptico-oblonga, mutica, æqualia, patula, carinata.   *Stamina* omnia subulata, simplicia, petalis duplò breviora; basi dilatata, membranacea, connata.   *Antheræ* subrotundæ, flavescentes, vel albidæ.   *Germen* tricoccum, læve.   *Stylus* longitudine staminum, stigmate simplici.

De hâc specie multùm inter botanicos certatur.   Nobis charactere et synonymis distincta, etiam ab omnibus aliis planè diversa, videtur.   Icon Rudbeckiana verò, Elys. v. 2. 160. *f.* 21, ab ipso Linnæo indicata, stirpem nostram, cum herbario Linnæano omninò congruentem, haud benè refert.   *A. magicum*, Linn. Sp. Pl. ed. 1. 296. n. 6. ed. 2. 424, specie vix discrepat.

     a. Petalum.   *b.* Stamina et pistillum.   *c.* Pistillum seorsìm.

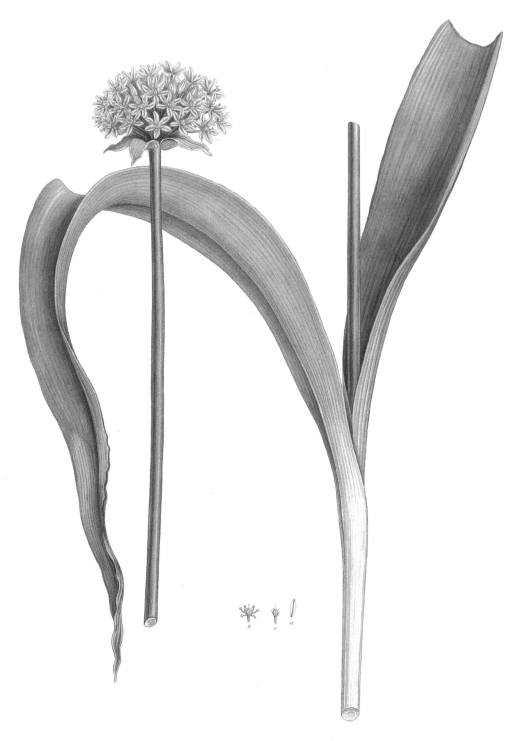

Allium nigrum.

Allium triquetrum.

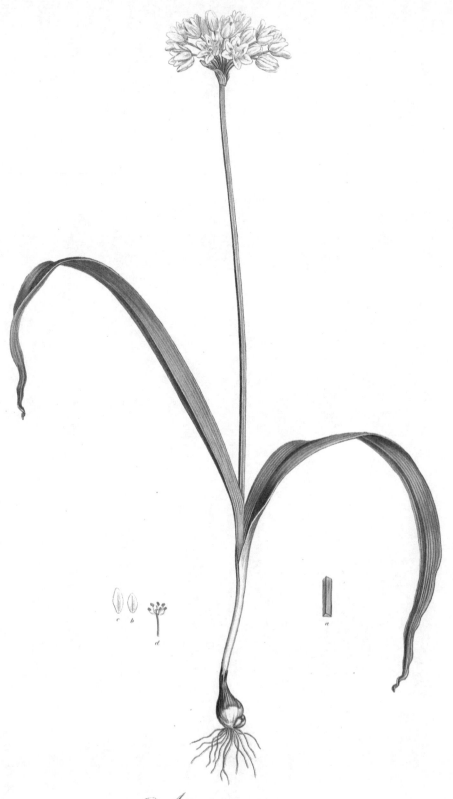

Allium lacteum

TABULA 324.

ALLIUM TRIQUETRUM.

Allium scapo nudo, foliisque triquetris, staminibus simplicibus, stigmate trifido.

A. triquetrum. *Linn. Sp. Pl.* 431. *Willden. Sp. Pl. v.* 2. 80. *Ait. Hort. Kew. ed.* 2.
v. 2. 238. *Curt. Mag. t.* 869. *Redout. Liliac. t.* 319.

A. caule triangulo. *Tourn. Inst.* 385?

A. pratense, folio gramineo, flore prorsùs albo, oblongâ radice. *Rudb. Elys. v.* 2. 159.
f. 16.

A. palustre trigonum, candido hyacinthino seu campanulato flore pendulo; lineâ viridi
per medium. *Cupan. Panphyt. ed.* 2. *t.* 24.

Moly caule et foliis triangularibus. *Park. Parad.* 142. *n.* 4. *t.* 143. *f.* 6.

Hyacinthus trigonus, allii odore, flore campanulato candido, lineâ viridi per medium.
Cupan. Panphyt. ed. 1. *v.* 1. *t.* 89.

In agro Romano legit Cl. Sibthorp. *D. Ferd. Bauer.* ♃.

Bulbi aggregati, ovati, parvi, albi. *Folia* radicalia, solitaria vel bina, erectiuscula, tenera,
pedalia, linearia, acuta, caniculata, carinato-triquetra; basi vaginantia. *Scapus*
solitarius vel binus, erectus, acutè triqueter, foliis vix altior. *Spatha* diphylla, lanceolata, acuta, umbellâ brevior. *Umbella* laxa, floribus campanulatis, cernuis. *Petala* oblonga, nivea, carinâ viridi; alterna minora, interiora. *Stamina* subulata, petalis duplò ferè breviora, *antheris* subrotundis, flavis. *Germen* subrotundo-tricoccum.
Stylus longitudine staminum. *Stigma* obtusum, tripartitum, quod e solito generis
charactere aberrat. *Capsula* turbinato-tricocca, valvulis obcordatis, scariosis, muticis. *Semina* obovato-triquetra, nigra.

Herba odore alliaceo, facie tamen haud inelegans, a Parkinsono, ut et Millero, culta, in
hortis Anglicis jamdudùm deperiit. Bulbos ejus denuò e Româ attulimus anno
1787. Confer *Curt. Mag.* loco citato.

a. Scapi segmentum. *b, b.* Petala. *c.* Stamen.
d. Pistillum. *e.* Capsla. *f.* Semen. Omnia magnitudine naturali.

TABULA 325.

ALLIUM LACTEUM.

Allium scapo nudo triquetro, foliis lanceolatis, petalis obtusis, stigmate indiviso.

A. album. *Bivon. Sic. cent.* 1. 16. " *Santi Viag. v.* 1. 352. *t.* 7." *Savi Etrusc. v.* 2. 211.
Redout. Liliac. t. 300.

VOL. IV.   G

Moly parvum, caule triangulo. *Bauh. Pin.* 75.

M. picciolo di Pesaro. *Pon. Bald.* 22, cum icone.

In Italià. *D. Ferd. Bauer.* ♃.

Bulbus ovatus, purpurascens, nitidus. *Folia* solitaria vel bina, subradicalia, lanceolata, acuminata, patentia, concaviuscula, subcarinata, nec triquetra; basi arctè vaginantia. *Scapus* solitarius, foliis altior, erectus, nudus, acutè triqueter, glaberrimus. *Spatha* membranacea, basi monophylla, quandoque indivisa. *Umbella* hemisphærica, laxiuscula, nec cernua. *Flores* lactei, pulchri, undique patentes, magnitudine et formâ ferè *Allii rosei*, cui affinis, et vix minùs caulescens, est hæc species, at scapo triquetro distinctissima. *Petala* elliptico-oblonga, obtusa; tria interiora paulò minora. *Stamina* simplicia, uniformia, petalis duplò breviora. *Germen* tricoccum. *Stigma* simplex.

Ad caulescentes species fortè transferenda, nec *Allio triquetro*, nisi scapi figurâ, associari debet. Bauhini synonymon de Ponæ auctoritate, qui plantam nostram optimè descripsit, nec malè delineavit, prorsùs dependet.

a. Scapi portio abscissa.   *b.* Petalum interius.
c. Petalum exterius.   *d.* Stamina cum pistillo.

TABULA 326.

ALLIUM CEPA.

Allium scapo nudo infernè ventricoso, foliis teretibus altiore, staminibus alternis trifidis.

A. Cepa. *Linn. Sp. Pl.* 431. *Willden. Sp. Pl. v.* 2. 80. *Ait. Hort. Kew. ed.* 2. *v.* 2. 238.

A. staminibus alternè trifidis, caule ad terram ventricoso. *Hall. All.* 24.

Cepa vulgaris. *Bauh. Pin.* 71. *Rudb. Elys. v.* 2. 141. *f.* 1.

C. vulgaris, floribus et tunicis candidis. *Tourn. Inst.* 382.

C. capitata. *Matth. Valgr. v.* 1. 505.

C. alba. *Ger. Em.* 169.

Κρομμυον. *Diosc. lib.* 2. *cap.* 181.

Κρομμύδι *hodiè.*

In Græciâ ubique culta. *Sibth.* Anne reverà spontanea occurrit, non constat. ♃.

Bulbus subrotundus, vel depressus, tunicis fuscis. *Herba* glaucescens, lævis, fragilis. *Folia* radicalia, quatuor vel plura, patentia, teretia, fistulosa; supernè, basin versus, canaliculata; apice subulata, acuta, mox emarcida; vaginis dilatatis, obtusis, nervosis,pall dis, se invicem arctè amplectentibus. *Scapus* foliis duplò vel triplò altior, tripedalis, erectus, teres, fistulosus; basin versus inflato-fusiformis; supernè strictus,

Allium Cepa.

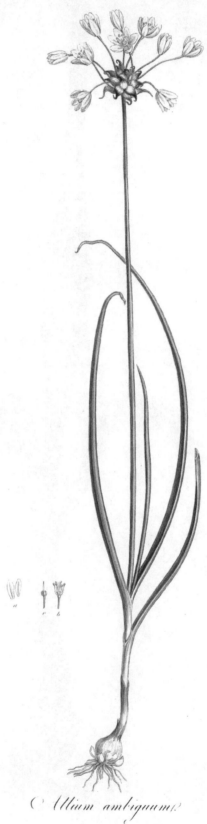

Allium ambiguum.

rectissimus, nudus. *Umbella* capitato-globosa, densa, multiflora, pedunculis undique patentibus. *Spatha* diphylla, membranacea, concava, persistens, umbellâ duplò brevior. *Flores* glauco-albidi, præcedentibus minores. *Petala* ovato-oblonga, carinata, obtusa, uniformia, patentia. *Stamina* petalis longiora, patentia, subulata, alba, longitudine æqualia; quorum tria alterna basi dilatata, complanata, utrinque bicuspidata. *Antheræ* oblongæ, obtusæ, tetragonæ, quadrisulcatæ, flavæ. *Germen* tricoccum. *Stylus* staminibus triplò brevior. *Stigma* simplex, acutum.

a. Flos, magnitudine naturali.   B. Stamina, cum pistillo, quintuplò circitèr aucta.
C. Petalum, e parte interiori.

TABULA 327.

ALLIUM AMBIGUUM.

ALLIUM scapo nudo, foliis semicylindraceis, staminibus simplicibus corollâ brevioribus, umbellâ bulbiferâ.

A. roseum β. *Bivon. Sic. cent.* 1. 18. *Savi Etrusc. v.* 2. 210. *Ker in Curt. Mag. t.* 978.

A. carneum. " *Santi Viagg. v.* 3. 315. *t.* 6."

A. angustifolium, foliis intortis. *Tourn. Inst.* 385.

Moly angustifolium, foliis reflexis. *Bauh. Pin.* 76.

M. serpentinum. *Ger. Em.* 183. *Lob. Ic. v.* 1. 160. *Dalech. Hist.* 1593.

In Italiâ, nec in Græciâ, legit Cl. Sibthorp. *D. Ferd. Bauer.* ♃.

Radix et *herba* omninò *Allii rosei*, tab. 314, cujus fortè varietas est, haud minùs caulescens. Differt tantùm *umbellâ* pauciflorâ, laxiore, *bulbillis* numerosis, ovatis, acuminatis, rubicundis stipatâ.

Specierum distributio in bulbiferas vel non bulbiferas, caulescentes vel acaules, in hoc genere vaga et fallax est, naturæ prorsùs repugnans, et plantarum cognitioni nullâ ratione inserviens.

a. Petala.   b. Stamina et pistillum.   c. Germen cum stylo.

FRITILLARIA.

Linn. Gen. Pl. 164.　*Juss.* 48.　*Gœrtn. t.* 17.

Corolla infera, hexapetala, campanulata, supra ungues cavitate nectariferâ. *Stamina* longitudine ferè corollæ.　*Calyx* nullus.　*Semina* plana.

TABULA 328.

FRITILLARIA PYRENAICA.

Fritillaria foliis lineari-lanceolatis: infimis oppositis, floribus solitariis pluribusve sparsis; petalis apice subincurvis.

F. pyrenaica.　*Linn. Sp. Pl. ed.* 1. 304. *ed.* 2. 436, *excluso Hort. Cliff. (Upsal.)* 81. *ut et Clusii syn. Willden. Sp. Pl. v.* 2. 91.　*Ait. Hort. Kew. ed.* 2. *v.* 2. 244.

F. racemosa.　*Ker in Curt. Mag. t.* 952. 1216.

F. flore minore.　*Bauh. Pin.* 64.　*Tourn. Inst.* 377.

F. alba altera.　*Bauh. Hist. v.* 2. 684, *quoad iconem.*

In monte Parnasso. ♃.

Radix bulbus subrotundus, albus, e squamis paucis, crassis, confertis.　*Caulis*, in unico specimine Sibthorpiano, simplicissimus, uniflorus, erectus, foliosus, teres, glaber, haud spithamæus, undique ferè foliosus; basi purpurascens.　*Folia* lineari-lanceo-lata, erecta, obtusiuscula, mutica, integerrima, viridia, glaberrima; basi plùs minùs amplexicaulia; duo infima opposita; reliqua alterna.　*Flos* pedunculatus, cernuus, elliptico-oblongus, campanulatus, clausus, longitudine haud sesquiuncialis; extùs tristè luteus, purpureo variatus; intùs magìs tessellatus.　*Calyx* omninò nullus. *Petala* obovato-oblonga, obtusa, concava, ferè æqualia; apice subincurva, vel con-cava, nequaquàm reflexa; dorso, infra medium, paululùm gibboso-carinata.　*Nec-tarium* foveola rotundato-oblonga, infra medium singulorum petalorum, à basi re-mota, maculis aliquot sanguineis, parallelis, comitata.　*Stamina* filiformia, erecta, æqualia, petalis duplò breviora, *antheris* oblongis, emarginatis, patentibus.　*Germen* obovato-cylindraceum, longitudine filamentorum.　*Stylus* filiformis, staminibus paulò longior, erectus.　*Stigmata* tria, linearia, erectiuscula, inclusa.

Priscorum synonyma vix determinanda sunt.　Sub *Fritillariâ flore minore* hæc species a Bauhino et Tournefortio, sine controversiâ, intelligitur; quamvis à *pyrenœâ* Clusii, quæ *pyrenaica* Curt. Mag. t. 664, non distinguitur.　Hæc foliis omnibus alternis, petalis basi valdè gibbosis, quasi truncatis, margine verò dilatatis, patentibus, abundè differt.

a. Petalum, e parte externâ.　　　　*b.* Idem, e parte internâ.
c. Stamina cum pistillo.　　　　　　*d.* Pistillum, avulsis staminibus.

Fritillaria pyrenaica

Tulipa Clusiana.

Tulipa Sibthorpiana

TULIPA.

Linn. Gen. Pl. 165. *Juss.* 48. *Gærtn. t.* 17.

Corolla infera, hexapetala, campanulata. *Stylus* nullus. *Capsula* trilocularis. *Semina* plana. *Calyx* nullus.

TABULA 329.

TULIPA CLUSIANA.

TULIPA caule unifloro glabro, flore erecto, petalis acutis glabris, foliis lineari-lanceolatis.

T. Clusiana. *Redout. Liliac. t.* 37. *Curt. Mag. t.* 1390.

T. præcox angustifolia. *Bauh. Pin.* 60. *Tourn. Inst.* 375.

T. persica præcox. *Clus. Cur. Post.* 9.

T. persica, flore rubro oris albidis, elegans. *Ger. Em.* 142. *f.* 20.

T. persica. *Park. Parad.* 52. *t.* 53. *f.* 6. *Pass. Hort. Florid. pars* 1. *t.* 27.

T. variegata persica. *Rudb. Elys. v.* 2. 111. *f.* 7.

In agro Florentino invenit Sibthorp. Floret Martio. ♃

Radix bulbus ovato-subrotundus, tunicis nigricantibus. *Caulis* pedalis vel altior, adscendens, foliosus, teres, glaberrimus, uniflorus. *Folia* alterna, erecta, lineari-lanceolata, acuta, carinato-concava, glaucescentia, glabra; infima subundulata; superiora sensìm minora. *Flos* foliis vix altior, erectiusculus, pulcherrimus; basi subconstrictus. *Petala* tria exteriora ovata, acuta, patentia; intùs incarnato-albida; extùs rosea; margine utrinque alba: tria interiora obovato-oblonga, obtusiora, paulò minora, utrinque nivea: omnia basi, e parte internâ, atro-violacea. *Stamina* glabra, violacea, *antheris* erectis, versatilibus, concoloribus, longitudine dimidii petalorum. *Germen* oblongum, triquetrum, virens, glabrum. *Stigma* trilobum; lobis rotundatis, compressis, sulcatis.

a. Petalum exterius, e parte externâ.   *b.* Petalum interius, e parte internâ.
c. Stamina cum pistillo.   *d.* Pistillum seorsìm.

TABULA 330.

TULIPA SIBTHORPIANA.

TULIPA caule unifloro glabro, flore nutante, petalis obtusis, stigmate clavato, filamentis undique hirsutis.

Prope Cressam, hodiè *Porto Cavalieri,* Asiæ minoris, primùm invenit Sibthorp; et posteà
in monte humili saxoso prope Pilon Peloponnesi, hodiè *Navarin. D. Hawkins.* ♃.

Bulbus orbiculatus, depressiusculus, albus, e basi undique subolescens.   *Herba* glabra,
parùm glauca.   *Caulis* spithamæus, teres, gracilis, foliosus, erectus, subflexuosus.
Folia plerumque duo, remotiuscula, ovato-lanceolata, acuta; basi vaginantia, amplexicaulia: superius longè minus et angustius.   *Flos* terminalis, solitarius, cernuus,
campanulatus, parvus, vix uncialis, luteus.   *Petala* spatulato-oblonga, obtusa, glabra, supra medium patentiuscula; tria interiora minora.   *Stamina* compressa, petalis dimidiò breviora, ochroleuca, undique pubescentia, *antheris* erectis, oblongis,
mucronulatis, concoloribus, glabris.   *Germen* breve, turbinato-triquetrum, lutescens,
glabrum.   *Stigma* germine triplò majus, clavatum, ochroleucum, undique pubescens; supernè triquetrum, obtusè trilobum, longitudine staminum.

a. Petalum, e latere interiori.   *b.* Stamina cum pistillo.
C. Stamen auctum.   D. Pistillum.

ORNITHOGALUM.

Linn. Gen. Pl. 166.   *Juss.* 53.   *Gœrtn. t.* 17.

Corolla infera, hexapetala, persistens, supra medium patens.   *Filamenta*
basi dilatata. *Capsula* trilocularis.   *Semina* subrotunda.   *Calyx* nullus.

TABULA 331.

ORNITHOGALUM SPATHACEUM.

Ornithogalum corymbo simplici paucifloro: pedicellis glabris, bracteis lanceolatis subciliatis, foliis linearibus.

O. spathaceum.   *Hayne apud Usteri Neue Annalen, fasc.* 15. 11. *t.* 1.   *Willden. Sp. Pl.*
v. 2. 112.   *Redout. Liliac. t.* 242.

O. minimum.   *Fl. Dan. t.* 612.

In insulâ Cypro; etiam ad ripas Rhodii prope Abydum. ♃.

Radix bulbus exiguus, globosus, fuscus; basi copiosè fibrillosus.   *Caulis* nullus.   *Folia*
duo, radicalia, uniformia et subæqualia, erectiuscula, semicylindracea, angusta, acuta,
glabra.   *Scapus* foliis humilior, solitarius, flexuoso-erectiusculus, teres, gracilis, gla-

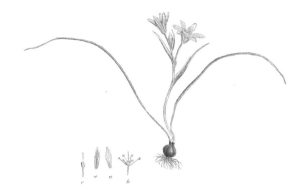

Ornithogalum spathaceum.

Ornithogalum arvense?

ber, bi- vel tri-florus, rariùs uniflorus. *Bracteæ* tres vel quatuor, lanceolatæ, acuminatæ, alternæ, basi vaginantes; quarum inferior major, a floribus remota; omnes
plùs minùs ciliatæ. *Flores* parvi, corymbosi, sæpiùs tres, nec plures, erecti, pedunculis simplicissimis, glaberrimis. *Petala* elliptico-lanceolata, obtusiuscula, æqualia,
glabra, nervosa; intùs flava; extùs viridi striata. *Stamina* petalis duplò breviora,
subulata, glabra, *antheris* demùm subrotundis. *Germen* tricoccum. *Stylus* staminibus longior, gracilis, triqueter, glaber. *Stigma* simplex.

Ab *Ornithogalo minimo* herbarii Linnæani differt *inflorescentiâ* simplici, nec ultra triflorâ;
bracteis subciliatis, nec undique plùs minùs pilosis.

a, a. Petalum anticè et posticè.　　　*b.* Stamina cum pistillo.　　　*c.* Pistillum.

TABULA 332.

ORNITHOGALUM ARVENSE.

Ornithogalum corymbo composito multifloro pubescente, bracteis lanceolatis ciliatis,
foliis linearibus.

O. arvense. *Persoon apud Usteri Neue Ann. fasc.* 5. 8. *t.* 1. *f.* 2.

O. minimum. *Redout. Liliac. t.* 302. *f.* 2; sed pedunculis simplicibus.

O. angustifolium bulbiferum. *Bauh. Pin.* 71. *Tourn. Inst.* 379. *Rudb. Elys. v.* 2.
139. *f.* 5.

O. bulbiferum luteum minimum tenuifolium. *Column. Ecphr.* 324. *t.* 323.

Phalangium n. 1214. *Hall. Hist. v.* 2. 102.

In Peloponneso haud infrequens; etiam in agro Cariensi, et insulâ Cypro. ♃.

Præcedente specie major et robustior. *Folia* radicalia bina, subæqualia, lineari-semicy-
lindracea, angusta, acuta, glabra; interdùm pilosa. *Scapus* altitudine varius, firmus,
cylindraceus, adscendens, sæpiùs glaber; supernè corymbosus, multiflorus, et mul-
tibracteatus, pedunculis subdivisis, bifloris vel trifloris, undique densè pubescentibus. *Bracteæ* lanceolatæ, concavæ, patentes, undique pilosæ, aut villoso-incanæ,
quarum duæ inferiores majores, suboppositæ, basi haud rarò bulbiferæ. *Flores*
erecti, lutei; extùs villosi, virides. *Capsula* subrotunda, triloba, stylo angulato,
persistente, coronata, nec non petalis emarcidis, staminibusque effœtis, vestita. *Semina* reticulato-corrugata, spadicea.

Ornithogalum minimum herbarii Linnæani ab hâc stirpe vix discrepat, nisi pedunculorum
et florum glabritie: at specimina ibidem conservata primariæ auctoritatis, ad hanc
obscuram speciem determinandam, mihi non videntur.

TABULA 333.

ORNITHOGALUM NANUM.

ORNITHOGALUM corymbo simplici paucifloro glabro scapo longiore, bracteis ventricosis scariosis, foliis linearibus numerosis.

O. humifusum, floribus umbellatis albis.   *Buxb. Cent.* 2. 35. *t.* 37. *f.* 1.

In Arcadiâ, et prope Abydum, ad colles apricos, Martio florens.   ♃

Bulbus ovatus, magnitudine varius, tunicis fuscis.   *Folia* plerumque septem vel octo, interdùm duplò plura, palmaria, patentia, humifusa, linearia, acuta, canaliculata, glabra, saturatè viridia, subglauca; basi aliquantulùm dilatata, membranacea, vaginantia.   *Scapus* solitarius, erectus, teres, glaber, vix uncialis; apice corymbosus, pedunculis alternis, simplicibus, brevibus.   *Bracteæ* solitariæ sub singulo pedunculo, duplòque longiores, ovato-oblongæ, ventricosæ, acutæ, scariosæ, albæ; basi vaginantes.   *Flores* majusculi, erecti, formosi.   *Petala* horizontalitèr patentia, ovata, acuta, æqualia; suprà nivea, nervis virentibus; subtùs viridia, margine albo.   *Stamina* subulata, longitudine æqualia, dimidium circitèr petalorum; tria alterna basi dilatata.   *Germen* breviùs pedicellatum, subrotundum, tricoccum, toruloso-sulcatum, lutescens.   *Stylus* longitudine staminum.   *Stigma* simplex.

Colles apricos Byzantinos, ut *Ixia Bulbocodium* Romanos, vere ornat.

a. Petalum exterius.   b. Idem interius.
c. Corymbi apex, cum bracteis, et flore singulari, demptis petalis.
d. Germen cum stylo, seorsìm.

ASPHODELUS.

Linn. Gen. Pl. 167.   *Juss.* 52.   *Gœrtn. t.* 17.

Corolla infera, sexpartita, persistens.   *Filamenta* glabra; basi dilatata, fornicata, germen tegentia.

TABULA 334.

ASPHODELUS RAMOSUS.

ASPHODELUS caule nudo ramoso, foliis carinato-triquetris canaliculatis lævibus.

A. ramosus.   *Linn. Sp. Pl.* 444.   *Willden. Sp. Pl. v.* 2. 133.   *Ait. Hort. Kew. ed.* 2.
    v. 2. 266.   *Curt. Mag. t.* 799.   *Redout. Liliac. t.* 314.   *Ger. Em.* 93.

Ornithogalum nanum?

Asphodelus ramosus.

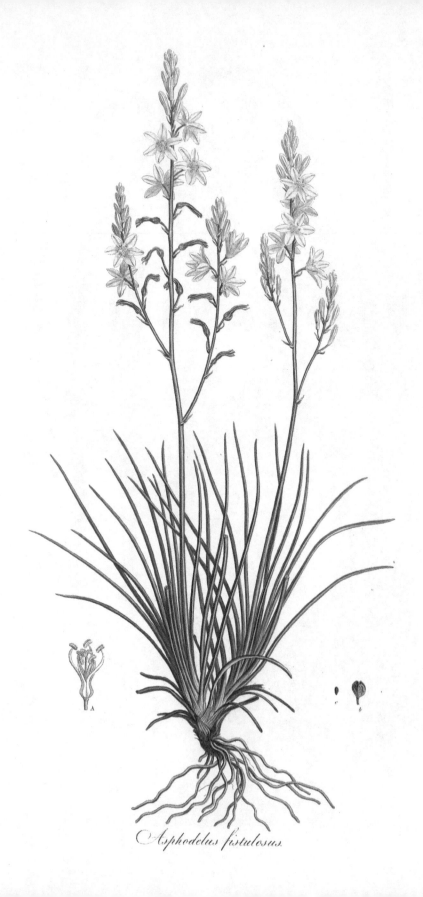

Asphodelus fistulosus.

A. albus ramosus mas. *Bauh. Pin.* 28. *Tourn. Inst.* 343.

A. primus. *Clus. Hist. v.* 1. 196.

Ασφοδελος *Diosc. lib.* 2. *cap.* 199.

Ασφόδελω *hodiè.*

Σπεϱδάκυλα *Lacon.*

Καϱϰ6εϰι *Attic.*

In campestribus Græciæ, insulisque Archipelagi, ubique. ♃.

Radix e tuberibus copiosis, carnosis, elliptico-oblongis, lævibus, fuscis, alterâ extremitate plerumque in radiculam attenuatis; intùs lutescentibus, succosis, acribus et nauseosis, constat. *Herba* tota glabra, glaucescens, succo viscoso, ingrato. *Folia* radicalia, plurima, bipedalia, undique patentia, laxa, lineari-lanceolata, acuta, integerrima, carinato-triquetra, canaliculata; basi dilatata, vaginantia. *Caulis,* aut *scapus,* tripedalis, vel altior, erectus, teres, lævissimus, solidus, alternatìm ramosus, aphyllus; ramis erectis, racemosis, multifloris, basi bracteatis. *Pedicelli* alterni, erectiusculi, teretes, uniflori, haud unciales. *Bracteæ* subulatæ, scariosæ, canaliculatæ, solitariæ ad basin pedicellorum, ejusdemque ferè longitudinis, persistentes. *Flores* copiosi, formosi, incarnato-albi, inodori. *Corolla* uncialis, profundè sexpartita; laciniis patentibus, oblongis, obtusis, æqualibus, carinatis, persistentibus; carinâ viridi. *Stamina* subulata, æqualia, incarnata, glabra, longitudine corollæ; basi dilatata, fornicata, conniventia, germen arctè tegentia. *Antheræ* incumbentes, oblongæ, fulvæ. *Germen* subrotundo-tricoccum, glabrum. *Stylus* longitudine et colore staminum, filiformis, obliquus. *Stigma* obtusum, simplex. *Capsula* subrotunda, obtusa, coriacea.

Bractearum proportione ab *Asphodelo albo,* Willden. Sp. Pl. n. 4, vix differt.

E seminis abundantiâ, messem felicem prædicant Græci hodierni. E foliis grabatos conficiunt, et e caulibus rhombos. Herba ovibus edulis esse traditur.

a. Stamina cum pistillo, corollæ basi insidentia.

* * *

TABULA 335.

ASPHODELUS FISTULOSUS.

Asphodelus caule nudo, foliis strictis subulatis striatis fistulosis, stigmate trilobo.

A. fistulosus. *Linn. Sp. Pl.* 444. *Willden. Sp. Pl. v.* 2. 133. *Ait. Hort. Kew. ed.* 2. *v.* 2. 266. *Curt. Mag. t.* 984. *Redout. Liliac. t.* 178. *Lamarck Illustr. t.* 241. *f.* 2. *Cavan. Ic. v.* 3. 1. *t.* 202.

A. foliis fistulosis. *Bauh. Pin.* 29. *Tourn. Inst.* 344.

A. minor. *Clus. Hist. v.* 1. 197.

Phalangium Cretæ. *Ger. Em.* 48.

VOL. IV.   I

In Archipelagi insulis rariùs.   Circa Athenas copiosè provenit. ♃.

Radix fibrosa, subcarnosa.   *Herba* glabra, glaucescens.   *Folia* radicalia, numerosa, erecta, spithamæa, subulata, stricta; suprà complanata, vel canaliculata; subtùs striata.   *Caulis*, aut *scapus*, sesquipedalis, erectus, teres, lævis; ramis plerumque tribus, racemosis, multifloris, erectis.   *Bracteæ* subulatæ, pedicellis breviores. *Flores* incarnati, laciniis ellipticis, obtusis, carinâ rubrâ.   *Stamina* conniventia, alba, quorum tria alterna breviora.   *Germen* parvum, subrotundum.   *Stylus* vix longitudine staminum.   *Stigma* tripartitum, lobis rotundatis, sulcatis, flavis.   *Capsula* turbinata, transversìm corrugata, fusca.   *Semina* pauca, obovata, nigra.

A. Stamina triplò aucta, cum pistillo.
b. Capsula, et *c.* Semen, magnitudine naturali.

ANTHERICUM.

Linn. Gen. Pl. 167.   *Gærtn. t.* 16.

Phalangium.   *Juss.* 52.

Corolla hexapetala, patens, persistens.   *Filamenta* filiformia.   *Capsula* supera, ovata.   *Semina* angulata.   *Calyx* nullus.

TABULA 336.

ANTHERICUM GRÆCUM.

Anthericum foliis planis: caulinis basi dilatatis ciliatis, paniculâ subcorymbosâ, filamentis glaberrimis.

A. græcum.   *Linn. Sp. Pl.* 444; *nec Syst. Veg. ed.* 13. 272.   *Willden. Sp. Pl. v.* 2. 136.

Bulbocodium græcum, myosotidis flore.   *Tourn. Cor.* 50.

Φαλαγγιον *Diosc. lib. 3. cap.* 122?   *Sibth.*

In Peloponnesi, tum in Cretæ et Cypri, montibus elatioribus. ♃.

Radix bulbus ovatus, parvus, rubicundus, lævis.   *Herba* palmaris aut spithamæa, saturatè virens, undique ferè glabra.   *Caulis* solitarius, erectiusculus, simplex, teres, foliosus.   *Folia* linearia, acuminata, plana; radicalia tria vel quatuor, altitudine caulis; caulina longè minora, alterna, vaginantia, basin versus plùs minùs ciliata.   *Panicula*

Anthericum græcum?

Asparagus acutifolius.

terminalis, corymbosa, subdichotoma, glabra, pedicellis triquetris, bracteatis, cernuis. *Bracteæ* foliis caulinis similes, et pari ratione ciliatæ, sed minores. *Flores* pulchri, subnutantes. *Petala* obovata, uniformia, supra medium patentia, nivea, nervis tribus viridibus. *Stamina* subulata, æqualia, omninò glaberrima, nec lanata. *Antheræ* didymæ. *Germen* oblongum, prismaticum, staminibus duplò brevius. *Stylus* teres, crassus, brevissimus. *Stigma* trilobum, sulcatum.

Planta pulcherrima in hortis nostris desideratur. Filamenta lanata, e calami lapsu ut videtur, apud Syst. Veg. descripsit Linnæus; at hunc errorem, in Mantissâ alterâ, 365, correxit.

a. Petalum anticè.
c. Stamina et pistillum.
e, E. Pistillum.

b. Idem posticè.
D. Stamen auctum.

ASPARAGUS.

Linn. Gen. Pl. 168. *Juss.* 41. *Gærtn. t.* 16. *Brown. Prodr.* 281.

Corolla sexpartita, patens, æqualis. *Calyx* nullus. *Stylus* brevissimus. *Stigmata* tria. *Bacca* supera, globosa, trilocularis. *Semina* subbina, extùs convexa.

TABULA 337.

ASPARAGUS ACUTIFOLIUS.

AsParaGus caule inermi angulato fruticoso, foliis fasciculatis aciformibus rigidulis æqualibus, corollâ undique patente.

A. acutifolius. *Linn. Sp. Pl.* 449. *Willden. Sp. Pl. v.* 2. 153. *Ait. Hort. Kew. ed.* 2. *v.* 2. 275.

A. foliis acutis. *Bauh. Pin.* 490. *Tourn. Inst.* 300.

A. sylvestris. *Camer. Epit.* 260.

A. petræus. *Ger. Em.* 1110.

Corruda prior. *Clus. Hist. v.* 2. 177.

Ασπαραγος *Diosc. lib.* 2. *cap.* 152.

Σπαράγγι, ἢ Σφαραγγιὰ, *hodiè.*

In Bithyniâ, nec non in Peloponneso. ♄.

Radix perennis, tuberibus plurimis, rectis, cylindraceo-oblongis, carnosis, fibrillosis. *Caules* fruticosi, erecti, ramosissimi; ramis undique patentibus, alternatìm subdivisis, subflexuosis, teretiusculis, striatis, griseis, rigidulis, foliosis, inermibus. *Folia*

haud semuncialia, fasciculata, undique patentia, subulata, angulata, rigida, mucronato-pungentia, glabra, perennantia; basi articulata, et demùm decidua. *Stipulæ*
nullæ. *Pedunculi* laterales, vel subaxillares, solitarii vel bini, capillares, glabri, uniflori, foliis breviores, medio articulati, geniculati. *Bracteæ* parvæ, scariosæ, subso-
litariæ, ad basin pedunculorum. *Flores* luteoli, parvi. *Corollæ* laciniæ elliptico-
oblongæ, omnes patentissimæ, subrecurvæ, persistentes; tribus alternis paulò minoribus. *Stamina* subulata, glabra, laciniis opposita, duplòque breviora. *Antheræ*
didymæ, incumbentes. *Germen* subrotundum. *Stylus* vix ullus. *Stigmata* tria,
linearia, recurvato-patentia. *Bacca* pendula, globosa, depressiuscula, nigra, magnitudine pisi. *Semen* sæpiùs solitarium, globosum, nigrum.

a, A. Flos cum pedunculo.   B. Pistillum.
    c. Bacca, cum corollâ persistente.   d. Eadem supernè.
    e. Semen.

TABULA 338.

ASPARAGUS APHYLLUS.

Asparagus caule spinoso fruticoso, foliis fasciculatis subulatis rigidis inæqualibus, corollæ laciniis interioribus inflexis.

A. aphyllus.   *Linn. Sp. Pl.* 450.   *Willden. Sp. Pl. v.* 2. 154.   *Ait. Hort. Kew. ed.* 2.
    v. 2. 275.

A. aculeatus alter, tribus aut quatuor spinis ad eundem exortum.   *Bauh. Pin.* 490.
    Tourn. Inst. 300.

A. sylvestris aculeatus.   *Ger. Em.* 1111.

Corruda (ex errore Corduba) altera.   *Clus. Hist. v.* 2. 178.

β. Asparagus creticus fruticosus, crassioribus et brevioribus aculeis.   *Tourn. Cor.* 21.
    It. v. 1. 88, *cum icone.*

A. horridus.   *Redout. Liliac. t.* 288, *nec. Linn.*

In Cretâ insulâ, et monte Athô.   In Peloponneso cum priore specie, cujus nomina haud
rarò usurpare visus est.   ♄.

Præcedente firmior, crassior, densiùsque ramosus.   Præcipuè verò discrepat *foliis* longitudine inæqualibus, multò crassioribus; et *spinis* validis, brevibus, supernè incurvis, solitariis, sub ramis anni præcedentis.   *Flos* etiam distinguitur laciniis tribus interioribus inflexis, concavis, nec recurvatis, et *stigmate* minore.

Nominis specifici ratio me omninò fugit.

a, a, A. Flores, magnitudine naturali et triplò auctâ.   B. Pistillum auctum.
    c. Folium.

Asparagus aphyllus.

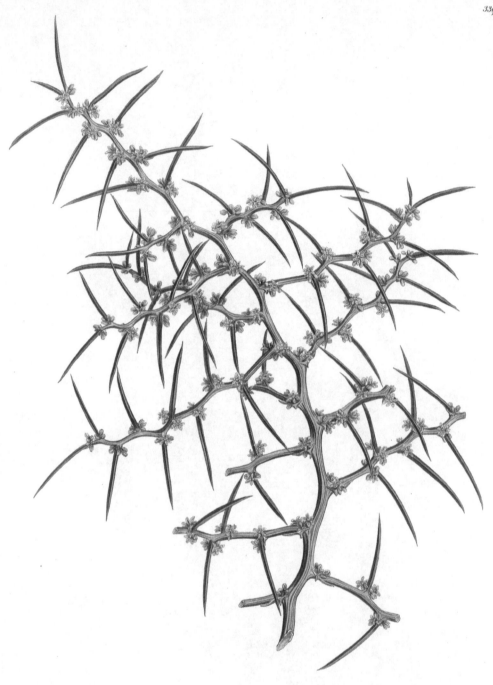

Asparagus horridus.

Hyacinthus romanus.

TABULA 339.

ASPARAGUS HORRIDUS.

Asparagus caule spinoso, fruticoso, foliis alternis patentibus angulatis rigidis pungentibus, floribus fasciculatis.

A. horridus. *Linn. Suppl.* 203. *Willden. Sp. Pl. v.* 2. 154. *Cavan. Ic. v.* 2. 30.
t. 136. *Lamarck. Dict. v.* 1. 296, exclusâ varietate, quæ præcedentis est.

A. hispanicus, aculeis crassioribus horridus. *Tourn. Inst.* 300.

In insulâ Cypro. ♄.

Habitu et charactere distinctissima species, cujus *folia* rigidissima, sesquiuncialia, undique patentissima, horrida, glauca, pro aculeis descripsere botanici, præter La-
marckium, omnes. *Folia* reverâ proculdubiò sunt, basi cum ramo articulata, ut in
duabus præcedentibus, at semper solitaria, maxima. *Spinæ* breves, solitariæ, ad
basin ramorum. *Pedunculi* laterales, extrafoliacei, aggregati, uniarticulati, uniflori.
Bracteæ plures, scariosæ, quarum inferiores maximæ spinis adnatæ sunt. *Flores*
numerosi, ochroleuci, laciniis omnibus æqualitèr patentibus. *Stamina* et *pistillum*
ferè priorum.

a, A. Flos pedunculo insidens.

HYACINTHUS.

Linn. Gen. Pl. 170. *Juss.* 52.

Corolla tubulosa, sexfida, subæqualis. *Filamenta* uniformia, tubo inserta.
Capsula supera, trilocularis. *Semina* subbina, globosa. *Calyx* nullus.

TABULA 340.

HYACINTHUS ROMANUS.

Hyacinthus corollâ campanulatâ semisexfidâ, racemo laxiusculo, staminibus medio dilatatis.

H. romanus. *Linn. Mant.* 224. *Willden. Sp. Pl. v.* 2. 169. *Ait. Hort. Kew. v.* 2. 283.
Redout. Liliac. t. 334.

H. comosus albus byzantinus. *Bauh. Pin.* 42. *Rudb. Elys. v.* 2. 22. *f.* 3.

VOL. IV.   K

H. comosus byzantinus.   *Clus. Hist. v.* 1. 180.   *Ger. Em.* 117.

Scilla romana.   *Ker in Curt. Mag. t.* 939.

Muscari byzantinum, flore candicante.   *Tourn. Inst.* 347.

In agro Argolico, et insulâ Cypro. ♃.

Radix bulbus ferè globosus.   *Herba* glaberrima, parùm glauca.   *Folia* plurima, radicalia, lineari-lanceolata, acuminata, canaliculata, laxè patentia, ferè pedalia; apice
mox emarcida.   *Scapi* solitarii vel bini, erecti, teretes, nudi, longitudine circitèr foliorum; apice racemosi, multiflori.   *Pedicelli* sparsi, uniflori, patentes, teretes, se-
miunciales; fructiferi unciales.   *Bracteæ* sub singulo pedicello solitariæ, ovatæ,
acutæ, reflexæ, parvæ, marcescentes.   *Flores* inodori, cæruleo-albidi, antheris violaceis; post anthesin fuscescentes.   *Corolla* semiuncialis, campanulata, angulata, marcescens; tubo inæqualitèr gibboso; limbo longitudine tubi, sexpartito, patentiusculo,
laciniis concavis, obtusis, tribus alternis paulò minoribus.   *Stamina* tubo, simplici
serie, inserta, limbo breviora, longitudine æqualia, elliptico-oblonga, acuminata, albida.   *Antheræ* incumbentes, cordatæ.   *Germen* subrotundum, angulatum.   *Stylus*
filiformis, staminibus brevior.   *Stigma* simplex.

Plantam minùs speciosam, itaque post Gerardi ævum neglectam et deperditam, e solo
Romano in Angliam attulimus, anno 1787, unà cum *Allii triquetri* bulbis.

Muscari genus hâc specie, ut opinor, *Hyacintho* conjungitur.

     a. Flos, cum pedicello et bracteâ.   *b.* Stamina cum basi corollæ connexa.
     c. Pistillum.

ALOE.

Linn. Gen. Pl. 171.   *Juss.* 52.   *Gœrtn. t.* 17.

Corolla tubulosa; ore patulo, sexfido; fundo nectarifero.   *Filamenta* receptaculo inserta.   *Capsula* supera, oblonga, trilocularis.   *Semina*
numerosa, angulata.

TABULA 341.

ALOE VULGARIS.

Aloe foliis adscendentibus concaviusculis acuminatis spinoso-dentatis, pedunculo ramoso,
bracteis infimis oppositis.

A. vulgaris.   *Bauh. Pin.* 286.   *Tourn. Inst.* 366.   *De Candolle Pl. Grasses,* 27, *cum
icone.   Ait. Hort. Kew. ed.* 2. *v.* 2. 292.   *Ger. Em.* 507.

Aloe vulgaris

Berberis cretica.

A. perfoliata π, vera. *Linn. Sp. Pl.* 458.

A. perfoliata λ, vera. *Willden. Sp. Pl. v.* 2. 186.

A. barbadensis. *Haworth in Tr. of Linn. Soc. v.* 7. 19.

Aloe. *Trag. Hist.* 932. *Fuchs. Hist.* 138. *Clus. Hist. v.* 2. 160. *Matth. Valgr. v.* 2.
45, 46. *Camer. Epit.* 450.

Αλοη *Diosc. lib.* 3. *cap.* 25.

Αλοὲ *Cypr.*

In Andro insulâ. *Diosc.* In Cypro. *Sibth.* ♄.

Caulis suffruticosus, brevis, crassus, carnosus, subdivisus, succo viscoso, fœtido, amaro,
flavescente scatens, uti tota planta. *Folia* sessilia, conferta, undique erecto-patentia, pedalia, lanceolata, acuta, valdè carnosa, rigida, saturatè viridia, immaculata,
avenia, glaberrima; suprà concaviuscula; subtùs convexa; margine dentato-spinosa.
Pedunculus axillaris, caulem longè superans, erectus, ramosus, crassus, teres, pur-
pureo-fuscus, glaber, apice racemosus, multiflorus. *Bracteæ* sparsæ, membranaceæ,
nervosæ, deltoideæ, acutæ; infimæ, ad basin ramorum, oppositæ. *Flores* copiosi,
pedicellati, imbricato-deflexi, ultra unciales, lutei; pedicellis teretibus, glabris, basi
bracteolatis. *Corolla* cylindraceo-oblonga, obliqua, ad basin ferè sexpartita; laciniis erecto-convergentibus, obtusiusculis, apice patentiusculis; tribus interioribus
paulò majoribus. *Stamina* filiformia, uniformia, glabra, receptaculo, vix corollæ
basi, inserta, limbo paulò longiora. *Antheræ* oblongæ, incumbentes. *Germen*
ovato-oblongum, angulatum. *Stylus* formâ et longitudine ferè staminum. *Stigma*
parvum, subsimplex.

a. Flos cum pedicello et bracteolâ.   b. Idem, corollâ orbatus.
c. Pistillum, cum corollæ basi.

BERBERIS.

Linn. Gen. Pl. 175. *Juss.* 286. *Gœrtn. t.* 42. *De Cand. Syst. v.* 2. 4.

Calyx hexaphyllus. *Petala* sex; unguibus intùs bicallosis. *Stamina* simplicia, petalis opposita. *Stylus* nullus. *Bacca* unilocularis, di- vel tri-
sperma.

TABULA 342.

BERBERIS CRETICA.

BERBERIS aculeis tripartitis, foliis obovatis subintegerrimis racemo paucifloro longioribus.

B. cretica.   *Linn. Sp. Pl.* 472.   *Willden. Sp. Pl. v.* 2. 229.   *De Cand. Syst. v.* 2. 9.
    Ait. Hort. Kew. ed. 2. *v.* 2. 314.
B. cretica, buxi folio.   *Tourn. Cor.* 42.
B. alpina cretica.   *Bauh. Pin.* 454.
Lycium creticum.   *Alpin. Exot.* 21. *t.* 20.
Licio di Candia.   *Pon. Bald.* 137, *cum icone.*
Μυιλχυνιὰ *Pariis.*

In montibus Sphacioticis Cretæ, et Delphi Eubœæ ; tum in Paro et Cypro insulis. ♄.

Frutex orgyalis, ramosissimus, glaber, aculeatus, nec spinosus. *Rami* alterni, flexuosi,
  angulati, demùm cinerascentes. *Ramuli* purpureo-fusci, nitidi, foliosi. *Aculei* in
  ramulis, ut et ramis junioribus, sub singulà gemmâ solitarii, e cortice orti, tripartiti,
  subulati, duri, pungentes, divaricati, flavescentes, subtùs canaliculati, glanduloso-sca-
  bri, subæquales ; demùm fusci, persistentes. *Folia* ex aculeorum axillis, fasciculata,
  subsena, petiolata, obovata, aculeis breviora, haud uncialia, nuda, mucronulata, saturatè
  viridia, venosa, glaberrima, plerumque integerrima ; subtùs pallidiora ; decidua. *Sti-*
  pulæ exiguæ, ovatæ, acutæ, fuscæ, ad basin petiolorum, subimbricatæ. *Racemi* tri-
  vel quadri-flori, axillares, solitarii, foliis breviores. *Flores* aurei. *Calyx* petalis op-
  positus et concolor, foliolis obovatis, concavis, deciduis. *Petala* calyce conformia,
  sed paulò majora, glandulis ad basin duabus, oblongis, rubris. *Stamina* flava, petalis breviora, intùs, basin versus, irritabilia, ut in *B. vulgari.* *Antheræ* incumbentes, didymæ, flavæ. *Germen* virens, ellipticum, utrinque acutum. *Stigma* magnum, peltatum. *Baccæ* ellipticæ, nigræ, acerbæ, succo pulchrè purpureo.
Variat interdùm aculeis quinquepartitis, et foliis hinc inde serrato-ciliatis. *De Candolle.*

    a, a. Flos, anticè et posticè.   B. Petalum auctum, cum stamine in situ naturali.
    C. Pistillum.

FRANKENIA.
Linn. Gen. Pl. 176.   *Juss.* 303.

Calyx quinquefidus, infundibuliformis. *Petala* quinque. *Stigmata* tria.
  Capsula supera, unilocularis, trivalvis, polysperma.

TABULA 343.

FRANKENIA HIRSUTA.

Frankenia foliis revoluto-linearibus confertis basi ciliatis, caule undique hirsuto.
F. hirsuta.   *Linn. Sp. Pl.* 473.   *Willden. Sp. Pl. v.* 2. 242.   *Ait. Hort. Kew. ed.* 2.
  v. 2. 315.

Frankenia hirsuta

Frankenia pulverulenta.

Franca maritima supina multiflora candida, caulibus hirsutis, foliis quasi vermiculatis.
Mich. Gen. 23. *t.* 22. *f.* 2.

Alsine cretica maritima supina, caule hirsuto, foliis quasi vermiculatis, flore candido.
Tourn. Cor. 45.

Polygonum creticum thymi folio. *Bauh. Pin.* 281. *Prodr.* 131.

In Achaiæ et insulæ Cypri maritimis. ♃.

Radix perennis, sublignosa. *Caules* pedales, prostrati, ramosissimi, teretes, foliosi, undique hirsuti, incani ; ramulis adscendentibus, dichotomis, fastigiatis, foliosis, multifloris. *Folia* parva, quaterna, petiolata, patentia, elliptico-oblonga, obtusa, integerrima, revoluto-linearia, glauca; utrinque glabra, basi subciliata. *Petioli* breves,
dilatati, densiùs ciliati, sæpiùs cum foliorum minorum fasciculo axillari. *Flores* e
dichotomiâ caulis, solitarii, sessiles, in apicibus ramulorum subconferti. *Calyx* pentagonus, rubicundus, basi pilosus. *Petala* quinque, obovata, erosa, albida, vel incarnata, unguibus longitudine calycis. *Stamina* sex, capillaria, exserta, erecta, petalis breviora. *Antheræ* didymæ, rubræ. *Germen* subtrigonum. *Stylus* filiformis,
longitudine staminum. *Stigmata* tria, patentia, linearia.

A *Frankeniâ lævi* vix, nisi caulis hirsutie, differt. Inflorescentia utrisque eadem est.

A. Flos multùm auctus.   B. Calyx.
C. Pistillum.   D. Folium cum petiolo.

TABULA 344.

FRANKENIA PULVERULENTA.

Frankenia foliis obovatis retusis subtùs villoso-pulverulentis.

F. pulverulenta. *Linn. Sp. Pl.* 474. *Willden. Sp. Pl. v.* 2. 243. *Sm. Fl. Brit.* 388.
Engl. Bot. t. 2222.

Franca maritima quadrifolia annua supina, chamæsyces folio et facie, flore ex albo purpurascente. *Mich. Gen.* 23.

Alsine maritima supina, foliis chamæsyces. *Tourn. Inst.* 244. *Dill. in Raii Syn.* 352.

Anthyllis maritima, chamæsyces similis. *Bauh. Pin.* 282.

A. valentina. *Clus. Hist. v.* 2. 186. *Ger. Em.* 566. *Lob. Ic. v.* 1. 421.

Quadrifolio annuo di Persia. *Zannon. Ist.* 164. *t.* 66.

In littoribus maritimis insularum Græcarum. ☉.

Radix fibrosa, annua. *Caules* plurimi, diffusi, ramosissimi, teretes, foliosi, sæpiùs pubescentes, vel subincani. *Folia* quaterna, glaucescentia, obovata, retusa, vel emar-

VOL. IV.   L

ginata, vix revoluta, integerrima, uninervia, subtùs incana. *Petioli* ciliati. *Flores* e dichotomiâ caulis, et ramulorum apicibus. *Calyx* glaber. *Corolla* purpurea, vel incarnata. *Stamina* vix exserta. Cætera ut in priore.

A. Flos triplò auctus.   B. Calyx.
C. Fœcundationis organa.

Rumex bucephalophorus.

B   A

HEXANDRIA TRIGYNIA.

RUMEX.

Linn. Gen. Pl. 178.   *Juss.* 82.   *Gærtn. t.* 119.

Calyx triphyllus.   *Petala* tria, conniventia.   *Semen* unicum, triquetrum, superum, nudum.   *Stigmata* multifida.

---

* *Floribus hermaphroditicis.*

TABULA 345.

RUMEX BUCEPHALOPHORUS.

Rumex valvulis dentatis nudis, pedunculis deflexis incrassatis, foliis ovatis.

R. bucephalophorus.   *Linn. Sp. Pl.* 479.   *Willden. Sp. Pl. v.* 2. 255.   *Ait. Hort. Kew.*
   ed. 2. *v.* 2. 321.   *Cavan. Ic. v.* 1. 31. *t.* 41. *f.* 1.

Acetosa ocymi folio, neapolitana.   *Bauh. Pin.* 114.   *Tourn. Inst.* 503.   *Column. Ecphr.*
   v. 1. 151. *t.* 150. *f.* 2.

Λαπαθον μικρον *Diosc. lib.* 2. *cap.* 140.   *Sibth.*

Ἀτζετόζα *Zacynth.*

Inter segetes Græciæ, et Archipelagi insularum, primo vere, tum in Cypro et Zacyntho. ☉.

Radix annua, simplex, cylindracea; infernè ramosa, fibrosa.   *Herba* spithamæa, multicaulis, erecta, rubicunda, acida.   *Caules* simplices, vel parùm ramosi, foliosi, teretes, glabri; basi paululùm decumbentes.   *Rami* alterni, breves.   *Folia* alterna, petiolata, patentia, ovata, obtusiuscula, indivisa, integerrima, triplinervia, glabra, haud uncialia; basi in petiolum canaliculatum decurrentia.   *Stipulæ* intrafoliaceæ, vaginantes, membranaceæ, bipartitæ, acutæ.   *Flores* numerosi, parvi, verticillati, cernui, subterni; inferiores axillares; superiores aphylli.   *Pedunculi* capillares, rubri, deflexi; post florescentiam incrassati, rigidi, papilloso-subpruinosi, ut et *calyx*. *Petala* trifida, acuta.   *Stamina* capillaria, longitudine calycis.   *Antheræ* magnæ, exsertæ, pendulæ, oblongæ, obtusæ, fulvæ, utrinque emarginatæ, lateralitèr dehiscentes. *Germen* triquetrum, acutum. *Styli* staminibus breviores. *Stigmata* parva, multifido-capillaria, decidua. *Semen* acutè triquetrum, mucronulatum, fuscum, calyce persistenti suffultum, et *valvulis* tribus, e petalis induratis, auctis, conniventibus, rubicundis, scabriusculis, margine aculeatis, obvolutum.

A. Flos multùm auctus.   B. Fructus ferè maturus.

TABULA 346.

RUMEX ROSEUS.

RUMEX valvulis rotundatis scariosis reticulatis denticulatis nudis inæqualibus, pedunculis capillaribus, foliis hastato-oblongis.

R. roseus. *Linn. Sp. Pl.* 480, synonymo dubio. *Willden. Sp. Pl. v.* 2. 256. *Ait. Hort. Kew. ed.* 2. *v.* 2. 322.

In insulâ Cypro. ☉.

Radix præcedentis. *Herba* spithamæa, multicaulis, patens, lætè virens, pruinoso-scabriuscula. *Caules* adscendentes, subramosi, teretiusculi, sulcati, glabri, foliosi; apice racemosi. *Folia* alterna, longiùs petiolata, patentia, oblonga, triplinervia; basi subhastata, in petiolum decurrentia; margine vel integerrima, vel undulato-denticulata, vix erosa. *Stipulæ* ferè prioris. *Flores* parvi, rubri, fasciculati, pedicellati, cernui, fasciculis alternis, bracteatis, in *racemum* erectum dispositis. *Bracteæ* geminæ, lanceolatæ, acuminatæ, membranaceæ, albæ, stipulis longè minores. *Pedicelli* semper capillares, rubri, pruinosi. *Calyx* ruber, pruinosus; demùm reflexus, persistens, haud ampliatus. *Petala* parva, flavescentia. *Stamina* capillaria, alba. *Antheræ* fulvæ, utrinque bipartitæ. *Pistillum* exiguum, staminibus et petalis brevius. *Semen* oblongum, album, nitidum, angulis tribus acutissimis, fuscis. *Valvulæ* maximæ, formosæ, inæquales, bilobæ, rotundatæ, scariosæ, albæ, reticulatæ, venis pulcherrimis, roseis; margine denticulatæ, rubræ; disco induratæ, semen arctè amplexæ.

Synonyma vix invenio. *Acetosa ægyptia,* Shaw. n. 5, ad *Rumicem bipinnatum,* Linn. Suppl. 211, spectare videtur; nam foliorum divisio in hâc familiâ maximè variabilis est. *R. roseus,* valvulis affabrè denticulatis, a *vesicario* et *tingitano* apertè differt.

a, A. Flos.   *b, b.* Fructus duplici sub aspectu, magnitudine naturali.

Rumex roseus.

Rumex spinosus

** *Floribus diclinibus.*

TABULA 347.

RUMEX SPINOSUS.

Rumex floribus androgynis; calycibus fœmineis basi monophyllis: foliolis reflexo-uncinatis pungentibus.

R. spinosus. *Linn. Sp. Pl.* 481. *Willden. Sp. Pl. v.* 2. 259. *Ait. Hort. Kew. ed.* 2. *v.* 2. 322.

Beta cretica, semine aculeato. *Bauh. Pin.* 118. *Prodr.* 57, *cum icone.*

B. cretica, semine spinoso. *Bauh. Hist. v.* 2. 963.

B. cretica. *Matth. ed. Bauh.* 371.

'Αγριο σεῦκλον *Zacynth.*

Circa Athenas; etiam in insulâ Zacyntho. ☉.

Radix fusiformis, carnosa, crassa, annua. *Herba* glabra, tristè virens, humifusa. *Caules* cubitales, undique sparsi, alternatìm ramosi, flexuosi, teretes, striati, fistulosi, foliosi. *Folia* alterna, petiolata, patentia, hastato-ovata, obtusa, integerrima, venosa, subcarnosa, ferè biuncialia. *Petioli* lineares, canaliculati, foliis duplò breviores. *Stipulæ* vaginantes, membranaceæ, fuscæ, breves. *Flores* verticillati, numerosi, densi, virides; *fœminei* axillares, sessiles; *masculi* apices versus ramorum, pedicellati, cernui, pauciores. *Calyx* masculorum triphyllus, foliolis obovatis, concavis, obtusis: fœmineorum basi turbinatus, angulatus, costatus, reticulatus, supernè triphyllus, foliolis æqualibus, ovatis, convolutis, patentissimis, mucronato-pungentibus, persistentibus. *Petala* masculorum obovata, calyci ferè conformia: fœmineorum deltoidea, sulcata, parva, persistentia, erecto-conniventia, basi connato-tubulosa. *Stamina* sex, capillaria, æqualia, longitudine calycis. *Antheræ* exsertæ, oblongæ, utrinque bilobæ, flavæ. *Germen* in fundo calycis fœminei, ovatum, triquetrum, liberum. *Styli* breves. *Stigmata* plumosa, patentia, nivea. *Semen* triquetrum, nitidum, fuscum, calyce indurato, libero, intùs nitidissimo, arctè tectum.

Flores fœminei pluribus notis a *Rumice* discedunt, at generis characteri naturali non impingunt.

a, A. Flos masculus. B. Flos fœmineus auctus.
c, C. Calyx fructifer.

TABULA 348.

RUMEX TUBEROSUS.

Rumex floribus dioicis, valvulis rotundatis nudis, foliis lanceolato-sagittatis : lobis patentibus, radice tuberosâ.

R. tuberosus. *Linn. Sp. Pl.* 481. *Willden. Sp. Pl. v.* 2. 259. *Ait. Hort. Kew. ed.* 2.
v. 2. 323.

Acetosa tuberosâ radice. *Bauh. Pin.* 114. *Tourn. Inst.* 503.

A. tuberosa, tuberibus asphodeli. *Cupan. Panph. ed.* 1. *v.* 1. *t.* 56. *ed.* 2. *t.* 74.

Oxalis tuberosâ radice. *Bauh. Hist. v.* 2. 991.

O. tuberosa. *Dod. Pempt.* 649. *Lob. Ic. v.* 1. 291. *Ger. Em.* 396. *Dalech. Hist.* 605.
Ξινίτρα *Lemn.*

In Lemno et Cypro insulis, et in Asiâ minori. ♃

Radix tuberosa, *Spiræœ Filipendulœ* instar, tuberibus elliptico-oblongis, fibrillosis, nigricantibus. *Caules* spithamæi, erectiusculi, simplices, foliosi, teretes, sulcati, glabri,
rubicundi. *Folia* longiùs petiolata, lanceolato-oblonga, obtusa, indivisa et integerrima, lævia ; basi sagittata, lobis paululùm divaricatis ; caulina alterna ; radicalia
numerosiora. *Stipulæ* intrafoliaceæ, vaginantes, membranaceæ, nervosæ, laceræ.
Racemi terminales, aggregati, alterni, multiflori, pedicellis verticillatis, capillaribus,
rubris, cernuis. *Bracteæ* parvæ, lanceolatæ, acuminatæ, scariosæ, albæ. *Flores*
dioici, parvi, rubicundi, ferè consimiles. *Calycis* foliola obovata, concava ; in
flore fœmineo reflexa, persistentia, haud ampliata. *Petala* calyci similia ; in flore
fœmineo paulò majora, rotundata, mox ampliata, valvulas seminum constituentia.
Stamina capillaria, *antheris* oblongis, utrinque bilobis, luteo-fulvis, pendulis. *Germen* exiguum, triquetrum. *Stigmata* lateralitèr exserta, multifida, rosea. *Semen*
triquetrum, acutum, parvum ; valvulis magnis, integerrimis ; basi bilobis ; disco reticulatis, granulo destitutis.

a. Racemus masculinus, magnitudine naturali. B. Flos seorsìm, auctus.
c. C. Flos fœmineus.   d. Semen maturum, valvulis tectum.

TABULA 349.

RUMEX MULTIFIDUS.

Rumex floribus dioicis, foliis hastatis : auriculis palmatis.

R. multifidus. *Linn. Sp. Pl.* 482. *Willden. Sp. Pl. v.* 2. 260.

R. Acetosella ♂. *Linn. ibidem. Willden.* 261.

Acetosa minor erecta, lobis multifidis. *Bocc. Mus.* 164. *t.* 126. *Tourn. Inst.* 503.

Oxalis minor ætnica, lanceolato folio auriculis multifidis donato. *Cupan. Panph. ed.* 1.
v. 1. *t.* 75. *ed.* 2. *t.* 75.

Rumex tuberosus.

Rumex multifidus.

Colchicum latifolium.

In Peloponnesi montibus, et agro Byzantino.   In Siciliâ etiam legit Sibthorp.   ♃ .

Habitus *Rumicis Acetosellæ,* at specie omninò differt.   *Radix* sublignosa, teretiuscula, ramosa, fusca, sæpiùs multiceps.   *Caules* spithamæi, erecti, foliosi, angulato-teretes, sulcati, vix ramosi.   *Folia* longè petiolata, parva, glabra, hastata, acuta ; lobo terminali lanceolato, integerrimo ; lateralibus profundè palmatis, angustatis : caulina alterna : radicalia numerosa, cæspitosa, petiolis longissimis, linearibus.   *Stipulæ* magnæ, membranaceæ, acutæ, laceræ.   *Racemi* paniculato-compositi, sæpiùs gemini, bracteis formâ stipularum, sed minoribus.   *Pedicelli* verticillati, cernui.   *Flores* exigui, luteoli, dioici.   *Calycis* foliola obovata, concava.   *Petala* calyci simillima. *Stamina* capillaria, *antheris* oblongis, pendulis, fulvis.   *Germen* subrotundo-trigonum, stigmatibus sessilibus, plumosis, flavis.   *Semen* cum *valvulis* nondum nobis innotuere.   Cum *R. Acetosellâ* fortè conveniunt.

Seminum *valvulæ* in hâc specie et affinibus, nec non in *R. Acetosâ,* et pluribus aliis sub hoc nomine confusis, inquisitione et comparatione proculdubiò egent.

a, A. Flos masculinus.   *b.* Racemi fœminei portio.
    C. Flos fœmineus auctus.

COLCHICUM.

Linn. Gen. Pl. 180.   *Juss.* 47.   *Gœrtn. t.* 18.

Calyx spatha.   *Corolla* limbo sexpartito, tubo radicali.   *Capsulæ* tres, superæ, connexæ, inflatæ, polyspermæ.

TABULA 350.

COLCHICUM LATIFOLIUM.

Colchicum foliis elliptico-oblongis costatis reclinatis, corollæ laciniis ellipticis obtusiusculis, radice globosâ.

C. latifolium.   *Ger. Em.* 162.

C. variegatum.   *Prodr. v.* 1. 250 ; exclusis synonymis Linn. et Tourn.

C. polyanthes lato hellebori albi folio.   *Bauh. Pin.* 68.   *Tourn. Inst.* 349.

C. byzantinum latifolium polyanthes.   *Clus. Hist. v.* 1. 199, 200.   *Bauh. Hist. v.* 2. 655.

C. byzantinum.   *Park. Parad.* 154. *t.* 155. *f.* 2.

Σπασσόχορτον *hodiè.*

In Helicone, Parnasso, aliisque Græciæ montibus.   ♃ .

Radix bulbus lateralis, magnus, ferè globosus, tunicâ nigricante. *Caulis* nullus. *Folia*, ex fidissimo Clusio, maxima, elliptico-oblonga, multicostata, patentia, *Veratro albo* similia, sed colore saturatiora. *Flores* aggregati, in hoc genere maximi. *Spatha* tubulosa, apice obliqua, acumine brevi. *Corollæ* tubus spithamæus, angulatus, albus; limbus regularis, campanulatus, laciniis biuncialibus, ellipticis, obtusiusculis, muticis, concavis, obsoletè carinatis, venis purpureis undique reticulatis, nec tessellatis. *Stamina* alba, filiformia, fauce inserta, limbo triplò breviora, æqualia. *Antheræ* oblongæ, incumbentes, purpureæ, margine fulvo. *Germen* elliptico-oblongum. *Styli* longitudine ferè corollæ, filiformes, conniventes, apice distincti, patentiusculi, stigmatibus inflexis, obtusis, pubescentibus, niveis.

Benè perpensis omnibus, a *Colchico variegato* separavi. *Folia*, quæ nobis non innotuere, a Clusio optimè describuntur ac pinguntur; et de synonymo ejus mihi dubium non est. *Corolla* venoso-reticulata, nec tessellata, videtur; quâ notâ, nec non laciniarum formâ, a *C. variegato* Linnæi aliorumque, ni fallor, discrepat.

a. Corollæ lacinia, e tribus exterioribus, paulò majoribus.
b. Tubi portio, cum staminibus, et stylorum summitatibus.
c. Styli abscissi.
d. Germen, cum stylis integris et stigmatibus.

Erica arborea.

OCTANDRIA MONOGYNIA.

ERICA.

Linn. Gen. Pl. 192. *Juss.* 160. *Gærtn. t.* 63.

Calyx tetraphyllus. *Corolla* quadrifida, persistens. *Stamina* receptaculo inserta. *Antheræ* ante anthesin per foramina duo lateralia connexæ. *Capsula* supera, quadrilocularis, polysperma; dissepimentis e medio valvularum.

* *Antheris aristatis.*

TABULA 351.

ERICA ARBOREA.

Erica antheris aristatis, corollâ campanulatâ, floribus terminalibus, foliis ternis linearibus glabris, ramis tomentosis.

E. arborea. *Linn. Sp. Pl.* 502. *Willden. Sp. Pl. v.* 2. 366. *Dryand. in Ait. Hort. Kew.* ed. 2. v. 2. 402. *Thunb. Eric. n.* 63.

E. n. 1014. *Hall. Hist. v.* 1. 432.

E. maxima alba. *Bauh. Pin.* 485. *Tourn. Inst.* 602.

E. coris folio prima. *Clus. Hist. v.* 1. 41.

E. major flore albo, prima Clusii. *Lob. Ic. v.* 2. 214.

E. n. 2. *Ger. Em.* 1380; quoad iconem.

Píxi *Argol. hodiè.*

In Archipelagi insulis frequens; nec non in agro Argolico. ♄.

Caulis erectus, tripedalis—sexpedalis, vel altior, ramosissimus; ramis sparsis, erectis, foliosis, multifloris, undique tomentoso-incanis, ligno duro; cortice demùm deciduo. *Folia* sæpiùs terna, quandoque quaterna, vel sparsa; omnia erecto-patentia, breviùs petiolata, linearia, obtusa, revoluta, glabra, sempervirentia. *Petioli* breves, dilatati, ciliati. *Stipulæ* nullæ. *Flores* in apicibus ramulorum, numerosi, pedunculati, cernui, nivei, suaveolentes, parvi. *Pedunculi* simplices, filiformes, albi. *Bracteæ* subulatæ, albæ, oppositæ, ad basin, ut et medium versus, pedunculorum. *Calyx* albus, quadripartitus, acutus, erectus, persistens, corollâ triplò brevior. *Corolla* sesquilinearis,

VOL. IV.   N

campanulata ; limbo acutè quadripartito, erectiusculo, æquali. *Stamina* alba, tubo breviora. *Antheræ* oblongæ, obtusæ, badiæ ; basi biaristatæ ; supernè, ante anthesin, poro utrinque conniventes, mox divergentes. *Germen* subrotundum. *Stylus* filiformis, obliquus, staminibus longior, persistens. *Stigma* trifidum. *Capsula* ovata, quadrivalvis, quadrilocularis, dissepimentis simplicibus, columellâ crassâ, ovato-quadrangulari, styligerâ.

A. Ramuli apex cum folio, flore, pedunculis tribus, et bracteis, omnibus triplò ferè auctis.
B. Calyx cum staminibus et pistillo.
c, C. Capsula, stylo coronata.
d, D. Semen.

———————

** *Antheris muticis*

TABULA 352.

ERICA MANIPULIFLORA.

Erica antheris muticis exsertis, corollâ campanulatâ, floribus axillaribus aggregatis, foliis ternis, ramulis incanis.
E. manipuliflorâ.   *Salisb. Tr. of Linn. Soc. v.* 6. 344.
E. verticillata.   *Forsk. Ægyptiaco-Arab.* 210.

In sylvis ad pagum *Belgrad*, prope Byzantium, et in insulâ Cretâ. ♄.

Caulis fruticosus, præcedente, ut videtur, humilior. *Rami* teretes, sparsi vel subterni ; juniores angulati, foliosi, albidi, subpubescentes, epidermide deciduâ. *Folia* terna, elliptico-oblonga, obtusa, revoluta, glabriuscula ; subtùs glauca. *Petioli* breves, nudi. *Pedunculi* laterales, aggregati, rubri, cernui, foliis duplò longiores, *bracteis* duabus, medium versus, oppositis, lanceolatis, acutis, coloratis. *Calyx* incarnatus, foliolis ovatis, acutis. *Corolla* calyce triplò aut quadruplò longior, ovato-cylindracea, rosea, limbo brevi, erecto. *Stamina* vix corollæ longitudine. *Antheræ* omninò exsertæ, oblongæ, semibifidæ, sanguineæ, muticæ, poris per totam ferè longitudinem utrinque demùm extensis. *Stylus* staminibus longior, curvus. *Stigma* capitatum, quadrifidum. *Capsula* ovato-depressiuscula. *Semina* ovata, minutissima.
Flores minimè verticillati, sed fasciculatìm per ramulos sparsi.

A. Flos, cum pedunculo et bracteis, auctus.
B. Calyx cum pistillo.
c, C. Folium, magnitudine naturali et auctâ.
d, D. Capsula.
e, E. Semen.

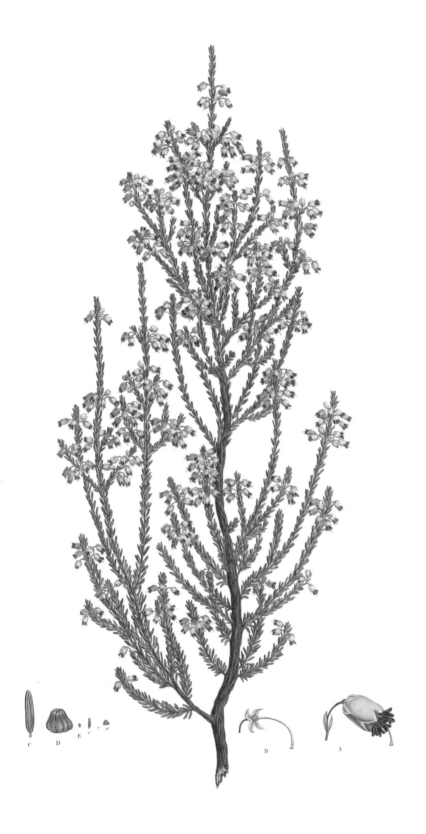

Erica manipuliflora?

Erica spiculifolia.

Daphne Tartonraira.

TABULA 353.

ERICA SPICULIFOLIA.

ERICA antheris muticis inclusis, corollâ campanulatâ, calyce basi monophyllo, pedunculis ebracteatis, foliis mucronulatis.

E. spiculifolia. *Salisb. Tr. of Linn. Soc. v.* 6. 324.

E. olympica. *Sibth. Mss.*

In Olympi Bithyni cacumine. ♃.

Frutex humilis, decumbens, ramosissimus; ramulis foliosis, apice multifloris. *Folia* sub-quaterna, quandoque sparsa, petiolata, patentia, linearia, revoluta, vel potiùs replicata, obtusa, cum setâ glandulosâ terminali, et pluribus aliis, minoribus, paululùm ab apice remotis, vel per plicam marginalem dispersis. *Petioli* basi articulati, breves, glabri. *Flores* in apicibus ramulorum, axillares, conferti, cernui, parvi, rosei. *Pedunculi* angulati, subpubescentes, bracteis omninò destituti. *Calyx* coloratus, acutus, basi monophyllus, angulosus. *Antheræ* inclusæ. *Stylus* exsertus. *Stigma* capitatum.

a, A. Folium cum petiolo.   *b*, B, B. Flos cum pedunculo.
C. Calyx cum staminibus et pistillo.

DAPHNE.

Linn. Gen. Pl. 192. *Juss.* 77.

Calyx coloratus, quadrifidus, inferus, stamina includens. *Stylus* terminalis, brevissimus. *Bacca* monosperma.

---

* *Floribus lateralibus.*

TABULA 354.

DAPHNE TARTONRAIRA.

DAPHNE floribus sessilibus aggregatis axillaribus, bracteis imbricatis, foliis obovatis nervosis sericeis.

D. Tartonraira. *Linn. Sp. Pl.* 510. *Willden. Sp. Pl. v.* 2. 417. *Ait. Hort. Kew. ed.* 2. *v.* 2. 409. *Vahl. Symb. fasc.* 3. 53.

Thymelæa foliis candicantibus, serici instar mollibus. *Bauh. Pin. 463. Tourn. Inst. 595.*
  Garidel Prov. 461.

Th. candicantibus et sericeis foliis, floribus inter folia. *Pluk. Almag.* 367. *Phyt. t.* 318.
  f. 6.

Tarton-Raire galloprovinc. marsiliensium. *Lob. Ic. v.* 1. 371. *Ger. Em.* 506.

T. massiliensium, Sanamunda prima Clusii. *Bauh. Hist. v.* 1. *p.* 1. 593.

Sanamunda argentata latifolia. *Barrel. Ic. t.* 221.

Prope Sestum ad Pontum Euxinum. ♄.

Frutex bipedalis, sericeo-argenteus, nitidissimus, viribus catharticis acerrimis, apud
  rusticos Europæ australis famosus. *Caulis* erectus, ramosissimus, teres, rugosus,
  ramulis sparsis, tomentosis, densè foliosis, erectis. *Folia* alterna, undique patentia,
  obovata, obtusa, integerrima, nervosa, crassiuscula, utrinque sericeo-nitida, glaucescentia, mollia, vix uncialia; basi in *petiolum* brevem decurrentia. *Flores* ex omnibus ferè foliorum axillis, foliis triplò breviores, sæpiùs terni, subsessiles; basi bracteati. *Bracteæ* ovatæ, parvæ, imbricatæ, sericeæ. *Calyx* sericeus, tubulosus, limbo
  quadripartito; intùs luteo-virens, glaberrimus. *Stamina* octo, duplici serie fauci
  inserta, filiformia, brevia. *Antheræ* ellipticæ, bilobæ, fulvæ, semiexsertæ. *Germen*
  parvum, ellipticum, sericeum. *Stigma* sessile, orbiculatum, peltatum.

  a. Florum fasciculus.
  B. Calyx magnitudine auctus, cultello divisus, cum staminibus in situ proprio.
  C. Pistillum seorsìm, ex eodem flore.

TABULA 355.

DAPHNE ARGENTEA.

Daphne floribus aggregatis axillaribus dioicis, bracteis imbricatis acutis, foliis obovato-
  lanceolatis nervosis sericeis.

Thymelæa, seu Tartonraire, lini foliis argenteis. *Tourn. Cor.* 41.

In Archipelagi insulis rariùs. In Salami et Samo legit Sibthorp; copiosiùs verò circa
  Corinthum. ♄.

Præcedente minor et humilior; *ramulis* magis patentibus. *Folia* minora, et semper angustiora, quamvis latitudine varient. *Bracteæ* magis acutæ. *Flores* plerumque
  gemini, ochroleuci, dioici, *stylo* brevi.

D. *nitida*, Vahl. Symb. fasc. 3. 53. Willden. Sp. Pl. v. 2. 418, differt floribus longioribus, ebracteatis, ramulos laterales terminantibus.

  a. Plantæ fœmineæ ramulus.   *b.* Flores masculini, gemini, in fasciculo bracteato.
  C. Bracteæ auctæ.   D. Flos masculinus, arte expansus, cum staminibus.
  E. Flos fœmineus, cum pistillo.

Daphne argentea?

Daphne Gnidium.

Daphne buxifolia

** *Floribus terminalibus.*

TABULA 356.

DAPHNE GNIDIUM.

Daphne racemis terminalibus, foliis lineari-lanceolatis cuspidatis.

D. Gnidium. *Linn. Sp. Pl.* 511. *Willden. Sp. Pl. v.* 2. 420. *Ait. Hort. Kew. ed.* 2. *v.* 2. 410.

Thymelæa. *Clus. Hist. v.* 1. 87. *Camer. Epit.* 974. *Dod. Pempt.* 364. *Ger. Em.* 1403. *Dalech. Hist.* 1666. *f.* 2. *et* 1667 ; nec Matth.

Th. foliis lini. *Bauh. Pin.* 463. *Tourn. Inst.* 594.

Th. monspeliaca. *Bauh. Hist. v.* 1. *p.* 1. 591.

Th. grana gnidii. *Lob. Ic. v.* 1. 369.

Θυμελαια. *Diosc. lib.* 4. *cap.* 173.

In montosis et asperis Græciæ, ut etiam a Dioscoride traditur, frequens. ♄.

Caulis fruticosus, erectus, tripedalis, determinatè ramosus ; ramulis elongatis, erectis, densè foliosis, teretibus, lentis, tenuissimè pubescentibus ; apice floriferis. *Folia* sparsa, erecto-patentia, subsessilia, uncialia, vel sesquiuncialia, lineari-lanceolata, integerrima, plana, mucronulata ; utrinque glabra ; subtùs glaucescentia ; basi angustata. *Stipulæ* nullæ. *Racemi* terminales, aggregati, alterni, multiflori, pubescentes ; post florescentiam elongati. *Pedicelli* angulati, compressi, ebracteati, uniflori. *Flores* nivei, odori ; tubo extùs sericeo ; limbo patente, obtusiusculo, inæquali. *Stamina* in fauce, brevia, *antheris* subexsertis, luteis, subrotundis. *Germen* parvum, sericeum. *Stigma* peltatum, stylo destitutum. *Bacca* ovalis, succosa, miniata, acerrima. *Semen* solitarium, obovatum, putamine tenui, griseo.

a. Flos.	B. Idem apertus et auctus.
c. Bacca.	*d.* Semen.

TABULA 357.

DAPHNE BUXIFOLIA.

Daphne floribus sessilibus glomeratis terminalibus, foliis elliptico-lanceolatis pubescentibus, caule erecto ramosissimo.

D. buxifolia. *Vahl. Symb. fasc.* 1. 29.

Thymelæa orientalis, buxi folio subtùs villoso, flore albo. *Tourn. Cor.* 41.

In montibus Sphacioticis Cretæ. In Armeniâ invenit Tournefort. ♄.

Caulis lignosus, erectus, teres, ramosissimus ; cortice rimoso, fusco ; ramulis fastigiatis,

VOL. IV.　　　　　　　　　　o

alternis, teretibus, foliosis, densè villosis. *Folia* haud uncialia, sparsa, petiolata, ob-ovata, obtusa, integerrima, crassiuscula, uninervia; suprà nitida, ferè glabra; sub-tùs glaucescentia, pilosa; margine subcartilaginea, lutescentia. *Petioli* breves, dilatati, exstipulati. *Flores* terminales, aggregati, sessiles, ebracteati, albi; tubo virescente, extùs densè sericeo; limbo æquali, acuminato, patenti-recurvo. *Stamina* parùm exserta. *Germen* sericeum. *Stylus* vix ullus. *Stigma* peltatum. *Bacca* obovata, fulva. *Semen* obovatum, griseo-virens.

Daphne oleoides hortulanorum, Sims apud Curt. Mag. t. 1917, a stirpe Linnæanâ, hoc nomine insignitâ, valdè diversa, ad *D. glomeratam*, Willden. Sp. Pl. v. 2. 422. La-marck. Dict. v. 3. 438, pertinere mihi videtur. A *D. buxifoliâ* nostrâ discrepat foliis mucronulatis, utrinque glaberrimis, nervo prominulo, nec non floribus sæpiùs incar-natis. Caulis, ut sanè in omnibus *Daphnis*, ramosus est.

a. Flos.   B. Calyx apertus, auctus, cum staminibus.
C. Pistillum e flore separatum.   d. Bacca, magnitudine naturali.
e. Semen.

TABULA 358.

DAPHNE JASMINEA.

Dᴀᴘʜɴᴇ floribus geminis terminalibus sessilibus nudiusculis, foliis spatulatis glabris, caule ramosissimo depresso.

Thymelæa orientalis, salicis folio, flore albo odoratissimo.   *Tourn. Cor.* 41?

In Parnasso et Delphi montibus. ♄.

Habitus Salicis retusæ Linnæi. *Caulis* lignosus, crassus, depressus, ramosissimus, nigri-cans; ramulis copiosis, alternis, brevibus, foliosis, glabris; apice bifloris, subindè trifloris. *Folia* conferta, parva, petiolata, obovato-spatulata, mucronulata, glaber-rima, glauco-viridia; suprà enervia. *Petioli* breves, canaliculati. *Bracteæ* parvæ, subulatæ, glabræ. *Flores* sessiles, pilis densis, brevissimis, nitidis, persistentibus, ut in toto hoc ordine naturali, ni fallor, interstinctis. *Calycis* tubus sæpè pilosus, et, sicut limbi laciniæ duæ majores, extùs pulchrè purpurascens; limbus inæqualis, suprà albus. *Antheræ* vix exsertæ. *Germen* glabrum. *Stigma* sessile.

Synonymon, herbario Tournefortiano hâc ratione non inspecto, dubium manet.

A. Flos auctus, tubo aperto.

Daphne jasminea.

Daphne collina

TABULA 359.

DAPHNE COLLINA.

Daphne floribus sessilibus glomeratis terminalibus, foliis obovatis obtusis : suprà convexis glaberrimis : subtùs villosis.

D. collina. *Sm. Spicil.* 16. *t.* 18. *Willden. Sp. Pl. v.* 2. 423. *Ait. Hort. Kew. ed.* 2. *v.* 2. 411. *Curt. Mag. t.* 428. *Dicks. Dr. Pl.* 34.

D. sericea. *Vahl. Symb. fasc.* 1. 28 ; excluso synonymo.

Daphnoides aliud rarum foliis supinis hirsutis. *Gesn. Fasc.* 6. *t.* 3. *f.* 7 ; exclusis synonymis.

Thymelæa saxatilis, oleæ folio. *Tourn. Inst.* 594.

Chamelæa. *Matth. Valgr. v.* 2. 602 ?

Ch. alpina, folio infernè incano. *Bauh. Pin.* 462.

Ch. incana et lanuginosa. *Bauh. Hist. v.* 1. *p.* 1. 586.

Ch. alpina incana. *Lob. Ic. v.* 1. 370. *Dalech. Hist.* 1665.

Ch. altera. *Clus. Hist. v.* 1. 87.

In collibus Italiæ australis, et posteà, ni fallor, in Græciâ legit Sibthorp. ♄.

Caulis lignosus, erectus, tripedalis, ramosissimus ; ramis teretiusculis, fuscis, sæpè dichotomis ; ramulis sericeo-villosis, foliosis, apice floriferis. *Folia* alterna, vel sparsa, breviùs petiolata, patentia, uncialia, obovata, obtusa, integerrima, paululùm revoluta ; suprà convexa, glaberrima, nitida, atro-viridia ; subtùs pallidiora, sericeo-villosa, nervo prominulo ; superiora sub floribus conferta. *Flores* in apicibus ramulorum, sex ad octo, aggregati, sessiles, cærulo-rosei, formosi, suaveolentes, odore peculiari, aromatico. *Bracteæ* paucæ, obovatæ, obtusæ ; extùs villosæ. *Calyx* foliis duplò brevior, extùs sericeus ; limbi laciniis patentibus, ovatis, obtusis, repandis, coloratis, subæqualibus. *Stamina* in fauce, *antheris* aureis. *Germen* sericeo-setosum. *Stigma* capitatum, sessile. *Bacca* parva, miniata. *Semen* nigrum, acuminatum.

Frutex sempervirens, vere florens, cœli nostri injuriis non obnoxius, hortorum gratissimum ornamentum.

A. Flos auctus, apertus.　　　　*b.* Calyx fructûs.　　　　*c.* Semen.

PASSERINA.

Linn. Gen. Pl. 193.   *Juss.* 77.

Calyx coloratus, quadrifidus, marcescens, stamina includens.   *Stylus* filiformis, lateralis.   *Semen* corticatum.

TABULA 360.

PASSERINA HIRSUTA.

Passerina foliis ovatis concavis : extùs glabris : intùs, ramisque, tomentosis.
P. hirsuta.   *Linn. Sp. Pl.* 513.   *Willden. Sp. Pl. v.* 2. 430.   *Ait. Hort Kew. ed.* 2. *v.* 2.
    414.
Thymelæa tomentosa, foliis sedi minoris.   *Bauh. Pin.* 463.   *Tourn. Inst.* 595.
Th. tomentosa.   *Whel. It.* 417.
Sanamunda tertia.   *Clus. Hist. v.* 1. 89.   *Breyn. Cent.* 1. *t.* 19.   *Ger. Em.* 1596.
Sesamoides minus.   *Dalech. Hist.* 1670.
S. parvum Dalechampii.   *Bauh. Hist. v.* 1. *p.* 1. 595.
Erica alexandrina italorum.   *Lob. Ic. v.* 2. 217.
Phacoides Oribasii.   *Gesn. Fasc.* 6. *t.* 3. *f.* 8.
Χαμαιπιτυς.   *Diosc. lib.* 3. *cap.* 175 ?   *Sibth.*   Haud malè.
Ἀγριο θεροκαλλο *hodiè.*

In montibus campisque circa Athenas copiosè, nec non in Cretæ et Cypri maritimis,
    Novembre florens. ♃.

Frutex bipedalis, ramosissimus, flexilis, tenax, undique patens, sempervirens.   *Caulis*
    teres, cicatricosus, pubescente-incanus ; ramis alternis ; ramulis copiosis, densè fo-
    liosis, villosis, niveis.   *Folia* quadrifariàm imbricata, laxiuscula, parva, sessilia,
    ovata, obtusa, involuto-concava, enervia ; extùs atro-virentia, nitida, glaberrima ; in-
    tùs densè tomentosa, nivea.   *Flores* vel terminales, vel apicem versùs ramulorum,
    aggregati, subterni, sessiles, parvi, flavi, gratè odori, villis densis persistentibus in-
    terstincti.   *Calyx* extùs tomentosus, niveus ; intùs flavus, glaber ; tubo foliis bre-
    viore, paululùm ventricoso ; limbo patente, quadripartito, laciniis ovatis, obtusis.
    Stamina duplici serie fauci inserta, brevia, capillaria.   *Antheræ* omninò ferè inclusæ,
    ellipticæ, fulvæ.   *Germen* subrotundum, glabrum.   *Stylus* filiformis, glaber, longi-
    tudine ferè germinis, cui, apicem versùs, optimè monente Linnæo, lateralitèr inseri-
    tur.   *Stigma* capitatum.   *Fructus* ovatus, nigricans, exsuccus.

a, A. Folium, e parte exteriori.   b, B. Idem, internè visum.
    c. Flos.   D. Idem auctus et dissectus.
    E. Pistillum.

Passerina hirsuta.

Acer obtusifolium.

ACER.

Linn. Gen. Pl. 546.   Juss. 251.   Gœrtn. t. 116.

Calyx quadri- vel quinquefidus.   *Petala* quatuor vel quinque.   *Capsulœ* duæ vel tres, superæ, monospermæ, alâ terminatæ. *Flores* aliquot masculi.

TABULA 361.

ACER OBTUSIFOLIUM.

Acer foliis rotundatis obtusè trilobis denticulato-crenatis longitudine ferè petiolorum.

A. cretica.   *Tourn. Cor.* 43.   *Alpin. Exot.* 9. *t.* 8, malè.

A. Asphendannos.   *Bellon. Obs. apud Clus. Exot.* 23.

In montibus Sphacioticis Cretæ. ♄ .

Arbor mediocris, ligno pulchrè venoso, flavicante.   *Rami* oppositi, teretes, cortice griseo, lævi ; ramulis brevibus, foliosis, glabris, virentibus.   *Folia* opposita, petiolata, nervosa, reticulato-venosa, glaberrima, lætè virentia, decidua ; subtùs pallidiora ; basi rotundata, integerrima ; anticè triloba, lobis brevibus, obtusiusculis, denticulato-crenatis.   *Petioli* lineares, elongati, canaliculati, glaberrimi.   *Stipulæ* nullæ.   *Racemi* axillares terminalesque, pauciflori, glabri, pedicellis oppositis.   *Bracteæ* oppositæ, ad basin pedicellorum, lanceolatæ, coloratæ, deciduæ.   *Flores* cernui, ochroleuco-virescentes, quadrifidi, sæpiùs perfecti, masculis aliquot intermixtis.   *Calyx* quadripartitus, laciniis ellipticis, obtusis, glabris, deciduis.   *Petala* quatuor, obtusa, albida, longitudine calycis.   *Stamina* octo, æqualia, filiformia, petalis duplò longiora.   *Antheræ* incumbentes, oblongæ, lutescentes.   *Germen* compressum, bialatum, alis securiformibus, calyce triplò longioribus, obtusis.   *Stylus* brevissimus.   *Stigmata* duo, longissima, subulata, pubescentia, flava ; basi parallela, erecta ; apice revoluto-spiralia, decidua.   *Capsulæ* binatæ, ovatæ, unialatæ, coriaceæ, angulato-compressæ, magnitudine pisi, glabræ, fuscæ, alis parallelis, conniventibus, membranaceis, venosis, haud uncialibus.   *Semina* sæpè abortiva.

Formâ *foliorum*, magis rotundatâ et obtusiori ; nec non *petiolis* duplò vel triplò longioribus, et ramorum *cortice* læviori, ab *Acere cretico* Linnæi abundè discrepat.

a. Ramulus fructifer.	*b.* Capsula seorsìm.
C. Flos perfectus, triplò auctus.	D. Flos masculinus.

OCTANDRIA DIGYNIA.

MŒHRINGIA.

Linn. Gen. Pl. 195. *Juss.* 300. *Gœrtn. t.* 129.

Calyx tetraphyllus. *Petala* quatuor. *Capsula* supera, unilocularis, quadrivalvis.

TABULA 362.

MŒHRINGIA STRICTA.

Mœhringia foliis strictis internodio caulino brevioribus : basi scariosis ciliatis.

In insulâ Cretâ. ♃.

Radix lignosa, cæspitosa, multiceps, perennis. *Caules* herbacei, palmares aut subspithamæi, adscendentes, teretes, geniculati, glaberrimi, foliosi ; apice tantùm subramosi, pauciflori. *Folia* opposita, ad omne caulis geniculum, erecto-adpressa, internodio breviora, subulata, carinata, glabra ; basi connata, margine membranaceo, ciliato. *Flores* solitarii in apicibus ramulorum, erecti, nivei. *Pedicelli* pubescentes. *Calycis* foliola subulata, canaliculata, nervosa, æqualia, glabra. *Petala* uniformia, orbiculata, patentia, breviùs unguiculata, calyce duplò breviora. *Stamina* filiformia, vix petalis longiora, *antheris* subrotundis, rufis. *Germen* subrotundum, glabrum. *Styli* duo, parùm divaricati, filiformes, staminibus breviores. *Stigmata* simplicia.

M. muscosa, Linn. Sp. Pl. 515, unica species huc usque descripta, distinguitur *caulibus* laxis, *foliis* linearibus, basi distinctis, nudis.

A. Flos multùm auctus.
C. Calyx cum pistillo.

B. Petalum.
D. Folia.

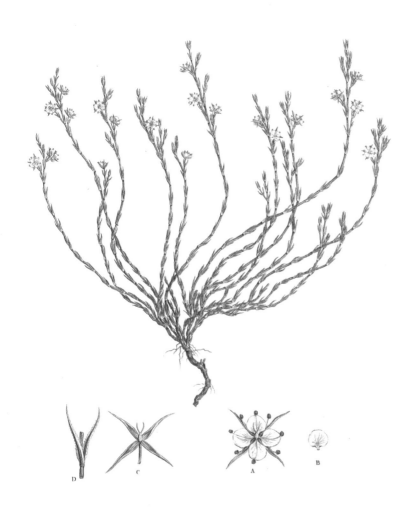

Mœhringia stricta

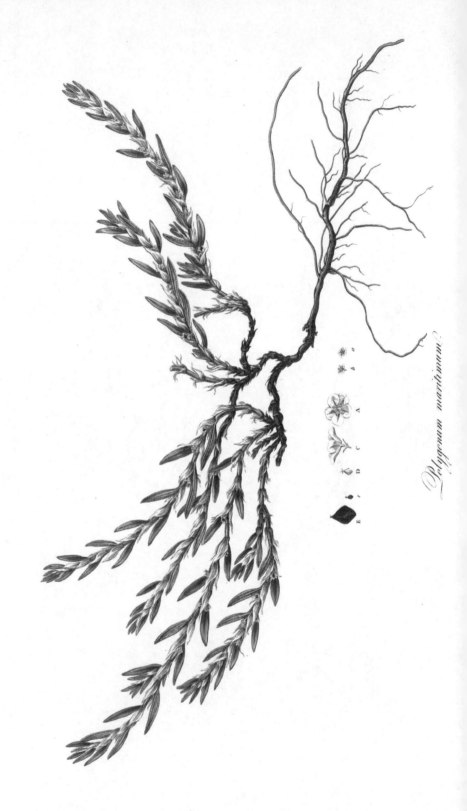

Polygonum maritimum?

OCTANDRIA TRIGYNIA.

POLYGONUM.

Linn. Gen. Pl. 195. *Juss.* 82. *Gærtn. t.* 119.

Calyx quinquepartitus, coloratus, corollinus, persistens. *Semen* unicum, superum, angulatum, calyce tectum. *Stamina* et *pistilla* numero incerta.

TABULA 363.

POLYGONUM MARITIMUM.

Polygonum floribus trigynis axillaribus, foliis ellipticis, stipularum nervis numerosis approximatis, caule suffruticoso procumbente.

P. maritimum. *Linn. Sp. Pl.* 519. *Willden. Sp. Pl. v.* 2. 449.

P. maritimum latifolium. *Bauh. Pin.* 281. *Tourn. Inst.* 510.

P. maritimum majus incanum. *Barrel. Ic. t.* 560. *f.* 1.

P. marinum. *Camer. Epit.* 691. *Bauh. Hist. v.* 1. *p.* 2. 376; *et inde Petiv. Herb. Brit. t.* 10. *f.* 5.

P. marinum maximum. *Lob. Ic. v.* 1. 419. *Ger. Em.* 564.

P. marinum prius. *Dalech. Hist.* 1386.

Argentina *hodiè.*

In arenosis maritimis Cretæ, Cypri et Rhodi; nec non in littore Eliensi. ♄ .

Radix lignosa, longissima, rufo-fusca, tenax; apice subdivisa, multiceps. *Caules* numerosi, spithamæi, aut pedales, prostrati, suffruticosi, perennes, teretes, geniculati, striati, undique foliosi, parùm ramosi. *Folia* alterna, petiolata, uncialia, elliptica, obtusiuscula, integerrima, revoluta, glauca, uninervia, undique ferè lævia. *Petioli* breves. *Stipulæ* intrafoliaceæ, maximæ, vaginantes, membranaceæ, niveæ, nitidæ, acutæ, demùm laceræ; basin versùs nervosæ, ferrugineæ; nervis plurimis, rectis, approximatis, parallelis. *Flores* axillares, aggregati, pedunculati, exigui. *Bracteæ* binæ, oppositæ, subulatæ, medium versùs pedunculi. *Calycis* laciniæ rotundatæ, glabræ, subæquales, albæ, dorso nervoque glauco-virides. *Stamina* octo, brevia, antheris subrotundis, luteis. *Germen* elliptico-triquetrum, utrinque acutum. *Styli* tres, breves, patentes. *Stigmata* simplicia. *Semen* figurâ germinis, nigrum, læve, calyce persistente suffultum.

Polygoni avicularis varietas maritima, quæ *Polygonum marinum* Raii Syn. 147, exclusis synonymis, huic facie simillima, discrepat *foliis* angustioribus, margine scabriusculis, minùs glaucis ; at præcipuè *stipularum* nervis paucis, remotis.

a, A. Flos.
    C. Flos alius auctus, erectus, cum pedunculo et bracteis.
e, E. Semen.

b. Idem staminibus orbatus.
D. Pistillum.

TABULA 364.

POLYGONUM EQUISETIFORME.

POLYGONUM floribus digynis axillaribus, foliis oblongis, stipulis lacero-capillaceis multi-nervosis, caule suffruticoso adscendente.

In sepibus insulæ Cretæ. ♄.

Radix lignosa.   *Caules* plures, bi- vel tripedales, adscendentes, suffruticosi, teretes, geni-culati, striati, foliosi ; supernè alternatìm ramosi, multiflori. *Folia* alterna, petiolata, erectiuscula, uncialia, elliptico-oblonga, acutiuscula, integerrima, revoluta, subglauca, nervosa, lævia ; superiora sensìm minora. *Stipulæ* basi multinervosæ, fusco-ferru-gineæ ; supernè membranaceæ, albæ, multifido-capillares. *Flores* axillares, aggre-gati, pedunculati, ebracteati, præcedentis simillimi, sed *stylis* tantùm duobus, et *germine* rotundiore.

Species huic proxima videtur *Polygonum setosum* Jacq. Obs. p. 3. 8. t. 57. Willden. Sp. Pl. v. 2. 450.   *P. orientale, caryophylli folio, flore magno, albo*, Tourn. Cor. 39. *Folia* verò, in stirpe Sibthorpianâ, nullo modo caryophyllorum sunt, nec acuminata, ut in icone Jacquinianâ ; ubi etiam *stipulæ* multùm longiores, quam in nostrâ, ex-hibentur.

a, A. Flos.
    C. Stamen.

B. Idem, subtùs.
D. Pistillum.

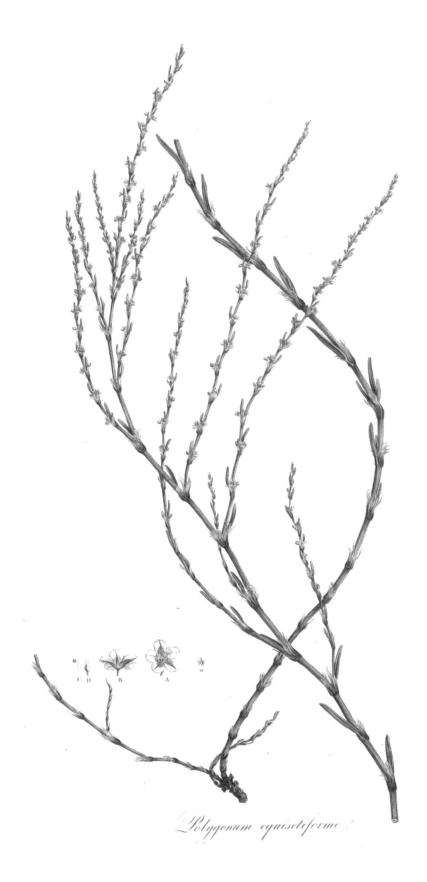

Polygonum equisetiforme

Laurus nobilis.

ENNEANDRIA MONOGYNIA.

LAURUS.

Linn. Gen. Pl. 200.   *Juss.* 80.   *Gærtn. t.* 92.

Calyx quadri- vel sexpartitus, corollinus.   *Filamenta* interiora composita, vel glandulifera.   *Antheræ* valvatæ, biloculares, basi dehiscentes.   *Drupa* supera, monosperma.

TABULA 365.

LAURUS NOBILIS.

Laurus foliis lanceolatis venosis perennantibus, floribus quadrifidis dioicis, pedunculis umbellatis folio brevioribus.

L. nobilis. *Linn. Sp. Pl.* 529. *Willden. Sp. Pl. v.* 2. 479. *Ait. Hort. Kew. ed.* 2. *v.* 2. 428.

L. vulgaris. *Bauh. Pin.* 460. *Tourn. Inst.* 597.

Laurus. *Matth. Valgr. v.* 1. 119. *Bauh. Hist. v.* 1. *p.* 1. 409. *Camer. Epit.* 60. *Ger. Em.* 1407.

Δαφνη. *Diosc. lib.* 1. *cap.* 106.

Δάφνη *hodiè.*

β. Laurus latifolia. *Bauh. Pin.* 460. *Tourn. Inst.* 597. *Tabern. Ic.* 951.

Δαφνη πλατυτερα. *Diosc. ibid.*

In Peloponneso haud infrequens.   In monte Athô, et insulâ Cretâ ; copiosiùs vero circa Byzantium. ♄.

Arbor mediocris, formosa, sempervirens, frondosa, nitida, gratè aromatica, ramosissima ; ramis alternis, teretibus, glabris. *Folia* alterna, petiolata, elliptico-lanceolata, acuta, integerrima, glaberrima, rigidula, uninervia, venosa ; quandoque margine repanda ; latitudine varia. *Stipulæ* nullæ. *Pedunculi* axillares, solitarii vel aggregati, foliis longè breviores, glabri. *Pedicelli* pauci, umbellati, pubescentes, uniflori. *Bracteæ* plures, rotundatæ, concavæ, pubescentes, ad basin pedicellorum, deciduæ. *Flores* dioici. *Calyx* albidus, quadripartitus, laciniis concavis, obtusis. *Stamina* longitudine calycis ; quatuor exteriora simplicia ; reliqua, sæpiùs plura, composita, ramulis duo-

VOL. IV.   Q

bus brevibus lateralibus, antheras abortivas, vel glandulas, sic dictas, gerentibus. *Antheræ* veræ apici filamentorum adnatæ, ovatæ, biloculares, valvulis ellipticis, luteis, basi utrinque a filamento secedentibus. *Flores* fœminei in diversâ stirpe. *Pistillum* non vidi. *Drupa* elliptica, acuta, atra, glaberrima, valdè aromatica et calefaciens. *Nux* magna, drupæ figurâ.

A. Flos masculus auctus.   *b.* Drupa.
c. Nux, justæ magnitudinis.

Anagyris fœtida

DECANDRIA MONOGYNIA.

ANAGYRIS.

Linn. Gen. Pl. 204. *Juss.* 352. *Brown apud Ait. Hort. Kew. ed.* 2. *v.* 3. 3.

Calyx quinquedentatus, bilabiatus. *Corolla* papilionacea; *carina* di-petala, *alis, vexillum* superantibus, longior. *Legumen* compressum, polyspermum.

TABULA 366.

ANAGYRIS FŒTIDA.

ANAGYRIS fœtida. *Linn. Sp. Pl.* 534. *Willden. Sp. Pl. v.* 2. 507. *Ait. Hort. Kew. ed.* 2. *v.* 3. 3. *Bauh. Pin.* 391. *Tourn. Inst.* 647. *Ger. Em.* 1427. *n.* 2. *f.* 1.

Anagyris. *Matth. Valgr. v.* 2. 281. *Camer. Epit.* 671. *Clus. Hist. v.* 1. 93. *Dalech. Hist.* 105.

A. vera fœtida. *Bauh. Hist. v.* 1. *p.* 2. 364.

Ἀναγυρὶς. *Diosc. lib.* 3. *cap.* 167.

Ἀνάγυρι, ἢ ἀνδράβανω, *hodiè in Cretâ.*

Ἀγριο φασόλι *Cypr.*

Ἄζόγερα *Argol.*

Ἄζῶγερας *Zacynth.*

In provinciis et insulis Græciæ frequens. ♄ .

Caulis fruticosus, vel arborescens, ramosus, patens, ramis vimineis, ramulis alternis, gra-cilibus, angulatis, subsericeis, foliosis. *Folia* alterna, longiùs petiolata, ternata, de-cidua; foliolis obovatis, obtusis, integerrimis; suprà glabris; subtùs tenuissimè pilo-sis, subsericeis; omnibus sessilibus, parùm inæqualibus, tristè viridibus. *Stipulæ* subulatæ, pilosæ, connatæ, ad basin petiolorum. *Racemi* laterales, solitarii ad basin ramulorum, foliis duplò longiores, simplices, erecti, multiflori, pedunculo communi crasso, angulato, sericeo, cicatricoso, quasi articulato. *Pedicelli* oppositi, uniflori, sericei. *Bracteæ* ovatæ, sericeæ, ad basin pedicellorum, mox deciduæ. *Flores* un-ciales, tristè lutei, cernui. *Calyx* campanulatus, sericeus; labio superiore retuso, bi-lobo; inferiore tridentato. *Corollæ vexillum* rotundatum, emarginatum, fusco stria-tum, calyce duplò longius; *alæ* vexillo longiores, lanceolato-oblongæ, obtusæ, unguiculatæ, compressæ ; *carina* dipetala, formâ alarum, sed longior. *Stamina* subulata, distincta, æqualia, *antheris* subrotundis. *Germen* lineari-lanceolatum, glabrum. *Stylus* subulatus. *Stigma* simplex. *Legumen* pendulum, lineare, acuminatum, compressum, variè tortum, rufum, subhexaspermum. *Semina* livida, reniformia.

Tota planta fœtidissima. *Rami* ad corbes texendas, apud Græcos hodiernos, inserviunt.

a. Calyx cum staminibus et pistillo.	*b.* Alæ carinam amplexæ.
c, c. Vexillum.	*d.* Pistillum.
e. Semen.	

CERCIS.

Linn. Gen. Pl. 205.   *Juss.* 351.   *Gærtn. t.* 144.   *Brown apud Ait. Hort. Kew. ed.* 2. *v.* 3. 21.

Calyx quinquedentatus.   *Corolla* papilionacea ;   *vexillo* sub alas, brevi. *Legumen* compressum, suturâ seminiferâ marginatâ.

TABULA 367.

CERCIS SILIQUASTRUM.

Cercis foliis orbiculatis cordatis obtusis.

C. Siliquastrum.   *Linn. Sp. Pl.* 534.   *Willden. Sp. Pl. v.* 2. 507.   *Ait. Hort. Kew. ed.* 2. *v.* 3. 21.   *Curt. Mag. t.* 1138.

Siliquastrum.   *Tourn. Inst.* 647.   *Rivin. Pentap. Irr. t.* 116.   *Mill. Icon. t.* 253.

Siliqua sylvestris rotundifolia.   *Bauh. Pin.* 402.

S. sylvestris, vel Arbor Judæ.   *Clus. Hist. v.* 1. 13.   *Camer. Epit.* 140.

Arbor Judæ.   *Dod. Pempt.* 786.   *Ger. Em.* 1428.   *Lob. Ic. v.* 2. 195.

Acacia prima.   *Matth. Valgr. v.* 1. 175 ; *spinis fictis.*

Καχρο϶ιϑιὰ *hodiè.*

Ergavan *Turcorum.*

In agro Argolico, et insulâ Samo.   Inter Smyrnam et Bursam copiosè.—In Græciâ vulgaris est. *D. Hawkins.* ♄.

Arbor humilis, glabra, floribus copiosis, ruberrimis, ante folia enatis, e longinquo visa pulcherrima admodum. *Rami* alterni, teretes, glaucescentes, undique patuli. *Ramuli* subflexuosi, rubicundi, nitidi, foliosi. *Folia* decidua, alterna, petiolata, cordato-

Cercis Siliquastrum.

Ruta chalepensis.

orbiculata, obtusa, integerrima, bi- vel triuncialia, venosa, glaberrima ; subtùs pallidiora. *Petioli* lineares, canaliculati, foliis plùs minùs breviores. *Gemmæ* axillares,
ovatæ, imbricatæ, squamis oblongis, concavis, rigidis, glabris. *Stipulæ* nullæ.
Flores e gemmis præcedentis anni, pedunculati, aggregati, erecto-patentes. *Pe-*
dunculi uniflori, fusco-sanguinei, unciales, glabri, *bracteis* aliquot parvis, subulatis,
ad basin. *Calyx* fusco-sanguineus, glaber, supernè gibbus. *Petala* quinque, papilionacea, saturatè rosea, decidua, unguibus calyce insertis, paulòque brevioribus,
coloratis ; *vexillum* reliquis minus, rotundatum, anticè adscendens, sub alis insertum ;
alæ rotundatæ, repandæ, pone vexillum patentes ; *carina* dipetala, oblonga, patentiuscula, reliquis major. *Stamina* basi calycis inserta, petalis paulò breviora, subulata, adscendentia, æqualia, distincta. *Antheræ* subrotundæ, cæruleo-nigricantes.
Germen lineari-oblongum, glabrum, rubrum. *Stylus* subulatus. *Stigma* simplex.
Legumen pendulum, palmare, compressum, acuminatum, sanguineo-fuscum, polyspermum, glabrum, venulosum ; dorso marginatum, vel angustè alatum. *Semina*
obovata, compressa, lævia.

a. Pedunculus cum calyce, staminibus, et pistillo.	B. Stamina aucta, cum pistillo.
c. Ala.	*d.* Vexillum.
e. Carinæ petalum.	*f.* Pistillum.
g. Semen.	

RUTA.

Linn. Gen. Pl. 210.   *Juss.* 297.   *Gærtn. t.* 111.

Calyx quinquepartitus, inferus. *Petala* concava. *Filamenta* apice simplicia. *Receptaculum* punctis melliferis cinctum. *Capsula* lobata.

TABULA 368.

RUTA CHALEPENSIS.

Ruta foliis supradecompositis : foliolis elliptico-oblongis, petalis ciliato-dentatis.

R. chalepensis. *Linn. Mant.* 69. *Willden. Sp. Pl. v.* 2. 543. *Ait. Hort. Kew. ed.* 2.
   v. 3. 35. *Tourn. Inst.* 257.

R. chalepensis tenuifolia, florum petalis villis scatentibus. *Moris. v.* 2. 508. *sect.* 5. *t.* 35.
   f. 8.

Απήγανος *hodiè.*

In Zacyntho, nec non in Archipelagi insulis. ♄.

Caulis fruticosus, pedalis vel sesquipedalis, ramosus ; ramis erectis, foliosis, teretibus,
   glanduloso-punctatis, uti tota planta. *Folia* alterna, sessilia, bi- vel tripinnata ;

VOL. IV.   R

pinnis oppositis ; foliolis alternis, elliptico-oblongis, obtusis, integerrimis, uninervibus, glaucis, lævibus, latitudine variis. *Petiolus communis* basi dilatatus, semiam-
plexicaulis. *Paniculæ* terminales, corymbosæ, erectæ, multifloræ. *Bracteæ* oppositæ vel sparsæ, ovatæ, integerrimæ, persistentes ; demum deflexæ. *Flores* pedicellati, erecti, plerumque quinquefidi, decandri ; superiores sæpè quadrifidi, octandri.
Calycis laciniæ ovatæ, acutæ, glabræ, persistentes. *Petala* calyce triplò longiora,
æqualia, patentia, obovata, unguiculata ; disco virescentia, concava ; margine pecti-
nato-fimbriata, flava. *Stamina* subulata, glabra, longitudine ferè petalorum. *Antheræ* subrotundæ, incumbentes, parvæ. *Germen* superum, subrotundum, glandulosum, *receptaculo* glanduloso impositum, ad basin usque quadrilobum vel quinquelobum. *Stylus* filiformis, centralis inter lobos, deciduus. *Stigma* simplex. *Capsula*
figurâ germinis, lobis acuminatis, patentiusculis, convexis, glanduloso-scabris, uni-
locularibus, subtrispermis, tunicâ interiore bivalvi, elasticâ, rigidulâ.

Habitus, et totius plantæ odor, cum *Rutâ graveolente*, cui nimis affinis, conveniunt.

     a. A. Petalum.   *b.* Stamina et pistillum.   *c.* Capsula.

TABULA 369.

RUTA PATAVINA.

Ruta foliis ternatis sessilibus, germine cristato.
R. patavina. *Linn. Sp. Pl.* 549. *Willden. Sp. Pl. v.* 2. 544.
Pseudo-ruta patavina trifolia, floribus luteis umbellatis. *Mich. Gen.* 22. *t.* 19.

In monte Parnasso. ♄.

Caulis basi suffruticosus, subdivisus ; ramis erectis, spithamæis, simplicibus, teretibus,
undique foliosis, piloso-mollibus, ut et folia et pedunculi ; apice corymbosis, multifloris. *Folia* alterna, conferta, sessilia, ternata, glaucescentia, tenuissimè pilosa ; foliolis uncialibus, uniformibus, lineari-lanceolatis, obtusis, integerrimis, basi attenuatis. *Pedunculi* corymbosi, subdivisi, pilosi. *Bracteæ* sparsæ, subulatæ. *Flores*
conferti, fastigiati, erecti, omnes, ut videtur, quinquefidi, decandri. *Calycis* laciniæ
deflexæ, lanceolatæ, concavæ, glandulosæ, extùs hirtæ, deciduæ. *Petala* ovata, obtusa, integerrima, flava, carinâ viridi. *Stamina* vix longitudine petalorum, æqualia,
subulata, ad medium usque pilosa. *Antheræ* oblongæ, incumbentes. *Germen* tur-
binato-subrotundum, quinquelobum, tuberculatum, glabrum ; basi subpilosum ; apice
densè cristatum, tuberculis oblongis, obtusis, erectis, confertis, persistentibus. *Stylus*
cylindraceus, deciduus. *Stigma* capitatum. *Capsula* figurâ germinis, at paululùm
tumidior, pulchrè cristata, vel tuberculis coronata, pilis densissimis, centralibus, albis. *Semina* subsolitaria, reniformia.

Ruta patavina.

Ruta spatulata

Planta exsiccata insipida ferè, et inodora. Hæc species paucis botanicis innotuit, nec hortos nostros adhuc intravit.

a, A. Calyx et pistillum.
   C. Stamina aucta, cum pistillo.
   e, E. Semen.

b. Petalum.
d, D. Capsula.

TABULA 370.

RUTA SPATULATA.

RUTA foliis simplicibus obovatis, calyce nudo, germine mutico, capsulâ orbiculato-depressâ glabrâ.

R. linifolia. *Prodr. v.* 1. 273 ; excluso Tournefortii syn.

R. linifolia β. *Linn. Sp. Pl.* 549.

R. montana, foliis integris subrotundis. *Buxb. Cent.* 2. 30. *t.* 28. *f.* 2.

Πήγανι *hodiè.*

In insulâ Cypro, atque in variis Græciæ locis. ♃.

Radix perennis, supernè indivisa. *Caules* plures, erecti, spithamæi, vel pedales, simplices, teretes, pubescentes, densè foliosi ; basi suffruticosi ; apice corymboso-paniculati, multiflori. *Folia* sparsa, petiolata, undique patentia, uncialia, obovata, integerrima, obtusa ; suprà glabra ; subtùs margineque breviùs pilosa ; basi in petiolum attenuata. *Panicula* patens, subfastigiata, ramosissima, corymbosa ; ramis alternis, approximatis, pilosiusculis ; infernè foliolosis ; apice flexuosis, racemosis. *Flores* numerosissimi, lutei, erecti. *Calycis* laciniæ ovatæ, glabræ. *Petala* ovata, obtusa, concava, integerrima, vix unguiculata ; exsiccatione atra. *Stamina* subulata, ultrà medium densè ciliata, pilis perpetuò albis. *Antheræ* oblongæ. *Germen* globosum, subdepressum, quinque-sulcatum, glandulosum, glabrum ; apice umbilicatum, nudum, nec cristatum ; basi *receptaculo* proprio, glanduloso, mellifero, ut in aliis speciebus, suffultum. *Stylus* cylindraceus, longitudine staminum. *Stigma* obtusum. *Capsula* parva, orbiculata, depressa, quinqueloba, umbilicata, undique glanduloso-tuberculata, glaberrima. *Semina* solitaria, reniformia, corrugata, nigra.

Ruta linifolia vera Linnæi, Andr. Repos. t. 565. *R. sylvestris linifolia hispanica*, Barrel. Ic. t. 1186, aliorumque ; dignoscitur *foliis* elliptico-oblongis, acutiusculis, utrinque pubescentibus ; *paniculâ* dichotomâ ; *floribus* siccitate haud nigricantibus ; *calyce* tomentoso ; *capsulâ* elliptico-oblongâ, apice præcipuè pilosissimâ.

a. Flos.
  C. Stamen auctum seorsìm.

b. Stamen cum petalo.
D. Calyx cum pistillo ; atque receptaculo proprio, basi glanduloso.

ZYGOPHYLLUM.

Linn. Gen. Pl. 212.   *Juss.* 296.   *Gærtn. t.* 112.

Calyx pentaphyllus.   *Petala* quinque.   *Nectarium* decaphyllum, germen tegens, staminiferum.   *Capsula* supera, quinquelocularis.

TABULA 371.

ZYGOPHYLLUM ALBUM.

ZYGOPHYLLUM foliis conjugatis petiolatis : foliolis obovatis carnosis tomentoso-incanis.
Z. album. *Linn. Fil. Dec.* 1. 11. *t.* 6.   *Linn. Sp. Pl.* 551.   *Mant.* 379.   *Willden. Sp. Pl. v.* 2. 562.   *Ait. Hort. Kew. ed.* 2. *v.* 3. 40.
Z. proliferum.   *Forsk. Ægypt.-Arab.* 87.   *Ic. t.* 12. *f.* A.

In insulâ Cypro. ♄.

Caulis lignosus, crassus, ramosissimus, teres, undique diffusus, cortice incano ; ramulis subaggregatis, carnosis, articulatis, pubescentibus, foliosis. *Folia* opposita, vel conferta, petiolata, binata, obovata, vel subclavata, valdè carnosa, avenia, glauca, undique tomentosa, vix quadrilinearia. *Petiolus communis* substantiâ et ferè formâ foliolorum, sed paulò longior. *Stipulæ* parvæ, oppositæ, deltoideæ, tomentosæ. *Flores* axillares, solitarii, pedunculati, folio breviores, regulares. *Calycis foliola* concava, obtusa ; dorso rubicunda, pubescentia ; margine scariosa. *Petala* obovata, unguiculata, crenata, venosa, alba; apice recurvato-patentia. *Nectarium* decaphyllum, subulatum, niveum, petalis duplò brevius. *Stamina* subulata, glabra, erecta, nectarii squamis singulis inserta, duplòque ferè longiora. *Antheræ* versatiles, bilobæ, flavæ. *Germen* subrotundum, pentacoccum, glaucum, pilosum. *Stylus* cylindraceus, glaber, longitudine staminum. *Stigma* parvum, crenatum. *Capsula* pentacocca, glabrata, quinquelocularis, decemvalvis ; valvulis elasticis, deciduis ; columellâ subulatâ, pentagonâ, partibili, persistente.

a. Calyx.	*b.* Flos calyce orbatus.
c. Stamina cum nectario.	D. Petalum auctum.
E. Nectarii squamæ tres, cum stamine adnato solitario.	F. Pistillum.

Zygophyllum album

Tribulus terrestris

TRIBULUS.

Linn. Gen. Pl. 213. *Juss.* 296. *Gærtn. t.* 69.

Calyx quinquepartitus. *Petala* quinque, patentia. *Stigma* quinquefidum. *Capsulæ* quinque, superæ, gibbæ, spinosæ, polyspermæ.

TABULA 372.

TRIBULUS TERRESTRIS.

Tribulus foliis sexjugis subæqualibus, capsulis quadricornibus.

T. terrestris. *Linn. Sp. Pl.* 554. *Willden. Sp. Pl. v.* 2. 567. *Ait. Hort. Kew. ed.* 2. *v.* 3. 42. *Lob. Ic. v.* 2. 84. *Ger. Em.* 1246. *Matth. Valgr. v.* 1. 323. *Dalech. Hist.* 513. *Turn. Herb. p.* 2. 156.

T. terrestris, ciceris folio, fructu aculeato. *Bauh. Pin.* 350.

T. terrestris, ciceris folio, seminum integumento aculeato. *Tourn. Inst.* 266.

Τρίϐολος χερσαιος. *Diosc. lib.* 4. *cap.* 15.

Τρίϐολι *hodiè.*

Demìo Dikièni *Turc.*

In arvis, vineis, ruderatis, et ad vias, Græciæ, vulgaris. ☉.

Radix fibrosa, annua; caudice simplici. *Herba* piloso-incana, multicaulis, undique diffusa, ferè prostrata. *Caules* longitudine varii, spithamæi, vel sesquipedales, paululùm ramosi, teretes, rubicundi, foliosi, pilosi, pilis patentibus. *Folia* alterna, patentia, petiolata, abruptè pinnata, sesquiuncialia, breviùs pilosa; foliolis sex-paribus, ovatis, inæquilateris, integerrimis, obtusis, subtùs sericeo-pilosissimis. *Stipulæ* oppositæ, lanceolatæ, acutæ. *Flores* axillares, solitarii, pedunculati, aurei, pedunculis longitudine petiolorum, hirtis. *Calycis* laciniæ ovatæ, obtusæ, concavæ, pilosæ. *Petala* rotundata, crenata, breviùs unguiculata, calyce longiora. *Stamina* subulata, simplicia, glabra, flava. *Antheræ* incumbentes, concolores. *Germen* ovatum, densè pilosum. *Stylus* brevis, crassus. *Stigmata* quinque, radiantia. *Fructus* pentagonus, pallidè fuscus, subtùs, ut et circumferentiâ, armatus, e *capsulis* quinque, gibbosis, tuberculatis, quadrispinosis, convergentibus, subquadrilocularibus, non dehiscentibus, loculis monospermis, pluribus abortientibus. *Semina* oblonga.

a, A. Flos, demptis petalis.
   C. Pistillum.
    e. Idem horizontalitèr.
   g. Semen.

B. Petalum quadruplò auctum.
d. Fructus desupèr conspectus.
f. Capsula singularis.

VOL. IV.   S

ARBUTUS.

Linn. Gen. Pl. 220. *Juss.* 160. *Gærtn. t.* 59.

Calyx quinquepartitus. *Corolla* ovata; ore quinquefido; basi pellucidâ. *Bacca* supera, quinquelocularis. *Antheræ* poris duobus.

TABULA 373.

ARBUTUS UNEDO.

Arbutus caule arboreo, foliis oblongis obtusè serratis, paniculâ terminali nutante, germine glabro.

A. Unedo. *Linn. Sp. Pl.* 566. *Suppl.* 238. *Willden. Sp. Pl. v.* 2. 616. *Sm. Fl. Brit.* 442. *Engl. Bot. t.* 2377. *Engl. Fl. v.* 2. 252.

A. folio serrato. *Bauh. Pin.* 460. *Tourn. Inst.* 598. *Mill. Ic. t.* 48. *f.* 2.

Arbutus. *Matth. Valgr. v.* 1. 245. *Camer. Epit.* 168. *Dod. Pempt.* 804. *Ger. Em.* 1496. *Clus. Hist. v.* 1. 47. *Raii Syn.* 464.

A. Comarus Theophrasti. *Bauh. Hist. v.* 1. *p.* 1. 83.

Κşμαριὰ *hodiè.*

Chogia Jemischì *Turc.*

In sylvis Græciæ, ut et insularum, frequens. ♄.

Arbor magna, umbrosa, sempervirens, floribus fructibusque speciosa. *Cortex* fuscus, fibrosus, deciduus. *Lignum* durissimum. *Rami* teretes, sæpè aggregati, vel determinatè ramulosi; ramulis rubris, nitidis, foliosis, glabris; junioribus subhirsutis. *Folia* alterna, petiolata, biuncialia, obovato-lanceolata, obtusiuscula, obtusè serrata, glabra, rigidula, uninervia, venulosa, petiolis brevibus, canaliculatis, carinatis. *Stipulæ* nullæ. *Paniculæ* terminales, nutantes, ramosæ, multifloræ; pedunculis angulatis, rubicundis, plùs minùs pubescentibus; pedicellis unifloris, apice incrassatis, basi bracteatis. *Bracteæ* sparsæ, ovatæ, acutæ, glabræ, coloratæ, persistentes. *Flores* cernui, inodori, ochroleuci, semipellucidi. *Calycis* laciniæ latæ, obtusæ, deciduæ. *Corolla* ovata, limbo brevi, quinquefido, obtuso, reflexo. *Stamina* inclusa, subulata, subcomplanata, incurva, alba, hirsuta, basi corollæ inserta. *Antheræ* incumbentes, biloculares, rubræ, apice poris duobus hiantes, bicornes. *Germen* subrotundum, glabrum, *receptaculo* proprio, viridi, angulato, impositum. *Stylus* cylindraceus, longitudine corollæ. *Stigma* capitatum. *Bacca* depresso-orbiculata, diametro unciali, undique tuberculata, coccineo-ignescens; intùs pulposa, flavicans, subdulcis, quinquelocularis, pentasperma. *Semina* parva, obovata, dura.

Arbutus Unedo

Arbutus Andrachne

Baccæ apud nos insipidæ, in Græciâ sapidiores, gratæ. Mel e floribus amarescere dicitur. E ligno, valdè duro, fibulas, φλαςια dictas, conficiunt pastores Græci.

a, A. Calyx cum pistillo et receptaculo proprio.
  c. Eadem dissecta, cum staminibus in situ naturali.
  e. Fructus.
  g. Semen.

b. Corolla.
D. Stamen auctum.
f. Ejusdem sectio transversa.

TABULA 374.

ARBUTUS ANDRACHNE.

Aʀʙᴜᴛᴜs caule arboreo glaberrimo, foliis ellipticis integerrimis serratisque, paniculâ terminali erectâ, germine pubescente.

A. Andrachne. *Linn. Sp. Pl.* 566. *Willden. Sp. Pl. v.* 2. 617. *Ait. Hort. Hew. ed.* 2. *v.* 3. 56.

A. folio non serrato. *Bauh. Pin.* 460. *Tourn. Cor.* 41.

A. Dioscoridis vera, Comarea dicta. *Whel. It.* 452, *cum icone.*

Andrachne Theophrasti. *Clus. Hist. v.* 1. 48.

A. frutescens, spicâ erectâ, foliis ovatis integerrimis et serratis. *Ehret in Philosoph. Trans.* *v.* 57. 114. *t.* 6.

Κομαρος *Diosc. lib.* 1. *cap.* 175, *omninò. Sibth.*

Ἀγριοκυμαριὰ *hodiè.*

In montibus circa Athenas, cum priore, copiosè ; nec non in Archipelagi insulis, et inter Smyrnam et Bursam. In Cypro vulgaris, ubi prior species vix invenitur. ♄.

Arbor magnitudine præcedentis, valdè formosa, *cortice* undique lævi, purpureo-fusco, deciduo, *ramis* teretibus, glaberrimis, apice foliosis. *Folia* præcedentis duplò vel triplò majora, longiùs petiolata, reclinata, elliptica, carinata, plerumque integerrima, subindè obtusiùs et inæqualitèr serrata ; subtùs glaucescentia. *Petioli* unciales, crassi, canaliculati, recurvi. *Racemi* terminales, erecti, compositi, pilosi, viscidi, multiflori. *Flores* pulchri, albidi, inodori, cernui. *Corolla* subtorulosa. *Stamina* corollâ duplò breviora, undique tomentosa. *Antheræ* flavæ, cornibus aduncis. *Germen* ovatum, pilosum, virens, basi atro-purpureum. *Stigma* obtusum, vix capitatum. *Bacca* globosa, granulata, præcedente minor, non edulis.

Ligni, ad focos apud Athenas, vulgaris est usus.

a, A. Calyx cum pistillo.
  c. Eadem cum staminibus, arte aperta.

b, b. Corolla integra.
D. Stamen auctum.

STYRAX.

Linn. Gen. Pl. 237.　　*Juss.* 156.　　*Gœrtn. t.* 59.

Calyx urceolatus, inferus.　　*Corolla* infundibuliformis ; tubo staminifero.
Stigma simplex.　　*Drupa* coriacea.

TABULA 375.

STYRAX OFFICINALE.

Styrax foliis latè ovatis subtùs villosis, racemis simplicibus paucifloris.

S. officinale.　*Linn. Sp. Pl.* 635.　*Willden. Sp. Pl. v.* 2. 623.　*Ait. Hort. Kew. ed.* 2.
　　v. 3. 59.　*Andr. Repos. t.* 631.　*Cavan. Diss.* 339. *t.* 188. *f.* 2.

S. folio mali cotonei.　*Bauh. Pin.* 452.　*Tourn. Inst.* 598.　*Garidel. Prov.* 450. *t.* 95.

S. arbor.　*Bauh. Hist. v.* 1. *p.* 2. 341.　*Ger. Em.* 1526.

Styrax.　*Matth. Valgr. v.* 1. 80.　*Camer. Epit.* 38.　*Lob. Ic. v.* 2. 151.　*Mill. Ic.* 173.
　　t. 260.

Στυραξ *Diosc. lib.* 1. *cap.* 79.

Στυράκι, ἡ λαγομηλιὰ, *hodiè.*

In nemorosis montosis Cretæ et Cypri ; nec non in variis Græciæ locis.　Inter Smyrnam
　　et Scalam novam. ♄.

In Peloponneso, ut et Græciâ omni, haud infrequens.　*D. Hawkins.*

Arbor mediocris, ramis rectis, teretibus, griseis, glabriusculis, ramulis alternis, tomen-
　　tosis, foliosis, apice floriferis. *Folia* alterna, petiolata, ovato-rotundata, obtusa, in-
　　tegerrima, uninervia, venis transversis, parallelis ; suprà glabra ; subtùs tomentosa,
　　incana ; magnitudine varia, decidua. *Petioli* breves, canaliculati, tomentosi ; pu-
　　bescentiâ, ut in ramulis et foliorum venis, granulatâ, substellatâ. *Stipulæ* nullæ.
　　Racemi terminales, solitarii, simplices, tri- vel quadriflori, nutantes, densè tomen-
　　tosi. *Bracteæ* parvæ, oblongæ, ad basin pedicellorum, deciduæ. *Flores* penduli,
　　formosi, nivei, vix odori, ultrà unciam lati. *Calyx* tomentosus, margine variè den-
　　ticulatus. *Corollæ* tubus brevis ; limbus plerumque sexpartitus, regularis, laciniis
　　elliptico-oblongis, æqualibus, subtùs præcipuè incanis, vel tenuè pubescentibus.
　　Stamina filiformia, glabra, tubo inserta, nec verè monadelpha, limbi laciniis duplò
　　breviora, duplòque numerosiora. *Antheræ* lineares, erectiusculæ, dorso insertæ.

Styrax officinale.

Germen in fundo calycis, subrotundum, incanum. *Stylus* filiformis, staminibus duplò longior. *Stigma* capitatum, parvum. *Drupa* subrotunda, mucronulata, incana, coriacea, exsucca, magnitudine Cerasi minoris. *Nux* magna, globosa, nitida, fusca, seminibus solitariis vel binis.

a. Calyx cum pistillo.   *b, b.* Corolla cum staminibus.
c. Drupa.   *d.* Nucis dipyrenæ sectio transversa.

In *Prodromo*, v. 2. 358. lin. 11, pro 925 lege 928.

DECANDRIA DIGYNIA.

SAXIFRAGA.

Linn. Gen. Pl. 223.   *Juss.* 309.   *Gærtn. t.* 36.

Calyx quinquefidus, persistens.   *Corolla* pentapetala.   *Capsula* birostris, unilocularis, polysperma, inter rostra dehiscens.

* *Foliis indivisis, caule subnudo.*

TABULA 376.

SAXIFRAGA MEDIA.

Saxifraga foliis radicalibus aggregatis lingulatis integerrimis ; margine cartilagineo suprà punctato, petalis obtusis calyce brevioribus.

S. media.   *Gouan Illustr.* 27.   *Poiret in Lamarck. Encycl. v.* 6. 673. *tab.* 372. *f.* 6.

S. cæsia.   *Linn. Mant.* 382 ; *nec. Sp. Pl.* 571.   *Willden. Sp. Pl. v.* 2. 642 ; *varietas ex alpibus Italicis.*

S. calyciflora.   *Picot Lapeyrouse Pyren. v.* 1. 28. *t.* 12.

In Olympi Bithyni cacumine. ♃.

Radix cæspitosa, altè descendens, fibrillosa, multiceps, perennis.   *Folia radicalia* aggregata, densè cæspitosa, rosacea, imbricata, sessilia, semiuncialia, lingulata, mucronata, integerrima, subcarnosa, glabra, glauca, enervia, persistentia ; margine cartilagineo, albo ; punctis intramarginalibus albis, pertusa : *floralia* per scapum digesta, alterna, paulò minora, subcolorata, undique ferè hirsuta.   *Scapi* solitarii, erecti, palmares, simplices, teretes, hirsuti, viscidi, foliolosi, apice spicati.   *Spica* indivisa, multiflora, obtusa, subcernua, atro-sanguinea, hirsuta, bracteata.   *Bracteæ* solitariæ sub singulo flore, oblongæ, obtusiusculæ, concavæ, hirsutæ, coloratæ, persistentes.   *Flores* sessiles, longitudine bractearum, demùm subpedicellati, erecti.   *Calyx* omninò inferus, quinquepartitus, atro-sanguineus, hirsutissimus, laciniis obovatis, obtusis, inflexis, persistentibus.   *Petala* obovata, erecta, purpurea, calyce breviora.   *Stamina* subulata, glabra, æqualia, longitudine vix petalorum.   *Antheræ* cordatæ, nigræ.   *Germen* ovato-didymum, superum, glabrum, roseum.   *Styli* terminales, concolores, breves, divaricati, stigmatibus obtusis.

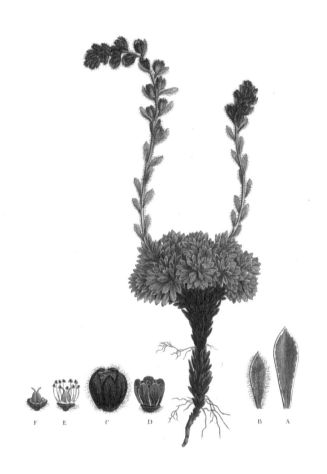

Saxifraga media.

Saxifraga rotundifolia.

Species pulcherrima et valdè singularis, a *Saxifragá cœsiá* prorsùs distincta, inter primas hujusce sectionis collocanda.

A. Folium radicale, triplò auctum.
C. Flos.
E. Stamina cum pistillo.

B. Folium florale eâdem ratione auctum.
D. Idem, calyce avulso.
F. Pistillum receptaculo insidens.

** *Foliis indivisis, caule folioso.*

TABULA 377.

SAXIFRAGA ROTUNDIFOLIA.

SAXIFRAGA foliis reniformibus acutè crenatis omnibus petiolatis, caule folioso paniculato.

S. rotundifolia. *Linn. Sp. Pl.* 576. *Willden. Sp. Pl. v.* 2. 651. *Ait. Hort. Kew. ed.* 2. *v.* 3. 69. *Curt. Mag. t.* 424. *Picot Lapeyrouse Pyren. v.* 1. 50. *t.* 26.

S. n. 975. *Hall. Hist. v.* 1. 418.

Sanicula alpina. *Camer. Epit.* 764. *Gesn. Fasc.* 19. *t.* 10. *f.* 25.

S. montana rotundifolia major. *Bauh. Pin.* 243.

S. montana altera. *Clus. Hist. v.* 1. 307.

S. guttata. *Ger. Em.* 788.

Geum rotundifolium majus. *Tourn. Inst.* 251. *Mill. Ic.* 94. *t.* 141. *f.* 1.

In montibus Sphacioticis Cretæ, et Olympo Bithyno, etiam in Laconiâ ; locis umbrosis gaudens. ♃.

Radix perennis, fibrosa ; radiculis numerosis, simplicissimis, filiformibus, fuscis. *Caulis* herbaceus, pedalis, solitarius, erectus, simplex, foliosus, teres, pilosus, apice paniculatus, multiflorus. *Folia* numerosa, subrotundo-reniformia, latè sed acutè crenata, pilosa ; supra lætè viridia, nitida ; subtùs pallidiora, opaca : radicalia longissimè petiolata ; caulina alterna, breviùs. *Petioli* pilosi ; inferiores rubicundi. *Stipulæ* nullæ. *Panicula* erecta, alternatìm decomposita, patentiuscula, pilosa, subviscida. *Bracteæ* lineari-lanceolatæ, parvæ, solitariæ, ad omnem paniculæ ramificationem. *Flores* erecti, albi, purpureo guttati, perpulchri, inodori. *Calyx* omninò inferus, ad basin usque divisus, laciniis ovatis, concavis, pilosis, patentibus. *Petala* obovato-oblonga, disco guttata ; punctis flavis plerumque, basin versùs, in plantâ hortensi. *Stamina* filiformia, patentia, petalis breviora. *Germen* ovato-oblongum, glaberrimum, utrinque sulcatum. *Styli* terminales, subulati, divaricati, persistentes, stigmatibus obtusis. *Capsula* ovata, stylis bicuspidata, apice hians.

A. Flos auctus, demptâ corollâ.
B. Petalum.

**** *Foliis lobatis, caulibus procumbentibus.*

TABULA 378.

SAXIFRAGA CYMBALARIA.

SAXIFRAGA foliis reniformibus subseptemlobis : summis trilobis integrisve, caulibus procumbentibus, petalis ovatis basi bipunctatis.

S. cymbalaria. *Linn. Sp. Pl. ed.* 1. 405. *ed.* 2. 579.

S. orientalis. *Jacq. Obs. p.* 2. 9. *t.* 34. *Willden. Sp. Pl. v.* 2. 658.

S. exigua, foliis cymbalariæ. *Buxb. Cent.* 2. 40. *t.* 45. *f.* 2.

Geum orientale rotundifolium supinum, flore aureo. *Tourn. Cor.* 18.

In Parnasso, Delphi, aliisque Græciæ montibus. ♃.

Radix filiformis, repens, fibrillosa, supernè subdivisa, multiceps. *Caules* numerosi, palmares aut spithamæi, ramosi, laxi, tenelli, glabri, foliosi ; ramis inferioribus oppositis ; superioribus solitariis, axillaribus, vel oppositifoliis. *Folia* undique patentia,
cordato-reniformia, pellucida, glabra, interdum rubro punctata ; radicalia, et caulina
inferiora, longissimè petiolata, quinqueloba ; superiora minora, breviùs petiolata,
triloba vel indivisa, inæqualia ; omnia caulina ferè opposita. *Flores* terminales vel
axillares, solitarii, pedunculati, aurei, pedunculis filiformibus, nudis, simplicibus.
Calyx inferus, foliolis ovato-oblongis, glabris, reflexis, persistentibus. *Petala* ovata,
obtusa, unguiculata, basin versùs areolata, concolora, punctis duobus fulvis, glandulosis. *Stamina* flava, glabra, petalis duplò breviora, *antheris* subrotundis. *Germen*
ovatum, compressiusculum. *Styli* breves, divaricati. *Stigmata* reniformia. *Capsula*
latè ovata, bicuspidata. *Semina* numerosa, ovata, corrugata, nigra.

    A. Calyx, cum staminibus et pistillo.   B. Petalum.

TABULA 379.

SAXIFRAGA HEDERACEA.

SAXIFRAGA foliis ovatis obsoletè trilobis : summis oblongis integris, caule filiformi flaccido,
petalis rotundatis unguiculatis.

S. hederacea. *Linn. Sp. Pl.* 579. *Willden. Sp. Pl. v.* 2. 658. *Ait. Hort. Kew. ed.* 2.
v. 3. 72.

S. cretica annua minima, hederaceo folio. *Tourn. Cor.* 18.

In rupibus humidis umbrosis Cretæ et Cypri. ☉.

Saxifraga cymbalaria

Saxifraga hederacea

Gypsophila Vaccaria

Radix fibrosa, annua, caudice simplici. *Caules* flaccidi, filiformes, undique diffusi, spithamæi aut pedales, alternatìm ramosi, foliosi, glabri. *Folia* omnia ferè caulina, opposita, breviùs petiolata, ovato-subrotunda, obsoletè triloba, pellucida, glabra, inæqualia ; summa diminuta, oblonga, vel lanceolata, indivisa. *Flores* in hoc genere minimi, *Arenariæ* vel *Spergulæ* facie, albi, terminales, vel axillares, solitarii, apicem versùs ramorum. *Pedunculi* gracillimi, adscendentes. *Calyx* inferus, laciniis ovatis, concavis, glabris, patentibus, persistentibus. *Petala* rotundata, nivea, immaculata, calyce longiora, unguiculata, ungue limbo duplò breviori. *Stamina* filiformia, inflexa, alba, *antheris* oblongiusculis, flavis. *Germen* didymum, *stylis* distantibus, divaricatis. *Capsula* exigua, didyma, membranacea, stylis coronata. *Semina* minutissima, numerosa.

A. Flos auctus.
C. Petalum.

B. Calyx cum pistillo.
d, e. Capsula magnitudine naturali, cum seminibus.

GYPSOPHILA.

Linn. Gen. Pl. 224. Juss. 301.

Saponaria. *Gærtn. t.* 130.

Calyx monophyllus, campanulatus, angulatus. *Petala* quinque, obovata, integriuscula. *Capsula* supera, subrotunda, unilocularis.

TABULA 380.

GYPSOPHILA VACCARIA.

GYPSOPHILA foliis ovatis amplexicaulibus glaberrimis, petalis emarginatis erosis.
Saponaria Vaccaria. *Linn. Sp. Pl.* 585. *Willden. Sp. Pl. v.* 2. 668. *Ait. Hort. Kew.*
ed. 2. v. 3. 77. *Curt. Mag. t.* 2290.
Lychnis segetum rubra, foliis perfoliatæ. *Bauh. Pin.* 204. *Tourn. Inst.* 335.
Thamecnemum. *Val. Cord. Hist.* 104.
Vaccaria. *Dod. Pempt.* 104. *Bauh. Hist. v.* 3. 357. *Ger. Em.* 492.
V. rubra, major et minor. *Dalech. Hist.* 515.

Inter segetes Græciæ et Archipelagi, vulgaris. ☉.

Radix fusiformis, parva, annua, infernè ramosa. *Herba* lævis atque glaberrima. *Caulis* solitarius, erectus, sesquipedalis, teres, geniculatus ; infernè simplex, foliosus ; apice

VOL. IV.   U

paniculatus, multiflorus. *Folia* opposita, sessilia, ad omnem caulis geniculum, ovata,
acuta, integerrima, uninervia, glauca; basi cordata, amplexicaulia. *Stipulæ* nullæ.
Panicula erecto-patens, fastigiata, dichotoma, foliolosa, sive bracteata; bracteis lanceolatis, acuminatis, sensìm minoribus. *Flores* pedunculati, erecti, pedunculis teretibus, lævissimis. *Calyx* semuncialis, ovatus, quinquangularis, quinquedentatus,
albidus, persistens; angulis viridibus, gibbis, compresso-carinatis. *Petala* quinque,
patentia, obcordata, inæqualitèr denticulata, rosea; unguibus linearibus, albis, longitudine calycis. *Stamina* receptaculo inserta, capillaria, æqualia, alba. *Antheræ*
parvæ, subrotundæ, concolores. *Germen* superum, ovatum. *Styli* breves. *Stigmata* linearia, acuta, divaricata, pubescentia, nivea. *Capsula* calyce inclusa, ovata,
lævis, unilocularis, cum tribus dissepimentorum rudimentis ad basin; apice quinquevalvis. *Columella* libera, angulosa. *Semina* plurima, globosa, atra, pedicellata.
Calyx, capsula, et totus habitus, *Gypsophilæ* omninò, nequaquàm *Saponariæ* sunt.

a. Calyx floris.	*b.* Petalum.
c. Stamina et pistillum.	*d.* Pistillum seorsìm.

TABULA 381.

GYPSOPHILA MURALIS.

GYPSOPHILA foliis linearibus planis, calycibus ebracteatis, caule dichotomo divaricato,
petalis crenatis.

G. muralis. *Linn. Sp. Pl.* 583. *Willden. Sp. Pl. v.* 2. 666. *Ait. Hort. Kew. ed.* 2. *v.* 3.
76.

Saponaria n. 903. *Hall. Hist. v.* 1. 394.

Caryophyllus minimus muralis. *Bauh. Pin.* 211; *excluso Dalechampii synonymo.*

Lychnis annua minima, flore carneo, lineis purpureis distincto. *Tourn. Inst.* 338.

L. parva palustris, foliis acutis lanceolatis, flosculis purpureis. *Mentz. Pugill. t.* 7. *f.* 4?

In monte Olympo Bithyno. ☉.

Radix parva, fibrosa, annua; caudice simplici. *Caulis* solitarius, erectus, teres, geniculatus, glaber, e basi ad apicem ramosissimus, patens, spithamæus vel bipedalis, foliosus; ramis alternis, paniculatis, dichotomis, multifloris. *Folia* opposita, sessilia,
plùs minùs uncialia, linearia, angustissima, plana, acuta, integerrima, emarcida;
basi connata, margine membranaceo. *Stipulæ* nullæ. *Pedunculi* e dichotomià caulis,
vel terminales, capillares, unciales, uniflori. *Flores* exigui, pallidè purpurei, odore
suavi, melleo. *Calyx* simplex, tubuloso-campanulatus, glaber, nudus, ebracteatus,
angulis quinque viridibus; margine quinquefidus. *Petala* obovata, unguibus longitudine calycis; apice crenata; disco trinervia, purpureo alboque variata, venulosa.

Gypsophila muralis.

Gypsophila rigida

Stamina capillaria, exserta, petalis breviora, *antheris* pallidè purpureis. *Germen* ovatum. *Styli* erectiusculi, staminibus multùm breviores.

    A. Flos lente auctus.   B. Calyx.
    C. Petalum.   D. Stamina cum pistillo.

TABULA 382.

GYPSOPHILA RIGIDA.

GYPSOPHILA foliis linearibus planis, calyce bracteato, bracteis quaternis æqualibus, caulibus subramosis, petalis emarginatis.

G. rigida. *Linn. Sp. Pl.* 583. *Willden. Sp. Pl. v.* 2. 666. *Ait. Hort. Kew. ed.* 2. *v.* 3. 76.

Tunica minima. *Dalech. Hist.* 1191. *f.* 2.

In monte Olympo Bithyno. ♃.

Radix sublignosa, perennis, multiceps, caudice cylindraceo, simplici. *Caules* plures, palmares vel spithamæi, reclinati, teretes, incani ; infernè simplices, foliosi ; ultra medium plerumque alternatìm subdivisi, ramis unifloris, rariùs bifloris. *Folia* brevia, scabriuscula, erecto-adpressa ; basi latè membranacea, connata ; superiora sensìm diminuta. *Flores* pedunculati, pallidè purpurei, præcedente duplò majores. *Bracteæ* quatuor, erectæ, ellipticæ, carinatæ, mucronulatæ ; margine scariosæ ; simplici serie sub calyce collocatæ, eoque haud duplò breviores, persistentes. *Calyx* tubulosus, virens, costatus, glaber, laciniis mucronulatis, margine scariosis. *Petalorum* ungues longitudine calycis, virentes ; laminæ obovato-rotundatæ, emarginatæ, purpureo striatæ. *Stamina* inæqualia, unguibus haud longiora, *antheris* incumbentibus, omnia *receptaculo* columnari, brevi, cum pistillo, intrà florem elevata, ut in plurimis huic plantæ affinibus. *Germen* ovale. *Styli* breves, patuli.

Gypsophila saxifraga, Linn. Sp. Pl. 584, Sm. Exot. Bot. v. 2. 61. t. 90, discrepat bracteis lanceolatis, inæqualibus, nec non radice annuâ, cauleque solitario, ramosissimo, præcedentis. Auctorum synonyma difficillimè eruuntur, nec multùm valent ad has species, paucis benè notas, at reverà distinctissimas, determinandas.

    A. Calyx bracteis circumvallatus, auctus.   B. Petalum.
    C. Stamina cum pistillo, receptaculo brevi insidentia.   D. Pistillum seorsìm.

TABULA 383.

GYPSOPHILA DIANTHOIDES.

Gypsophila foliis linearibus, floribus capitatis, bracteis confertis mucronatis dilatatis scariosis, petalis obtusis integerrimis.

Lychnis orientalis, petalis albis, lineis cæruleis subtùs variegatis. *Tourn. Cor.* 24, e charactere.

In Cretæ rupibus Sphacioticis. ♃.

Radix lignosa, multiceps, perennis. *Caules* numerosi, pedales, erecti, subsimplices, foliosi, teretes, glauci, læves, quandoque subcanescentes. *Folia* erecta, brevia, linearia, obtusiuscula, integerrima, glauca; subtùs convexa. *Capitula* terminalia, tri-quinqueflora; lateralia uniflora. *Bracteæ* numero variæ, a floribus paululùm remotæ, lanceolatæ, scariosæ, mucronatæ, nervo valido, glabro. *Calyx* scariosus, angulis quinque, viridibus, pubescentibus. *Petala* spatulata, alba; suprà trinervia, nervis sanguineis; subtùs areolata, venulisque rubris pulchrè reticulata. *Stamina* capillaria, *antheris* cæruleis, subrotundis. *Germen* ovato-oblongum, *receptaculo* proprio vix ullo. *Styli* breves. *Capsula* subcylindracea, apice quadrivalvis, obtusa. *Semina* minuta, subrotunda, complanata.

A. Calyx duplò auctus.
C. Idem subtùs.
E. Hoc seorsìm.
g, G. Semen.

B. Petalum supernè.
D. Stamina cum pistillo.
f, F. Capsula.

TABULA 384.

GYPSOPHILA CRETICA.

Gypsophila foliis subulatis trinervibus, caule subdichotomo, petalorum laminis lanceolatis immaculatis, radice cæspitosâ.

Saponaria cretica. *Linn. Sp. Pl.* 584. *Willden. Sp. Pl. v.* 2. 668.

Saxifraga altera. *Alpin. Exot.* 292. *t.* 291.

Caryophyllus saxatilis, gramineo folio, centaurii minoris flore, umbellatus. *Cupan. Panph. ed.* 1. *v.* 1. *t.* 131.

In Cretæ rupestribus. ♃.

Radix cylindracea, altè descendens, multiceps, lignosa, perennis. *Caules* numerosi, vix spithamæi, adscendentes, teretes, foliosi, glabri; supernè paniculato-ramosi, dichotomi, multiflori; basin versùs pubescentes, viscidi. *Folia* lineari-subulata, acuta,

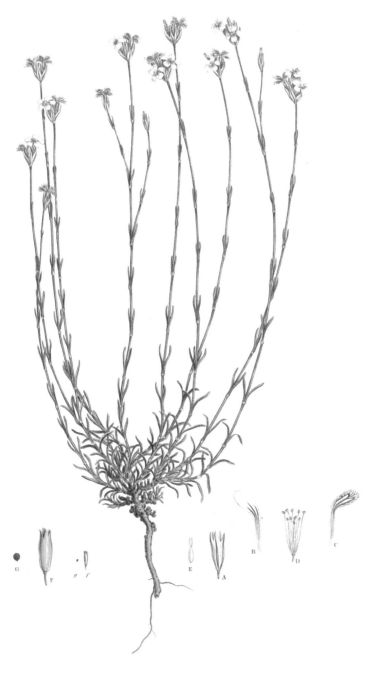

Gypsophila dianthoides.

Gypsophila cretica.

Gypsophila ochroleuca.

Gypsophila illyrica.

plana, trinervia, glabra ; infima subserrata. *Flores* parvi, erecti, *pedicellis* quando-que villoso-viscidis. *Calyx* multinervis, subpubescens, virens, semiquinquefidus, ebracteatus. *Petalorum* lamina lanceolata ; suprà nivea, immaculata ; subtùs in-carnata. *Capsula* ad medium usque quadrivalvis, rigidula. *Semina* obovata, com-planata, imbricata, nigra.

A. Flos auctus.
C. Petalum, e parte superiori.
E. Pistillum.
g, G. Semen.

B. Calyx.
D. Idem subtùs conspectum.
f, F. Capsula matura.

TABULA 385.

GYPSOPHILA OCHROLEUCA.

GYPSOPHILA foliis subulatis : infimis linearibus flaccidis, caule dichotomo divaricato, petalorum laminis spatulatis basi punctatis.

In monte Hymetto prope Athenas. ☉.

Radix fibrosa, caudice cylindraceo, indiviso ; ex habitu mihi annua videtur. *Caules* so-litarii vel plures, conferti, erecti, pedales, foliosi, paniculati, basi glabri. *Folia* lineari-subulata, plana, obsoletè trinervia, lætè viridia, margine scabriuscula ; infe-riora latiora, laxè patentia. *Panicula* dichotoma, patula, multiflora, subindè pubescens. *Pedunculi* capillares, erecti. *Calyx* subcylindraceus, nervosus, pube-scens. *Petala* lineari-spatulata, undique ochroleuca, maculâ pulcherrimâ, radiatâ, purpureâ, subocellatâ, ad basin laminarum. *Stamina* exserta, laxè patentia, alba. *Germen* oblongum. *Styli* erecti, calyce breviores. *Stigmata* obtusiuscula.

A. Flos auctus.
C. Petalum.

B. Calyx.
D. Pistillum.

TABULA 386.

GYPSOPHILA ILLYRICA.

GYPSOPHILA foliis subulatis, caule dichotomo fastigiato calycibusque viscido-pubescenti-bus, petalorum laminis obovatis basi punctatis.
Saponaria illyrica. *Linn. Mant.* 70. *Willden. Sp. Pl. v.* 2. 669. *Arduin. Spec.* 2. 24.
t. 9.

In Archipelagi insulis. In Amorgi collibus, Augusto florens. ♃.

Radix cylindracea, vel subfusiformis, longissima ; apice simplex, lignosa, sæpè multiceps.

VOL. IV.   X

Caules plures, palmares aut spithamæi, suberecti, simplices, teretes, foliosi, glabri vel pubescentes ; apice subdivisi, corymbosi, dichotomi, fastigiati. *Folia* subulato-linearia, acuta, carinata, trinervia ; margine denticulata. *Flores* parvi, conferti. *Pedunculi* breves, erecti, pubescentes, basi bracteati ; *bracteis* figurâ foliorum, sed longè minoribus, margine scabris. *Calyx* obovatus, quinquangulatus, semiquinque-fidus, piloso-viscidus ; laciniis trinervibus, acutis, margine scariosis. *Petala* nivea ; unguibus latiusculis ; laminis angustè obovatis, integerrimis ; basi punctis tribus purpureis. *Stamina* capillaria, alba, *antheris* lætè cyaneis. *Germen* oblongum, *receptaculo*, cum staminibus, elevatum. *Styli* calyce breviores. *Capsula* apice quadrifida, obtusa. *Semina* obovata, complanata, nigra.

A. Calyx multùm auctus.   B. Petalum e parte inferiori.
C. Idem supernè.   D. Stamina et pistillum, cum receptaculo proprio.
E. Pistillum receptaculo insidens.   *f*, F. Capsula.
g, G. Semen.

TABULA 387.

GYPSOPHILA OCELLATA.

GYPSOPHILA foliis spatulatis utrinque tomentosis, caulibus diffusis, floribus capitatis, petalorum laminis ovatis zonulâ notatis.

Lychnis græca pumila umbellifera, polygoni folio, flore albo cum circulo atro-purpureo. *Tourn. Cor.* 24.

Cucubalus polygonoides. *Willden. Sp. Pl. v.* 2. 690.

In Delphi monte Euboeæ. ♃.

Radix lignosa, longissima, crassa ; apice ramosa, multiceps, densè cæspitosa. *Herba* undique minutè ac densè pubescens, pallidè virens, vix incana. *Caules* adscendentes, numerosi, digitales, teretes, foliosi ; basi tantùm ramosi, supernè simplices. *Folia* semuncialia, spatulata, acuta, uninervia, integerrima ; basi quandoque in *petiolum* brevem attenuata. *Capitula* terminalia, solitaria, densa, sæpiùs quinqueflora. *Flores* parvi, albi, cum circulo violaceo, pulcherrimi. *Calyx* cylindraceo-oblongus, pentagonus, pilosus, acutè quinquedentatus. *Petalorum* ungues latiusculi ; laminæ ovatæ, obtusæ, integerrimæ, singulæ lineâ transversâ, arcuatâ, purpureâ, medium versùs, pictæ. *Stamina* tenuissima, alba, unguium longitudine. *Germen* sessile. *Styli* capillares, staminibus longiores.

Synonyma vix dubia videntur. *Styli* forsitàn Willdenovio non innotuerunt.

A. Flos magnitudine auctus.   B. Calyx.
C. Petalum.   D. Stamina cum pistillo.
E. Pistillum separatìm.

Gypsophila ocellata.

Gypsophila thymifolia.

Saponaria cœspitosa.

TABULA 388.

GYPSOPHILA THYMIFOLIA.

GYPSOPHILA foliis spatulatis utrinque tomentosis, caulibus diffusis subdichotomis, petalorum laminis obovatis rotundatis immaculatis.

Saponaria hirsuta. *Labillard. Syr. fasc.* 4. 9. *t.* 4.

In monte Parnasso. ♃.

Radix lignosa, crassa, ramosissima, multiceps. *Caules* plurimi ; basi ramosi, suffruticosi ; supernè simplices vel subramosi, digitales vel spithamæi, erecti vel adscendentes, teretes, foliosi, undique densè pilosi, apicem versùs floriferi, vix dichotomi. *Folia* obovato-spatulata, acuta, integerrima, uninervia, utrinque piloso-mollia, haud semuncialia. *Flores* albi, parvi, subsessiles, aggregati, terni vel quaterni, in apicibus caulis vel ramulorum ; sæpe etiam, ex axillà proximâ, solitarii, pedunculati. *Calyx* campanulatus, angulis quinque viridibus, pilosis, interstitiis membranaceis, albis ; apice quinquedentatus, acutus. *Petalorum* ungues latiusculi, cuneato-oblongi, virescentes ; laminæ obovatæ, integerrimæ, immaculatæ. *Stamina* unguium longitudine, *antheris* cærulescentibus, haud exsertis. *Germen* subrotundum, sessile. *Styli* breves, divaricati. *Capsula* ovata, obtusa, apice quadrifida. *Semina* exigua, reniformia, fusca.

a, A. Flos.	*b*, B. Calyx.
C. Petalum auctum.	D. Stamina et pistillum.
E. Pistillum.	*f*, F. Capsula.
g, G. Semen.	

SAPONARIA.

Linn. Gen. Pl. 224. *Juss.* 302.

Calyx monophyllus, ovato-cylindraceus, æqualis, nudus. *Petala* quinque, longiùs unguiculata. *Capsula* supera, oblonga, unilocularis.

TABULA 389.

SAPONARIA CÆSPITOSA.

SAPONARIA calycibus basi constrictis glabris, foliis spatulatis cæspitosis, caulibus simplicibus unifloris nudiusculis.

S. Smithii. *DeCand. Prodr. v.* 1. 367.

In Delphi monte Eubœæ. ♃.

Radix lignosa, teres, fusca ; apice ramosa, multiceps.   *Caules* breves, cæspitosi, densè
     foliosi, teretes, subpubescentes ; floriferi elongati, ferè palmares, erecti, graciles, nu-
     diusculi, glabrati, uniflori.   *Folia* petiolata, obovato-spatulata, acuta, integerrima,
     plana, uninervia, lætè viridia, utrinque scabriuscula.   *Petioli* breves, marginati,
     basi connati.   *Flores* terminales, ebracteati, erecti.   *Calyx* obovatus, teres, nervosus,
     glaberrimus ; basi constrictus, nudus.   *Petala* alba ; unguibus supernè dilatatis,
     apice bidentatis, seu coronatis ; laminis deflexis, lineari-oblongis, obtusis, semibifidis,
     ungue paulò brevioribus. *Stamina* capillaria, longitudine unguium. *Antheræ* magnæ,
     oblongæ, incumbentes, atro-purpureæ, polline concolori.   *Germen* ellipticum, *recep-
     taculo* columnari, intrà calycem, cum petalis staminibusque, elevatum.   *Styli* erecto-
     patentes, graciles.

       a. Calyx.   *b.* Petalum.
     c, C. Pistillum receptaculo impositum.   D. Flos auctus, dempto calyce.

VELEZIA.

Linn. Gen. Pl. 176.   *Juss.* 302.   *Gœrtn. t.* 129.

Calyx monophyllus, subcylindraceus, sulcatus, nudus.   *Petala* quinque,
     longissimè unguiculata, ad faucem barbata.   *Capsula* supera, cylin-
     dracea, unilocularis.   *Semina* imbricata.

TABULA 390.

VELEZIA RIGIDA.

Velezia calycibus filiformibus pubescentibus, petalis bifidis.
V. rigida.   *Linn. Sp. Pl.* 474.   *Willden. Sp. Pl. v.* 1. 1329.   *Ait. Hort. Kew. ed.* 2. *v.* 2.
     109.
Lychnis sylvestris minima, exiguo flore.   *Bauh. Pin.* 206.   *Prodr.* 103.
L. corniculata minor, sive angustifolia, saxatilis.   *Bocc. Mus. p.* 1. 50. *t.* 43.   *Barrel. Ic.*
     t. 1018.
L. parva, flore rubello, e calyce oblongo angusto, messanensis.   *Raii Hist. v.* 2. 995.   *Tourn.*
     Inst. 338.
L. minima rigida Cherleri.   *Bauh. Hist. v.* 3. *p.* 2. 352.   *Raii Hist. v.* 2. 997.
Knawel majus, foliis caryophyllæis.   *Buxb. Cent.* 2. 41. *t.* 47.

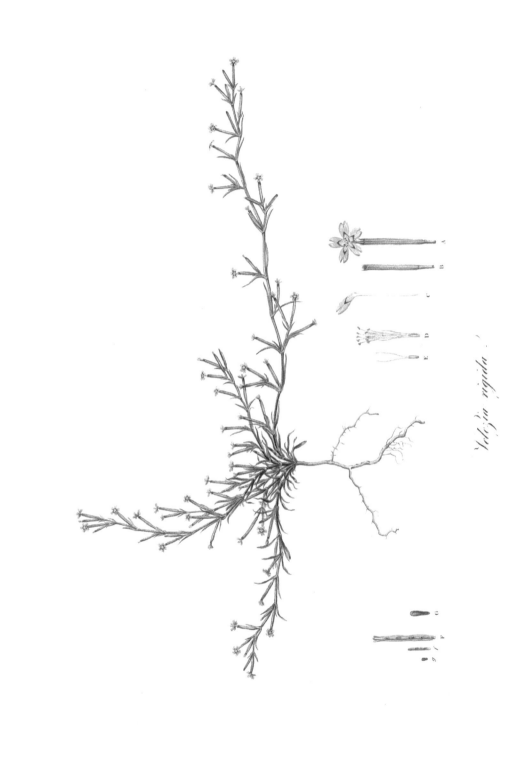

Lepigonum rubrum.

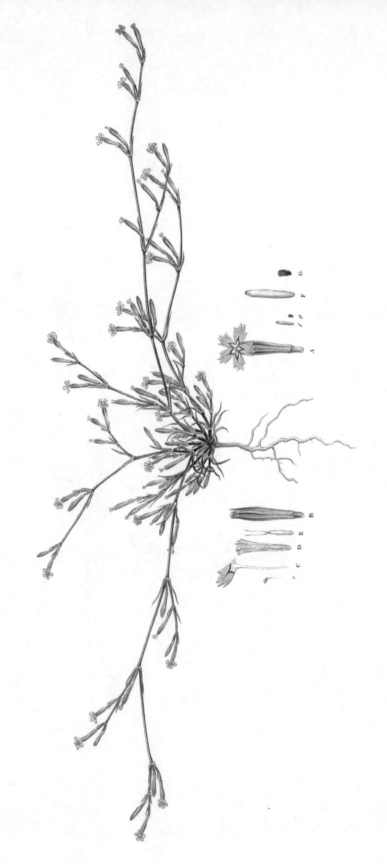

Velezia quadridentata.

In Cretâ et Cypro insulis. ⊙.

Radix parva, annua, caudice simplici ; infernè fibrosa. *Herba* rigida, strigosa, multicaulis, plùs minùs spithamæa, undique patens, vel diffusa, tenuè at densè pubescens.
Caules teretes, geniculati, foliosi, recti vel subflexuosi, multiflori ; basin versùs rubicundi. *Folia* opposita, subulata, rigida, trinervia ; basi connata. *Flores* axillares,
sessiles, solitarii, erecto-patentes. *Calyx* gracillimus, strictus, striatus, piloso-viscidus, haud uncialis ; ore quinquedentatus, dentibus tenuissimis, erectis, coloratis.
Petalorum ungues lineares, angustissimi, albi, calyce paulò longiores ; laminæ obovatæ, parvæ, patentes, roseæ, semibifidæ ; lineâ saturatiore medium versùs areolatæ ;
basi barbatæ, pilis albis, subquaternis. *Stamina* decem, filiformia, quorum quinque
longiora, unguibus ferè æqualia. *Antheræ* cæruleæ, subrotundæ. *Germen* sessile,
cylindraceum, parvum. *Styli* filiformes, staminibus breviores. *Stigmata* linearia.
Capsula cylindracea, gracilis, lævis, tenuis et semipellucida, ore quadridentato, obtuso. *Semina* numerosa, laxè imbricata, oblonga, obtusa, nigra ; hinc concava, vel
involuta. *Columella* filiformis.

Stamina quinque tantùm, vel sex, huic plantæ plurimùm tribuuntur ; at numerus naturalis frequentiùs decem, ut in affinibus, videtur.

A. Flos triplò circitèr auctus.	B. Calyx.
C. Petalum.	D. Stamina cum pistillo.
E. Pistillum.	*f*, F. Capsula matura.
g, G. Semen.	

TABULA 391.

VELEZIA QUADRIDENTATA.

Velezia calycibus clavatis glabris, petalis quadridentatis.

In Asiâ minore. ⊙.

Habitus omninò præcedentis, cujus characterem genericum, et staminum numerum verum,
optimè confirmat. Vix enim ab illâ specie discrepat, nisi habitu paululùm, robus-
tiore, *calycibus* pentagonis, glabris, supernè tumidioribus ; et præcipuè *petalorum*
laminis anticè quadrifidis, pilis ad basin numerosioribus, subdenis. Distinctissima
species proculdubiò est ; nec minùs distinctum genus, ab omnibus hujus ordinis naturalis, est *Velezia*.

A. Flos triplò auctus.	B. Calyx.
c, C. Petalum.	D. Stamina et pistillum.
E. Pistillum.	*f*, F. Capsula.
g, G. Semen.	

VOL. IV.   Y

DIANTHUS.

Linn. Gen. Pl. 225.   Juss. 302.   Gærtn. t. 129.

Calyx cylindraceus, monophyllus; basi squamatus. *Petala* quinque, unguiculata. *Capsula* cylindracea, supera, unilocularis.

---

* *Flores aggregati.*

TABULA 392.

DIANTHUS CARTHUSIANORUM.

Dianthus floribus subaggregatis, squamis calycinis aristatis tubo brevioribus, petalis
barbatis, foliis linearibus trinervibus.

D. carthusianorum.   *Linn. Sp. Pl.* 586.   *Willden. Sp. Pl. v. 2.* 671.   *Ait. Hort. Kew.*
ed. 2. v. 3. 78.   *Sm. Tr. of Linn. Soc. v. 2.* 299.   *Ehrhart. Herb.* 65.   *Curt. Mag.*
t. 2039.

Tunica n. 899.   *Hall. Hist. v. 1.* 392.

Caryophyllus sylvestris vulgaris latifolius.   *Bauh. Pin.* 209.   *Tourn. Inst.* 333.

C. sylvestris.   *Matth. Valgr. v. 1.* 530.   *Dalech. Hist.* 807.

C. arvensis, calyculo florum numeroso.   *Loesel. Pruss.* 39. t. 7.

C. barbatus angustifolius.   *Segu. Veron. v. 1.* 438. t. 8.

Betonica sylvestris.   *Fuchs. Hist.* 352.

Dondernegelin.   *Brunf. Herb. v. 2.* 58.

In monte Olympo Bithyno, et circa Byzantium. ♃.

Radix cylindracea, longissima, infernè ramosa. *Caules* plurimi, cæspitosi, adscendentes,
foliosi; floriferi pedales vel ultrà, erecti, simplices, geniculati, angulosi, glabri.
Folia plerumque biuncialia, linearia, acuta, integerrima, trinervia, lætè viridia,
nuda; margine scabra; infima recurva; reliqua erectiuscula, basi connata, vaginantia, striata. *Flores* terminales, plùs minùs aggregati, fastigiati, rariùs solitarii,
subsessiles, erecti, saturatè rosei, inodori. *Involucrum* floribus approximatum, duplòque ferè brevius, foliolis subquaternis, elliptico-oblongis, striatis, glabris, coloratis; acumine subulato, elongato, scabro. *Calyx* cylindraceus, striatus, coloratus,
glabriusculus, quinquedentatus, involucro longior; dentibus elongatis, tenuissimè
mucronatis: squamis ad basin quaternis, elliptico-lanceolatis, acuminatis, striatis,
æqualibus, tubo duplò brevioribus. *Petalorum* ungues sublineares, pallidi, longitudine tubi; laminæ duplò breviores, horizontalitèr patentes, æquales, cuneatæ,

Dianthus carthusianorum.

Dianthus biflorus.

apice inæqualitèr dentatæ, disco suprà pilis coloratis barbato, basi obsoletè tri-
lineato. *Stamina* exserta, limbo breviora, capillaria, *antheris* cæruleo-incarnatis, subrotundis, incumbentibus. *Germen* receptaculo proprio, supra petalorum insertionem, elevatum, ovato-oblongum, glabrum. *Styli* staminibus duplò breviores, erectiusculi. *Stigmata* linearia, pubescentia. *Capsula* ovato-cylindracea, lævis, ad basin usque ferè quadrivalvis. *Semina* obovata, compressa, ferruginea, scabra.

Varietates apud Linnæum nullo modo distinguendæ nisi florum numero.

a. Calyx.
c. Petalum.
e. Pistillum seorsìm.
g, G. Semen.

b. Involucri foliolum.
d. Stamina et pistillum, cum receptaculo proprio.
f. Capsula.

TABULA 393.

DIANTHUS BIFLORUS.

Dianthus floribus geminatis, squamis cuneatis obtusissimis aristatis patulis calyce brevioribus, foliis linearibus trinervibus.

In monte Delphi Eubœæ. ♃.

Radix lignosa, nodosa, geniculata, multiceps, subsarmentosa, perennis. *Caules* solitarii,
spithamæi, simplices, adscendentes, laxè foliosi, angulati, glabri. *Folia* biuncialia
vel ultrà, patentia, linearia, acuta, trinervia, subglaucescentia, utrinque glabra ; margine scabra ; basi connato-vaginantia ; infima conferta, cæspitosa. *Flores* terminales,
subsessiles, erecti, priore majores, gemini, rarissimè solitarii. *Calyx* subcylindraceus, supernè striatus ; dentibus margine membranaceis ; squamis ellipticis, quaternis, tubo duplò brevioribus, acumine patente. *Involucrum* squamis calycinis simillimum, di- tetraphyllum, adpressum, acumine interdùm longitudine tubi. *Petalorum* laminæ cuneiformes, multidentatæ ; suprà roseæ, immaculatæ, undique brevissimè barbatæ, vel pilosæ ; subtùs ochroleucæ, glaberrimæ. *Stamina* alba, quorum quinque duplò breviora, ex icone, antherifera. *Germen* sessile, cylindraceum.
Styli staminibus longioribus subæquales, filiformes.

Foliorum nervi laterales, in hâc et præcedente, margini approximati sunt, et, nisi accura-
tiùs inspecti, visum ferè fallunt.

a. Calyx, cum involucri foliolo interiore.
c. Stamina cum pistillo.

b. Petalum.
d. Pistillum separatìm.

TABULA 394.

DIANTHUS PROLIFER.

DIANTHUS floribus aggregatis capitatis, squamis calycinis ovatis obtusis muticis scariosis
tubum superantibus.

D. prolifer. *Linn. Sp. Pl.* 587. *Willden. Sp. Pl. v.* 2. 673. *Sm. Fl. Brit.* 461. *Engl.
Bot. t.* 956. *Fl. Dan. t.* 221.

Tunica n. 901. *Hall. Hist. v.* 1. 393.

Caryophyllus sylvestris prolifer. *Bauh. Pin.* 209. *Tourn. Inst.* 333. *Dill. in Raii
Syn.* 337. *Segu. Veron. v.* 1. 433. *t.* 7. *f.* 1.

Armeria prolifera. *Lob. Ic. v.* 1. 449. *Ger. Em.* 599.

Betonica coronaria squamosa sylvestris. *Bauh. Hist. v.* 3. *p.* 2. 335.

Ἀγριογαρόφαλον *hodiè.*

Γαρέφαλλα τᾶ βϩνᾶ *Zacynth.*

In provinciis et insulis Græciæ vulgaris. ☉.

Radix parva, fusiformis, gracilis, fibrillosa, annua. *Caulis* sæpiùs solitarius, pedalis vel
sesquipedalis, erectus, altitudine varius, strictus, foliosus, striatus, geniculatus, vix
ramosus; subindè pluribus minoribus basi comitatus. *Folia* linearia, acuta, plana,
trinervia, lætè viridia; margine scabra. *Capitulum* terminale, solitarium, erectum,
ovatum, plerumque tri- vel quinqueflorum; quandoque in hortis multiflorum, subrotundum. *Flores* pulchri, rosei, immaculati, inodori, parvi, ephemeri. *Calyx* gracilis, cylindraceus, membranaceus, lævis, quinquenervis; squamis ad basin duabus,
lanceolatis, scariosis, compresso-carinatis, longitudine tubi. *Involucrum* e squamis
quatuor vel pluribus, latioribus, inæqualibus, acutis, calyces arctè amplectentibus,
persistentibus. *Petalorum* laminæ obovatæ, emarginatæ. *Stamina* capillaria, longitudine unguium. *Germen* subsessile, oblongum. *Styli* longitudine staminum,
stigmatibus recurvis, pubescentibus. *Capsula* ovata, obtusa, apice quadrivalvis.
Semina gibbosa, nigra.

Varietas in solo steriliore haud infrequens, capitulo unifloro, est *Dianthus diminutus*, Linn.
Sp. Pl. 587. Willden. Sp. Pl. v. 2. 674.

Squamæ interiores *involucri,* nec non exteriores *calycis,* numero subindè variant.

a. Flores tres e capitulo, cum squamis aliquot involucri, avulsi.
c. Calycis tubus.
e. Stamina cum pistillo.
g. Capsula.

b. Squama involucri externa.
d. Petalum.
f. Pistillum.
h. Semen.

Dianthus prolifer.

Dianthus corymbosus.

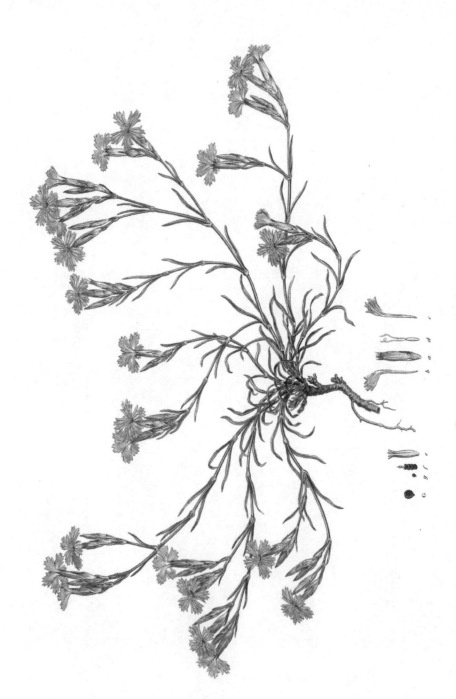

Dianthus diffusus

TABULA 395.

DIANTHUS CORYMBOSUS.

DIANTHUS floribus subaggregatis, squamis lanceolatis villosis tubo brevioribus, caule co-
rymboso divaricato multifloro pubescente.

In Asiâ minore. ☉.

Radix ferè præcedentis, annua. *Caules* plures, pedales vel bipedales, erecti, corymboso-
ramosissimi, geniculati, foliosi, teretes, supernè imprimis tenuissimè ac densè pubescentes ; ramis ramulisque alternis, divaricato-patentibus, multifloris. *Folia* linearia,
acuminata, trinervia, laxè reclinata, pubescentia ; margine scabra. *Flores* terminales, solitarii, vel gemini, subaggregati, *involucro* ferè nullo. *Calyx* undique pubescens ; tubo sulcato, dentibus subulatis, elongatis ; squamis binis, ovatis, apice
subulatis, tubo brevioribus. *Petalorum* laminæ cuneatæ, obtusè dentatæ ; suprà
roseæ, basi sanguineo-punctatæ, pilosæ ; subtùs ochroleuco-virentes. *Stamina* capillaria, exserta, alba, *stylis* longiora. *Capsula* subclavata, membranacea, quadrivalvis, supernè hians.

** *Flores solitarii, plures in eodem caule.*

TABULA 396.

DIANTHUS DIFFUSUS.

DIANTHUS floribus subcorymbosis, squamis sulcatis mucronatis tubo duplò brevioribus,
caulibus diffusis glabriusculis.

In insulâ Cypro. ♃.

Radix lignosa, teres, perennis, apice subdivisa. *Caules* plurimi, undique diffusi, palmares, foliosi, teretes, geniculati, nodosi, glabriusculi, vel tenuissimè pubescentes ;
supernè ramosi, ramulis bifloris. *Folia* linearia, acuta, plana, lætè viridia, integerrima, utrinque glabra ; margine scabra ; subtùs trinervia ; basi connata, gibbosa,
quinquenervia, margine membranaceo. *Flores* terminales, gemini, pedunculati,
erecti ; altero bracteato. *Calyx* cylindraceus, sulcatus, uncialis, dentibus elongatis,
acuminatis ; squamis ad basin binis, obovatis, sulcatis, breviùs acuminatis, tubo duplò brevioribus. *Bracteæ* in altero flore duæ, a calyce paululùm remotæ, parvæ,
lanceolatæ, acuminatæ, sulcatæ ; in altero nullæ. *Petalorum* ungues lineares, albidi,

nervo viridi ; laminæ cuneatæ, dentato-incisæ ; suprà roseæ, lineatæ, basi pilosæ ; infrà rubicundæ, disco virente. *Stamina* exserta, *antheris* cærulescentibus. *Germen* cylindraceum. *Styli* pubescentes, *stigmatibus* tortis, incarnatis. *Capsula* subcylindracea, obtusa, quadrivalvis. *Semina* numerosa, obovata, compressa, subpedicellata, sursùm imbricata.

a. Calyx.	*b.* Petalum e latere inferiore.
c. Idem supernè.	*d.* Pistillum.
e. Capsula.	*f.* Columella cum seminibus.
g, G. Semen seorsìm.	

TABULA 397.

DIANTHUS PUBESCENS.

Dianthus floribus solitariis, squamis sulcatis mucronatis tubo duplò brevioribus, caulibus diffusis foliisque villosis.

In montibus circa Athenas. ♃.

Cum præcedente convenit habitu et magnitudine, sed magìs aliquantulùm pubescit, et inflorescentiâ omninò differt. *Caules* graciliores, decumbentes, densè tomentosi. *Folia* angustissima, undique pubescentia. *Flores* in apicibus ramorum, solitarii, formosi, foliis duobus diminutis, subdilatatis, bracteiformibus, suffulti. *Calyx* obsoletè striatus, glaber, dentibus longiùs acuminatis ; squamis binis, tubo dimidiò brevioribus, mucronatis, dorso paululùm sulcatis. *Petalorum* ungues virescentes ; laminæ cuneatæ, dentato-incisæ ; suprà saturatè roseæ, basi punctatæ, hirtæ ; subtùs luteo-virentes. *Antheræ*, ut et *stigmata*, rubræ. *Capsula* quadrivalvis.

a. Calyx.	*b.* Petalum supernè visum.
c. Idem infernè.	*d.* Stamina cum pistillo.
e. Pistillum.	*f.* Capsula.
g. Semen.	

TABULA 398.

DIANTHUS TRIPUNCTATUS.

Dianthus floribus solitariis, squamis quaternis scariosis tenuè aristatis tubo brevioribus, caule patulo multifloro.

D. tripunctatus. *Sibth. Mss.*

In insulâ Cypro. ☉.

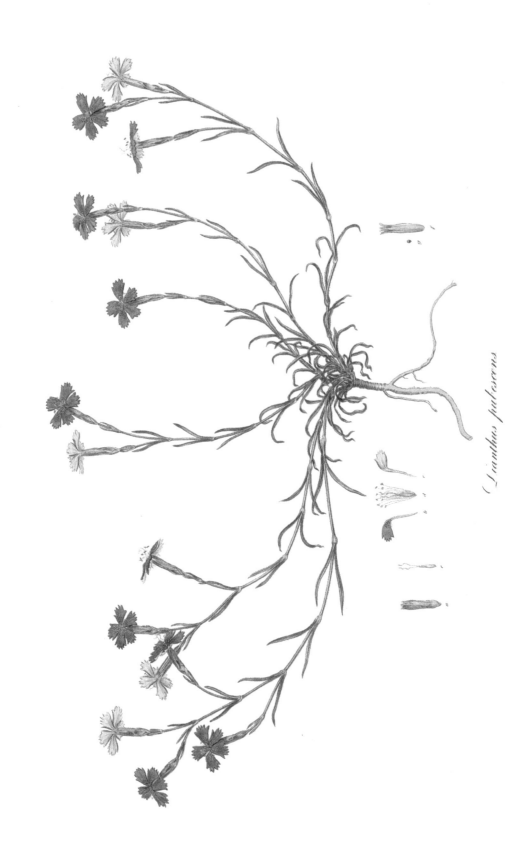

Dianthus pubescens

Dianthus tripunctatus.

309

Dianthus pallens.

Radix ferè *Dianthi proliferi*, albida. *Caules* solitarii vel plures, pedales aut sesquipedales, erecti, undique ramosi, patuli, foliosi, teretes, læves atque glaberrimi, ramis
alternis, unifloris. *Folia* utrinque glabra, margine scabriuscula ; caulina lineari-
subulata, trinervia ; radicalia latiora, quandoque obovato-lanceolata, vel spatulata,
emarcida. *Calyx* ovato-cylindraceus, supernè aliquantulùm constrictus, undique
sulcatus, sulcis latitudine inæqualibus, oculo armato concinnè crenulatis ; squamis
ad basin quatuor, scariosis, ovatis, apice trinervibus, aristâ gracili, scabrâ, tubo plùs
minùs breviori. *Bracteæ* binæ, lanceolatæ, trinerves, margine membranaceæ, longiùs aristatæ, a flore magìs minùsve remotæ. *Petalorum* ungues carinâ viridi ; laminæ obovato-cuneatæ, obtusè dentatæ, glabræ, roseæ, lineis tribus sanguineis basi
notatæ ; subtùs pallidiores, immaculatæ. *Stamina* et *pistillum, receptaculo* proprio,
super petalorum insertionem elevata. *Antheræ* exsertæ, cærulescentes. *Styli* bre-
viusculi.

    a. Calyx.   *b.* Petalum.
    c. Stamina, pistillum, et receptaculum proprium.   *d.* Pistillum seorsìm.

TABULA 399.

DIANTHUS PALLENS.

Dianthus floribus solitariis, squamis ovatis acuminatis brevissimis, caule paniculato multifloro, foliis laxis acutis.

In Asiâ minore propè Smyrnam. ♃ .

Radix lignosa, teres, tortuosa, multiceps. *Caules* numerosi, erecti, pedales aut altiores,
simplices, vel plerumque ramosi, foliosi, angulato-teretes, glabri, geniculis tumidis.
Folia linearia, acuta, trinervia, glabra, glaucescentia, margine serrulato-scabra ; inferiora præcipuè laxè patentia, vel recurva, marcescentia. *Flores* terminales, subsolitarii, erecti. *Bracteæ* binæ, ovato-lanceolatæ. *Calyx* cylindraceus, striatus ;
squamis quaternis, arctè adpressis, latè ovatis, breviùs acuminatis, dorso sulcatis,
tubo triplò ferè brevioribus. *Petalorum* ungues lineari-cuneiformes, virescentes ;
laminæ paululùm latiores, cuneatæ, apice bifidæ, dentatæ ; suprà albæ, immaculatæ ;
subtùs tristè virentes. *Stamina* capillaria, alba, exserta ; quorum quinque fertilia,
antheris incumbentibus, albis ; quinque longiora, recurvato-deflexa, plerumque sterilia. *Germen* ellipticum. *Styli* breves, erecti. *Capsula* ad medium usque quadrivalvis, obtusa, lævis. *Semina* orbiculata, compressa, marginata, nigricantia.

Flores quantum e colore augurari possit, noctu forsitàn odori. Nescio an *stamina* longiora sterilia sint, vel præcociora tantummodò, *antheris* deciduis.

    a. Calyx.   *b.* Petala arte expansa, basi, cum staminibus et pistillo, receptaculo proprio elevata.
    c. Pistillum.   *d.* Capsula.
    e. Semen.

TABULA 400.

DIANTHUS CINNAMOMEUS.

DIANTHUS floribus solitariis, squamis rhombeis obtusissimis brevissimis, petalis emargi-
nnatis dentatis, foliis laxis obtusiusculis.

Caryophyllus sylvestris et saxatilis, flore magno lacteo, subtùs ad spadiceum colorem ver-
gente. *Tourn. Cor.* 23.

In Laconiâ, Asiâ minore, insulâ Cypro, et circa Byzantium in ericetis. ♃.

Radix ferè præcedentis, lignosa, ramosa, cæspitosa, multiceps. *Caules* plurimi, pedales,
erecti, simplices, vel ramosi, foliosi, teretiusculi, punctulato-scabriusculi, geniculis
tumidis ; basi quandoque pubescentes. *Folia* linearia, obtusiuscula, plana, trinervia, glabra ; margine quandoque scabra ; summa abbreviata, a floribus distantia ;
radicalia cæspitosa, latiora, laxa, emarcida. *Flores* omnes solitarii, erecti, pedunculati, ebracteati. *Calyx* haud uncialis, æqualitèr striatus, glaber ; squamis arctis,
latis, sulcatis, obtusè et brevissimè mucronatis, tubo triplò brevioribus. *Petalorum*
laminæ cuneatæ, emarginatæ, obtusè dentatæ ; suprà albæ vel carneæ, glabræ ;
subtùs spadiceæ, sive cinnamomeæ ; unguibus linearibus, virescentibus, vix sursùm
latioribus. *Stamina* parùm exserta, *antheris* albidis. *Styli* longitudine staminum,
stigmatibus divaricato-patentibus.

Dianthus pomeridianus, Linn. Sp. Pl. 1673, cui perperàm synonymon Tournefortianum,
a Linnæo relatum est, differt *foliis* utrinque scabris ; *floribus* bracteatis, luteis ; tubo
calycino apice tantùm concinnè striato, squamis longiùs acuminatis.

       a. Calyx.   *b.* Petalum supernè.
       c. Idem infernè.   *d.* Pistillum.

FINIS VOLUMINIS QUARTI.

LONDINI

IN ÆDIBUS RICHARDI TAYLOR

M.DCCC.XXIV.

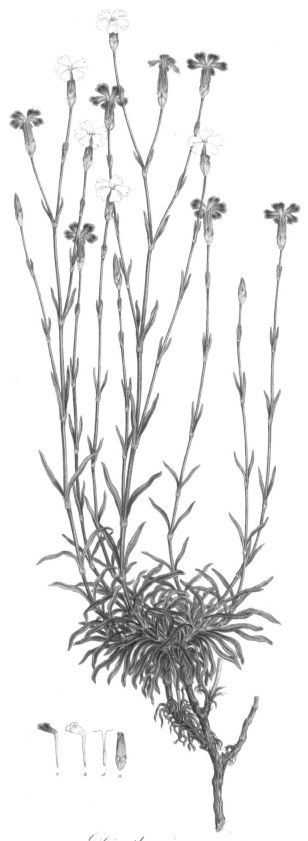

Dianthus cinnamomeus

FLORA
GRÆCA
Sibthorpiana.

CENTURIA QUINTA.

1825.

HELLESPONTUS.

FLORA GRÆCA:

SIVE

PLANTARUM RARIORUM HISTORIA,

QUAS

IN PROVINCIIS AUT INSULIS GRÆCIÆ

LEGIT, INVESTIGAVIT, ET DEPINGI CURAVIT,

JOHANNES SIBTHORP, M.D.

S. S. REG. ET LINN. LOND. SOCIUS,

BOT. PROF. REGIUS IN ACADEMIA OXONIENSI.

HIC ILLIC ETIAM INSERTÆ SUNT

PAUCULÆ SPECIES QUAS VIR IDEM CLARISSIMUS, GRÆCIAM VERSUS NAVIGANS, IN ITINERE, PRÆSERTIM APUD ITALIAM ET SICILIAM, INVENERIT.

———◆———

CHARACTERES OMNIUM,

DESCRIPTIONES ET SYNONYMA,

ELABORAVIT

JACOBUS EDVARDUS SMITH, EQU. AUR. M.D.

S. S. IMP. NAT. CUR. REG. LOND. HOLM. UPSAL. PARIS. TAURIN. OLYSSIP. PHILADELPH. NOVEBOR.
PHYSIOGR. LUND. BEROLIN. PARIS. MOSCOV. GOTTING. ALIARUMQUE SOCIUS;
S. HORT. LOND. SOC. HONOR.

SOC. LINN. PRÆSES.

———◆———

VOL. V.

———◆———

LONDINI:

TYPIS RICHARDI TAYLOR.

VENEUNT APUD PAYNE ET FOSS, IN VICO PALL-MALL.

—◆—

MDCCCXXV.

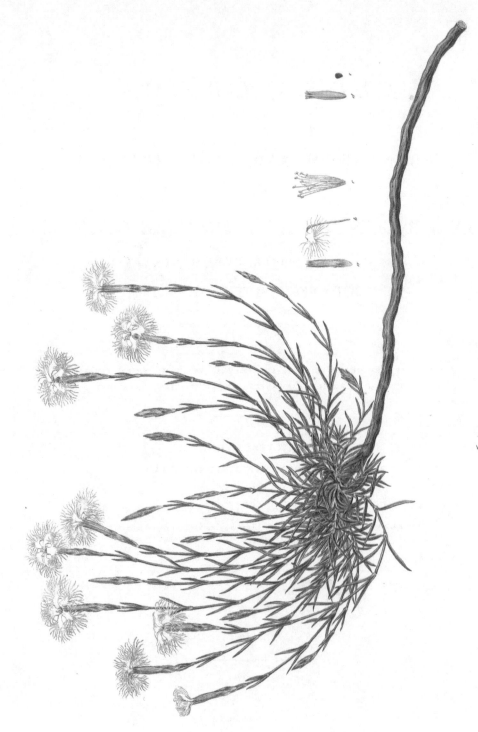

Dianthus crinitus

DECANDRIA DIGYNIA.

TABULA 401.
DIANTHUS CRINITUS.

Dianthus floribus solitariis, squamis calycinis ovalibus mucronatis tubo triplò brevioribus, petalis multifidis radiantibus imberbibus.

D. crinitus. *Sm. Tr. of Linn. Soc. v. 2. 300. Willden. Sp. Pl. v. 2. 678.*

Caryophyllus orientalis minimus, tenuissimè laciniatus, flore purpureo, vel albo. *Tourn. Cor. 23. Herb. Tourn.*

In insulâ Cypro. ♃.

Radix lignosa, teres, crassa, longissimè descendens; apice multiceps, densè cæspitosa. *Herba* glauca. *Caules* copiosi, spithamæi, adscendentes, vel suberecti, simplices vel divisi, foliosi, angulati, scabriusculi; supernè glabrati. *Folia* uncialia, linearia, rigida, canaliculata, mucronato-pungentia, scabriuscula, uninervia, margine incrassata, integerrima, vel paululùm denticulata: infima basi connata, vaginantia, membranacea, tenuissimè ciliata. *Flores* solitarii, erecti, bracteati, in speciminibus Sibthorpianis nivei. *Bracteæ* elliptico-lanceolatæ, acuminatæ, a flore plùs minùs remotæ. *Calyx* cylindraceus, gracilis, undique striatus, acutè dentatus; squamis ovalibus, mucrone subulato, exsiccatione patentiusculo, interioribus præcipuè apice sulcatis. *Petalorum* ungues lineares, angusti, virentes; laminæ ad basin ferè multifido-capillares, elegantèr radiantes, disco parvo, glaberrimo, immaculato. *Stamina* vix unguium longitudine, albi, *antheris* lacteis. *Germen* cum petalis staminibusque elevatum, cylindraceum, *stylis* filiformibus, longitudine vix staminum. *Capsula* cylindracea, lævis, quadrivalvis. *Semina* subrotunda, complanata, fusca.

Caules uniflori, vel biflori, subindè quadriflori. *Flores*, monente Tournefortio, quandoque purpurei.

a. Calyx.	*b.* Petalum.
c. Stamina cum pistillo.	*d.* Capsula.
e. Semen.	

*** *Caules sæpè uniflori, herbacei.*

TABULA 402.

DIANTHUS SERRATIFOLIUS.

Dianthus caulibus unifloris, radice multicipite lignosâ, squamis quaternis, petalis dentatis imberbibus, foliis serratis pungentibus.

In monte Hymetto prope Athenas. ♃.

Radix lignosa, teres, longissima, supernè ramosissima, multiceps, densè cæspitosa. *Caules* simplicissimi, stricti, vix pedales, læves. *Folia* subulata, rigida, mucronato-pungentia, glauca, uninervia, canaliculata, carinata, uncialia vel paulò longiora; margine, carinâque apicem versùs, denticulato-serrata; radicalia conferta, numerosa, undique patula; caulina opposita, distantia, abbreviata, erecta. *Flores* præcedente minores, terminales, solitarii, erecti, *bracteis* duabus parvis, elliptico-oblongis, acutis, a flore paululùm distantibus. *Calyx* haud uncialis, apicem versùs angustatus, a basi ad summitatem striatus, dentibus obtusiusculis cum acumine; squamis quatuor, tubo ultrà duplò brevioribus, obovatis, mucronulatis, ab apice ad medium usque sulcatis. *Petalorum* laminæ angustè cuneatæ, læves, imberbes, apice profundè et acutè dentatæ; suprà incarnatæ; subtùs spadiceæ; unguibus linearibus, carinatis. *Stamina* unguibus breviora, alba. *Germen* parvum, gracile. *Styli* staminibus longiores, *stigmatibus* prominentibus, spiralitèr tortis, corollâ vix brevioribus. *Capsula* rigida, obtusa, quadrivalvis. *Semina* obovata.

       a. Folium subtùs conspectum.   *b.* Calyx.
       c. Petalum supernè.   *d.* Idem infernè.
       e. Stamina cum pistillo.   *f.* Capsula.
       g. Semen.

TABULA 403.

DIANTHUS STRICTUS.

Dianthus caulibus unifloris, squamis quaternis, petalis crenatis imberbibus, foliis planis obtusiusculis margine scabris.

In monte Athô. ♃.

Radix multiceps, surculis filiformibus, subdivisis, cæspitosis, laxiusculis. *Caules* solitarii, spithamæi, erecti, stricti, simplicissimi, uniflori, foliosi, quadranguli, glaberrimi. *Folia* uncialia, lineari-lanceolata, obtusiuscula, mucronulata, plana, glaucescentia, utrinque glabra; margine scabra; subtùs trinervia; radicalia conferta, basi quinquenervia. *Flores* terminales, solitarii, rectissimi, parvi. *Bracteæ* binæ, calyci approximatæ, lan- ·

Dianthus serratifolius.

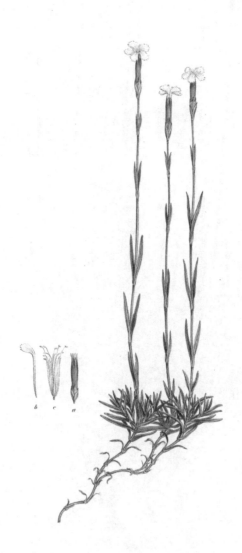

Dianthus strictus

Dianthus gracilis.

Dianthus leucophæus.

ceolatæ, acutæ. *Calyx* uncialis et ultra, gracilis, suprà basin aliquantulùm constrictus, undique striatus ; dentibus rubris, elongatis, acuminatis ; squamis quatuor, tubo triplò vel quadruplò brevioribus, obovato-cuneiformibus, apice sulcatis, cuspidatis. *Petalorum* ungues angusti, albi ; laminæ parvæ, obovatæ, ultrà medium crenatæ, albæ, disco le-vitèr incarnato, imberbi, lineolâ centrali rubicundâ. *Stamina* exserta, alba. *Germen* cylindraceo-oblongum. *Styli* staminibus subæquales. *Capsula* nobis deest.

a. Calyx.   b. Petalum supernè.
c. Stamina et pistillum.

TABULA 404.

DIANTHUS GRACILIS.

D<small>IANTHUS</small> caulibus unifloris, squamis mucronatis subsenis, petalis crenatis barbatis, foliis acuminatis margine scabris.

In monte Athô. ♃.

Caules pedales vel bipedales, simplices, laxè adscendentes, graciles, quadranguli, undique foliosi, glabri, uniflori. *Folia* lineari-lanceolata, acuta, bi-triuncialia, trinervia, glau-cescentia, utrinque glabra, margine scabriuscula ; inferiora marcescentia, demùm, disco soluto, evanida, nervis et basi relictis. *Flos* erectus, roseus, diametro vix uncialis. *Calyx* haud uncialis, acutè dentatus, a summitate ad medium usque deorsùm sulcatus, cæterùm lævis. *Squamæ* quatuor, vel, e bracteis forsitàn subjunctis, interdùm sex, elliptico-oblongæ, apice striatæ, acumine tenui, siccitate patenti. *Petalorum* ungues virentes, supernè sensìm dilatati ; laminæ cuneiformes, inæqualitèr dentatæ, basi bar-batæ ; subtùs pallidæ. *Stamina* et *pistillum* receptaculo proprio elevata, albida, un-guibus longiora.

a. Flos subtùs conspectus.   b. Petalum e parte superiori.
c. Stamina cum pistillo et receptaculo proprio.   d. Pistillum seorslm.

TABULA 405.

DIANTHUS LEUCOPHÆUS.

D<small>IANTHUS</small> caulibus unifloris, squamis quaternis, petalis tridentatis imberbibus, foliis ovato-lanceolatis basi quinquenervibus.

In montis Olympi Bithyni summitate. ♃.

Radix lignosa, altè descendens, longissima, teres, nodosa ; suprà ramosissima, multiceps. *Caules* cæspitosi, palmares, erecti, vel adscendentes, simplicissimi, densè foliosi, quadranguli, glabri, uniflori. *Folia* vix uncialia, numerosa, subimbricata, glauco-viridia, lato-lanceolata, acuta, trinervia, glabra; margine scabra; basi quinquenervia. *Flores* terminales, solitarii, erecti, pedunculati, ebracteati, diametro semunciales. *Calyx* ovatus, undique striatus, glaber, æneo-fuscus, acutè dentatus; squamis quatuor, obovato-cuneiformibus, tubo duplò brevioribus, æneis, sulcatis, breviùs mucronatis, carinâ virenti. *Petalorum* ungues dilatati, albidi; laminæ haud multùm latiores, obovatæ, glabræ; apice tridentatæ; suprà niveæ, immaculatæ; subtùs ferrugineo-fuscatæ, colore longitudinalitèr quasi dimidiato, hinc saturatiore, illinc pallidiore. *Stamina* alba, quorum quinque duplò longiora, exserta. *Germen* obovatum. *Styli* staminibus breviores. *Stigmata* spiralitèr contorta. *Capsula* ovato-cylindracea, obtusa, quadrivalvis, rigida, calyce brevior. *Semina* subrotunda, fusca.

     a. Calyx.   *b*. Petala cum staminibus pistilloque.
     c, C. Pistillum.

**** *Frutescentes.*

TABULA 406.

DIANTHUS ARBOREUS.

Dɪᴀɴᴛʜᴜs caule lignoso, floribus fasciculatis, squamis numerosis obtusissimis retusis, foliis linearibus glaucis.

D. arboreus. *Linn. Sp. Pl.* 590; *excluso Tournefortii synonymo. Willden. Sp. Pl. v.* 2. 683; *exclusâ varietate.*

Caryophyllus arborescens creticus. *Bauh. Pin.* 208. *Prodr.* 104. *Tourn. Inst.* 331.

C. arboreus sylvestris. *Alpin. Exot.* 39. *t.* 38.

Betonica coronaria arborea cretica. *Bauh. Hist. v.* 3. *p.* 2. 328.

In Cretæ rupibus maritimis. ♄.

Caulis tripedalis, vel altior, erectus, lignosus, ramosus, crassitie digiti; cortice nigro, tuberculato, vel subannulato; ramulis terminalibus, fastigiatis, densè foliosis; floriferis elongatis, spithamæis, erectis, teretibus, geniculatis, laxiùs foliosis, glaucis, glabris, corymboso-multifloris. *Folia* opposita, sesquiuncialia, linearia, acuta, subpungentia, integerrima, carnosa, glauca, glabra; suprà canaliculata; subtùs convexa; basi in *petiolos* breves, connatos, ciliatos, decurrentia; persistentia, emarcida. *Stipulæ* nullæ. *Flores* aggregati, corymbosi, erecti, formosi, odori, foliis sensìm diminutis, confertis, quasi bracteati. *Calyx* uncialis, minùs quam folia glaucus, undique striatus; dentibus pubescentibus; squamis octo vel decem, arctè imbricatis, ferè cuneiformibus, retusis, cuspidatis, apicem versùs sulcatis, margine tenuissimè fimbriatis. *Petalorum* ungues calyce longiores, laxè patentes, lineares, albidi; laminæ rotundato-cuneiformes, roseæ, undique ferè dentatæ; basi pilosæ, lineisque tribus sanguineis notatæ; subtùs pallescentes.

Dianthus arboreus.

Dianthus fruticosus.

Stamina unguibus longiora, *antheris* cæruleo-incarnatis. *Germen* ovato-oblongum. *Styli* longitudine staminum ; *stigmatibus* divaricatis, suprà pubescentibus. *Fructus* in exemplaribus nostris desideratur.

Elegantem hunc fruticem, a cultoribus jamdudùm avidè expetitum, in horto Dominæ Banks, præteritâ æstate, 1821, lætè vigentem vidi ; unà cum *Morinâ persicâ*, et pluribus aliis rarissimis stirpibus, nunc recordationis eheu ! et amoris causâ, huic illustrissimæ fœminæ, ut et omni veræ scientiæ studioso, carissimis.

a. Calyx.   *b.* Petalum.   *c.* Pistillum.

TABULA 407.

DIANTHUS FRUTICOSUS.

Dianthus caule lignoso, floribus fasciculatis, squamis ellipticis acuminatis numerosis, foliis obovato-lanceolatis obtusis.

D. fruticosus. *Linn. Sp. Pl.* 591.

D. arboreus β. *Sm. Tr. of Linn. Soc. v. 2.* 303. *Willden. Sp. Pl. v. 2.* 684.

Caryophyllus græcus arboreus, leucoii folio peramaro. *Tourn. Cor.* 23. *It. v.* 1. 70, *cum icone.*

In insulæ Seriphi rupibus, at rarissimè. In insulâ Cretâ. ♄.

Habitus omninò, et *caulis*, præcedentis. *Folia* verò latiora, obovato-lanceolata, obtusa, mutica, saturatè viridia, parùmque glauca, *petiolis* vix ciliatis. *Calyx* ut in priore, at squamis plerumque senis tantùm, obovatis, longiùs mucronatis, minùs fimbriatis. *Flores* speciosiores. *Petalorum* laminæ basi albidæ, pilosæ, lineis tribus atro-purpureis ; disco saturatè sanguineæ, circumferentiâ roseæ. *Stamina*, ut et *stigmata*, incarnata. *Capsula* cylindracea, calyce longior, aureo nitens, rigida, quadrivalvis, valvulis obtusis, apice recurvis.

Species in hoc genere formosissima, valdèque notabilis, a præcedente proculdubiò, colore et formâ *foliorum*, ne dicam *squamarum* numero et figurâ, distincta. In hortis maximoperè desideratur. Parisiis olim, e seminibus Tournefortianis, culta fuit, at sævâ hyeme, anno 1739-40, periisse traditur.

a. Calyx.   *b.* Petalum subtùs.
c. Idem supernè.   *d.* Stamina cum pistillo.

VOL. V.   c

DECANDRIA TRIGYNIA.

SILENE.

Sm. Fl. Brit. 465.   *Linn. Gen. Pl.* 226.   *Juss.* 302.   *Gœrtn. t.* 130.

Cucubalus.   *Linn. Gen. Pl.* 225.   *Juss.* 302.

Calyx monophyllus, ventricosus.   *Petala* quinque, unguiculata.   *Capsula* supera, pedicellata, semitrilocularis, apice dehiscens, sexfida, polysperma.

---

* *Caulis racemosus, interdùm subdichotomus.*

TABULA 408.

SILENE NOCTURNA.

Silene floribus subspicatis alternis secundis, petalis bifidis patentibus, calyce scabro, receptaculo proprio brevissimo.

S. nocturna. *Linn. Sp. Pl.* 595.   *Willden. Sp. Pl. v.* 2. 692.   *Ait. Hort. Kew. ed.* 2. *v.* 3. 87.

Viscago hirta noctiflora, floribus obsoletè spicatis.   *Dill. Elth.* 420. *t.* 310. *f.* 400.

Lychnis sylvestris hirsuta elatior spicata, lini colore.   *Barrel. Ic. t.* 1027. *f.* 1.

L. segetum meridionalium annua hirta, floribus albis uno versu dispositis.   *Moris. v.* 2. 544. sect. 5. *t.* 36. *f.* 7.

Circa Byzantium in vineis ; etiam in agro Laconico.   ☉.

Radix gracilis, parva, albida, annua.   *Caulis* solitarius, erectus, pedalis aut bipedalis, simplex vel subdivisus, foliosus, teres, apice subspicatus, undique densè pubescens, pilis brevissimis, prominentibus.   *Folia* opposita, integerrima, acuta, uninervia, utrinque scabriuscula, pilis crebris, brevissimis, adpressis ; inferiora obovata, vel spatulata ; superiora lanceolata, elongata ; omnia basi attenuata in *petiolos* ciliatos, breves, connatos.   *Spica* terminalis, erecta, simplex, laxa, plerumque sexflora, *floribus* sessilibus, vel brevissimè pedunculatis, erectis, alternis, subsecundis ; infimis longiùs pedunculatis.   *Bracteæ* oppositæ, acutæ, parvæ, ad basin pedunculorum.   *Calyx* obovatus, decemcostatus, acutè quinquedentatus, persistens, undique pubescenti-scaber, pilis exiguis, erecto-adpressis, ad nervos paululùm majoribus.   *Petala,* cum *staminibus* et *pistillo, receptaculo proprio,* haud germinis longitudine, elevata ; *ungues* complanati, sursùm

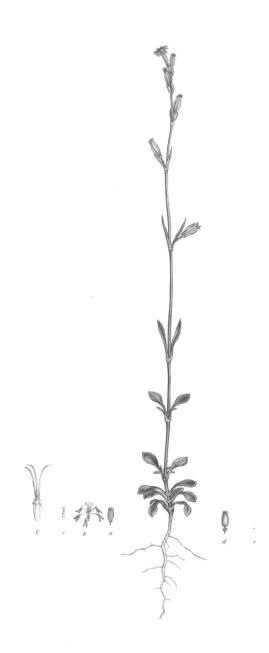

Silene nocturna.

Silene vespertina.

dilatati, longitudine calycis, pallidi, *appendiculis* binis, erectis, floris faucem coronantibus; *laminæ* bipartitæ, rubræ, quandoque albæ, laciniis linearibus, obtusis, subdeflexis. *Stamina* capillaria, unguium longitudine, alba. *Germen* oblongum. *Styli* tres, breves, basi gibbi, *stigmatibus* longitudine staminum, linearibus, intùs pubescentibus. *Capsula* ovata, lævis, receptaculo proprio brevissimo elevata. *Semina* lunulata, plumbea, minutissimè corrugata.

a. Calyx.
c, C. Pistillum.
e. Semen.

b. Flos calyce orbatus, arte expansus.
d. Capsula cum receptaculo proprio, et calycis fragmento.

TABULA 409.

SILENE VESPERTINA.

Silene petalis bipartitis rotundatis; appendiculis acutis, calycibus pubescentibus, foliis spatulatis, caulibus diffusis.

S. vespertina.   *Retz. Obs. fasc.* 3. 31.   *Willden. Sp. Pl. v.* 2. 699.   *Ait. Hort. Kew. ed.* 2.
   v. 3. 91.   *Curt. Mag. t.* 677.

S. bipartita.   *Desfont. Atlant. v.* 1. 352. *t.* 100.

S. ciliata.   · *Willden. Sp. Pl. v.* 2. 692, *excluso synonymo.*

S. decumbens.   *Bernard. Sic. cent.* 1. 75. *t.* 6.

Lychnis marina hirsuta purpurea, leucoji folio.   *Barrel. Ic. t.* 1010, malè.

L. marina minor pubescens, amplo flore rubro sulcato, folio oblongo-rotundo, repens.   *Cupan.*
   Panph. ed. 1. *v.* 1. *t.* 180, *exempl. nostr. v.* 2. *t.* 151, *ex Bernard.*

In insulâ Zacyntho; etiam in Græciæ littoribus haud rara.   ⊙.

Radix cylindracea, annua.   *Caules* plures, undique diffusi, vel suberecti, longitudine varii, spithamæi vel pedales, foliosi, geniculati, teretes, rubicundi, densè at brevissimè pubescentes, parùm ramosi, apice racemosi, rarissimè semel dichotomi.   *Folia* spatulata, vel obovata, acuta, integerrima, subcarnosa, lætè viridia, uninervia, utrinque densè pubescentia; basi angustata, elongata in *petiolos* connatos, margine membranaceos, ciliatos.   *Racemi* terminales, quinque-octoflori, solitarii, simplices, secundi.   *Pedunculi* calycibus breviores, pubescentes.   *Calyx* obovatus, decemcostatus, densè pubescens, interdùm villosus.   *Petalorum laminæ* ad basin ferè bipartitæ, laciniis rotundatis; *appendiculis* acutis, connatis; *ungues* calyce longiores.   *Stamina* quinque exserta, quinque unguibus breviora.   *Germen* parvum, ellipticum.   *Styli* breves.   *Stigmata* staminibus breviora.   *Receptaculum proprium* longitudine dimidii ferè calycis, pubescens, pentagonum.   *Capsula* ovata, calyce vestita, ad medium usque sexdentata.   *Semina* rotundata, complanata, fusca.

Miror quod a Tournefortio nullibi designata videtur.

a. Calyx.
b. Apex pedunculi, cum receptaculo proprio, petalo, stamine et pistillo.

TABULA 410.

SILENE DISCOLOR.

Silene petalis bipartitis angustatis; appendiculis emarginatis, calycibus villosis, foliis
　　obovatis, caulibus diffusis.

In insulâ Cypro.　⊙

Radix teres, albida.　*Herba* pallidè virens, undique hirsuta, viscida, multicaulis, vix spi-
　　thamæa.　*Caules* diffusi, supernè sæpè bifidi, vix unquam dichotomi, crassiusculi, te-
　　retes, foliosi, rubicundi, apice spicati, parùm racemosi.　*Folia* obovata, obtusa, convexa;
　　basi villosa, subpetiolata, connata.　*Flores* brevissimè pedunculati, erecti, *bracteis* binis,
　　parvis, ovato-lanceolatis, inæqualibus.　*Calyx* clavatus, densè villosus.　*Petalorum*
　　ungues sursùm dilatati; *appendiculæ* divaricatæ, emarginatæ, albæ; *laminæ* bipartitæ,
　　laciniis lineari-oblongis, obtusis, suprà incarnatis, subtùs virescentibus, venosis.　*Re-*
　　ceptaculum proprium calyce triplò vel quadruplò brevius.　*Stamina* cum *stylis* calyce
　　inclusa.　*Capsula* ovata, lævis, ore sexdentato.

　　　　　　a. Calyx.　　　　　　　　　　　　　*b.* Flos, avulso calyce.
　　　　　　C. Petalum auctum.　　　　　　　　*d.* Pistillum.

TABULA 411.

SILENE THYMIFOLIA.

Silene petalis bipartitis angustatis; appendiculis emarginatis, calycibus hirtis glutinosis,
　　caulibus procumbentibus lignosis ramosissimis.
Lychnis marina, floribus candidis subtùs purpureis, auriculæ muris foliis.　*Cupan. Panph.*
　　ed. 1. *v.* 1. *t.* 19.

In Cypri insulæ, et Cariæ, arenosis maritimis.　♃.

Habitus a præcedentibus diversus.　*Caules* lignosi, prostrati, ramosi, longissimi, teretes,
　　nodosi, grisei, obsoletè pubescentes, *ramulis* herbaceis, adscendentibus, pubescentibus,
　　foliosis, spicatis, paucifloris, palmaribus, vel spithamæis, basi interdùm subdivisis.　*Folia*
　　ovata, acuta, parva, crassa, ciliata, quandoque hirsuta, cum fasciculis axillaribus mini-
　　morum.　*Flores* terminales, duo vel tres, sessiles, cum alio inferiore, longiùs peduncu-
　　lato; omnes basi bracteati, majusculi, erecti.　*Bracteæ* calyci approximatæ, parvæ,
　　ovatæ, acutæ, glabræ, ciliatæ.　*Calyx* clavatus, virescens, undique densè villosus, vis-
　　cidus, nervis decem rubris.　*Petalorum ungues* cuneato-oblongi, albidi; *appendiculis*
　　albis, subdistantibus, bifidis; *laminarum* laciniis linearibus, obtusis, suprà niveis, sub-

Silene discolor.

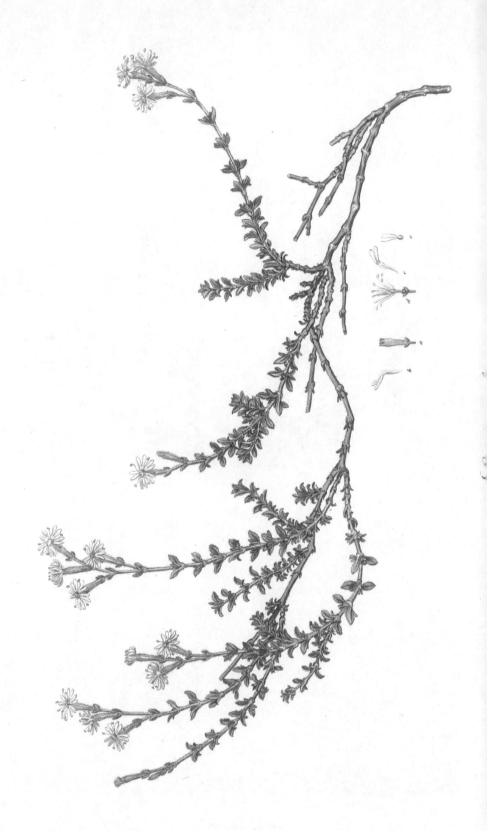

Silene cerastoides

Silene dichotoma

tùs virescentibus, vel, e Cupani auctoritate, rubicundis. *Receptaculum proprium*, nec non *stamina* et *pistilla*, ferè præcedentis, at majora. *Capsulam* nondum vidi.

a. Calyx cum bracteis.	*b.* Petalum infernè.
c. Idem supernè.	*d.* Stamina cum pistillo, receptaculo insidentia.
e. Pistillum seorsìm.	

TABULA 412.

SILENE CERASTOIDES.

SILENE hirsuta, ramis subspicatis subdichotomis, petalis emarginatis ; appendiculis quadridentatis, capsulâ ovato-subrotundâ erectâ.

S. cerastoides. *Linn. Sp. Pl.* 596. *Willden. Sp. Pl. v.* 2. 693. *Ait. Hort. Kew. ed.* 2. *v.* 3. 88.

S. rigidula. *Linn. Amœn. Acad. v.* 4. 313.

Viscago cerastei foliis, vasculis erectis sessilibus. *Dill. Elth.* 416. *t.* 309. *f.* 397.

In Asiâ minore. ☉.

Radix annua, parva, gracilis. *Herba* undique piloso-scabra, viscida, tristè virens. *Caulis* e basi ad apicem ramosus, foliosus, teres, spithamæus, patens ; ramis oppositis, subdichotomis, apice spicato-racemosis, multifloris. *Folia* lineari-lanceolata, acuta, integerrima, uninervia, vix petiolata ; basi levitèr connata, ciliata. *Flores* erecti, parvi, rosei ; inferiores plerumque e dichotomiâ caulis, evidentiùs pedunculati. *Calyx* ovatus, pilosus, angulis decem viridibus. *Petalorum ungues* cuneato-lineares, albi, *appendiculis* acutè quadrifidis ; *laminæ* lineari-oblongæ, apice emarginato-obcordatæ. *Stamina* paululùm exserta, filiformia, glabra, *antheris* rubris. *Receptaculum proprium* longitudine germinis. *Capsula* receptaculo triplò longior, ovata, vel subrotunda, lævis, ore sexdentata. *Semina* reniformia, corrugata, nigra.

a. Calyx.	B. Petalum auctum.
c, C. Stamina et pistillum, cum receptaculo proprio.	*d.* Calyx fructûs.
e. Capsula receptaculo elevata.	*f*, F. Semen.

TABULA 413.

SILENE DICHOTOMA.

SILENE petalis bipartitis angustatis nudiusculis, caule dichotomo racemoso foliisque villosis.

S. dichotoma. *Ehrh. Beitr. v.* 7. 143. *Pl. Select.* 65. *Willden. Sp. Pl. v.* 2. 699.

S. trinervis. *Soland. in Russell's Aleppo, ed.* 2. 252.

In insulâ Cretâ, et circa montem Olympum Bithynum ; etiam, ni fallor, prope Thessalonicam legit Sibthorp. ♂.

VOL. V.   D

Radix fusiformis, crassa, biennis, apice subdivisa, cæspitosa.   *Caules* plures, adscendentes, sesquipedales, vel bipedales, fistulosi, teretes, villosi, semel aut bis dichotomi, apice racemosi, foliolosi.   *Folia* obovata, acuta, integerrima, uninervia, densè villosa, glauca, basi in petiolum brevem, marginatum, decurrentia; radicalia biuncialia, vel majora; caulina longè minora, sensìm diminuta in *bracteas* lanceolatas, exiguas, binas sub-singulo flore. *Flores* brevissimè pedunculati, alterni, erecti, nivei, *antheris* virescentibus. *Calyx* obovatus, vel clavatus, pilosus, membranaceus, angulis decem viridibus, crassis. *Petalorum ungues* lineares, coronâ vel *appendiculâ* omninò ferè destituti; *laminœ* bipartitæ, laciniis basi angustatis, apice rotundatis, latitudine variis. *Receptaculum proprium* longitudine germinis. *Stamina* petalis longiora. *Capsula* ovata, ore sexdentata. *Semina* reniformia, tuberculata, fusca.

     a. Calyx.   *b.* Petalum.
     c. Stamina et pistillum, cum receptaculo proprio.   *d.* Pistillum.
     e. Capsula, costis calycinis persistentibus ad basin receptaculi.   *f,* F. Semen.

TABULA 414.

SILENE DIVARICATA.

Sɪʟᴇɴᴇ petalis bipartitis rotundatis appendiculatis, caule dichotomo divaricato racemoso, foliis omnibus lanceolatis acutis.

In agro Cariensi.   ♂.

Radix præcedentis, biennis.   *Herba* tristè virens, piloso-incana; minùs villosa.   *Caules* ferè bipedales, erecti, vel adscendentes, sæpè rubicundi, crassiusculi, fistulosi, undique foliosi; basi subramosi; supernè bis dichotomi, dein divaricati, spicati, multiflori. *Folia* lanceolata, undulata, integerrima, triplinervia, densè piloso-incana, circitèr triuncialia, utrinque acuta; basi in petiolum attenuata, pilosiora; summa in *bracteas* acutas, margine membranaceas, fimbriatas, diminuta. *Flores* subsessiles, cernui, albi, *antheris* virescentibus, exsertis. *Calyx* obovatus, villosus, nervis decem prominentibus, viridibus. *Petalorum ungues* sublineares; *laminœ* bipartitæ, obovatæ, *appendiculâ* conspicuâ, rotundatâ, bifidâ. *Receptaculum proprium* germine duplò longius. *Capsula* nobis desideratur.

Ex hâc et præcedente, nec non plurimis aliis, clarè patet, quòd petalorum corona, characteri generico nihil omninò inserviens, haud magis ad species serie naturali ordinandas valet.

     a. Calyx.
     b. Petalum, cum coronâ vel appendiculâ.
     c. Basis calycis, cum receptaculo, stamina pistillumque gerente, amotis petalis.
     d. Pistillum seorsìm.

Silene divaricata

Silene fabaria.

Silene Behen.

** *Caulis dichotomus, ramis paniculatis.*

TABULA 415.

SILENE FABARIA.

Silene floribus fasciculatis confertis cernuis, petalis bipartitis angustatis; appendiculis emarginatis, foliis obovatis mucronulatis.

S. fabaria. *Prodr. v.* 1. 293. *Ait. Hort. Kew. ed.* 2. *v.* 3. 84.

Cucubalus fabarius. *Linn. Sp. Pl.* 591. *Willden. Sp. Pl. v.* 2. 685.

Lychnis maritima saxatilis, anacampserotis folio. *Tourn. Cor.* 24.

Been album, seu Polemonium saxatile, fabariæ folio, Siculum. *Bocc. Mus. v.* 1. 133. *t.* 92, malè.

In Cariæ littore, prope Cressam; in Olympo Bithyno et Athô montibus; et in rupibus maritimis insulæ Sami. ♃.

Radix crassa, carnosa, lignosa, multiceps. *Caules* plures, cæspitosi, densè foliosi, tripedales, erecti, teretes, glaberrimi, uti tota planta; supernè divisi, semel aut bis dichotomi, ramis elongatis, attenuatis, aphyllis, fasciculato-multifloris. *Folia* obovata, vel elliptico-lanceolata, mucronata, integerrima, carnosa, crassa, uninervia, glauca; superiora angustata; omnia basi dilatata, connata, vix petiolata, undique glaberrima nudaque, margine flavicante, subattenuata. *Flores* albi, fasciculati, cernui, *fasciculis* per ramos sparsis, distantibus, tri-sexfloris. *Pedunculi* et *pedicelli* purpureo-incarnati, teretes, basi bracteati. *Bracteæ* oppositæ, lanceolatæ, acutæ, coloratæ, parvæ. *Calyx* ovatus, ventricosus, decemnervis, glaberrimus, purpureo glaucoque variatus, venulosus, demùm scariosus. *Petalorum ungues* apice paululùm dilatati; *laminæ* bipartitæ, laciniis angustè obovatis, immaculatis, *appendiculá* bipartitâ, emarginatâ, albâ. *Stamina* petalis longiora, *antheris* flavis. *Germen* brevissimè pedicellatum, ovatum, basi fulvum. *Styli* staminibus duplò ferè longiores, albi. *Stigmata* linearia, rubicunda. *Capsula* subglobosa, sexdentata. *Semina* nigra, reniformia, sulcata, sulcis elegantèr denticulatis.

a. Flos absque petalis.
c. Pistillum.
e. Semen.

b. Petalum seorsìm.
d. Capsula.

TABULA 416.

SILENE BEHEN.

Silene floribus corymboso-paniculatis erectiusculis, petalis bipartitis rotundatis appendiculatis, calycibus reticulatis, foliis obovato-lanceolatis.

S. Behen. *Linn. Sp. Pl.* 599. *Willden. Sp. Pl. v.* 2. 699. *Ait. Hort. Kew. ed.* 2. *v.* 3. 91.

Lychnis cretica, parvo flore, calyce striato purpurascente.   *Tourn. Cor.* 24.

Viscago vesicaria cretica, parvo flore purpurascente.   *Dill. Elth.* 427. *t.* 317. *f.* 409.

Been album vulgò fabariæ folio tenuiori.   *Cupan. Panph. ed.* 1. *v.* 1. *t.* 53.

Στρȣθόνι *hodiè.*

In Cariâ et in Peloponneso.   ☉.

Radix annua, parva, teres, infernè fibrosa.   *Herba* tota glaberrima, minùs glauca.   *Caules*
   solitarii vel plures, sesquipedales, erecti, undique foliosi, teretes, purpurascentes, simplices vel ramosi, apice repetitò dichotomi, paniculati, multiflori.   *Folia* integerrima,
   uninervia, lævissima, longè minùs quam in priore carnosa ; inferiora obovata, acuta,
   biuncialia, in petiolum angustata, basi dilatata, connata, prorsùs imberbia ; superiora
   minora, ovata, acutiora, subsessilia.   *Bracteæ* foliis superioribus similes, sed minores,
   magìsque acuminatæ.   *Flores* e dichotomiâ caulis, vel in apicibus ramulorum, pedunculati, suberecti.   *Calyx* præcedenti similis, at magìs reticulatus.   *Petalorum ungues*
   cuneato-dilatati, disco quasi carinati ; *laminæ* parvæ, bipartitæ, laciniis obovato-rotundatis, incarnato-albis ; *appendiculis* bipartitis, divaricatis, emarginatis, niveis.   *Stamina*
   unguibus vix longiora, *antheris* subexsertis, albidis.   *Germen* ovatum.   *Styli* staminibus breviores, inclusi.   *Receptaculum proprium* longitudine germinis.   *Capsula* subglobosa, acuminata.

   a. Calyx.   *b.* Flos, avulso calyce.   *c.* Pistillum.

TABULA 417.

SILENE CÆSIA.

Silene floribus corymboso-paniculatis erectis, petalis bipartitis linearibus ; appendiculis
   integris, foliis obovato-rotundatis.

Lychnis cretica montis Idæ, folio subrotundo cæsio.   *Tourn. Cor.* 24 ; ex charactere.

In monte Parnasso.   ♃.

Radix teres, longissima, altè descendens, ramosissima ; supernè indivisa.   *Herba* multicaulis,
   cæspitosa, erecta, pedalis, glauca, glaberrima.   *Caules* alternatìm ramosi, teretes, pallidi, undique foliosi, apice floriferi.   *Folia* ferè uncialia, obovata, rotundata, obtusa,
   integerrima, uninervia, vix ac ne vix mucronulata ; basi decurrentia in *petiolos* lineares,
   canaliculatos, margine membranaceos, obsoletissimè ciliatos.   *Pedunculi* terminales, solitarii, palmares, erecti, teretes, simplices, nudi, apice paniculati, plùs minùs dichotomi,
   pauciflori.   *Bracteæ* parvæ, ovatæ, geminæ, ad basin pedicellorum.   *Flores* erecti,
   vel paululùm inclinati, longiùs pedicellati.   *Calyx* obovatus, lævis, decemnervis, viridi
   alboque varius, haud reticulatus.   *Petalorum ungues* cuneato-lineares, virescente-albis ;

Silene casia?

Silene lævigata.

Silene longipetala.

laminæ concolores, ad basin ferè bipartitæ, laciniis linearibus, angustis, appendiculâ bifidâ, lobis integerrimis.   *Stamina* longitudine petalorum, rubra, *antheris* virescentibus.   *Germen* ovatum.   *Styli* longitudine ferè staminum, *stigmatibus* rubris, filiformibus.   *Receptaculum proprium* breve.   *Capsulam* nondùm vidi.

a. Calyx.	*b.* Flos calyce orbatus.
c. Pistillum receptaculo proprio insidens.	D. Petalum.

TABULA 418.
SILENE LÆVIGATA.

Sɪʟᴇɴᴇ paniculâ patulâ, petalis semibifidis angustatis nudis, foliis elliptico-rotundatis, calycibus lævissimis aveniis.

In insulæ Cypri montosis.   ☉.

Radix simplex, teres, gracilis, infernè fibrosa, annua.   *Herba* multicaulis, spithamæa, glauca, glaberrima.   *Caules* plerumque simplices, erecti, teretes, foliosi, rubicundi, magnitudine varii; apice paniculato-dichotomi, subaphylli.   *Folia* haud uncialia, in caulibus vel ramis lateralibus multò minora; inferiora obovata, rotundata, obtusa, petiolata; superiora ovata, acutiora, subsessilia; omnia integerrima, uninervia, lævia.   *Panicula* semel vel bis dichotoma, apice depauperata.   *Flores* longiùs pedicellati, erecti, exigui, rubri.   *Bracteæ* ad basin pedicellorum, ovatæ, geminæ; superiores minutæ.   *Calyx* ovatus, glauco-purpurascens, teres atque lævissimus, obsoletè decemnervis, prorsùs avenius.   *Petalorum ungues* latiusculi; *laminæ* ad medium usque bifidæ, appendiculis destitutæ.   *Stamina* unguibus breviora, pallida.   *Germen* ellipticum, longitudine ferè *receptaculi proprii*.   *Styli* brevissimi.   *Stigmata* patentiuscula, crassiuscula, villosa.   *Capsula* ovata, lævis, sexdentata, calyce persistente, scarioso, arctè vestita, ut in aliis huic affinibus.

a. Calyx.	*b.* Flos, avulso calyce.
C. Petalum auctum.	D. Pistillum auctum, cum receptaculo proprio.

TABULA 419.
SILENE LONGIPETALA.

Sɪʟᴇɴᴇ floribus pendulis, petalis bipartitis linearibus appendiculatis basi hirsutis, foliis lanceolatis margine scabris.

S. longipetala.   *Venten. Jard. de Cels, t.* 83.

In insulâ Cypro.   ☉.

Radix fusiformis, albida.　*Caulis* subsolitarius, erectus, bipedalis vel altior, teres, foliosus, glaber, sub geniculis pubescente-viscidus ; apice paniculato-ramosissimus, patens, multiflorus.　*Folia* glauco-viridia, bi- vel triuncialia, lanceolata, utrinque acuta, integerrima, subtriplinervia, undique scabriuscula, margine præcipuè aspera ; basi dilatata, connata, vix petiolata.　*Paniculæ rami* graciles, glabri, patentissimi, viscidi, repetito-dichotomi. *Bracteæ* ovatæ, acutæ.　*Flores* longiùs pedicellati, penduli, virescentes.　*Calyx* obovatus, glaberrimus, angulis decem viridibus, dentibus quinque obtusis.　*Petalorum ungues* latiusculi, pilosi, intùs bicarinati, *appendiculis* binis, emarginatis ; *laminæ* bipartitæ, pallidè virides, glabræ, laciniis linearibus, angustis, longissimis, involutis. *Stamina* capillaria, exserta, petalis longiora, basin versus hirsuta, *antheris* oblongis, incumbentibus, fulvis.　*Germen* obovatum, *receptaculo proprio* duplò vel triplò longius, glabrum.　*Styli* breves, hirsuti.　*Stigmata* oblonga, obtusa, caniculata, rubicunda. *Fructus* nobis deest.

Petala in icone Ventenatianâ recta, nec involuta.　Pluribus notis a *S. bupleuroide* distinguitur hæc species, *S. viridifloræ* quidem magìs affinis, ut ferè varietas ; at *foliis* angustioribus, vix hirsutis, nec non glabritie *calycum* et *pedunculorum*, discrepare videtur.

a. Calyx.　　　　　　　　　　　　　　　　*b.* Flos.
C. Petalum auctum.　　　　　　　　　　　　D. Stamen.
e, E. Pistillum.

TABULA 420.

SILENE INAPERTA.

Silene floribus erectis, petalis bipartitis angustatis ; appendiculis integerrimis, foliis omnibus lineari-lanceolatis scabris.

S. inaperta.　*Linn. Sp. Pl.* 600.　*Willden. Sp. Pl. v.* 2. 703.　*Ait. Hort. Kew. ed.* 2. *v.* 3. 93. Viscago lævis, inaperto flore.　*Dill. Elth.* 424. *t.* 315. *f.* 407.

In montibus Græciæ.　♃.

Radix repens, filiformis, longissima, multiceps, perennis.　*Caules* adscendentes, spithamæi, vel pedales, simplices, foliosi, teretes, brevissimè pubescentes, tactu scabri ; apice paniculati, dichotomi, pauciflori.　*Folia* numerosa, uniformia, uncialia, vel paulò longiora, patentia, lineari-lanceolata, integerrima, utrinque acuta, uninervia, viridia, undique scabriuscula, ut in ipso archetypo Linnæano ; margine denticulato-aspera.　*Panicula* parva, erecta, patens, semel plerumque dichotoma, gracilis, viscida.　*Bracteæ* parvæ, acutæ.　*Flores* erecti, longiùs pedicellati, parvi, pallescentes, inconspicui ; in hortis subindè, monente Dillenio, haud benè expansi, unde nomen specificum.　*Calyx* gracilis, subclavatus, nervis decem tenuissimis, viridibus ; supernè scabriusculus.　*Petalorum ungues* pallidi ; *laminæ* ad basin ferè bipartitæ, laciniis obovato-linearibus, suprà ochroleucis, subtùs ferrugineis ; *appendiculæ* bipartitæ, lobis acutis, integerrimis.

Silene inaperta,

B D   c   a

Silene juncea.

Silene cretica

Stamina haud exserta. *Germen* elliptico-oblongum. *Capsula* ovata, lævis, sexdentata, *receptaculo* sui ipsius longitudinis sustenta.

a. Calyx.
c. Idem infernè.
e. Capsula, cum calycis basi receptaculum proprium tegente.

b. Petalum supernè.
d. Pistillum cum receptaculo proprio.

TABULA 421.

SILENE JUNCEA.

Silene floribus erectis, petalis bipartitis angustatis; appendiculis tridentatis, foliis spatulatis undique scabris.

In Asiâ minore. ☉.

Radix supernè cylindracea, simplex, gracilis; infernè fibrosa. *Caulis* bi- vel tripedalis, erectus, strictus, teres, gracilis; basin versùs foliosus, tenuè ac densè pubescens; apice paniculatus, glabratus, sub geniculis viscidus. *Folia* radicalia, ut et caulina inferiora, petiolata, spatulata, vel obovata, acuta, integerrima, undique piloso-scabra, subincana; superiora lineari-lanceolata, glabrata, basi ciliata, sensìm diminuta in *bracteas* subulatas, exiguas, margine membranaceas, fimbriatas. *Panicula* erecta, elongata, gracillima, semel plerumque dichotoma, glabra. *Flores* erecti. *Calyx* clavatus, glaber, nervis rubris. *Petalorum ungues* sursùm dilatati, *appendiculis* divaricatis, apice tridentatis; *laminæ* bipartitæ, laciniis lineari-oblongis, obtusis; suprà albis, immaculatis; subtùs ochroleucis, venis pulchris, anastomosantibus, rubris. *Stamina* vix exserta. *Receptaculum proprium* germine longius, *capsulâ* paulò brevius.
Variat forsitàn magnitudine *florum*, petalorumque latitudine, et copiâ venarum.

a. Calyx.
c. Impregnationis organa, receptaculo suffulta.

b, B. Petalum.
D. Pistillum auctum, seorsìm.

TABULA 422.

SILENE CRETICA.

Silene paniculâ subdichotomâ pauciflorâ, petalis bipartitis appendiculatis, foliis obovatis scabris; superioribus linearibus glabratis.
S. cretica. *Linn. Sp. Pl.* 601. *Willden. Sp. Pl. v.* 2. 704. *Ait. Hort. Kew. ed.* 2. *v.* 3. 94.
Lychnis viscosa, foliis inferioribus bellidi minori similibus, flore minimo carneo aut rubro.
Magnol. Hort. 126. *Tourn. Inst.* 337.
Viscago foliis inferioribus bellidis, superioribus tunicæ, calyce strictiore, et turgidiore.
Dill. Elth. 422. *t.* 314. *f.* 404, 405.

In rupibus maritimis Cretæ, nec non in Cypro, et agro Cariensi. ☉.

Radix cylindracea, gracilis, annua. *Caules* solitarii, vel plures, erecti, pedales aut bipedales,
simplices, foliosi, teretes; basi pubescentes; cæterùm glabri, sub geniculis viscidi;
apice subdivisi, plerumque bi- vel triflori, quandoque semel dichotomi. *Folia* radicalia
et caulina inferiora obovata, obtusa, integerrima, utrinque margineque scabra, saturatè
viridia; basi in petiolum angustata; superiora lineari-lanceolata, acuta, margine interdùm scabriuscula; summa linearia, angustissima, glaberrima. *Flores* longissimè pedunculati, ebracteati, erecti, saturatè rosei, inodori. *Calyx* ovatus, coloratus, glaberrimus, nervis vix prominentibus. *Petalorum ungues* sursùm dilatati, albi; *laminæ*
bipartitæ, laciniis linearibus, obtusis, subdivaricatis; *appendiculis* bifidis, acutis. *Stamina* longitudine unguium. *Styli*, cum *stigmatibus*, aliquantulùm breviores. *Germen*
ovatum, *receptaculo* ejusdem longitudinis impositum.

     a. Calyx.   *b.* Flos, calyce avulso.   C. Pistillum auctum.

TABULA 423.

SILENE CONICA.

SILENE caule dichotomo, petalis semibifidis appendiculatis, foliis mollibus, calycibus fructûs
conicis striis triginta.

S. conica. *Linn. Sp. Pl.* 598. *Willden. Sp. Pl. v.* 2. 698. *Sm. Fl. Brit.* 470. *Engl. Bot.*
t. 922. *Engl. Fl. v.* 2. 294. *Jacq. Austr. t.* 253. *Dicks. Hort. Sicc. fasc.* 18. 11.

S. conoidea. *Huds. Angl.* 189.

Lychnis sylvestris angustifolia, caliculis turgidis striatis. *Bauh. Pin.* 205. *Tourn. Inst.* 337.
Dill. in Raii Syn. 341.

L. sylvestris altera incana, caliculis striatis. *Lob. Ic. v.* 1. 338.

L. sylvestris incana Lobelii. *Ger. Em.* 470.

Muscipulæ majori calyce ventricoso similis. *Bauh. Hist. v.* 3. *p.* 2. 350.

In Cariæ et Cypri arvis. ☉.

Radix cylindracea, subfusiformis, gracilis, annua, infernè subdivisa. *Caules* sæpiùs numerosi, patentes, spithamæi, vel pedales, teretes, foliosi, semel aut bis dichotomi, undique
densè ac mollitèr pubescentes, pilis brevissimis, paululùm deflexis; sub geniculis viscidi. *Folia* lineari-lanceolata, acuta, integerrima, subrevoluta, trinervia, undique mollissimè pubescentia, cinereo-viridia; radicalia obtusiora, basi elongata. *Flores* e dichotomiâ caulis, vel apicibus ramulorum, solitarii, pedunculati, ebracteati, erecti, pallidè
purpurei, vel rosei, noctu præcipuè fragrantes. *Pedunculi* densè pubescentes. *Calyx*
elliptico-cylindraceus, griseo-virens, tenuissimè striatus, viscidus, densè pubescens, pilis
brevissimis, adscendentibus; basi obtusus; apice quinquedentatus, dentibus subulatis,

Silene conica

Silene leucophaa.

elongatis, erectis ; iucrescente fructu ovatus, scariosus, costis triginta prominentibus, scabriusculis, viridibus. *Petalorum ungues* latiusculi, albi ; *laminæ* semibifidæ, lobis rotundatis ; *appendiculis* emarginatis, obtusis. *Stamina* vix exserta. *Germen* ellipticum, *receptaculo* proprio elevatum. *Styli* staminibus breviores, *stigmatibus* obtusis. *Capsula* ovata, pedicellata, punctis elevatis undique scabra, calyce persistenti arctè vestita, semitrilocularis ; apice sexdentata. *Semina* reniformia, corrugata, plumbea.

Auctorum icones ligno incisæ, Lobelio duce, petala quaterna, nec quina, malè omninò exhibent. *S. conoidea* differt *foliis* latioribus, glabris ; nec non *calyce* fructûs magis ventricoso.

a. Calyx floris.	*b.* Petalum.
c. Stamina et pistillum, calyce petalisque avulsis.	*d.* Pistillum seorsìm.
e. Capsula, receptaculo proprio elevata.	*f*, F. Semen.

TABULA 424.

SILENE LEUCOPHÆA.

Silene petalis bipartitis angustatis ; appendiculo bifido, calyce decangulari, foliis lineari-oblongis recurvis glutinosis.

In insulâ Cypro. ☉.

Radix cylindraceo-fusiformis, gracilis, annua. *Herba* undique densè pilosa, viscida, saturatè virens, inamœna ; pilis horizontalitèr patentibus. *Caules* solitarii vel plures, erecto-patentes, vix spithamæi, undique ramosi, teretes, foliosi ; supernè dichotomi, multiflori. *Folia* recurvato-patentia, lineari-oblonga, obtusiuscula, subrevoluta, uninervia ; basi membranacea, connata. *Pedunculi* solitarii, erecti, hirsuti, uniflori. *Calyx* obovato-cylindraceus, scariosus, costis decem elevatis, hirtis, e viridi rubicundis ; dentibus quinque, obtusiusculis, margine membranaceis. *Petalorum ungues* dilatati, ochroleuci ; *laminæ* bipartitæ, laciniis lineari-obovatis, suprà ochroleucis, subtùs sanguineo-venosis, fuscescentibus ; *appendiculis* bipartitis, obtusis. *Stamina* quinque longiora, exserta ; quinque breviora, subinclusa. *Germen* ovatum, longitudine *receptaculi* proprii. *Styli* staminibus longioribus breviores. *Capsula* ovata, longiùs pedicellata, glaberrima, nitida, duodecim-costata, sexdentata. *Semina* reniformia, fusca.

a. Calyx.	*b, b.* Petala.
c. Stamina cum pistillo, receptaculo proprio imposita.	*d.* Pistillum absque staminibus.

TABULA 425.

SILENE SEDOIDES.

Silene petalis bifidis ; appendiculo quadrifido, calyce clavato decangulari, foliis spatulatis
　　recurvis, caule ramosissimo.

S. sedoides. *Desfont. Atlant. v.* 2. 449. *Willden. Sp. Pl. v.* 2. 703. *Jacq. Collect. v.* 5. 112.
　　t. 14. *f.* 1. *Bernard. Sic. cent.* 2. 58.

S. ramosissima. *Prodr. v.* 1. 297 ; synonymis dubiis.

Lychnis cretica maritima minima, portulacæ sylvestris folio. *Tourn. Cor.* 24.

L. omnium minima, ex monte Argentario. *Bocc. Sic.* 24. *t.* 12. *f.* 4.

L. marina pumila viscosa alba alsinefolia polyflora. *Cupan. Panph. ed.* 2. *t.* 144.

In rupibus maritimis Cretæ. ☉.

Radix cylindraceo-fusiformis, annua. *Herba* pilosa, viscida, rubicunda, undique ramosis-
　　sima, plerumque palmaris, haud spithamæa. *Caulis* teres, foliosus, erecto-patens, vel
　　subdecumbens, repetito-dichotomus, multiflorus. *Folia* spatulato-oblonga, obtusa, con-
　　vexa, uninervia, carnosa, recurvato-patentia ; superiora diminuta. *Pedunculi* solitarii,
　　elongati, graciles, saturatè rubri ; primarii e dichotomiâ caulis ; superiores axillares ;
　　summi terminales ; omnes erecti, uniflori, ebracteati. *Flores* copiosi, exigui, rosei.
　　Calyx clavato-oblongus, decem-costatus, tristè rubens, pubescens. *Petalorum ungues*
　　graciles, albi, sursùm dilatati ; *laminæ* ultrà medium bifidæ, lobis obtusis, parallelis ;
　　appendiculis quadripartitis, acuminatis. *Stamina* unguibus breviora. *Germen* ellip-
　　ticum, receptaculo proprio longius. *Styli* staminibus breviores. *Capsula* cylindraceo-
　　oblonga, pedicellata, ore tridentata, dentibus emarginatis, obtusis. *Semina* exigua,
　　reniformia, nigra.

a. Flos.

C. Flos auctus, calyce orbatus.

e, E. Capsula, cum filamentis emarcidis, receptaculo proprio, et calycis basi.

B. Calyx auctus.

D. Pistillum.

f, F. Semen.

———

*** *Caulis dichotomus, corymbosus.*

TABULA 426.

SILENE RUBELLA.

Silene petalis emarginatis ; appendiculo bipartito, calyce obovato, foliis ovato-lanceolatis
　　glabriusculis, floribus corymbosis.

S. rubella. *Linn. Sp. Pl.* 600. *Willden. Sp. Pl. v.* 2. 703. *Ait. Hort. Kew. ed.* 2. *v.* 3. 93.

Viscago lusitanica, flore rubello vix conspicuo. *Dill. Elth.* 423. *t.* 314. *f.* 406.

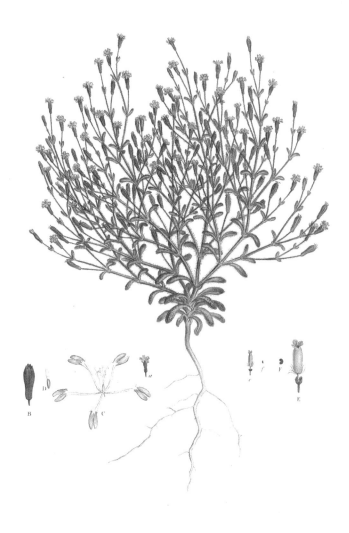

Silene sedoides.

Silene rubella?

Silene orchidea

In Rhodo et Cypro insulis, locis campestribus. ☉.

Radix cylindracea, annua, infernè fibrosa. *Herba* glaucescens, pedalis vel altior, erecta. *Caules* plures, simplices vel subdivisi, teretes, tenuè pubescentes, geniculati, foliosi; supernè dichotomi, corymbosi; sub geniculis viscidi. *Folia* sessilia, integerrima, uninervia; superiora ovato-lanceolata, acuta, margine præcipuè scabriuscula; inferiora obovata, obtusa, connata, basin versùs subpubescentia. *Flores* e dichotomiâ caulis, vel apicibus ramulorum, pedunculati, erecti, rosei, parvi reverâ, at in plantâ spontaneâ satìs conspicui. *Pedunculi* uniflori, pubescentes, pilis brevissimis, recurvis. *Calyx* obovatus, albidus, decemnervis, tenuissimè pubescens, pilis erecto-adpressis, oculo nudo vix conspicuis; dentibus quinque, obtusiusculis, rubicundis. *Petalorum ungues* supernè dilatati, virescentes; *laminæ* angustè obcordatæ; *appendiculis* albis, bipartitis, obtusis. *Stamina* subæqualia, parùm exserta. *Germen* ellipticum, vix receptaculi proprii longitudine. *Styli* recurvi, staminibus breviores. *Capsula* ovato-subrotunda, pedicellata, dentibus sex, recurvis. *Semina* reniformia, rugosa, fusca.

    a. Calyx floris.
    c. Stamina, pistillum, et receptaculum proprium.
    e. Calyx fructûs.
    g, G. Semen.

    b, B. Petalum.
    d. Pistillum.
    f. Capsula.

TABULA 427.

SILENE ORCHIDEA.

Silene petalis quadrilobis; appendiculo bipartito acuto, calyce clavato, foliis ovatis, floribus corymbosis fastigiatis.

S. orchidea. *Linn. Suppl.* 241. *Willden. Sp. Pl. v.* 2. 705. *Ait. Hort. Kew. ed.* 2. *v.* 3. 94.
S. Atocion. *Jacq. Hort. Vind. v.* 3. 19. *t.* 32. *Murr. in Linn. Syst. Veg. ed.* 14. 421.
Lychnis græca bellidis folio verna, flore parvo dilutè purpurascente. *Tourn. Cor.* 24.

In Cypri campestribus, Maio florens. ☉.

Radix et *habitus* præcedentis; at *herba* magìs evidentèr pubescens, lætè virens, nec glauca. *Folia* aliquantulùm latiora, margine scabra. *Corymbi* dichotomi, fastigiati, multiflori, pubescentes. *Calyx* elongatus, clavatus, pubescens, venosus, rubicundus, vel sanguineus. *Petalorum ungues* albidi, sursùm latiores; *laminæ* roseæ, quadripartitæ; lobis terminalibus obtusis; lateralibus angustioribus, acutis; *appendiculæ* albæ, bipartitæ, acutæ, parvæ. *Stamina* vix exserta. *Receptaculum proprium* germine triplò longius. *Capsula* pedicello brevior, ovato-subrotunda, nitida, tenuis, dentibus sex, revolutis. *Semina* nigricantia, subrotunda, umbilicata, undique seriatìm denticulata.

    a. Calyx.   *b.* Flos calyce orbatus.   *c.* Pistillum.

TABULA 428.

SILENE FRUTICOSA.

Silene paniculâ corymbosâ coarctatâ subtrichotomâ, petalis emarginatis; appendiculo
quadripartito, foliis obovatis, caule fruticoso.

S. fruticosa.   *Linn. Sp. Pl.* 597.   *Willden. Sp. Pl. v.* 2. 696.   *Ait. Hort. Kew. ed.* 2. *v.* 3. 89.
     Prodr. v. 2. 299.

Lychnis frutescens myrtifolia, behen albo similis.   *Bauh. Pin.* 205.   *Tourn. Inst.* 335.

L. sylvestris sempervirens, sive ocymoides.   *Clus. Hist. v.* 1. 293, *absque icone.*

Saponaria frutescens, acutis foliis, ex Sicilia.   *Bocc. Sic.* 58. *t.* 30. *f.* 2.

S. altera fruticosior, ex Sicilia.   *Cæsalp. de Plantis,* 256.

Ocymoides fruticosum.   *Camer. Hort.* 109. *t.* 33.

Been albo officinarum similis planta, sempervirens.   *Bauh. Hist. v.* 3. *p.* 2. 357, *sine icone.*

In rupibus insulæ Cypri.   ♄.

Caulis fruticosus, teres, ramosus, spithamæus; ramis fastigiatis, densè foliosis; floriferis
elongatis, erectis, foliolosis, geniculatis, teretibus, pubescentibus, paniculatis.   *Folia*
obovata, mucronulata, integerrima, uninervia, recurvata, crassiuscula, saturatè viridia,
sempervirentia, glabra, margine pubescentia; basi attenuata et elongata, in *petiolum*
marginatum, ciliatum, amplexicaule.   *Panicula* erecta, trichotoma, fastigiata, pubescens,
bracteolata, multiflora.   *Bracteæ* oppositæ, lanceolatæ, acutæ, apice recurvæ.   *Flores*
magni, erecti, pedicellati.   *Calyx* clavatus, subscariosus, costis decem, rubicundis, pubescentibus.   *Petalorum ungues* cuneiformes, virescentes; *laminæ* cuneato-oblongæ;
suprà incarnatæ, vel roseæ; subtùs venoso-virides; apice bifidæ, rotundatæ; *appen-*
diculæ albidæ, quadripartitæ, laciniis intermediis majoribus, erosis.   *Stamina* exserta,
patentia.   *Germen* ovatum, receptaculi proprii longitudine.   *Styli* staminibus breviores.
Capsula ovata, rigida, glabra, longitudine pedicelli, ore sexdentata.   *Semina* præcedentis.

     a. Calyx.   *b, b.* Petala.
     c. Stamina cum pistillo, et receptaculo proprio.   *d.* Pistillum separatìm.

TABULA 429.

SILENE ITALICA.

Silene paniculâ corymbosâ divaricatâ subtrichotomâ, petalis semibifidis angustatis nudis,
foliis spatulatis scabris.

S. italica.   *Ait. Hort. Kew. ed.* 2. *v.* 3. 84.

Cucubalus italicus.   *Linn. Sp. Pl.* 593.   *Willden. Sp. Pl. v.* 2. 686.   *Jacq. Obs. fasc.* 4. 12. *t.* 97.

Lychnis viscosa angustifolia, ex albo rubente flore, imis foliis ocymi.   *Cupan. Panph. ed.* 1. *t.* 14.

Silene fruticosa

Silene italica.

Silene rigidula.

In agro Laconico. ♂.

Radix cylindraceo-fusiformis, biennis, infernè fibrosa. *Caulis* bipedalis, erectus, teres, fistulosus, geniculatus, pubescens, foliosus, paniculatus; infernè purpurascens; basi ramulosus, subcæspitosus. *Folia* radicalia, ut et ramulorum, petiolata, obovata, vel spatulata, obtusa; caulina subsessilia, lanceolata, acuta, basi connata, villosa, ciliata; omnia integerrima, uninervia, venosa, lætè viridia, pubescentia. *Petioli* marginati, villoso-fimbriati, longitudine foliorum. *Panicula* patens, ferè trichotoma, pubescens, bracteolata, multiflora. *Bracteæ* lanceolatæ, acuminatæ, pubescentes; superiores sensìm diminutæ. *Flores* magni, erecto-patuli, pedicellati. *Calyx* clavatus, virens, costis decem purpurascentibus, pilosis. *Petalorum ungues* lineares; *laminæ* bipartitæ, lobis angustis, obtusis, appendiculo omninò destitutis; suprà albis; subtùs incarnato-venulosis. *Stamina* exserta, *antheris* violaceis. *Receptaculum proprium* longiusculum. *Germen* exiguum, *stylis* brevibus, ferè imperfectis. An planta dioica?

> *a*. Calyx, cum pedicello et bracteis.　　　　　*b*. Flos, calyce abrepto.
> *c*. Pistillum, imperfectum ut videtur, receptaculo proprio insidens.

**** *Caulis paniculatus, vix dichotomus.*

TABULA 430.

SILENE RIGIDULA.

Silene caule alternè ramoso patente, petalis bipartitis acutis; appendiculis quadridentatis, foliis lanceolatis glabris.

In monte Hymetto prope Athenas. ☉.

Radix subcylindracea, fibrillosa, annua. *Caulis* pedalis, e basi ramosissimus, erectus, foliosus, gracilis, teres, rigidulus, geniculatus, glaber, internodiis medium versùs viscatis; ramis alternis, patulis, rarissimè dichotomis; ramulis filiformibus, unifloris, lævibus. *Folia* lineari-lanceolata, acuta, integerrima, uninervia, glabra; radicalia paulò latiora, conferta. *Flores* terminales, solitarii, erecti, elegantèr rosei. *Bracteæ* e foliis superioribus sensìm diminutis, subulatæ, exiguæ. *Calyx* clavatus, scariosus, glaberrimus, decemcostatus, medio subconstrictus. *Petalorum ungues* cuneiformes, albi; *laminæ* ad basin ferè bipartitæ, lobis acutiusculis, roseis, venis saturatioribus; *appendiculæ* albæ, bipartitæ, laciniis quadridentatis. *Stamina* alba, vix exserta. *Germen* ellipticum. *Styli* staminibus longiores, stigmatibus contortis, niveis, pubescentibus. *Receptaculum proprium* germine triplò ferè longius. *Capsula* ovata, nitida, fragilis, lævissima, ore sexdentata, pedicello, sive receptaculo communi, brevior.

> *a*, A. Calyx.　　　　　　　　　　　　　　*b*, B. Petalum.
> 　C. Stamina, cum pistillo et receptaculo communi.　*d*, D. Capsula matura.

TABULA 431.

SILENE SPINESCENS.

Silene caule fruticuloso ; ramis oppositis horizontalibus spinescentibus, petalis bipartitis, foliis spatulatis undique pubescentibus.

In Asiâ minore. ♄.

Caulis fruticosus, teres, cortice rimoso, scabro ; supernè ramosissimus, ramis oppositis, confertis, horizontalitèr patentibus, teretibus, geniculatis, foliosis, pubescenti-incanis, demùm spinescentibus ; floriferis erectis, paniculatis, spithamæis. *Folia* petiolata, patentia, spatulata, mucronulata, integerrima, uninervia, utrinque pubescentia ; superiora angustata, lanceolata. *Petioli* canaliculati, ciliati, basi dilatati, connati. *Panicula* patula, ramis teretibus, pubescentibus, paucifloris. *Bracteæ* lanceolatæ, pubescentes, superiores sensìm diminutæ. *Flores* pedunculati, erecti, ochroleuci. *Calyx* clavatus, decemnervis, incanus. *Petalorum ungues* sursùm dilatati ; *laminæ* bipartitæ, laciniis obovatis, subtùs venoso-reticulatis ; *appendiculis* parvis, bifidis. *Stamina* ochroleuca, exserta. *Germen* ellipticum, *receptaculi proprii* longitudine. *Styli* longitudine unguium. *Capsula* ovata, rigida, glabra, longiùs pedicellata, calyce arctè vestita. *Semina* punctulata.

a. Calyx, cum pedunculo et bracteis.	*b.* Flos, calyce et petalis avulsis.
c, c. Petala.	*d.* Pistillum.
e. Capsula, cum calycis basi.	*f.* Semen.

TABULA 432.

SILENE GIGANTEA.

Silene caule stricto ; ramulis oppositis, petalis obcordato-bilobis, paniculâ subverticillatâ, foliis obovatis villosis.

S. gigantea. *Linn. Sp. Pl.* 598. *Willden. Sp. Pl. v.* 2. 696. *Ait. Hort. Kew. ed.* 2. *v.* 3. 90.

S. foliis obversè ovatis crassis, limbis corollæ bifidis a sole revolutis. *Wachend. Hort. Ultraject.* 391.

Lychnis græca maritima, sedi arborescentis folio et facie. *Tourn. Cor.* 23.

L. græca, sedi arborescentis folio et facie, flore albo. *Walth. Hort.* 32. *t.* 11.

In Archipelagi insulis, ut etiam in Cretâ. ♃.

Radix fusiformis, crassa, sublignosa, in hortis nostris plerumque biennis. *Caulis* solitarius, erectus, herbaceus, tripedalis vel altior, foliosus, teres, geniculatus, fistulosus, pubescens,

Silene spinescens.

Silene gigantea

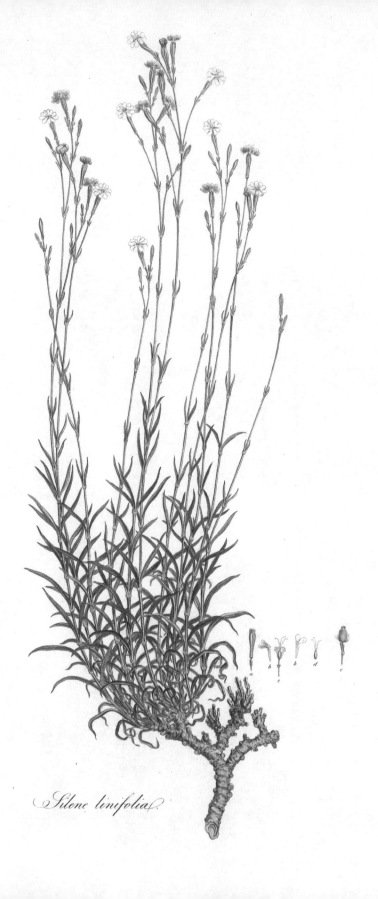

433.

Silene linifolia

internodiis viscidis ; infernè ramulosus, ramulis oppositis, simplicibus, patentibus, brevibus ; supernè paniculatus, multiflorus. *Folia* obovata, mucronulata, integerrima, uninervia, crassiuscula, villosa, densè fimbriata ; radicalia majora, cæspitosa, petiolata ; caulina basi angustata, connata, supernè in bracteas sensìm diminuta. *Panicula* erecta, decomposita, undique pubescens ; ramulis abbreviatis, coarctatis, multifloris, subverticillatis ; pedunculis unifloris, ramulo proprio longioribus, basi bracteolatis. *Flores* erecti, ochroleuci, vespertini. *Calyx* clavatus, virens, densè pubescens, decemnervis. *Petalorum ungues* lineares ; *laminæ* semibifidæ, lobis rotundatis ; basi bicallosæ, vel obsoletè appendiculatæ ; subtùs venis rubris, anastomosantibus, pictæ. *Stamina* omnia exserta, laminarum longitudine, ochroleuca. *Germen* ovale, receptaculo proprio brevius. *Styli* staminibus longiores. *Capsula* subglobosa, longiùs pedicellata, lævis, ore sexdentata, demùm ferè sexvalvis. *Semina* reniformia, transversìm pulcherrimè corrugata.

a. Calyx.

c. Capsula, cum pedicello proprio, atque calycis vestigiis.

b. Flos, calyce orbatus.

d. Semen.

TABULA 433.

SILENE LINIFOLIA.

Silene caulibus supernè paniculato-ramosis, petalis bipartitis rotundatis, foliis lineari-lanceolatis scabris.

In monte Parnasso. ♃.

Radix lignosa, crassa, cæspitosa, multiceps, perennis. *Caules* numerosi, pedales vel altiores, erecti, teretes, incani, crebriùs geniculati, foliosi ; infernè simplicissimi ; supernè paniculati, alternatìm subdivisi, pauciflori. *Folia* uncialia vel sescuncialia, lineari-lanceolata, mucronata, uninervia, integerrima, utrinque scabra ; superiora in *bracteas* sensìm diminuta. *Flores* parvi, erecti, *pedunculis* incanis, basi bracteolatis. *Calyx* clavatus, pallidus, membranaceus, glabriusculus, costis decem tenuissimis. *Petalorum ungues* cuneati, virescentes ; *laminæ* bipartitæ, lobis rotundatis ; suprà carneis ; subtùs viridulis, fusco venosis ; *appendiculis* obtusis, bifidis. *Germen* ellipticum, longitudine receptaculi proprii. *Stamina* inclusa, vix germine altiora. *Styli* exserti. *Capsula* ovata, glabra, apice sexvalvis, longitudine pedicelli proprii. *Semina* subrotunda, compressa, dorso scabra.

a. Calyx.

c. Stamina et pistillum, cum receptaculo proprio.

e. Capsula cum pedicello, staminibus emarcidis, et calycis basi persistente.

b, b. Petala.

d. Pistillum seorsìm.

TABULA 434.

SILENE STATICIFOLIA.

SILENE paniculâ simplici racemosâ strictâ, petalis bipartitis rotundatis, foliis lineari-spatulatis acutis glaberrimis.

In Peloponneso. ♃.

Radix perennis, multiceps, subsarmentosa, squamosa. *Caules* solitarii, pedales vel altiores, erectiusculi, simplices, teretes, glaberrimi, subfoliosi, geniculis duobus vel tribus; internodiis viscidis; apice racemosi, pauciflori. *Folia* lineari-lanceolata, vel subspatulata, mucronata, plana, integerrima, uninervia, glaucescentia, glaberrima, uncialia et ultra; radicalia numerosa, cæspitosa, basi in petiolum suæ longitudinis decurrentia; caulina pauca, abbreviata, erecto-adpressa, vix petiolata. *Flores* majusculi, subquaterni, erecti, pedunculati, alterni. *Bracteæ* binæ, ovatæ, acuminatæ, glabræ, medium versùs pedunculorum. *Calyx* clavatus, gracilis, glaberrimus, pallidus, costis decem rubicundis. *Petalorum ungues* cuneati, calyce duplò ferè breviores; *laminæ* bipartitæ, lobis obovatis, obtusis, incurvis; suprà niveis; subtùs ferrugineis; *appendiculis* bifidis, obtusis. *Stamina* unguibus paulò longiora. *Germen* ovale, receptaculo proprio triplò brevius. *Styli* vix exserti. *Capsula* ovata, rigidula, glabra, longitudine dimidii circitèr pedicelli.

    a. Calyx, cum pedunculo et bracteis.   *b, b.* Petala.
    c. Receptaculum proprium longissimum, pistillum gerens.

***** *Caules uniflori.*

TABULA 435.

SILENE AURICULATA.

SILENE caulibus unifloris, foliis lanceolatis fimbriatis, calyce campanulato pubescente, petalis semibifidis utrinque auriculatis.

In monte Delphi Eubœæ. ♃.

Radix perennis, longissima, altè descendens, teretiuscula, lignosa, multiceps. *Herba* cæspitosa. *Caules* solitarii, palmares, erecti, simplicissimi, teretes, pubescentes, foliolosi, uniflori. *Folia* radicalia conferta, lanceolata, mucronata, integerrima, uncialia, utrinque glabra, obsoletè uninervia, margine fimbriato-villosa; caulina longè minora, undique pubescentia, plerumque tria paria. *Flos* terminalis, erectus, purpureo-incarnatus, pallidus, ebracteatus. *Calyx* campanulatus, subinflatus, villosus, venosus; supernè

Silene staticifolia.

Silene auriculata.

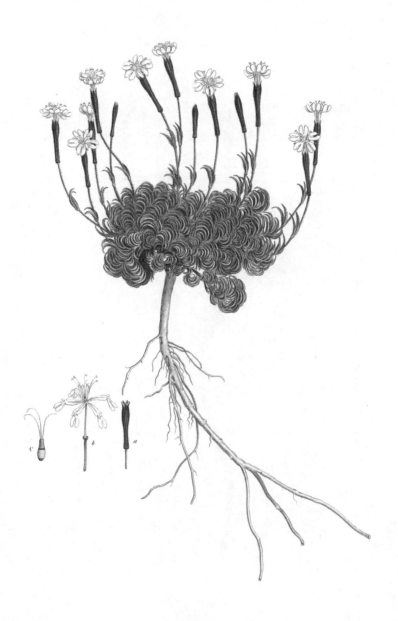

Silene falcata.

coloratus; basi paululùm constrictus. *Petalorum ungues* lineares; *laminœ* semibifidæ, lobis apice rotundatis, subtùs venosis; basi utrinque dilatatæ, sive auriculatæ; *appendiculis* bipartitis, divaricatis. *Stamina* paululùm exserta. *Germen* gracile, longitudine *receptaculi proprii*. *Styli* staminibus æquales. *Capsula* ovata, glaberrima, basi retusa, pedicello duplò vel triplò longior. *Semina* compressa, dorso scabra.

Petalorum auriculæ in hâc specie peculiares omninò sunt.

> *a.* Calyx.   *b, b.* Petala.
> *c.* Stamina et pistillum, cum receptaculo proprio.
> *d.* Pistillum et receptaculum, absque staminibus.
> *e.* Capsula.

TABULA 436.

SILENE FALCATA.

SILENE caulibus unifloris, foliis subulatis falcatis pilosis, calyce clavato, petalis semibifidis; unguibus cuneiformibus.

In monte Olympo Bithyno. ♃.

Radix cylindracea, crassa, albida, perennis, altè descendens. *Caules* densè cæspitosi, breves, ramosi, undique foliosi, depressi; floriferi adscendentes, palmares, teretes, pubescentes, nudiusculi, simplices, uniflori. *Folia* copiosa, densè congesta, subulato-linearia, acuta, integerrima, falcata, nervosa, piloso-viscida, vix uncialia; superiora in caulibus floriferis per paria remotissima, abbreviata, paululùm dilatata, trinervia. *Flos* terminalis, ebracteatus, erectus, majusculus, ochroleucus, *calyce* sanguineo, clavato, gracili, piloso. *Petalorum ungues* cuneati, calycem superantes; *laminœ* ultra medium bifidæ, laciniis parallelis, obtusis; *appendiculœ* obtusæ, bipartitæ. *Stamina* exserta, albida. *Germen* ovatum, parvum, viridi rubroque pictum, *receptaculo proprio*, longitudine ferè calycis, cum petalis staminibusque, impositum. *Styli* staminibus breviores. *Capsula* ovata, fusca, lævis, longissimè pedicellata, exserta, sexdentata.

Planta *foliis* falcatis, densè cæspitosis, *floribusque* elegantèr bicoloribus, haud minùs singularis quam pulchra. In præruptis et lapidosis alpinis viget; nec nisi in Olympi Bithyni cacumine adhuc inventa est.

> *a.* Calyx.   *b.* Flos, calyce abrepto.   C. Pistillum auctum.

Notandum est, quòd *capsula* in hoc genere sexfariàm semper dehiscit; nec, ut in *Lychnide*, aliisque generibus aliquot pentagynis, quinquefariàm. De hâc re hallucinatus est Linnæus, ut etiam Jussieu.

ARENARIA.

Linn. Gen. Pl. 226.   Juss. 301.   Gærtn. t. 130.

Calyx pentaphyllus, patens.   *Petala* quinque, integra.   *Capsula* supera, unilocularis, polysperma.

TABULA 437.

ARENARIA OXYPETALA.

ARENARIA foliis ovatis acutis petiolatis uninervibus, calycibus hirsutis obsoletè quinquenervibus, petalis acuminatis.

In agro Eliensi.   ☉.

Radix simplex, gracilis, parva, annua, infernè fibrosa.   *Herba* tenella, lætè virens, pubescens, palmaris, vix spithamæa.   *Caulis* erectus, teres, foliosus, densiùs pilosus, ramis alternis, patentibus, apice paniculatis, subdichotomis.   *Folia* opposita, petiolata, exstipulata, latè ovata, acuta, integerrima, uninervia, utrinque tenuissimè pilosa.   *Petioli* lineares, ciliati, longitudine foliorum.   *Paniculæ* patentes, undique pilosæ, *bracteis* subulatis, binis, ad basin singulorum pedunculorum.   *Pedunculi* elongati, graciles, villoso-viscidi, erecti, uniflori.   *Flores* exigui, erecti, nivei.   *Calycis* foliola ovata, acuta, villosa, subviscida, quinquenervia; margine membranacea, alba.   *Petalorum ungues* sursùm dilatati; *laminæ* elliptico-oblongæ, acuminatæ, integerrimæ, horizontales, *appendiculis* nullis.   *Stamina* vix exserta.   *Germen* sessile, ovale.   *Styli* tres, staminibus breviores.   *Capsula* ovato-oblonga, nitida, tenuis, unilocularis, trivalvis, valvulis apice bifidis.   *Semina* reniformia, minuta, nigra, scabra.

Habitus *Arenariæ trinervis*, at pluribus notis distincta species est.

Pedicellus, aut *receptaculum proprium, germen* cum *staminibus petalisque* attollens, in *Silene* tam notabilis, in *Arenariâ* prorsùs deficit.

A. Flos auctus.
C. Petalum.
E. Pistillum separatìm.

B. Calyx.
D. Stamina cum pistillo.

Arenaria oxypetala.

Arenaria ciliata.

TABULA 438.

ARENARIA CILIATA.

ARENARIA foliis spatulatis basi ciliatis, caulibus prostratis ramosis, floribus terminalibus subsolitariis, calyce subseptemnervi.

A. ciliata. *Linn. Sp. Pl.* 608. *Willden. Sp. Pl. v.* 2. 718. *Sm. Compend. ed.* 3. 70. *Engl. Bot. t.* 1745. *Fl. Dan. t.* 346. *Jacq. Misc. v.* 2. 367. *Wulf. in Jacq. Coll. v.* 1. 245. *t.* 16. *f.* 2.

A. multicaulis. *Linn. Sp. Pl.* 605. *Willden. Sp. Pl. v.* 2. 719. *Wulf. in Jacq. Coll. v.* 1. 248. *t.* 17. *f.* 1.

A. norvegica. *Gunn. Norveg. v.* 2. 144. *t.* 9. *f.* 7. *Herb. Linn.*

A. n. 8. *Gerard. Gallopr.* 405.

Alsine alpina, serpylli folio, multicaulis et multiflora. *Tourn. Inst.* 243. *Segu. Veron. v.* 2. 420. *t.* 5. *f.* 2.

A. n. 155. *Linn. Amœn. Acad. v.* 1. 162.

A. n. 876. *Hall. Hist. v.* 1. 386. *t.* 17. *f.* 3, malè.

In rupibus insulæ Cypri, et in Cretæ montibus Sphacioticis. ♃.

Radix fibrosa, perennis. *Caules* latè diffusi, prostrati, ramosissimi, cæspitosi, denudati, teretes, sublignosi : *rami* conferti, graciles, adscendentes, geniculati, teretes, pilosi, densè foliosi, plerumque indivisi ; floriferi triunciales, laxiùs foliosi, erecti. *Folia* elliptico-spatulata, integerrima, plùs minùs acuta, uninervia, undique pubescentia ; basi in petiolum brevem, ciliatum, producta. *Flores* sæpiùs solitarii, quandoque gemini, terminales, pedunculati, erecti, nivei. *Pedunculi* teretes, pubescentes, pilis brevibus, recurvis, albis. *Bracteæ* binæ, subulatæ, pubescentes, ad basin pedunculorum. *Calycis* foliola ovata, acuta, concava, viridia, pilosa, costis quinque vel septem, basin versus evidentioribus ; margine membranacea, alba. *Petala* obovata, indivisa, integerrima, calyce duplò longiora, nitida, avenia. *Stamina* exserta, petalis breviora, *antheris* luteis, subrotundis. *Germen* ellipticum. *Styli* vix staminum longitudine, recurvato-patentes. *Capsula* ovata, badia, nitida, ore sexdentata. *Semina* exigua, fusca.

Variat magnitudine, quod et in congeneribus plurimis accidit ; at synonyma suprà citata ne varietates quidem permanentes indicant.

a. Flos absque petalis.   b. Petalum.   c. Pistillum.

TABULA 439.

ARENARIA UMBELLATA.

ARENARIA foliis obovatis ciliatis, caule lævi, floribus umbellatis, petalis erosis, staminibus quinque castratis.

A. umbellata. *Soland. in Russell's Aleppo, ed. 2. 252.*

In Asiâ minore. ☉.

Radix fibrosa, annua, apice simplex. *Caules* plures, undique patentes, adscendentes, bi- vel triunciales, simplices, foliosi, teretes, geniculati, glabri, apice floriferi. *Folia* semuncialia et ultra, patentia, obovata, obtusiuscula, integerrima, uninervia, glauca, utrinque glabra ; margine ciliata ; basi in petiolum brevem decurrentia. *Pedunculi* terminales, plerumque tres vel quatuor, umbellati, inæquales, uniflori, glabri ; post florescentiam divaricati, atque elongati. *Flores* erecti, albi, vel pallidè incarnati, magnitudine ferè *Arenariæ ciliatæ.* *Calycis* foliola elliptico-oblonga, acuta, concava, glaberrima, glauca ; margine lato, scarioso, albo. *Petala* elliptica, calyce vix duplò longiora, breviùs unguiculata, patentia ; apice obsoletè et inæqualitèr erosa ; basi quinquenervia. *Stamina* decem, capillaria, alba, subæqualia, petalis breviora, quorum quinque tantùm antherifera, *antheris* subrotundis, albis. *Germen* ovatum, glabrum. *Styli* recurvato-patentes, staminibus breviores, *stigmatibus* obtusis, supernè longitudinalitèr pubescentibus, niveis. *Capsula* calyce persistente longior, cylindracea, nitida, tenuis, valvulis sex, apice revolutis. *Semina* subrotunda, peltata, fusca, undique granulata, dorso canaliculata.

Ab *Holosteo umbellato,* cui facie simillima, discrepat staturâ humiliori, *foliis* ciliatis, *staminibus* decem, quorum quinque *antheris* carent ; ne dicam *floribus* in omni umbellâ paucioribus. *Petala* inæqualitèr erosa *Holostei* characterem præbent, quâ ratione, staminum numero prætermisso, ad hoc genus forsitàn amandanda.

A. Flos duplò auctus, amotis petalis.   B. Petalum seorslm.   C. Pistillum.

TABULA 440.

ARENARIA PICTA.

ARENARIA foliis cæspitosis subulatis, caulibus aphyllis dichotomis supernè pilosis, petalis emarginatis subtùs venosis.

A. filiformis. *Labill. Ic. dec. 4. 8. t. 3. f. 2.*

In insulâ Cypri campestribus. ☉.

Arenaria umbellata.

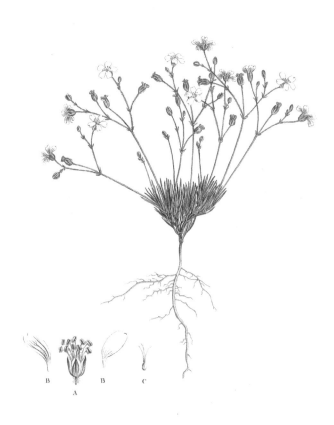

B   B   C
A

Arenaria picta.

Arenaria thymifolia.

Radix fibrosa, annua, supernè indivisa. *Caulis* erectus, brevis, plerumque uncialis, simplex vel ramosus, teres, geniculatus, purpurascens, glaber, densè foliosus; *ramis* floriferis elongatis, palmaribus, aphyllis, teretibus; infernè glaberrimis, simplicissimis; apice paniculatis, semel dichotomis, ramulis racemosis, divaricatis, pilosis. *Folia* opposita, densè congesta, cæspitosa, erecta, subulata, mucronulata, glabra, haud uncialia; suprà canaliculata; subtùs convexa; basi dilatata, submarginata, ciliata. *Pedunculi* pilosi, uniflori; primordiales e dichotomiâ caulis; reliqui alterni. *Bracteæ* ovatæ, acutæ, exiguæ, oppositæ, ad basin pedunculorum. *Flores* erecti, pulcherrimi. *Calycis* foliola ovata, glaberrima, uninervia, margine scariosa. *Petala* obovata, patentia, breviùs un-guiculata, emarginata; suprà nivea, immaculata; subtùs nervis tribus, ramosis, rubris, elegantèr picta. *Stamina* petalis breviora, omnia fertilia, æqualia. *Antheræ* subro-tundæ, fuscæ. *Germen* parvum, globosum. *Styli* vix staminum longitudine. *Cap-sula* ovata, trivalvis, valvulis apice recurvis. *Semina* subrotunda, convexa, umbilicata.

Petalorum nervi rubri exsiccatione evanescunt; hinc apud celeberrimi Labillardieri tabulam, cæterùm bonam, non exhibentur.

    A. Flos auctus, sine petalis.   B, B. Petala.   C. Pistillum.

TABULA 441.

ARENARIA THYMIFOLIA.

ARENARIA foliis spatulato-linearibus, caule paniculato, petalis unguiculatis ovatis calyce trinervi longioribus.

In insulâ Cretâ. ☉.

Habitus Arenariæ serpyllifoliæ, vel *tenuifoliæ*. *Radix* gracilis, fibrosa, annua, supernè simplex. *Caules* plures, adscendentes, teretes, geniculati, foliosi, glabri, vix palmares; supernè paniculati, viscidi, subpubescentes, multiflori. *Folia* spatulato-linearia, obtusa, integerrima, subcarnosa, glabra, patentia; basi dilatata, connata, trinervia. *Panicula* dichotoma, foliolosa, patens, *pedunculis* capillaribus, unifloris, apice præcipuè pubes-centibus et subviscidis. *Bracteæ*, e foliis superioribus sensìm mutatis et diminutis, ovato-oblongæ, acuminatæ, trinerves; margine dilatatæ, scariosæ, distinctæ. *Flores* erecti, parvi, albi, ferè *Arenariæ vernæ*. *Calycis* foliola ovata, acuta, trinervia, sca-briuscula, margine scariosa. *Petala* ovata, integerrima, unguiculata, avenia, calyce paululùm longiora. *Stamina* vix longitudine petalorum, *antheris* rufis, subrotundis. *Germen* subglobosum. *Styli* breves, recurvato-patentes. *Capsula* trivalvis, valvulis apice recurvis. *Semina* minutissima, reniformia, scabra.

    A. Flos lente auctus.   B. Calyx, cum apice pedunculi.
    C. Petalum.   D. Pistillum.
    E. Capsula.   *f*, F. Semen.

TABULA 442.

ARENARIA FASCICULATA.

ARENARIA foliis subulato-linearibus, caule fastigiato, paniculâ foliosâ, petalis brevissimis, nervis calycinis uniformibus.

A. fasciculata. *Linn. Syst. Nat. ed.* 12. *v.* 2. 733. *Gouan. Illustr.* 30.

In Asiâ minore. ☉.

Radix elongata, gracilis, annua; supernè teres, simplex; infernè fibrosa. *Caulis* erectus, teres, geniculatus, biuncialis, quandoque palmaris, pubescens, aut subvillosus, viscidus, undique foliosus; ramis fastigiatis, dichotomis, paniculatis, arctis, multifloris. *Folia* subulato-linearia, plana, acuta, integerrima, tri- vel quinquenervia, utrinque pubescentia, quandoque glabra; basi ciliata, membranacea, connata. *Panicula* semel aut bis dichotoma, dein racemosa, undique ferè foliosa, vel apice tantùm bracteata. *Bracteæ* à foliis plùs minùs diminutis oriuntur. *Pedunculi* teretes, villosi. *Calycis* foliola lineari-lanceolata, mucronulata, longitudine inæqualia, piloso-glandulosa; exteriora majora, evidentiùs trinervia, nervis crassis, uniformibus; interiora margine membranacea. *Petala* calyce quintuplò breviora, subrotunda, integerrima, alba, brevissimè unguiculata. *Stamina* longitudine petalorum, *antheris* subrotundis, luteis. *Germen* globosum. *Styli* patentes, recurvi. *Capsula* trivalvis.

Cum *Arenariâ fastigiatâ* nostrâ, *Prodr. n.* 1036. *Engl. Bot. t.* 1744, ab auctoribus confundi solet. Hæc verò, habitu stricto, *paniculis* copiosis, fastigiatis, longè diversa, *nervis calycinis* lateralibus, quandoque omnibus, dilatatis, complanatis, ferè detritis, glaberrimis, eburneis, essentialitèr differt.

a, A. Flos, magnitudine naturali et auctâ.
C. Pistillum.

B. Petalum.

GARIDELLA.

Linn. Gen. Pl. 227. *Juss.* 233. *Gærtn. t.* 118. *De Cand. Syst. v.* 1. 325.

Calyx pentaphyllus, subpetaloideus. *Nectaria* quinque, bilabiata, bifida. *Styli* brevissimi. *Capsulæ* duæ vel tres, connatæ, polyspermæ.

TABULA 443.

GARIDELLA NIGELLASTRUM.

GARIDELLA nectariorum unguibus calyce brevioribus; limbis patulis radiantibus.

Arenaria fasciculata.

Garidella Nigellastrum

G. Nigellastrum. *Linn. Sp. Pl.* 608. *Willden. Sp. Pl. v.* 2. 731. *De Cand. Syst. v.* 1. 325.
Ait. Hort. Kew. ed. 2. *v.* 3. 102. *Curt. Mag. t.* 1266.

G. foliis tenuissimè divisis. *Tourn. Inst.* 655. *t.* 430. *Garidel. Prov.* 203. *t.* 39.

Nigellastrum raris et fœniculaceis foliis. *Magnol. Hort.* 143. *t.* 18.

Melanthio peregrino, overo di Candia. *Pon. Bald.* 46, *cum icone.*

In Cretæ et Cypri arvis. ⊙.

Radix fusiformis, nigricans, annua ; infernè subdivisa, fibrosa. *Caulis* erectus, bipedalis, angulatus, foliosus, glaber ; supernè alternatìm ramosus, paniculatus, multiflorus. *Folia* alterna, bi- vel tripinnatifida, laciniis lineari-lanceolatis, angustissimis, acuminatis, integerrimis, glabris ; infima petiolata ; summa tenuissima, sessilia, simpliciora. *Stipulæ* nullæ. *Pedunculi* terminales, solitarii, recti, uniflori, glabri, ebracteati. *Flores* erecti, albo purpureoque variati, parvi, inconspicui, oculo armato tamen formosi. *Calycis* foliola elliptica, obtusa, concava, glabra, rubicunda, decidua. *Petala* nulla. *Nectaria* quinque, petaloidea, cum calyce alternantia, bilabiata ; *ungue* calyce breviori, intùs nectarifero : *labio exteriori* maximo ; disco piloso-glanduloso, lineisque tribus, concentricis, undulatis, violaceis, pulcherrimè picto ; laminâ bipartitâ, radianti, albâ, apice recurvâ : *interiori* minimo, oblongo, acuto, emarginato, ciliato, adpresso. *Stamina* decem, erecta, exserta, filiformia, glabra, æqualia, *antheris* oblongis, obtusis, incumbentibus, flavescentibus. *Germen* sessile, ovato-oblongum, di- vel tricoccum, tuberculato-scabrum. *Styli* duo vel tres, terminales, divaricati, crassiusculi, germine quintuplò breviores. *Stigmata* parva, obtusa. *Capsulæ* duæ vel tres, ovato-oblongæ, acutæ, scabriusculæ, fuscæ, uniloculares, margine interiori connexæ, apice dehiscentes, bivalves. *Semina* numerosa, horizontalia, obovata, scabra, nigra.

Nigella cretica, folio fœniculi, Bauh. Pin. 146. *Moris. sect.* 12. *t.* 18. *f.* 6, e synonymis Linnæanis excludenda. Est enim *Nigellæ* vera species, ut ex icone videtur ; ad *Nigellam fœniculaceam* suam, a clarissimo De Candolle, dubitantèr tamen, relata.

Aliam *Garidellæ* speciem ex horto celeberrimi domini Le Monnier olim habuimus, *nectariis* conniventibus, longissimè unguiculatis, cujus figura exstat apud Barrelieri *Icones, t.* 1240, et Lamarckii *Illustr. t.* 379. *f.* 2. Hæc est *G. unguicularis* ipsius Lamarckii, ut et De Cand. *Syst. v.* 1. 325. Vide *Tour on the Continent, ed.* 2. *v.* 1. 75.

A. Flos, multùm auctus.
C. Nectarium.
E. Labii exterioris laminæ.

B. Calyx cum pistillo dicocco.
D. Labium interius.
f, f. Capsulæ.

DECANDRIA PENTAGYNIA.

COTYLEDON.

Linn. Gen. Pl. 229.   *Juss.* 307.

Calyx quinquefidus.   *Corolla* monopetala, tubulosa, quinquefida.   *Squamæ nectariferæ* quinque, ad basin germinis.   *Capsulæ* quinque, superæ.

TABULA 444.

COTYLEDON SERRATA.

COTYLEDON foliis oblongis obtusiusculis cartilagineo-serrulatis; radicalibus aggregatis; caulinis alternis, racemo terminali decomposito.

C. serrata. *Linn. Sp. Pl.* 614. *Willden. Sp. Pl. v.* 2. 757. *Ait. Hort. Kew. ed.* 2. *v.* 3. 109.

C. cretica, folio oblongo fimbriato. *Dill. Elth.* 113. *t.* 95. *f.* 112.

Sedum creticum saxatile latifolium, flore purpurascente. *Tourn. Cor.* 19.

In rupibus insulæ Cretæ. ♃.

Radix teres, crassiuscula, multiceps, perennis. *Caules* glabri, simplices; *steriles* brevissimi, cæspitosi, densè foliosi; *floriferi* palmares, aut ferè spithamæi, solitarii, erecti, teretes, rubicundi, laxiùs foliosi, apice racemosi, multiflori. *Folia* in caulibus nondùm floriferis aggregata, numerosa, rosulas formantia, obovato-oblonga, plana, carnosa, avenia, glauca; margine tenui, cartilagineo, albo, plùs minùs inæqualitèr serrulato, aut fimbriato; in caule florifero alterna, erectiuscula, longè minora. *Stipulæ* nullæ. *Racemus* terminalis, erectus, cylindraceus, *pedunculis* alternis, bi- vel trifloris, rarissimè quadrifloris, patulis, angulatis, glabris, bracteatis. *Bracteæ* sub singulo pedicello solitariæ, parvæ, ovatæ, acutæ, rubicundæ, deciduæ. *Flores* cernui, albo rubroque variati. *Calyx* quinquepartitus, laciniis ovatis, acuminatis, glabris, supernè coloratis, deciduis. *Corolla* semiquinquefida; tubo ovato-cylindraceo, longitudine calycis; limbi laciniis ovatis, acutis, æqualibus, recurvato-patentibus. *Stamina* decem, subulata, glabra, erecta, quorum quinque longiora, exserta. *Antheræ* reniformes, incumbentes, flavæ. *Germina* quinque, erecto-conniventia, lanceolata; extùs convexa, glabra. *Styli* breves, erecti; *stigmatibus* simplicibus, obtusis. *Capsulæ* in globum quinquesulcatum glabrum connatæ, obtusè carinatæ, uniloculares; apice mucronatæ, patentes. *Semina* numerosa, obovato-oblonga, minutissima.

Cotyledon serrata.

Cotyledon parviflora.

Squamas nectariferas, neque in hâc specie neque in sequenti, invenit pictor noster egregius; nec e floribus exsiccatis erui possunt. In *C. Umbilico*, et *C. luteá*, evidentissimæ sunt.

A. Flos triplò circitèr auctus.   B. Stamina et pistilla.
C. Pistilla seorsùm.   *d*, D. Capsulæ maturæ.
e, E. Semen.

TABULA 445.

COTYLEDON PARVIFLORA.

Cotyledon foliis orbìculatis crenato-repandis petiolatis, caule racemoso decomposito, radice tuberosâ.

C. cretica, tuberosâ radice, flore luteo parvo. *Tourn. Cor.* 2.

In Cretæ montibus Sphacioticis. ♃.

Radix tuberosa, fibrillosa, perennis. *Herba* glabra, carnosa, succo plena. *Caulis* erectus, palmaris, vel spithamæus, teres, ruber, foliosus, alternatìm ramosus; ramis racemosis, multifloris. *Folia* longiùs petiolata, alterna, crassa, lævia, ferè orbiculata, obtusè crenata, vel repanda, utrinque rubro-lineata; inferiora maxima. *Petioli* crassi, caliculati, colorati, foliis longiores. *Racemi* cylindracei, decompositi, multiflori; *pedicellis* alternis, angulatis, rubris; basi bracteatis. *Bracteæ* lineari-oblongæ, obtusæ, marcescentes. *Flores* præcedente duplò minores, lutei, venis nervisque fulvis. *Calycis* laciniæ ovatæ, acuminatæ, rubicundæ, erectæ. *Corollæ* tubus campanulato-cylindraceus; limbi laciniæ ovatæ, acutæ, patentes, tubo aliquantulùm breviores, nervo solitario, fulvo. *Stamina* decem, filiformia, flava, quorum quinque *pistillis* longiora, quinque breviora; *antheris* parvis, concoloribus. *Pistilla* et *styli* ferè præcedentis, *squamis* nullis inventis.

A, A. Flos quadruplò auctus.   B. Idem, petalis avulsis.   C. Pistilla.

SEDUM.

Linn. Gen. Pl. 230.   *Juss.* 307.   *Gœrtn. t.* 65.

Calyx quinquefidus.   *Corolla* pentapetala.   *Squamœ* nectariferæ quinque, ad basin germinis.   *Capsulæ* quinque, superæ.

---

* *Planifolia.*

TABULA 446.

SEDUM STELLATUM.

Sedum foliis planiusculis angulatis, caule subcymoso, floribus axillaribus sessilibus solitariis.

S. stellatum. *Linn. Sp. Pl.* 617. *Willden. Sp. Pl. v.* 2. 762. *Ait. Hort. Kew. ed.* 2. *v.* 3. 113.

S. n. 957.   *Hall. Hist. v.* 1. 412.

S. echinatum vel stellatum, flore albo.   *Bauh. Hist. v.* 3. *p.* 2. 680, *exclusâ icone.*   *Tourn. Inst.* 263.

Cotyledon stellata.   *Bauh. Pin.* 285.

Sempervivum tertium, flore albo.   *Column. Phytob.* 40. *t.* 42. *ed.* 2. 32. *t.* 11 ; *exclusâ utriusque figurâ minori.*

Aizoon peregrinum.   *Camer. Hort.* 7. *t.* 2 !

In Cretæ montibus Sphacioticis.   ☉.

Radix fibrosa, annua.   *Herba* glabra, succosa.   *Caulis* solitarius, decumbens, foliosus, teres ; basi simplex, purpurascens ; apice plerumque semel dichotomus, ramis foliolosis, multifloris ; rarissimè indivisus.   *Folia* sparsa, petiolata, reclinata, uncialia, cuneato-subrotunda, obtusa, angulato-repanda, carnosa, punctata, lætè viridia ; basi in *petiolum* planum, brevem, decurrentia, exstipulata.   *Flores* e dichotomiâ caulis et axillis foliorum superiorum, sessiles, solitarii, erecti.   *Calyx* ultrà medium quinquefidus, laciniis lanceolatis, patentibus, persistentibus, vix auctis.   *Petala* quinque vel plura, interdùm novem, aut decem, elliptico-lanceolata, acuta, calyce duplò longiora, alba, carinâ roseâ.   *Stamina* capillaria, flava, longitudine calycis, petalis opposita et numero æqualia.   *Antheræ* concolores, subrotundæ.   *Germina* quinque, ovata, compressa, radiatìm patentia, *stigmatibus* acutis.   *Capsulæ* quinque, oblongæ, acuminatæ, compressæ, stellatæ, uniloculares.   *Semina* plurima, exigua.

Camerarii synonymon mihi dubium est, ob *caules* in icone plures, et *calyces* fructûs auctos, inæquales.

Sedum stellatum.

Sedum Cepaea.

Sedum echinatum flore luteo, Bauh. Hist. v. 3. p. 2. 680. *Column. loc. cit. fig. minore,* distincta species videtur, *foliis* angustioribus, integerrimis, *caule* indiviso, et *floribus* luteis.

    a. Calyx cum staminibus.   *b.* Petalum.   *c.* Pistilla.

TABULA 447.

SEDUM CEPÆA.

Sedum foliis alternis oblongis canaliculatis obtusis, caule ramoso, floribus paniculatis, petalis acuminatis.

S. Cepæa. *Linn. Sp. Pl.* 617. *Willden. Sp. Pl. v.* 2. 763. *Ait. Hort. Kew. ed.* 2. *v.* 3. 113.

S. n. 958. *Hall. Hist. v.* 1. 413.

S. Cepæa dictum. *Tourn. Inst.* 263.

Cepæa. *Bauh. Pin.* 288. *Matth. Valgr. v.* 2. 283. *Camer. Epit.* 673. *Ger. Em.* 621.

    Lob. Ic. v. 1. 393.

C. Matthioli. *Clus. Hist. v.* 2. 68.

Κηπαια. *Diosc. lib.* 3. *cap.* 168.

Κρομμύον *hodiè.*

In Græciæ agris vel ruderatis. ☉.

Radix fibrosa, annua. *Herba* undique pallidè virens, rubro punctata, mollitèr pubescens, succo plena. *Caules* plures, diffusi, pedales, teretes, alternatìm ramosi, foliosi, paniculati, multiflori. *Folia* alterna, sessilia, lineari-oblonga, obtusa, integerrima, ultra uncialia ; suprà canaliculata ; subtùs convexa. *Paniculæ* axillares, solitariæ vel binatæ, simplices vel ramosæ, racemosæ, laxæ, multifloræ ; inferiores majores, foliosæ. *Pedunculi* divaricati, unguiculares, uniflori, ebracteati. *Flores* copiosi, erectiusculi. *Calyx* quinquepartitus ; laciniis ellipticis, obtusis, carnosis, coloratis, pubescentibus. *Petala* lanceolata, mucronata, patentia, calyce triplò longiora, alba, carinâ rubrâ. *Stamina* petalis breviora, filiformia, *antheris* subrotundis, didymis, rubicundis. *Germina* quinque, aggregata, ovata, glabra, alba, carinis rubris ; *stylis* patulis ; *stigmatibus* acutis. *Capsulæ* oblongæ, compressæ, retusæ, *stylis* persistentibus mucronatæ. *Semina* plurima, horizontalia.

    A Flos auctus.   B. Calyx cum pistillis.

TABULA 448.

SEDUM TETRAPHYLLUM.

Sᴇᴅᴜᴍ foliis quaternis spatulatis integerrimis obtusis.

S. aparines facie tauromenitarum.   *Raii Syll. Exter.* 233.   *Moris. v.* 3. 473.

S. gallioides.   *Allion. Pedem. v.* 2. 120. *t.* 65. *f.* 3 !

In Peloponneso, etiam in Siciliâ, legit Sibthorp.   ☉.

Radix fibrosa, annua, caudice simplici.   *Herba* colore et pubescentiâ ferè præcedentis. *Caulis* palmaris aut spithamæus, erectus, nec decumbens, teres, pilosus, undique foliosus, basi tantùm ramosus ; *ramis* simplicibus, adscendentibus, supernè multifloris. *Folia* verticillata, quaterna, patentia, sessilia, carnosa, obovato-oblonga, sive spatulata, obtusa, integerrima, pubescentia, haud uncialia ; suprà canaliculato-concava ; subtùs convexa.   *Flores* paniculati, facie præcedentis.   *Paniculæ* axillares, solitariæ vel binatæ, paucifloræ, pubescentes, foliis duplò longiores, hinc et hinc bracteolatæ.   *Calycis* laciniæ ovatæ, pilosæ, crassæ.   *Petala* ovato-lanceolata, longiùs acuminata, calyce quadruplò longiora, alba ; carinâ pilosâ, rubrâ.   *Stamina* petalis breviora, filiformia, alba, *antheris* luteis.   *Germina* stellatìm patentia, ovata, rubra, glabra.   *Styli* subulati, patentes, *stigmatibus* acutis.   *Capsulæ* compressæ, carinatæ, mucronatæ.

De Raii synonymo minimè dubitandum est.   *Sedum verticillatum, Linn. Sp. Pl.* 616. *Amœn. Acad. v.* 2. 352. *t.* 4. *f.* 14, cui hoc synonymon perperàm tribuitur, *foliis* acutis, serratis, venosis, totoque habitu, insignitèr differt.   *S. gallioides* Allionii dubium videtur, propter *folia* inferiora tantùm verticillata.

A. Flos magnitudine multùm auctus.

TABULA 449.

SEDUM ERIOCARPUM.

Sᴇᴅᴜᴍ foliis oblongis obtusis glabris, caule cymoso, calyce glabro, germinibus hirtis. Αμάραντο *hodiè.*

In Peloponnesi aridis.   ☉.

Radix annua, sæpè præmorsa, radiculis subverticillatis.   *Caulis* palmaris, alternatìm ramosus, cymosus, tortuosus, foliosus, teres, rubro maculatus, supernè pubescens, multiflorus. *Folia* sparsa, sessilia, recurvato-patentia, elliptico-oblonga, obtusa, integerrima, carnosa, concava, glabra, rubro punctata ; floralia paululùm minora et remotiora. *Flores* subspicati, foliis rarioribus interstinctis, subsessiles, alterni, rosei.   *Calycis* la-

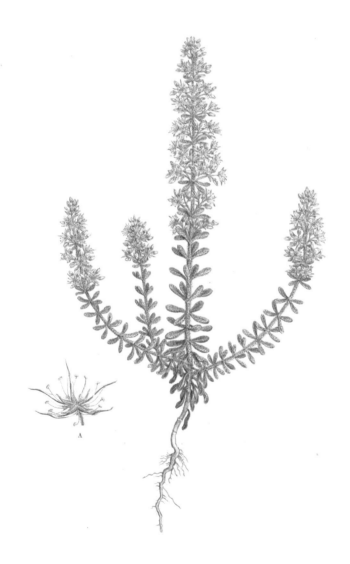

A

Sedum tetraphyllum.

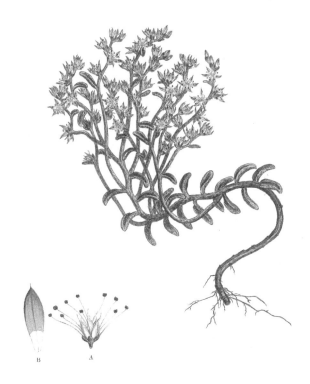

Sedum eriocarpum.

Sedum saxatile.

ciniæ rotundatæ, acutæ, glabriusculæ. *Petala* calyce quintuplò longiora, ellipticooblonga, mucronulata, subindè ciliata, rubra, basi alba. *Stamina* filiformia, petalis breviora, glabra, alba, *antheris* didymis, rubris. *Germina* quinque, ovata, compressa, pallida, apicem versùs pilosa. *Styli* subulati. *Stigmata* simplicia. *Capsulæ* patulæ, oblongæ, acuminatæ, hirtæ.

A. Flos auctus, corollâ orbatus.   B. Petalum.

** *Teretifolia.*

TABULA 450.

SEDUM SAXATILE.

S<small>EDUM</small> foliis sparsis semiteretibus obtusis basi vix solutis, caule ramoso decumbente, calyce inæquali.

S. saxatile. *Wiggers. Holsat. 35. Willden. Sp. Pl. v. 2.* 765. *Allion. Pedem. v.* 2. 121. *t.* 65. *f.* 6.

S. rupestre. *Fl. Dan. t.* 59. *Gunn. Norveg. v.* 2. 70; synonymis confusis.

S. alpestre. *Villars. Dauph. v.* 3. 684.

S. n. 964. *Hall. Hist. v.* 1. 414.

S. minimum luteum non acre. *Bauh. Hist. v.* 3. *p.* 2. 695, *sine icone. Tourn. Inst.* 263.

S. saxatile teretifolium, flosculis luteis, conceptaculis seminum stellatis viridantibus. *Scheuchz. It. sext.* 462.

In rupibus Græciæ. ☉.

Radix fibrosa, parva, annua. *Herba* glabra. *Caulis* bi-triuncialis, quandoque palmaris, a basi ferè ramosus, ramis alternis, laxis, decumbentibus, teretibus, foliosis, supernè multifloris. *Folia* sparsa, undique recurvato-patentia, sessilia, oblonga, obtusa, glabra, valdè carnosa; subtùs tereti-convexa, ecarinata; suprà complanata; basi vix soluta. *Flores* axillares, solitarii, alterni, sessiles, lutei. *Calycis* laciniæ foliaceæ, subcylindraceæ, obtusæ, carnosæ, glaberrimæ, plùs minùs inæquales. *Petala* elliptico-oblonga, acuminata, carinata, æqualia, calyce hinc longiora, illinc breviora. *Stamina* decem, subulata, æqualia, glabra, petalis concolora paulùmque breviora, *antheris* concoloribus, didymis. *Germina* quinque, ovata, erecta, luteo-viridia, glabra. *Styli* breves, subulati, erecti, *stigmatibus* simplicibus.

a. Flos.   b. Calyx cum pistillis.
C. Idem auctus, cum staminibus etiam.   D. Petalum seorsùm.

In his quinque *Sedi* speciebus squamæ nectariferæ aut non inveniuntur, aut pictoris visum fefellerunt. E floribus malè exsiccatis vix eruendæ.

OXALIS.

Linn. Gen. Pl. 231.   *Juss.* 270.   *Gœrtn. t.* 113.

Calyx pentaphyllus.   *Petala* quinque, unguibus connexa.   *Capsula* supera, quinquelocularis, angulis dehiscens, pentagona.   *Semina* arillo elastico tecta.

TABULA 451.

OXALIS CORNICULATA.

Oxalis caule ramoso diffuso, pedunculis umbelliferis, petiolis basi stipulatis.

O. corniculata.   *Linn. Sp. Pl.* 623.   *Willden. Sp. Pl. v.* 2. 800.   *Sm. Fl. Brit.* 492.   *Engl. Bot. t.* 1726.   *Jacq. Oxal.* 30. *t.* 5.

O. pusilla.   *Salisb. Tr. of Linn. Soc. v.* 2. 243. *t.* 23. *f.* 5.

Oxys n. 929.   *Hall. Hist. v.* 1. 402.

O. lutea.   *Bauh. Hist. v.* 2. 388.   *Tourn. Inst.* 88.   *Ger. Em.* 1202.

O. lutea corniculata.   *Lob. Ic. v.* 2. 32.

O. sive Trifolium acetosum, flore luteo.   *Dod. Pempt.* 579.

O. flavo flore.   *Clus. Hist. v.* 2. 249.

Trifolium acetosum corniculatum.   *Bauh. Pin.* 331.

T. acetosum corniculatum luteum minus, repens et etiam procumbens.   *Moris. v.* 2. 183. *sect.* 2. *t.* 17. *f.* 2.

Μοσχόφιλο *hodiè.*

In humidis umbrosis Laconiæ et Cretæ; etiam in cultis circa Byzantium.   ♃.

Radix lignosa, fusiformis, perennis, infernè subdivisa.   *Caules* plures, prostrati, quandoque radicantes, simplices, aut paululùm ramulosi, foliosi, teretes, fusci, subpilosi.   *Folia* alterna, petiolata, ternata, *foliolis* obcordatis, deflexis, glaucescentibus, utrinque pilosis, integerrimis.   *Petioli* pilosi, foliolis duplò vel triplò breviores; basi stipulati; *stipulis* connatis, lanceolatis, acutis, membranaceis.   *Pedunculi* vix longitudine petiolorum, axillares, pilosi, umbellati, bi-triflori, umbellà quandoque proliferà, vel compositâ.   *Bracteæ* binæ, ad pedicellorum basin, lanceolatæ, scariosæ, fuscæ, pilosiusculæ.   *Flores* erecti, flavi.   *Calycis* foliola lineari-lanceolata, acuta, pilosa.   *Petala* calyce duplò longiora, patenti-recurva, obovata, suberosa, basin versùs venosa.   *Stamina* petalis breviora, filiformia, basi dilatata, plùs minùs connexa; quorum quinque pistillis longiora, quinque breviora.   *Antheræ* subrotundæ, luteæ.   *Germen* oblongum, pentagonum, pubescens.   *Styli* subulati, pilosi, stigmatibus pubescentibus.   *Capsula* ferè

Oxalis corniculata.

Agrostemma coronaria

uncialis, oblonga, recta, pentagona, quinquelocularis, angulis longitudinalitèr dehiscens, membranacea, pubescens. *Semina* numerosa, simplici serie digesta, obovata, compressa, rugosa, nigra, singulis *arillo* laterali, membranaceo, saccato, elastico, albido, hinc semitectis.

Arillus in hoc genere a *strophiolá* seminum quorundam reverà distinctissimus est, vi propriâ elasticâ *semen* perfectè maturum ejiciens.

a, A. Flos absque petalis.	*b*. Petalum.
c. Capsula cum seminibus in situ naturali.	*d*. Ejusdem sectio transversa.
e, E. Semen arillo orbatum.	

AGROSTEMMA.

Linn. Gen. Pl. 231.   *Juss.* 302.   *Gærtn. t.* 130.

Calyx monophyllus, coriaceus.   *Petala* quinque, unguiculata, obtusa, indivisa.   *Capsula* supera, unilocularis, ore quinquedentata.

TABULA 452.

AGROSTEMMA CORONARIA.

AGROSTEMMA tomentosa, foliis ovato-lanceolatis, floribus solitariis, petalorum laminis obcordatis; appendiculâ bipartitâ rigidâ.

A. coronaria. *Linn. Sp. Pl.* 625. *Willden. Sp. Pl. v.* 2. 805. *Ait. Hort. Kew. ed.* 2. *v.* 3. 132. *Curt. Mag. t.* 24.

Coronaria. *Linn. Hort. Cliff.* 174.

Lychnis. *Matth. Valgr. v.* 2. 176. *Camer. Epit.* 569.

L. coronaria Dioscoridis sativa. *Bauh. Pin.* 203. *Tourn. Inst.* 334.

L. coronaria. *Dod. Pempt.* 170. *Ger. Em.* 467. *Dalech. Hist.* 815. *Lob. Ic. v.* 1. 334. *Bauh. Hist. v.* 3. 340.

L. n. 925. *Hall. Hist. v.* 1. 401.

Λυχνις στεφανωματικη. *Diosc. lib.* 3. *cap.* 114.

In Olympo et Athô montibus; nec non in Hæmi sylvis umbrosis. ♂.

Radix fibrosa, biennis, radiculis crassiusculis. *Herba* undique subsericeo-tomentosa, mollissima, incana. *Caules* erecti, sesquipedales, foliosi, teretes, geniculati, fistulosi, villosi; supernè subdivisi pauciflori. *Folia* ovato-lanceolata, sive oblonga, acuta, integerrima, plana, uninervia; radicalia copiosa, basi elongata et in petiolum attenuata; caulina

VOL. V.   M

opposita, subsessilia, superiora sensìm breviora. *Flores* terminales, solitarii, pedunculati, ebracteati, erecti, saturatè rosei, inodori; quandoque albi, medio rubri. *Calyx* ovatus, quinquedentatus, decemcostatus, villosus, coriaceus, post florescentiam induratus, persistens; intùs glabratus. *Petalorum ungues* lineares, latiusculi, albido-virentes; *laminæ* levitèr obcordatæ, venosæ, vix unguium longitudine, *appendiculá* erectâ, bipartitâ, acutâ, rigidâ, albâ. *Stamina* decem, filiformia, unguibus breviora, *antheris* incumbentibus, fusco-luteis, inclusis. *Germen,* cum petalis et staminibus, sessile, ovatum, glabrum. *Styli* quinque, adscendentes, staminibus breviores. *Stigmata* acuta. *Capsula* ovata, sulcata, calyce tecta, ore quinquedentata, dentibus acutis, recurvis. *Semina* reniformi-subrotunda, scabra.

    Flores in plantâ spontaneâ haud semper albi, ut a Linnæo traditur. In hortis frequentiùs saturatè rosei, ut in icone Sibthorpianâ, nec rarò semipleni; quandoque albi, ore purpureo, pulcherrimi.

    a. Calyx cum pedunculi apice.   *b.* Petalum.
    c. Stamina et pistillum.   D. Stamina aucta.
    E. Germen auctum, cum stylis.

TABULA 453.

AGROSTEMMA CŒLI ROSA.

Agrostemma glabra, foliis lineari-lanceolatis, petalis obcordatis; appendiculâ bifidâ.
A. Cœli rosa. *Linn. Sp. Pl.* 624. *Willden. Sp. Pl. v.* 2. 806. *Ait. Hort. Kew. ed.* 2. *v.* 3.
    132. *Curt. Mag. t.* 295.
Lychnis foliis glabris, calyce duriore. *Bocc. Sic.* 27. *t.* 14. *f.* 1. *Tourn. Inst.* 337. *Cupan.*
    Panph. ed. 2. *t.* 7.
L. pseudo-melanthio similis, africana glabra angustifolia. *Herm. Lugd. Bat.* 391. *t.* 393.
L. segetum, Nigellastrum minus glabrum dicta, flore elegantèr rubello. *Moris. v.* 2. 543.
    sect. 5. *t.* 22. *f.* 32.
Pseudo-melanthium glabrum siculum. *Raii Hist.* 999.

Inter segetes Siciliæ copiosè, nec in Græciâ, legit Sibthorp. ☉.

Radix fusiformis, gracilis, annua. *Herba* undique glabra, lætè virens, parùm glauca.
    Caules plures, erecti, pedales aut bipedales, teretes, geniculati, fistulosi, foliosi; supernè ramosi, subcorymbosi, pauciflori. *Folia* sessilia, uniformia, lineari-lanceolata, angusta, acuta, integerrima, uninervia; basi subdilatata. *Flores* terminales, solitarii, pedunculati, ebracteati, erecti, pulchri, inodori. *Calyx* obovatus, subclavatus, decemangulatus, quinquedentatus, glaber; angulis complanatis, lateribus plùs minùs corrugatis; dentibus subulatis, canaliculatis, lævibus, patentibus, corollâ paulò brevioribus. *Petalorum ungues* receptaculo columnari, cum staminibus pistilloque, elevati, lineares, vires-

Agrostemma Cœli-Rosa.

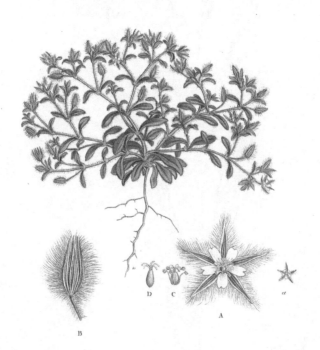

Cerastium pilosum.

centes, calycis tubum æquantes; *laminæ* obcordatæ, patulæ, roseæ, cum nebulâ cyaneâ quasi, pulcherrimæ, æstivatione convolutæ, *appendiculâ* oblongâ, acutâ, semibifidâ, albâ. *Stamina* filiformia, alba; quorum quinque exserta, patentia; quinque duplò breviora, inclusa. *Antheræ* oblongæ, incumbentes, cæruleæ. *Germen* ovale, medio subconstrictum. *Styli* quinque, staminibus brevioribus longiores. *Stigmata* acuta.

a. Calyx.
c. Stamina et pistillum, receptaculo proprio insidentia.

b. Petalum.
d. Pistillum atque receptaculum seorsìm.

CERASTIUM.

Linn. Gen. Pl. 232. Juss. 301. Gœrtn. t. 130.

Calyx pentaphyllus. *Petala* bifida. *Capsula* supera, apice dehiscens, ore decemdentata, unilocularis.

TABULA 454.

CERASTIUM PILOSUM.

Cerastium floribus subpentandris, petalis emarginatis, caulibus patentissimis, calyce pilosissimo.

C. illyricum. *Arduin. Spec. 2. 26. t. 11. Herb. Linn. ex ipso auctore.*

In Peloponnesi, et insulæ Cypri, montibus. ☉.

Radix gracilis, simplex, fibrosa, annua. *Caules* plures, palmares, patentissimi, undique ramosi, foliosi, teretes, geniculati, pilosi; pilis ætate, vel exsiccatione forsitàn, deflexis; supernè dichotomi, multiflori. *Folia* opposita, patentia, subsessilia, obovata, obtusiuscula, integerrima, pallidè virentia, uninervia, pilosa, ciliata; basi angustata, levissimè connata. *Flores* e dichotomiâ caulis, nec non in ramorum apicibus, solitarii, pedunculati, erecti. *Bracteæ* nullæ, præter folia superiora sensìm diminuta, acutiora. *Pedunculi* foliis plerumque longiores, simplices, pilosi, pilis deflexis. *Calycis* foliola lanceolata, acuta, carinata; margine membranacea, alba; extùs pilosissima, pilis patentibus, elongatis. *Petala* oblonga, emarginata, alba, longitudine varia, plerumque calyce multùm breviora. *Stamina* in nostris quinque, apud Arduinum decem, petalis breviora. *Antheræ* didymæ, luteolæ. *Germen* ovatum, sessile. *Styli* quinque, recurvi, *stigmatibus* oblongis, pubescentibus, niveis. *Capsula* ovato-cylindracea, pellucida, decemsulcata; ore parvo, decemdentato. *Semina* reniformi-subrotunda, badia, scabriuscula.

Species distinctissima, Arduino solo adhuc descripta; at nomen ejus specificum, prout vitiosum et nondum receptum, ne alios in errorem ducat, amandavi.

a, A. Flos, magnitudine naturali et auctâ.　　　　　B. Calyx, post florescentiam clausus.
　　C. Stamina et pistillum.　　　　　　　　　　　　D. Pistillum seorsìm.

TABULA 455.

CERASTIUM TOMENTOSUM.

CERASTIUM foliis lineari-lanceolatis tomentosis, paniculâ subdichotomâ, petalis obcordatis calyce longioribus, capsulâ ovato-subrotundâ.

C. tomentosum.　*Linn. Sp. Pl.* 629.　*Willden. Sp. Pl. v.* 2. 817.　*Ait. Hort. Kew. ed.* 2.
　　v. 3. 137.

Myosotis n. 891.　*Hall. Hist. v.* 1. 390; proculdubiò.

M. tomentosa, linariæ folio, ampliore; etiam angustiore.　*Tourn. Inst.* 245.

Caryophyllus holostius tomentosus latifolius; etiam angustifolius.　*Bauh. Pin.* 210.
　　Prodr. 104.

C. holosteus tomentosus.　*Bauh. Hist. v.* 3. *p.* 2. 360.

Ῥαυγόχορτον *Lacon.*

In Hymetto, Parnasso, et Athô montibus; etiam in Laconiâ.　♃.

Radix filiformis, ramosa, geniculata, repens, perennis; ad genicula fibrosa.　*Herba* undique densè tomentosa, alba, cæspitosa, multicaulis.　*Caules* diffusi, palmares aut spithamæi, teretes, geniculati, foliosi; apice paniculati; basi ramosi; floriferi adscendentes. *Folia* uncialia, patentia, sessilia, lineari-lanceolata, obtusiuscula, integerrima, subrevoluta, uninervia, tactu mollissima, latitudine varia; infima obovata, obtusa; superiora sæpè ad axillas foliolosa.　*Panicula* pauciflora, erecta, corymbosa, subdichotoma. *Bracteæ*, e foliis diminutis, ad basin pedunculorum, binæ.　*Flores* magni, formosi, nivei.　*Calycis* foliola elliptico-lanceolata; extùs lanata; basi trinervia; apice dilatata, membranacea, acutiuscula.　*Petala* obcordata, nervosa, patentia, calyce duplò longiora. *Stamina* decem, capillaria, longitudine circitèr calycis.　*Antheræ* luteæ, subrotundæ. *Germen* globosum, sessile.　*Styli* quinque, recurvato-patuli.　*Stigmata* simplicia.　*Capsula* ovato-subrotunda, lævis, nitida, ore decemdentata.　*Semina* reniformi-subrotunda, scabra, fusca.

　　a. Calyx cum pistillo.　　　　　　　　*b.* Petalum.
　　c. Stamina et pistillum.　　　　　　　*d.* Pistillum seorsìm.
　　e. Capsula.　　　　　　　　　　　　　　*f.* Semen.

Cerastium tomentosum

Peganum Harmala.

DODECANDRIA MONOGYNIA.

PEGANUM.

Linn. Gen. Pl. 239. Juss. 297. Gærtn. t. 95.

Corolla pentapetala. *Calyx* quinquepartitus, quandoque nullus. *Stamina* quindecim. *Capsula* supera, tricocca, trilocularis, trivalvis, polysperma.

TABULA 456.

PEGANUM HARMALA.

Peganum foliis multifidis, caule herbaceo, laciniis calycinis appendiculatis.

P. Harmala. *Linn. Sp. Pl.* 638. *Willden. Sp. Pl. v.* 2. 856. *Ait. Hort. Kew. ed.* 2. *v.* 3. 146. *Bulliard Herb. de la Fr. t.* 343.

Harmala. *Tourn. Inst.* 257. *Dod. Pempt.* 121. *Ger. Em.* 1255.

Ruta sylvestris, flore magno albo. *Bauh. Pin.* 336.

R. sylvestris armola. *Matth. Valgr. v.* 2. 97.

R. sylvestris Harmola. *Camer. Epit.* 496.

R. Harmola Matthioli. *Dalech. Hist.* 973.

Πηγανον αγριον. *Diosc. lib.* 3. *cap.* 53.

Circa Athenas, et in insulâ Cretâ. ♃.

Radix fusiformis, subcarnosa, perennis. *Herba* fœtida, nauseosa, glauca, glabra. *Caulis* herbaceus, erectus, sesquipedalis, alternatìm ramosissimus, tereti-angulosus, foliosus, multiflorus. *Folia* alterna, sessilia, tripartita, pinnatifida ; laciniis linearibus, planis, acutis, mucronulatis, integerrimis. *Stipulæ* geminæ, setaceæ, parvæ. *Flores* terminales, solitarii, pedunculati, erecti. *Calycis* laciniæ lineares, acutæ, patentes, appendiculis parvis, subulatis, interstinctis ; quandoque trifidæ. *Petala* calyce paulò longiora, ovato-oblonga, obtusa, plana, trinervia, integerrima, alba. *Stamina* subulata, petalis multò breviora ; basi dilatata. *Antheræ* terminales, erectiusculæ, lineares, flavæ. *Germen* pedicellatum, tricoccum, læve. *Stylus* erectus, teres, gracilis, subclavatus. *Stigma* triquetrum, indivisum. *Capsula* fuscescens, tricocca, trivalvis, dissepimentis e medio valvularum. *Semina* dissepimentis inserta, horizontalia, obovata, angulosa, incurvata, fusca.

Genus *Rutæ* charactere et viribus affine.

a. Flos.	*b.* Petalum.	*c.* Stamen.	*d.* Calyx cum pistillo.
e. Capsula.	*f.* Eadem arte vel maturitate expansa.		*g.* Semen.

PORTULACA.

Linn. Gen. Pl. 240. *Juss.* 312. *Gærtn. t.* 128.

Corolla pentapetala. *Calyx* bifidus. *Capsula* supera, unilocularis, circumscissa.

TABULA 457.

PORTULACA OLERACEA.

Portulaca foliis cuneiformibus, floribus sessilibus.

P. oleracea. *Linn. Sp. Pl.* 638. *Willden. Sp. Pl. v.* 2. 859. *Ait. Hort. Kew. ed.* 2. *v.* 3. 147.

P. angustifolia, sive sylvestris. *Tourn. Inst.* 236. *Bauh. Pin.* 288.

P. sylvestris. *Matth. Valgr. v.* 1. 432. *Camer. Epit.* 258. *Fuchs. Hist.* 113. *Dod. Pempt.* 661. *Ger. Em.* 521. *Dalech. Hist.* 551.

P. sylvestris minor sive spontanea. *Bauh. Hist. v.* 3. *p.* 2. 678.

Ανδραχνη *Diosc. lib.* 2. *cap.* 150.

Γλυστρίδα *hodiè.*

In cultis et ruderatis Græciæ, ut et Archipelagi insularum, vulgaris. ☉.

Radix fibrosa, annua. *Herba* fragilis, glaberrima, succo mucoso plena, magnitudine varia. *Caules* plures, undique diffusi, teretes, ramosi, foliosi, multiflori, rubicundi. *Folia* opposita, sæpè verticillato-quaterna, petiolata, obovato-cuneiformia, obtusa, integerrima, patentia, carnosa, lævia, ferè uncialia. *Petioli* breves, complanati. *Stipulæ* parvæ, ciliares. *Flores* ex apice vel dichotomiâ caulis, sessiles, aggregati, lutei. *Calyx* compressus, bipartitus, laciniis concavis, navicularibus, æqualibus, retusis. *Petala* oblonga, emarginata, patentia, calyce duplò longiora. *Stamina* capillaria, flava, petalis breviora, vix duodecim. *Antheræ* concolores, didymæ. *Stylus* erectus, cylindraceus, *stigmatibus* quatuor, horizontalibus, suprà fimbriatis. *Capsula* parva, elliptica, circumscissa, polysperma.

In hortis, solo pinguiore culta, valdè luxuriat, et vel recens vel cocta edulis est, at non omnibus grata.

a, A. Flos, petalis abreptis.   b, B. Petalum.

Portulaca oleracea

Agrimonia Agrimonoides

DODECANDRIA DIGYNIA.

AGRIMONIA.

Linn. Gen. Pl. 241. *Juss.* 336. *Gærtn. t.* 73.

Calyx inferus, quinquedentatus. *Petala* quinque, calyci inserta. *Semina* duo, in fundo calycis indurati.

TABULA 458.

AGRIMONIA AGRIMONOIDES.

Agrimonia foliis caulinis ternatis, calyce glabro, involucro multifido piloso.

A. Agrimonoides. *Linn. Sp. Pl.* 643. *Willden. Sp. Pl. v.* 2. 876. *Ait. Hort. Kew. ed.* 2. *v.* 3. 152.

Agrimonoides. *Tourn. Inst.* 301. *t.* 155. *Column. Ecphr.* 145. *t.* 144.

Agrimoniæ similis. *Bauh. Pin.* 321.

Amonia. *Nestl. Potent.* 17.

In Parnasso monte. ♃.

Radix multiceps, teres, lignosa, longissima, atro-fusca, perennis. *Herba* lætè virens, undique pilosa. *Caules* adscendentes, spithamæi, simplices, teretes, paucifolii, apice corymbosi, subtriflori. *Folia radicalia* plurima, interruptè pinnata; foliolis obovato-subrotundis, inciso-serratis, oppositis, intermediis parvis, sæpiùs trifidis : *caulina* superiora ternata; summa simplicia. *Petioli* canaliculati. *Stipulæ* geminæ, oblongæ, foliosæ, incisæ. *Corymbus* subsimplex, terminalis, pauciflorus, foliolosus, bracteatus. *Bracteæ* lineari-lanceolatæ, acutæ. *Involucrum* uniflorum, setosum, inæqualitèr decempartitum, calycem includens. *Flores* parvi, flavi. *Petala* obcordata, patentia, involucro longiora. *Stamina* octo vel decem, vix plura. *Styli* duo, nec solitarii. *Calyx* fructûs oblongus, clausus, lævis atque nudus, in fundo involucri.

    Generum multiplicatio enormis seculi nostri vitium est. Hinc *Agrimonoides* Tournefortii iterum ab *Agrimoniá*, a botanico cæterùm benè merente, disjungitur; at characterem stabilem vel certum haud invenio.

    A. Involucrum exteriùs, auctum.   *b,* B. Flos cum involucro, absque petalis.
    c. Petalum seorsìm.

DODECANDRIA TRIGYNIA.

RESEDA.

Linn. Gen. Pl. 242. Juss. 245. Gærtn. t. 76.

Calyx monophyllus, partitus. *Petala* laciniata. *Capsula* supera, unilocularis, apice hians.

TABULA 459.

RESEDA ALBA.

Reseda foliis pinnatifidis; laciniis decurrentibus uniformibus subundulatis, floribus tetragynis, petalis palmato-quinquefidis.

R. alba. *Linn. Sp. Pl. 645. Willden. Sp. Pl. v. 2. 879. Ait. Hort. Kew. ed. 2. v. 3. 154. Bauh. Hist. v. 3. p. 2. 467.*

R. foliis pinnatis integris. *Linn. Hort. Cliff. 212.*

R. foliis calcitrapæ, flore albo. *Moris. Hort. Bles. 176. Tourn. Inst. 423.*

R. maxima. *Bauh. Pin. 100. Lob. Ic. 222. Ger. Em. 277.*

R. candida. *Dalech. Hist. 1199.*

R. Plinii. *Besl. Hort. Eyst. æstiv. ord. 1. t. 16. f. 1.*

Αγγείολρα *hodiè.*

Ὄχητρα *Zacynth.*

In agro Argolico et Messeniaco, nec non in insulâ Zacyntho. ☉ vel ♂.

Radix fusiformis, ramosa. *Caulis* herbaceus, bipedalis, erectus, alternatìm ramosus, foliosus, teretiusculus, striatus, glaber. *Folia* alterna, triuncialia, ad costam ferè pinnatifida; laciniis suboppositis, lineari-lanceolatis, acutis, integerrimis, canaliculatis, decurrentibus, utrinque glabris, nitidis; margine scabris. *Stipulæ* nullæ. *Racemi* terminales, solitarii, erecti, multiflori, densissimi, cylindraceo-acuminati. *Pedicelli* simplices, angulati, glabri, longitudine circitèr calycis, post florescentiam deflexi. *Bracteæ* subulatæ, exiguæ, ad basin pedicellorum, solitariæ. *Calyx* quinquepartitus, vix sexpartitus, laciniis lineari-lanceolatis, patentibus, persistentibus. *Petala* quinque, subæqualia, inæqualitèr palmato-semiquinquefida, alba. *Stamina* decem. *Pistilla* sæpiùs quatuor, interdùm

Reseda alba.

Euphorbia pumila.

ut in icone nostrâ, tres. *Capsula* membranacea, tetragona, basi attenuata, apice, inter *pistilla* persistentia, hians. *Semina* plura, reniformia, alba.

Herba tota, ut et semina contusa, ad pannos sericeos colore flavo tingendos, inserviunt.

A. Flos trigynus, paululùm auctus.

EUPHORBIA.

Linn. Gen. Pl. 243. Juss. 385.

Tithymalus. *Gœrtn. t.* 107.

Meliùs proculdubiò ad *Monœciam Monandriam* hoc genus referendum est, monentibus clarissimis viris, botanicorum principibus, Jussieu et R. Brown. Character itaque ad eorum normam reformandus.

Involucrum monophyllum, ventricosum, multiflorum, *nectariis* quatuor vel quinque, marginalibus.

Flores pedicellati, nudi et apetali.

Masculi numerosi, monandri. *Anthera* bipartita.

Fœmineus centralis, solitarius. *Styli* tres. *Stigmata* bifida. *Capsula* tricocca, trilocularis. *Semina* solitaria.

* *Fruticosæ inermes. Caulis nec dichotomus, nec umbelliferus.*

TABULA 460.

EUPHORBIA PUMILA.

Euphorbia fruticulosa pubescens, foliis obovatis concavis imbricato-patulis, involucris terminalibus geminis, nectariis bicornibus.

E. pumila. *Sibth. Mss.*

Inter saxa, nive nuper operta, in montibus Sphacioticis Cretæ et Olympo Bithyno. ♄.

Radix lignosa, teretiuscula, fusca. *Caules* plurimi, cæspitosi, vix triunciales, simplices, adscendentes, graciles, angulati, undique brevissimè pubescentes, densè foliosi. *Folia* imbricato-patentia, numerosa, exigua, sessilia, obovata, vel elliptico-orbiculata, acuta, integerrima, concava, glaucescentia; suprà lævia, et plerumque glaberrima; subtùs convexa, densè pubescentia. *Involucra* bina, terminalia, subsessilia, sanguinea, *nectariis*

VOL. V.   o quatuor, lunulatis, bicornibus, horizontalibus, saturatioribus. *Flores masculi* decem, vel plures, albi, nectariis breviores, setis numerosis albis interstinctis ; *fœmineus* magnus, exsertus, *pedicello* tereti, arcuato, deflexo, glabro. *Germen* lætè virens, undique pubescens, profundè trilobum. *Styli* patentes, glabri.

a. Involucrum cum floribus, foliis binis suffultum, magnitudine naturali. B. Idem auctum, sine foliis.

** *Dichotomœ (umbellâ bifidâ aut nullâ).*

TABULA 461.

EUPHORBIA CHAMÆSYCE.

Euphorbia subdichotoma, foliis crenulatis subrotundis, involucris solitariis axillaribus, caulibus procumbentibus, nectariis erosis.

E. Chamæsyce. *Linn. Sp. Pl.* 652. *Willden. Sp. Pl. v.* 2. 899. *Ait. Hort. Kew. ed.* 2. *v.* 3. 163.

E. canescens. *Linn. Sp. Pl.* 652. *Willden. Sp. Pl. v.* 2. 898. *Cavan. Ic. v.* 1. 46. *t.* 63. *Jacq. Coll. suppl.* 115. *t.* 2. *f.* 3.

Tithymalus exiguus glaber, (aut villosus) nummulariæ folio. *Tourn. Inst.* 87.

Chamæsyce. *Bauh. Pin.* 293. *Dod. Pempt.* 377. *Ger. Em.* 504. *Clus. Hisp.* 441. *Hist. v.* 2. 187. *Bauh. Hist. v.* 3. *p.* 2. 667.

Χαμαισυκη *Diosc. lib.* 4. *cap.* 170.

In petrosis aridis per totam Græciam et Archipelagi insulas. ☉.

Radix gracilis, rectè descendens, annua, infernè ramosa. *Herba* magìs minùsve pilosa, unde bis apud Linnæum aliosque occurrit; vix unquam tota glabra. *Caules* plurimi, palmares, prostrati, teretes, pilosi, rubicundi, foliosi, vel simplices, vel alternatìm ramosi, vix dichotomi. *Folia* opposita, petiolata, rotundata, inæquilatera, repanda, subcrenulata, glauca, infernè præcipuè pilosa, suprà ferè glabra. *Petioli* breves, hirti. *Stipulæ* oppositæ, exiguæ. *Involucra* axillaria, solitaria, pedunculata, urceolata, angulosa, viridia, pilosa, pauciflora. *Nectaria* quatuor, retusa, erosa, disco transversìm vittata, tricolora; basi virescentia; medio rubra; margine alba. *Anthera* sanguinea, ad basin usque bipartita, apice pollinifera, *polline* lutescente. *Germen* involucro ferè majus, pilosum, viride, *stylis* rubris.

E. *Chamœsyce*, Swartz. Obs. 196, Browne Jam. 236. n. 8, Indiæ occidentalis incola, differt glabritie, nec non *foliis* elliptico-oblongis, serrulatis, haud crenulatis.

a, A. Involucrum cum flore fœmineo, et sex masculinis, magnitudine naturali et auctâ. In icone Jacquinianâ flores masculini tres tantùm exhibentur, ubi singulorum articulus, basin floris, aut staminis, ab egregio nostro Bauero non observatam, ostendens, benè notatur.

Euphorbia Chamæsyce.

Euphorbia aleppica

Euphorbia spinosa?

*** *Umbellâ trifidâ, vel quadrifidâ.*

TABULA 462.

EUPHORBIA ALEPPICA.

EUPHORBIA umbellâ subquadrifidâ, foliis floralibus ovatis mucronatis ; caulinis setaceo-linearibus, nectariis lunulato-bicornibus.

E. aleppica. *Linn. Sp. Pl.* 657. *Willden. Sp. Pl. v.* 2. 913. *Ait. Hort. Kew. ed.* 2. *v.* 3. 166.

Tithymalus orientalis cyparissias patulus, foliis superioribus hastatis, flore minimo. *Tourn. Cor.* 2.

T. cyparissius. *Alpin. Exot.* 65. *t.* 64.

T. foliis inferioribus capillaceis, superioribus myrto similibus. *Moris. v.* 3. 338.

Τιθυμαλος κυπαρισσιας *Diosc. lib.* 4. *cap.* 165? *Sibth.*

In Græciæ cultis haud rara; etiam ad viam inter Smyrnam et Bursam, et in Olympo Bithyno monte. ☉.

Radix fusiformis, gracilis, annua, sæpè flexuosa. *Caulis* solitarius, erectus, spithamæus, teres, densè foliosus, vel simplex, vel basi ramosus; cicatricibus numerosis, e foliorum casu, crebrè notatus. *Folia caulina* undique conferta, erecta, linearia, mucronata, integerrima, glauca, tenuissimè pubescentia, uninervia; inferiora sensìm minora, et ferè setacea : *floralia* opposita, subsessilia, ovata, vel ovato-lanceolata, rariùs denticulata. *Umbella* terminalis, magna, patula, tri- vel quadrifida, ramulis duobus oppositis, paululùm distantibus, interdùm suffultus ; *radiis* alternatìm subdivisis, vix dichotomis, foliosis, multifloris, angulato-teretibus, glabris. *Involucra* axillaria, solitaria, sessilia, ovata, glabra. *Nectaria* quatuor, angustè lunulata, bicornia, luteo-virentia. *Flores* masculi sex, aut plures. *Anthera* flava, didyma. *Germen* læve atque glaberrimum, virens.

a, A. Involucrum cum floribus et nectariis.

TABULA 463.

EUPHORBIA SPINOSA.

EUPHORBIA umbellâ trifidâ : dichotomâ ; radiis spinescentibus, caule fruticoso ramosissimo, foliis obovatis, capsulâ verrucosâ.

E. spinosa. *Linn. Sp. Pl.* 655. *Willden. Sp. Pl. v.* 2. 908. *Ait. Hort. Kew. ed.* 2. *v.* 3. 165.

Tithymalus maritimus spinosus. *Bauh. Pin.* 291. *Tourn. Inst.* 87.

T. spinosus. *Whel. It.* 307, *cum icone.*

T. ragusinus, flore luteo pentapetalo. *Herm. Lugd.-Bat.* 600. *t.* 601, malè.

Glastivida seconda di Candia.   *Pon. Bald.* 116, *cum icone.*
Κ 8 κ 8 λ ο φ ά ν ι α *Lacon.*

In clivis maritimis Græciæ et Archipelagi frequens.   ♄.

Frutex spithamæus, ramosissimus, dichotomus, corymbosus, rigidus, umbellis persistentibus,
spinescentibus, induratis, undique armatus; ligno duro, buxeo; cortice cinerascente,
corrugato, glabro. *Folia* sparsa, petiolata, obovata, obtusa, mucronulata, decidua,
lætè virentia, glaberrima, semuncialia; plerumque integerrima, rarissimè subangulata
vel repanda. *Stipulæ* vix ullæ. *Umbellæ* terminales, demum, increscentibus ramis,
laterales, vel axillares, trifidæ; *radiis* repetito-dichotomis, divaricatis, glaberrimis, acutis,
foliolosis, post florescentiam induratis, spinescentibus, persistentibus. *Involucra* ex
umbellæ dichotomiis, solitaria, subsessilia, parva, ovata, lævia, viridia, *nectariis* quatuor,
pentagonis, fulvis, squamulis laceris, albis, interstinctis. *Flores masculi* decem, vel
duodecim; *fœmineus* erectiusculus. *Germen* undique verrucoso-scabrum.

   a. Apex radii umbellæ, cum foliis floralibus, involucro, atque floribus.
   B. Involucrum cum floribus auctum.

**** *Umbellâ quinquefidâ.*

TABULA 464.

EUPHORBIA DULCIS.

Euphorbia umbellâ quinquefidâ: bifidâ, caule basi lignoso, nectariis muticis, capsulâ
sursùm ramentaceâ.

E. dulcis. *Linn. Sp. Pl.* 656. *Herb. Linn. n.* 34. *Willden. Sp. Pl. v.* 2. 909; exclusis
synonymis ferè omnibus.

Tithymalus n. 1052. *Hall. Hist. v.* 2. 10. *Davall. Mss.*

T. montanus non acris. *Tourn. Inst.* 86?

In montibus Græciæ et Asiæ minoris.   ♄.

Caulis basi fruticosus, ramosissimus; ramulis erectis, simplicibus, pedalibus, teretiusculis,
rubicundis, glabris, foliosis, herbaceis, vix persistentibus. *Folia* sparsa, numerosa, reclinata, obovata, acuta, uncialia, vel paulò longiora, glabra, parùm glauca, integerrima,
aut rarissimè subserrata; basi in *petiolum* brevem, exstipulatum, attenuata. *Umbellæ*
terminales, solitariæ, erectæ, glabræ, basi pentaphyllæ, *radiis* quinque, semel dichotomis; *foliis floralibus* oppositis, abbreviatis, subrhombeis, interdùm serratis. *Involucra*
terminalia, solitaria, cyathiformia, glabra. *Nectaria* quatuor, rotundato-lunata, obtusa,
mutica, saturatè fulva, *squamis* albidis, laceris, interstinctis. *Flores masculi* ferè duodecim, quorum quatuor simul prostant lutei. *Germen* erectiusculum, viride, ramentis

Euphorbia dulcis.

Euphorbia leiosperma?

clavatis, erectis, persistentibus, densè muricatum; basi tantùm denudatum, pilis omninò destitutum. *Capsula* formâ germinis, magnitudine vix auctâ. *Semina* fusca, lævia.

Esula solisequa, Rivin. Tetrap. Irr. t. 117, quæ *Euphorbia dulcis*, Jacq. Austr. t. 213, cum hâc malè associatur. Est enim *Tithymalus* apud Hallerum n. 1051; radice tuberosâ, caulibus herbaceis pilosiusculis, foliis oblongis serrulatis, nectariis atro-sanguineis, capsulâ tuberculosâ, nec ramentaceâ, prorsùs diversa. *Euphorbia angulata*, Jacq. Coll. v. 2. 309. Ic. Rar. t. 481, cum *dulci* Linnæanâ meliùs quadrat; sed vix eandem dicam.

> *a*, A. Involucrum cum floribus.   *b.* Capsula matura, magnitudine naturali.
> *c.* Semen.

TABULA 465.

EUPHORBIA LEIOSPERMA.

Euphorbia umbellâ quinquefidâ: dichotomâ, foliis obovatis; floralibus subcordatis, nectariis cornutis, capsulâ seminibusque lævibus.

E. portlandica. *Prodr. v.* 1. 327, exclusis synonymis.

In Achaiæ maritimis. ♃.

Radix ramosa, teres, profundè inter lapides descendens, perennis. *Herba* glaberrima, glauca, multicaulis, vix pedalis. *Caules* simplices, adscendentes, teretes, foliosi, rubicundi; quorum plurimi breviores, steriles. *Folia* numerosa, sparsa, erecto-patentia, obovata, integerrima, mucronulata, haud uncialia; demum in caule fertili deflexa et decidua. *Umbella* terminalis, ramulis pluribus axillaribus, foliolosis et floriferis, suffulta, quinqueradiata; basi pentaphylla. *Radii* dichotomi vel simplices, foliolosi, pauciflori; *foliis floralibus* oppositis, latè cordatis, integerrimis. *Involucra* terminalia, solitaria, sessilia, oblonga, lævia. *Nectaria* quatuor, fulva, lunata, bicornia, *squamis* pluribus, fimbriatis, glandulisque quatuor, ut ex icone videtur, marginalibus, interstinctis. *Flores masculi* quatuor, vix plures inveni; *fœmineus*, pedicello arcuato, deflexus. *Capsula* undique lævissima, oblongiuscula. *Semina* magna, elliptico-oblonga, plumbea, lævia, nec punctata.

    Euphorbiæ portlandicæ affinis, sed paulò major, foliis latioribus. Dignoscitur certissimè capsularum angulis lævissimis, seminibusque majoribus, nequaquàm punctatis, aut reticulatis, quâ notâ a sequente etiam discrepat.

> *a*, A. Involucrum cum floribus et glandulis, quarum vestigia in *E. portlandicâ* apud Engl. Bot. t. 441, ni fallor, conspici possunt.

TABULA 466.

EUPHORBIA DEFLEXA.

EUPHORBIA umbellâ quinquefidâ : dichotomâ, foliis panduriformi-oblongis deflexis, nectariis cornutis, capsulâ læviusculâ, seminibus punctatis.

E. eubœense. *Sibth. Mss.*

In Eubœæ maritimis. ♃.

E. portlandicœ et *leiospermœ* affinis, ab hâc seminibus, ab illâ capsulis, diversa. *Radix* cylindraceo-fusiformis, perennis. *Herba* spithamæa, multicaulis, undique glauca et glabra. *Caules* simplices, erecti, teretes, foliosi. *Folia* breviùs petiolata, deflexa, oblonga, semuncialia, mucronulata, integerrima, medium versùs paululùm constricta ; floralia subtrapeziformia. *Umbellœ* fastigiatæ, radiis quinque lævibus, semel dichotomis. *Involucra* ovata, lævia. *Nectaria* quatuor, virescentia, lunata, cornibus elongatis, filiformibus, parallelis, squamis fimbriatis interstinctis. *Flores masculi* octo vel plures, sensìm exserti ; *fœmineus* deflexus. *Capsula* subrotunda, sæpiùs lævis, quandoque angulis scabriuscula, at minùs quam in *E. portlandicá. Semina* obovato-oblonga, plumbea, undique pulcherrimè reticulata et punctata.

Observatio huic speciei apud Prodromum nostrum subjuncta *portlandicam* veram, nec præcedentem, respicit.

a. Folia floralia seorsìm.	*b,* B. Involucrum et flores.
c, C. Capsula matura.	*d,* D. Semen.

TABULA 467.

EUPHORBIA SEGETALIS.

EUPHORBIA umbellâ quinquefidâ : dichotomâ, foliis linearibus ; floralibus cordatis, nectariis cornutis, capsularum angulis scabris.

E. segetalis. *Linn. Sp. Pl.* 657. *Willden. Sp. Pl. v.* 2. 913. *Ait. Hort. Kew. ed.* 2. *v.* 3. 166. *Jacq. Austr. t.* 450.

Tithymalus annuus, lini folio acuto. *Magn. Monsp.* 256. *Tourn. Inst.* 86. *Moris. v.* 3. 339. *sect.* 10. *t.* 2. *f.* 3.

In Cretæ arvis et vineis. ☉.

Radix fusiformis, gracilis, albida, infernè ramosa et fibrosa, annua. *Herba* magnitudine varia, glaberrima. *Caulis* ultra pedalis, erectus, teres, undique foliosus ; basi præcipuè ramosus ; supernè multiflorus. *Folia* copiosa, sparsa, patentia, subdeflexa, sessilia, aut

Euphorbia deflexa.

467.

Euphorbia segetalis.

Euphorbia arguta.

Euphorbia stricta.

brevissimè petiolata, linearia, acuta, integerrima, glaucescentia, vix sesquiuncialia; floralia cordata, acuta, lutescentia, quorum inferiora, per ramulos floriferos sparsa, alterna, oblonga. *Umbella* terminalis, sæpiùs quinqueradiata, radiis semel, bis, vel ter, dichotomis; basi polyphylla; ramulis plùs minùs numerosis, axillaribus, foliolosis ac floriferis, suffulta. *Involucra* ex umbellarum vel ramulorum dichotomiis, solitaria, sessilia, parva, ovata, lævia. *Nectaria* quatuor, olivaceo-flava, latiuscula, breviùs cornuta, squamis, et fortè glandulis, interstinctis. *Flores masculini* quatuor, vel plures; *fœmineus* cernuus. *Germen* subrotundum, læviusculum. *Capsula* angulis exasperata. *Semina* ovata, reticulato-corrugata, fusco-plumbea.

 a. Foliola floralia, cum involucro et gemmis.   B. Involucrum auctum cum floribus.

TABULA 468.
EUPHORBIA ARGUTA.

EUPHORBIA umbellâ quinquefidâ: dichotomâ, foliis obovatis inciso-serratis; floralibus cordatis, nectariis muticis, capsulâ lævi.

E. arguta. *Soland. apud Russell's Aleppo, ed.* 2. 252.

In insulæ Cypri arvis, Maio florens. ☉.

Facies *E. helioscopiæ,* cui nimis affinis videtur; tamen differt *caule* pilosiore; *foliis* argutè inciso-serratis, *floralibus* cordatis, acutis, nec obovatis, obtusis. *Involucra* ovata, lævia. *Nectaria* quatuor, rotundato-reniformia, mutica, lutea, squamis intermediis multifido-fimbriatis. *Flores masculini* ex icone quatuor; *fœmineus* breviùs pedicellatus, cernuus. *Germen* glaberrimum.

 a, A. Involucrum cum nectariis, squamis, floribusque, magnitudine naturali et auctâ.

TABULA 469.
EUPHORBIA STRICTA.

EUPHORBIA umbellâ subquinquefidâ: trifidâ: dichotomâ, foliis lanceolatis serrulatis, capsulâ verrucosâ, seminibus lævibus.

E. stricta. *Linn. Syst. Nat. ed.* 10. *v.* 2. 1049.

In montis Olympi Bithyni sylvis umbrosis. ☉.

Radix attenuata, fibrillosa, annua. *Herba* glabra. *Caulis* sesquipedalis, vel altior, erectus, strictus, foliosus, teres, rubicundus; infernè simplicissimus. *Folia* sparsa, subsessilia, deflexa, lanceolata, acuta, serrulata, uncialia, vel paulò longiora, lætè virentia. *Umbella* basi foliosa, quinqueradiata, interdùm triradiata, radiis trifidis, dein dichotomis ; ramulis pluribus, axillaribus, umbellulas trifidas gerentibus, suffulta. *Folia floralia* terna, latè cordata, acuta, serrata, flavescentia, carinâ rariùs subpilosa; summa opposita. *Involucra* sessilia, ovata, parva, lævia. *Nectaria* quatuor, rotundato-reniformia, luteola, mutica, squamis totidem laceris interstinctis. *Flores masculini* vix ultra sex ; *fœmineus* deflexus. *Germen* undique verrucosum. *Capsula* etiam verrucosa, pilis omninò destituta, verrucis uniformibus, parvis, obtusis, nec spinescentibus. *Semina* lenticularia, lævissima, impunctata, fusco-plumbea.

Ab *E. platyphyllâ*, Linn. Sp. Pl. 660. Jacq. Austr. t. 376, magnitudine longè minori, foliisque angustioribus, primo intuitu diversa videtur ; ut etiam ab *E. strictâ*, Engl. Bot. t. 333, magnitudine majori, et habitu alieno. *E. verrucosa* Linnæi dignoscitur canitie, nec non seminibus corrugatis. Alia species e Palæstinâ, apud herbarium Linnæanum cum his confusa, gaudet capsulis spinoso-muricatis. Omnes autem species in vivis recognoscendæ.

a, a. Folia floralia.   *b,* B. Involucrum cum nectariis, squamis, et floribus.

TABULA 470.
EUPHORBIA DENDROIDES.

Euphorbia umbellâ quinquefidâ : bifidâ, foliis lineari-lanceolatis ; floralibus cordatis, capsulâ lævi, caule arboreo.

E. dendroides. *Linn. Sp. Pl.* 662. *Willden. Sp. Pl. v.* 2. 924.
E. læta. *Ait. Hort. Kew. ed.* 1. *v.* 2. 141. *ed.* 2. *v.* 3. 164. *Willden. Sp. Pl. v.* 2. 907.
E. divaricata. *Jacq. Coll. v.* 1. 58. *Ic. Rar. t.* 87 ; haud optimè.
Tithymalus arboreus. *Alpin. Exot.* 63. *t.* 60. *Tourn. Inst.* 85.
T. dendroides. *Dod. Pempt.* 372. *Matth. Valgr. v.* 2. 593. *Camer. Epit.* 965. *Bauh. Hist. v.* 3. *p.* 2. 675, *absque icone. Dalech. Hist.* 1644, 1645. *Ger. Em.* 501.
Τιθυμαλος δενδροειδες *Diosc. lib.* 4. *cap.* 165.
Φλόμο, ἠ φλόμος, *hodiè in Laconiá.*

In petrosis montosis prope mare, in variis Græciæ locis. In insulâ Cretâ copiosè. ♄.

Frutex formosus, autumno et hyeme floridus. *Caulis* tripedalis vel altior, teres, fuscus, glaber, copiosè lactescens, determinatè ramosus, ramulis rubris, densè foliosis, adscendentibus. *Folia* sparsa, patenti-deflexa, sessilia, lineari-lanceolata, integerrima, lætè viridia, glaberrima, decidua, vix biuncialia, omnia, etiam ad umbellarum basin, uniformia, vix dilatata ; floralia, ut in aliis speciebus, longè diversa, rotundato-cordata, obtusa, integerrima, pulchrè flavescentia. *Umbellæ* terminales, solitariæ, radiis quinque, interdùm quatuor, vel pluribus, semel dichotomis, lævibus. *Involucra* solitaria,

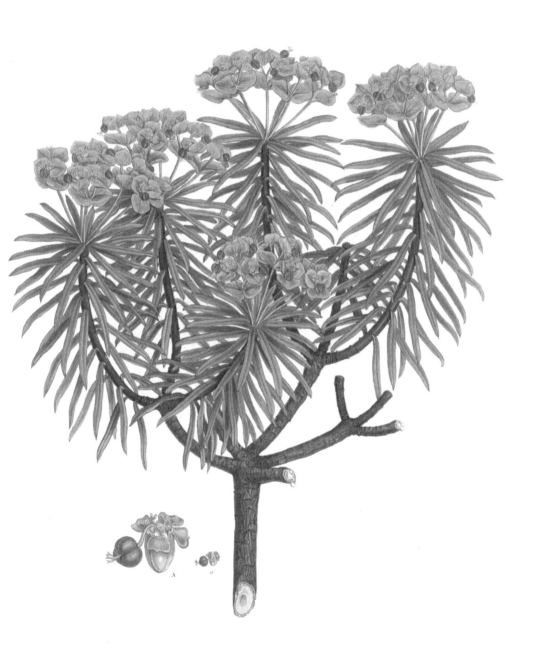

Euphorbia dendroides.

Euphorbia myrsinites.

sessilia, ovata, lævia, glauco-viridia. *Nectaria* quatuor, angulosa, fulva, squamis plurimis, fimbriatis, interstinctis. *Flores masculini* decem, aut plures ; *fœmineus* pedicello arcuato deflexus. *Germen* læve. *Fructum* maturum nunquam vidi.

a, A. Involucrum cum floribus, nectariis et squamis.

***** *Umbellâ multifidâ.*

TABULA 471.

EUPHORBIA MYRSINITES.

EUPHORBIA umbellâ suboctofidâ : bifidâ, foliis obovatis patentibus carnosis pungentibus glaucis, nectariis lunatis obtusis.

E. myrsinites. *Linn. Sp. Pl.* 661. *Willden. Sp. Pl. v.* 2. 921. *Ait. Hort. Kew. ed.* 2. *v.* 3. 169.

Tithymalus myrsinites latifolius. *Bauh. Pin.* 290. *Tourn. Inst.* 86.

T. myrsinites. *Matth. Valgr. v.* 2. 589. *Camer. Epit.* 961. *Bauh. Hist. v.* 3. *p.* 2. 674.

T. myrsinites legitimus. *Clus. Hist. v.* 2. 189.

T. myrtifolius latifolius. *Ger. Em.* 498.

Τιθυμαλος μυρσινιτες *Diosc. lib.* 4. *cap.* 165.

Γαλαζίδα *hodiè in monte Parnasso.*

In Parnasso, Hymetto, aliisque Græciæ montibus ; etiam in insulâ Cypro. ♃.

Herba carnosa, glauca, lactescens, undique ferè glabra. *Radix* teres, lignosa, longissima. *Caules* plures, spithamæi, patentes, simplices, foliosi. *Folia* sparsa, uncialia, sessilia, reclinato-patula, obovata, mucronato-pungentia, coriacea, glauca, lævia, vel margine tantùm scabriuscula ; subtùs convexiuscula. *Umbellæ* terminales, solitariæ ; foliis ad basin formâ caulinorum ; floralibus propriis latè cordatis, acutis, flavescentibus. *Radii* septem, vel plures, bifidi, vel semel dichotomi. *Involucra* ovata, lævia. *Nectaria* quatuor, fulvo-coccinea, lunulata, cornibus obtusis, inflexis, muticis. *Squamæ* nectariis interstinctæ quatuor, magnæ, convexæ, flavescentes, intùs fimbriatæ. *Flores masculini* octo, vel decem, sub squamis occulti ; *fœmineus* longè exsertus, nutans. *Capsula* magna, glaberrima. *Semina* lævia.

a. Folia umbellis subjecta, numero cum radiis convenientia.   *b*. Folia floralia propria.

c, C. Involucrum cum squamis, nectariis, et flore fœmineo, masculinis nondum in conspectu provenientibus.

DODECANDRIA PENTAGYNIA.

GLINUS.

Linn. Gen. Pl. 243. Juss. 316. Gœrtn. t. 130.

Calyx pentaphyllus. *Corolla* nulla. *Filamenta sterilia* quinque, linearia, semibifida, inter stamina. *Capsula* quinquelocularis, quinquevalvis, polysperma; dissepimentis e medio valvularum.

TABULA 472.

GLINUS LOTOIDES.

Glinus caule herbaceo piloso, foliis obovatis planis.

G. lotoides. *Linn. Sp. Pl.* 663. *Willden. Sp. Pl. v.* 2. 929. *Ait. Hort. Kew. ed.* 2. *v.* 3. 171. *Burm. Ind.* 112. *t.* 36. *f.* 1. *Lœfl. It. Hispan.* 145.

Alsine lotoides sicula. *Bocc. Sic.* 21. *t.* 11. *f.* 2. *Tourn. Inst.* 242.

Portulaca bœtica, luteo flore, spuria aquatica. *Barrel. Ic. t.* 336.

Ad fossas, et in locis inundatis, inter Smyrnam et Bursam. ☉.

Radix simplex, attenuata, infernè fibrosa, annua. *Herba* undique tomentosa, incana, mollis, pubescentiâ plùs minùs stellari. *Caules* plures, spithamæi, prostrati, simplices, vel alternatìm ramosi, foliosi, teretes, simplicitèr pilosi. *Folia* fasciculata, petiolata, obovata, obtusa, integerrima, venosa, tristè canescentia. *Flores* axillares, aggregati, pedunculati. *Pedunculi* simplices, inæquales, uniflori, ebracteati. *Calycis* foliola quinque, ovata, acuta, persistentia; extùs densè pilosa, pilis stellatis; intùs glaberrima, partìm colorata, albida, margine rubra. *Stamina* decem aut duodecim circitèr, calyce breviora, subulata, simplicia, glabra. *Antheræ* incumbentes, oblongæ. *Filamenta* sterilia quinque, vel plura, linearia, plana, semibifida, acuta. *Germen* ellipticum, quinquesulcatum, læve. *Styli* quinque, patentes, breves. *Stigmata* simplicia. *Capsula* calyce tecta, pentagona, quinquevalvis, quinquelocularis, dissepimentis e medio valvularum. *Semina* numerosa, reniformi-subrotunda, scabra, nigra, funiculo umbilicali longissimo, contorto, angulis loculamentorum centralibus inserta.

Ordine naturali *Tiliaceis* quodammodò forsitàn affinis.

a, A. Flos, magnitudine naturali et auctâ.
C. Stamen, cum filamento sterili.

B. Calycis foliolum.
D. Pistillum.

Glinus lotoides

Sempervivum arboreum.

DODECANDRIA DODECAGYNIA.

SEMPERVIVUM.

Linn. Gen. Pl. 244. Juss. 307. Sm. Engl. Fl. v. 2. 350. Gærtn. t. 65.

Calyx duodecimpartitus. *Petala* duodecim. *Capsulæ* duodecim, polyspermæ. Partium numero quandoque variat.

TABULA 473.

SEMPERVIVUM ARBOREUM.

SEMPERVIVUM caule arborescente lævi ramoso, foliis cuneiformibus glabriusculis ciliatis: ciliis patulis mollibus.

S. arboreum. *Linn. Sp. Pl. 664. Willden. Sp. Pl. v. 2. 930. Ait. Hort. Kew. ed. 1. v. 2. 147. ed. 2. v. 3. 171.*

S. arborescens. *Matth. Valgr. v. 2. 464. Camer. Epit. 857.*

Sedum majus arborescens. *Tourn. Inst. 262. Bradl. Pl. Succ. dec. 4. 1. t. 31. Ger. Em. 510.*

S. majus legitimum. *Clus. Hist. v. 2. 58.*

Αειζωον 7ο μεγα *Diosc. lib. 4. cap. 89.*

In muris et ruderatis in insulâ Cypro. ♄.

Caulis erectus, tripedalis, vel altior, crassus, carnosus, teres, glaber; ramis basi attenuatis, apice densè foliosis, et demùm floriferis. *Folia* rosulas densas, concaviusculas, terminales componentia, undique patentia, ferè biuncialia, cuneiformia, carnosa, lætè viridia, obtusa, mucronulata, ciliis mollibus, albidis, densè fimbriata; basi angustata, elongata; subtùs convexiuscula. *Paniculæ* terminales, solitariæ, erectiusculæ, decompositæ, multifloræ, foliolosæ, glabræ. *Flores* aurei, erecti, semunciam lati, inodori. *Calyx* cyathiformis, glaber, margine duodecimfidus. *Petala* decem vel duodecim, ellipticolanceolata, acuta, patentia, calyce triplò longiora. *Stamina* petalis duplò numerosiora, longitudine æqualia, subulato-filiformia, patentia. *Antheræ* incumbentes, subrotundæ. *Germina* decem vel duodecim, lanceolata, compressa, erecta, lævia, *squamulis* obsoletis, solitariis, ad singulorum basin. *Styli* terminales, erectiusculi, staminibus breviores, duplòque pauciores. *Stigmata* simplicia.

Folia ob vim refrigerantem a Dioscoride laudantur, quorum vicem supplet *Sempervivum tectorum* nostras.

    a. Calyx.

    C. Flos petalis orbatus, triplò circitèr auctus.

    b. Flos supernè visus.

    D. Petalum seorsìm.

TABULA 474.

SEMPERVIVUM TENUIFOLIUM.

Sempervivum foliis subulatis basi dilatatis vaginantibus imbricatis, propaginibus cylindraceis.

In muris et petrosis prope Athenas. ♃.

Habitus *Sedi rupestris*, quocum a Linnæo confusum fuit. *Caulis* herbaceus, sarmentosus, propaginibus patulis, cylindraceis, erectis, densè foliosis; basi *radiculas* fibrosas, attenuatas, exserentibus; apice demùm floriferis. *Folia* subulata, undique patentia, recurva, purpureo-glauca; basi maximè dilatata, arctè imbricata. *Ramus* floriferus e propagine præcedentis anni, terminalis, adscendens, spithamæus, teres, denudatus, ruber. *Cyma* terminalis, horizontalitèr patens. *Bracteæ* solitariæ, subulatæ. *Flores* subsessiles, aurei, erecti, magnitudine vix præcedentis. *Calyx* decempartitus, glauco-virens. *Petala* decem, lanceolata; subtùs viridia. *Stamina* viginti, filiformia, petalis breviora. *Pistilla* decem.

　　a. Calyx.　　　　　　　　*b, b.* Petala.
　　c. Stamina et pistilla.　　　*d.* Pistilla seorsìm. Omnia magnitudine naturali.

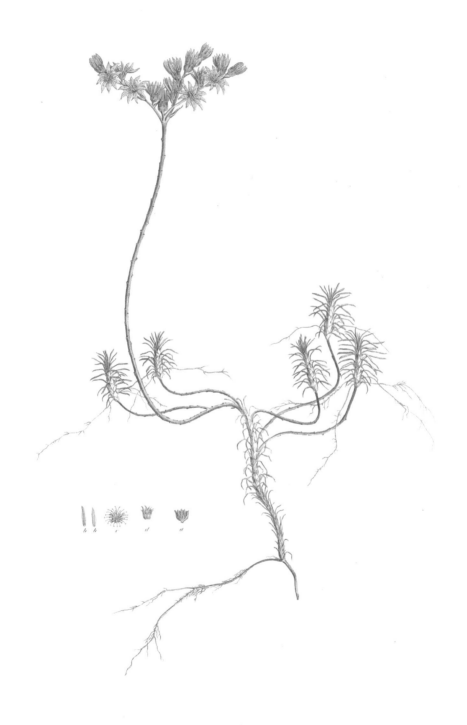

Sempervivum tenuifolium.

Myrtus communis

ICOSANDRIA MONOGYNIA.

MYRTUS.

Linn. Gen. Pl. 248.   *Juss.* 324.   *Gœrtn. t.* 38.

Calyx quinquefidus, superus.   *Petala* quinque.   *Bacca* bi- sive trilocularis, polysperma.

TABULA 475.

MYRTUS COMMUNIS.

Myrtus pedunculis unifloris solitariis, bracteis binis deciduis, foliis ovatis acutis, baccâ triloculari.

M. communis α.   *Linn. Sp. Pl.* 673.   *Willden. Sp. Pl. v.* 2. 967.   *Ait. Hort. Kew. ed.* 2. *v.* 3. 188.

M. communis italica.   *Bauh. Pin.* 468.   *Tourn. Inst.* 640.

M. latifolia romana.   *Bauh. Pin.* 468.   *Mill. Ic.* 123. *t.* 184. *f.* 1.

M. romana.   *Matth. Valgr. v.* 1. 207.

M. bœtica sylvestris.   *Clus. Hisp.* 130.   *Hist. v.* 1. 66.

Myrtus.   *Camer. Epit.* 132.

M. altera.   *Dod. Pempt.* 772.

Myrti ramuli cum flore ac semine.   *Ibid.* 773 ; *figurâ Clusii.*

Μυρσινη *Diosc. lib.* 1. *cap.* 155.

Μύρσινη, μύρτον, ἢ μέρσινον, *hodiè.*

Μυρ]ιὰ *in Peloponneso.*

In Græciâ, insulisque Archipelagi, vulgaris. ♄.

Frutex ramosissimus, tripedalis vel altior, undique foliosus, sempervirens ; *caule* tereti, glabro ; *ramulis* tetragonis, pubescentibus, fuscis, aut rubicundis. *Folia* opposita, breviùs petiolata, exstipulata, ovata, acuta, integerrima, uninervia, lætè viridia, lucida, punctata, aromatica, ultra unciam longa ; sæpiùs glaberrima ; interdùm subpilosa. *Pedunculi* axillares, solitarii, simplices, uniflori, quandoque subpubescentes, foliis breviores. *Bracteæ* binæ, lanceolatæ, acutæ, foliaceæ, parvæ, ad basin calycis, mox deciduæ. *Flores* copiosi, pulchri, inodori, albi, vel subincarnati, erecti. *Calyx* quinquepartitus,

VOL. V.   R

patens, obtusus, persistens, demùm carnosus, coloratus, baccam concolorem terminans.
Petala calyce triplò longiora, orbiculata, concava, unguiculata, patentia. *Stamina* numerosa, capillaria, alba, longitudine vix petalorum ; *antheris* incumbentibùs, luteis.
Stylus filiformis, erectus ; *stigmate* acuto. *Bacca* magnitudine pisi, ovata, atro-violacea,
glabra, dulcis, et gratè aromatica, edulis ; intùs albida, trilocularis. *Semina* in singulis
loculamentis quatuor, vel quinque, reniformia, flavescentia.

  Variat baccis albis, sapidioribus.

a. Folium.	*b.* Petalum.
c. Flos, abreptis petalis.	*d.* Pistillum.
e. Bacca matura.	*f.* Ejusdem sectio transversa.
g. Semen.	

P U N I C A.

Linn. Gen. Pl. 248.   *Juss.* 325.   *Gærtn. t.* 38.

Calyx quinquefidus, superus, coriaceus, coloratus. *Petala* quinque. *Bacca*
corticata, coriacea, multilocularis, polysperma. *Semina* angulata, baccata.

TABULA 476.

PUNICA GRANATUM.

Punica foliis obovato-lanceolatis, caule arboreo.
P. Granatum.   *Linn. Sp. Pl.* 676.   *Willden. Sp. Pl. v.* 2. 981.   *Ait. Hort. Kew. ed.* 2.
    v. 3. 194.   *Mill. Illustr. t.* 41.
Punica.   *Trew. Ehrh. t.* 71, 72.
P. sylvestris.   *Tourn. Inst.* 636.
P. n. 1098.   *Hall. Hist. v.* 2. 36.
Mala punica.   *Matth. Valgr. v.* 1. 205.   *Camer. Epit.* 130, 131.
Malus punica sylvestris.   *Ger. Em.* 1450.   *Bauh. Pin.* 438.
'Ροα *Diosc. lib.* 1. *cap.* 151.
Κύλινοι flores culti, σιδια fructûs putamina, βαλαυϲια flores e stirpe sylvestri, vocantur. *Diosc.*
'Ροιὰ, ἢ ἑοιδιὰ, hodiè.

In Græciâ, insulisque Archipelagi, tam sylvestris quam culta, frequens. ♄ .

Arbor mediocris ; *ramis* teretibus, rigidis ; *ramulis* oppositis, subangulatis, foliosis, glabris,
    spinescentibus. *Folia* e gemmis lateralibus, aggregata, breviùs petiolata, obovato-
    lanceolata, ferè biuncialia, obtusa, integerrima, subrepanda, glabra, venosa, decidua,
    exstipulata. *Flores* ex iisdem gemmis, terminales, solitarii, subsessiles, erecti, magni,

Punica Granatum.

Amygdalus incana.

punicei, valdè speciosi, inodori. *Calyx*, ut et *germen*, undique puniceus, glaber, quinquepartitus, coriaceus, crassus, acutus, persistens; tubo cylindraceo, rigido, post florescentiam elongato. *Petala* orbiculata, undulata, plicata, calyce longiora, atque colore
saturatiora, decidua. *Stamina* numerosa, subulata, incurva, vix calycis longitudine.
Antheræ subrotundæ, incumbentes, polline flavo. *Stylus* columnaris, brevis. *Stigma*
obtusum. *Bacca* magna, globosa, sicca; putamine coriaceo, gustu astringente; intùs,
serie duplici, multilocularis; dissepimentis submembranaceis; receptaculis crassis, carnosis, scrobiculatis, flavescentibus. *Semina* numerosa, angulata, retusa, dura, undique
baccata, nitida; succo sanguineo, copioso; in stirpe sylvestri acido; in cultâ sapido,
dulci, haud aromatico.

Flores interdùm flavescunt; in hortis sæpè pleni, densè pulvinati, formosissimi, conspiciuntur.

a. Flos petalis orbatus.   *b.* Ejusdem sectio verticalis.
c. Petalum.   *d.* Stamen.

AMYGDALUS.

Linn. Gen. Pl. 248. Juss. 341. Gærtn. t. 93.

Calyx quinquefidus, inferus, deciduus. *Petala* quinque. *Drupa*, nuce
extùs sinuosâ et pertusâ.

TABULA 477.

AMYGDALUS INCANA.

AMYGDALUS foliis obovatis serratis subtùs tomentoso-niveis.
A. incana. *Pallas. Ross. v.* 1. 13. *t.* 7. *Willden. Sp. Pl. v.* 2. 984.

Ad viam inter Smyrnam et Bursam, quantùm e manuscriptis Sibthorpianis erui potest. ♄.

Frutex humilis, vix bipedalis, rigidus, ramosissimus, *ramulis* teretibus, divaricato-patentibus,
spinescentibus, foliosis; junioribus tomentoso-incanis. *Folia* fasciculata, petiolata, obovata, obtusa, serrata, haud uncialia; suprà glabrata; subtùs margineque tomentoso-
nivea. *Flores* e ramis præcedentis anni, sparsi, solitarii, sessiles, bracteati, rosei, parvi,
perpulchri. *Bracteæ* quatuor circitèr, ovatæ, acutæ, fuscæ, arctè imbricatæ, calycis
basin amplectentes. *Calyx* tubulosus, coloratus, limbo quinquepartito, obtuso, patente,
totus increscente germine deciduus. *Petala* obovata, unguiculata, limbo calycino duplò longiora, ferè concolora. *Stamina* numerosa, longitudine vix petalorum. *Stylus*

filiformis, staminibus brevior, persistens; basi pubescens. *Stigma* simplex. *Drupa* ovata, compressa, obliqua, undique pubescens, vix uncialis, stylo terminata.

a, A. Flos cum bracteis, avulsis petalis.   b, B. Petalum.
c. Drupæ haud maturæ.

PRUNUS.

Linn. Gen. Pl. 249.   *Juss.* 341.   *Gœrtn. t.* 93.

Calyx quinquefidus, inferus.   *Petala* quinque.   *Drupa*, nuce suturis prominulis.

TABULA 478.

PRUNUS PROSTRATA.

Prunus pedunculis geminis solitariisve, foliis ovatis inciso-serratis eglandulosis subtùs tomentosis, caule prostrato.

P. prostrata. *Labillard. Syriac. fasc.* 1. 15. *t.* 6.   *Willden. Sp. Pl. v.* 2. 997.   *Ait. Hort. Kew. ed.* 2. *v.* 3. 199.

P. cretica montana minima humifusa, flore suavè rubente. *Tourn. Cor.* 43.   *Voy. v.* 1. 19.

In Idæ, et Sphacioticorum montium, Cretæ, summis jugis, rupes, nive nupèr opertas, pulcherrimè vestiens; etiam in monte Parnasso. ♄.

Frutex humillimus, *caule* crasso, ligneo, duro, depresso, ramosissimo; *cortice* rugoso, nigro; *ramulis* adscendentibus, foliosis, pubescentibus, rubicundis. *Folia* alterna, petiolata, ovata, vix semuncialia, decidua; suprà lætè viridia, glabra; subtùs tomentosa, alba. *Stipulæ* oppositæ, subulatæ, integerrimæ, erectæ, petiolis longiores. *Flores* basin versus ramulorum, solitarii vel gemini, breviùs pedunculati, erecti, incarnati, parvi, pulcherrimi, ebracteati. *Calyx* tubulosus, glaber; tubo cylindraceo, basi ovato; limbo quinquepartito, serrulato, patente. *Petala* subrotunda, unguiculata. *Stamina* numerosa, longitudine vix corollæ, rubra; *antheris* flavis. *Stylus* cylindraceus, longitudine staminum. *Stigma* obtusum. *Drupa* piso minor, ovato-subrotunda, glabra, rubra, pastoribus edulis.

a, A. Flos sine petalis.   b, B. Petalum.
c Drupa semimatura.

Prunus prostrata.

Pyrus Aria.

ICOSANDRIA PENTAGYNIA.

PYRUS.

Linn. Gen. Pl. 251. *Juss.* 335. *Sm. Fl. Brit.* 531. *Engl. Fl. v.* 2. 360.
  Gærtn. t. 87.

Sorbus. *Linn. Gen. Pl.* 250. *Juss.* 335.

Malus. *Juss.* 334.

Calyx quinquefidus, superus. *Petala* quinque. *Pomum* bi- quinqueloculare, *capsulis* bivalvibus, membranaceis, dispermis.

TABULA 479.

PYRUS ARIA.

Pyrus foliis simplicibus ellipticis incisis serratis sulcatis subtùs tomentosis, floribus corymbosis subdigynis.

Pyrus Aria. *Sm. Fl. Brit.* 534. *Engl. Fl. v.* 2. 365. *Engl. Bot. t.* 1858. *Ehrh. Arb.* 84.
  Beitr. v. 4. 20. *Willden. Sp. Pl. v.* 2. 1021. *Ait. Hort. Kew. ed.* 2. *v.* 3. 210.

Cratægus Aria. *Linn. Sp. Pl.* 681. *Fl. Dan. t.* 302.

C. folio subrotundo serrato, subtùs incano. *Tourn. Inst.* 633.

Mespilus n. 1089. *Hall. Hist. v.* 2. 31.

M. alni folio subtùs incano, Aria Theophrasti dicta. *Raii Syn.* 453.

Sorbus alpina. *Bauh. Hist. v.* 1. 65.

Aria. *Dalech. Hist.* 202.

A. Theophrasti. *Ger. Em.* 1327.

Τϱοκκιὰ *hodiè.*

In Athô, Pelio et Pindo montibus. ♄.

Arbor ramis teretibus, tortuosis, cinereis, glabris ; junioribus tomentosis, foliosis, apice floriferis. *Lignum* durissimum. *Folia* alterna, petiolata, elliptico-oblonga, bi- vel triun]uncialia, obtusa, duplicato-serrata, magìs vel minùs profundè lobata, at vix pinnatifida ; suprà lætè viridia, glabra, ad nervos sulcata ; subtùs tomentosa, nivea, nervis prominentibus. *Petioli* semunciales, tomentosi. *Stipulæ* lineari-lanceolatæ, geminæ, rubicundæ, deciduæ, basi petiolis adnatæ. *Paniculæ* terminales, alternatìm decompositæ,

VOL. V.   s

corymbosæ, lanatæ, niveæ, bracteatæ.   *Bracteæ* stipulis simillimæ, deciduæ.   *Flores* lactei.   *Calyx* reflexus, intùs glaber.   *Petala* orbiculata, concava, ungue piloso.   *Stamina* decem.   *Germen* ovale, tomentosum, inferum.   *Styli* duo, quandoque tres vel quatuor, erecto-patentes, cylindracei, glabri.   *Stigmata* obtusa.   *Pomum* parvum, subrotundum, coccineum, punctatum, calyce coronatum, loculamentis numero stylorum, carne molliusculâ, acidâ, austerâ, vix eduli.

Variat foliis profundiùs incisis, nec tamen, ut in *P. pinnatifidâ*, Ehrh. Arb. 145. Sm. Engl. Fl. v. 2. 365.   Engl. Bot. t. 2331, semipinnatifidis.

a, A. Flos sine petalis.   *b*, B. Petalum seorsìm.
c, C. Germen cum stylis duobus.

MESEMBRYANTHEMUM.

Linn. Gen. Pl. 252.   *Juss.* 317.   *Gærtn. t.* 126.

Calyx quinquefidus, superus.   *Petala* numerosa, linearia, basi cohærentia.
Capsula carnosa, polysperma.

TABULA 480.

MESEMBRYANTHEMUM NODIFLORUM.

Mᴇsᴇᴍʙʀʏᴀɴᴛʜᴇᴍᴜᴍ caulescens, foliis alternis teretiusculis obtusis canaliculatis basi ciliatis.
M. nodiflorum.   *Linn. Sp. Pl.* 687.   *Willden. Sp. Pl.* v. 2. 1043.   *Ait. Hort. Kew. ed.* 2. v. 3. 228.
Kali Crassulæ minoris folio.   *Bauh. Pin.* 289.   *Tourn. Inst.* 248.   *Moris.* v. 2. 610. *sect.* 5.
    t. 33. *f.* 4.
K. floridum repens aizooides Neapolitanum.   *Column. Ecphr.* v. 2. 72. *t.* 73.
K. alterum.   *Alpin. Ægypt.* 125. *t.* 127.

In maritimis Græciæ frequens.   ☉.

Radix gracilis, fibrosa, annua.   *Herba* carnosa, undique papilloso-scabra, prostrata, sordidè virens.   *Caules* spithamæi, teretes, foliosi, alternatim ramosi.   *Folia* sparsa, uncialia vel sesquiuncialia, sessilia, patentia, semicylindracea, obtusa, ecarinata; suprà canaliculata.   *Stipulæ* nullæ.   *Flores* laterales, aut subaxillares, solitarii, sessiles, ebracteati. *Calyx* quinquepartitus, laciniis maximè inæqualibus, obtusis, foliaceis.   *Petala* numerosa, linearia, recurva, alba; basi flava.   *Stamina* filiformia, erecta, brevia.   *Antheræ* verticales, oblongæ.   *Styli* quinque, subulati, erecti, staminibus paululùm altiores.

a. Flos absque petalis.   *b*, B. Petalum, magnitudine naturali et auctâ.
C. Stamen.   D. Styli.

Mesembryanthemum multiflorum.

TABULA 481.

MESEMBRYANTHEMUM CRYSTALLINUM.

Mesembryanthemum foliis alternis ovatis papillosis petiolatis, floribus sessilibus, laciniis calycinis latè ovatis recurvis.

M. crystallinum. *Linn. Sp. Pl.* 688. *Suppl.* 259. *Willden. Sp. Pl. v.* 2. 1033. *Ait. Hort. Kew. ed.* 2. *v.* 3. 224.

M. crystallinum, plantaginis folio undulato. *Dill. Elth. v.* 2. 231. *t.* 180. *f.* 221.

Ficoides africana, folio plantaginis undulato, micis argenteis asperso. *Bradl. Pl. Succ. dec.* 5. 15. *t.* 48.

Circa Areopagum Athenarum. ☉.

Habitus præcedentis, at herba omnis crassior, papillis majoribus, globosis, succo aqueo pellucido plenis, pulchrè micantibus, ad calycem usque, vestita. *Caules* prostrati, teretes, ramosi, foliosi, multiflori, longitudine varii. *Folia* petiolata, ovata, vel subcordata, obtusa, undulata, integerrima, crassa, flaccida, venosa, pallidè virentia. *Flores* sparsi, subsessiles. *Calycis* laciniæ inæquales, recurvatæ. *Petala* numerosissima, incarnata, sæpè alba. *Capsula* semisupera, retusa, nigricans, quinquelocularis, *seminibus* numerosis, exiguis, gibbis, scabriusculis.

In hortis Europæis, raritatis gratiâ, sæpè colitur, seminibusque, calore artificiali, ut pleræque aliæ herbæ exoticæ, propagatur, æstate sub dio lætè vigens.

    a. Calyx cum staminibus et pistillis.   *b*, B. Petalum.
    c. Capsula, cum calyce persistente.   *d.* Ejusdem loculamentum seorsìm.
    e, E. Semen.

ICOSANDRIA POLYGYNIA.

ROSA.

Linn. Gen. Pl. 254. Juss. 335. Sm. Engl. Fl. v. 2. 369. Gærtn. t. 73.

Calyx quinquefidus; tubo demùm carnoso, intùs polyspermo, setoso. *Petala* quinque.

TABULA 482.

ROSA GLUTINOSA.

Rosa fructu globoso pedunculoque hispido, calyce subpinnato, aculeis aduncis, foliolis duplicato-serratis utrinque glandulosis.

R. glutinosa. *Prodr. v.* 1. 348. *Lindl. Ros.* 95.

R. cretica montana, foliis subrotundis glutinosis et villosis. *Tourn. Cor.* 43.

R. pumila alpina, pimpinellæ exactè foliis sparsis, spinis incurvis, aquatè purpurea. *Cupan. Panphyt. ed.* 1. *v.* 1. *t.* 61.

In Cretæ montibus Sphacioticis. ♄.

Caulis humilis, ramosissimus, rigidus, teres, undique copiosè aculeatus, *aculeis* sparsis, rariùs aggregatis, aduncis, acutis, duris, uniformibus, parùm inæqualibus, ferrugineis, basi dilatatis, compressis; *ramulis* brevibus, foliosis, glandulosis, vix pubescentibus, apice unifloris. *Folia* alterna, patentia, pinnata, decidua; *foliolis* septem, subrotundis, obtusis, duplicato-serratis, glaucescentibus, utrinque, ut et serraturis, glandulosis, viscidis, subpubescentibus; terminali ferè semunciali; inferioribus sensìm minoribus. *Petioli* spinulosi, glandulosi, undique tomentosi, sicut foliolorum nervi. *Stipulæ* utrinque petiolo adnatæ, sursùm dilatatæ, acutæ, subtùs margineque præcipuè glandulosæ; summæ interdùm aphyllæ, latiores, bracteiformes. *Flores* terminales, solitarii, pedunculati, inter sui generis minores. *Pedunculi* breves, setis glandulosis vestiti. *Calycis* tubus globosus, undique setoso-glandulosus; limbus quinquepartitus, laciniis duabus tantùm subpinnatis, omnibus extùs glanduloso-scabris, pubescentibus. *Petala* obcordato-subrotunda, pallidè incarnata. *Stamina* numerosa, patentia, brevia; *antheris* flavis. *Styli* brevissimi, parùm exserti. *Stigmata* obtusa. *Fructus* globosus, coccineus, setis glandulosis patentibus densè muricatus, calyce coronatus. *Semina* plurima, obovato-triquetra, extùs basin versùs setosa.

Rosa glutinosa.

Rosa sempervirens.

Ad *Eglanteriarum* familiam pertinet hæc species rarissima et proculdubiò distinctissima, quam in horto Societatis Horticultorum Londinensium florentem nuperrimè vidi.

a. Flos absque petalis, supernè conspectus.

c. Petalum.

e. Semen.

b. Idem infernè.

d. Fructus maturus.

TABULA 483.

ROSA SEMPERVIRENS.

Rosa fructu subrotundo hispido, paniculâ glandulosâ multibracteatâ, foliolis simplicitèr serratis, stylis coadunatis hirtis.

R. sempervirens. *Linn. Sp. Pl.* 704. *Willden. Sp. Pl. v.* 2. 1072. *Ait. Hort. Kew. ed.* 2. *v.* 3. 263. *Lindl. Ros.* 117.

R. sempervirens Jungermanni. *Clus. Hist. append.* 2, *ad finem. Dill. Elth. v.* 2. 326. *t.* 246.

R. moschata sempervirens. *Bauh. Pin.* 482. *Tourn. Inst.* 637.

Κυνοσβατον *Diosc. lib.* 1. *cap.* 123; *optimè monente Sibthorp.*

Ἀγριο τριαντάφυλλα *hodiè.*

Ἀγριο μοσκιὰ *Zacynth.*

In sepibus Græciæ frequens. ♄.

Caulis fruticosus, scandens, sarmentis longissimis, ramosis, teretibus, foliosis, aculeatis, glaberrimis, purpuro-virentibus. *Aculei* sparsi, parvi, compressiusculi, acuti, deflexi. *Folia* sempervirentia, lucida, glaberrima; *foliolis* quinque, ovatis, acutis, acutè et æqualitèr serratis, ferè sesquiuncialibus; subtùs pallidioribus. *Petioli* canaliculati, angusti, rubicundi, paululùm spinulosi et glanduloso-setosi. *Stipulæ* angustæ, obsoletè glandulosæ, apice lanceolatæ, divaricatæ. *Paniculæ* terminales, compositæ, erectopatulæ, multifloræ, bracteatæ. *Bracteæ* sparsæ, ovatæ, acuminatæ, glabræ. *Pedunculi*, ut et *calyx*, undique glanduloso-setosi. *Flores* nivei, suaveolentes. *Calycis* tubus ellipticus; limbi laciniæ ovatæ, acuminatæ, breves, omninò ferè simplices et uniformes. *Petala* obcordata, patentia, calyce duplò longiora; ungue flavescentia. *Stamina* numerosa, vix calycis longitudine; *antheris* flavis. *Styli* porrecti, in columnam coadunati, densè hirsuti. *Stigmata* obtusa, glabra. *Fructus*, ex Dillenio, parvus, rotundus.

Stylis valdè hirsutis ab affinibus omnibus perquàm distincta manet. Confer amicissimi D. Sabini annotata apud Hort. Soc. Trans. v. 4. 456.

a. Flos, petalis orbatus.

b. Petalum.

POTENTILLA.

Linn. Gen. Pl. 255.   Juss. 338.
Pentaphyllum.   *Gœrtn. t. 73.*

Calyx decemfidus.   *Petala* quinque.   *Semina* subrotunda, nuda, mutica.
Receptaculum obsoletum, exsuccum.

TABULA 484.

POTENTILLA SPECIOSA.

POTENTILLA foliis ternatis obovatis serratis: suprà sericeis: subtùs lanatis niveis, petalis
spatulatis repandis.

P. speciosa.   *Willden. Sp. Pl. v.* 2. 1110.   *Nestl. Potent.* 74. *t.* 11.

Fragaria cretica saxatilis fruticosa, folio subtùs argenteo.   *Tourn. Cor.* 21.

In Parnasso, nec non in Sphacioticis elatioribus montibus Cretæ.   ♃.

Radix lignosa, crassa, ramosa, tortuosa, multiceps, altè descendens; cortice atro, deciduo.
Caules spithamæi, herbacei, densè cæspitosi; basi præcipuè foliosi, et, petiolorum re-
liquiis, capillato-fibrosi; supernè teretes, lanati, nivei, corymbosi, pauciflori.   *Folia*
ternata, longiùs petiolata; *foliolis* obovatis, crassis, subæqualibus, haud uncialibus, obtusè serratis; suprà sericeis, incanis; subtùs densè lanatis, niveis.   *Petioli* lanati.
Stipulæ binatæ, lanceolatæ, acuminatæ, extùs lanatæ, persistentes; demùm glabratæ.
Pedunculi quatuor vel quinque, terminales, erecti, corymbosi, uniflori, bracteolati, lanati.   *Bracteæ* oppositæ, lanceolatæ, vel subulatæ, acuminatæ.   *Calyx* magnus, connivens, nec patens; extùs incanus, villosus; laciniis alternis angustioribus.   *Petala*
calyce paulò longiora, erecta, ochroleuca, aut lactea; unguibus rectis, linearibus, canaliculatis; laminis exiguis, rotundatis, repandis, patentibus.   *Stamina* numerosa, petalis
breviora; *antheris* luteis.   *Styli* breves, conferti.   *Semina* ovata, compressa, mucronata, carinâ hirta, lateribus lævia, glabrata.

    a. Flos, abreptis petalis.   *b.* Petalum.
    c. Fructus maturus.   *d,* D. Semen a reliquis separatum.

Potentilla speciosa.

a   *b*

Geum coccineum.

GEU M.

Linn. Gen. Pl. 256. *Juss.* 338. *Gærtn. t.* 74. *Sm. Engl. Fl. v.* 2. 428.

Calyx decemfidus. *Petala* quinque. *Semina* caudata; caudâ curvatâ, un-
cinatâ. *Stigma* deciduum. *Receptaculum* columnare.

TABULA 485.

GEUM COCCINEUM.

Geum floribus erectis, foliis caulinis trilobis; radicalibus lyratis: foliolo terminali maximo
cordato-reniformi.
Caryophyllata orientalis, flore magno coccineo. *Tourn. Cor.* 20.

In monte Olympo Bithyno. ♃.

Radix lignosa, crassa, infernè fibrosa. *Caules* solitarii, herbacei, erecti, teretes, pilosi, foliosi, vix ramosi; apice subcorymbosi, pauciflori. *Folia* saturatè viridia, inciso-crenata,
venosa, pilosa; *radicalia* cæspitosa, patentia, maxima, lyrato-pinnata, *foliolis* quinque
vel septem; terminali maximo, cordato-reniformi, subplicato: *caulina superiora* simplicia, triloba, incisa, stipulata. *Petioli radicales* longitudine ferè foliorum, canaliculati, pubescentes, exstipulati; *caulini* brevissimi, *stipulis* geminis, magnis, incisis. *Flores*
terminales, pedunculati, erecti, valdè speciosi, ultra unciam lati. *Calycis* laciniæ deflexæ, pubescentes, ovatæ, acuminatæ; intermediis linearibus, parvis. *Petala* orbi-
culato-reniformia, unguiculata, saturatè punicea. *Stamina* et *pistilla* aurea.

Semina matura nondum vidi, ut de structurâ *styli*, aut *stigmatis* duratione, aliquid
certi dicam. Habitu *Geum* omninò est.

     a. Flos sine petalis.   *b.* Petalum.

POLYANDRIA MONOGYNIA.

CAPPARIS.

Linn. Gen. Pl. 261. *Juss.* 243. *Tourn. t.* 139.

Calyx tetraphyllus, coriaceus, inferus. *Petala* quatuor. *Stamina* petalis longiora. *Stylus* nullus. *Bacca* pedicellata, corticosa, unilocularis, polysperma.

TABULA 486.

CAPPARIS SPINOSA.

CAPPARIS pedunculis unifloris solitariis, stipulis spinosis, foliis ovato-subrotundis deciduis, baccis ovalibus.

C. spinosa. *Linn. Sp. Pl.* 720. *Willden. Sp. Pl. v.* 2. 1130. *Ait. Hort. Kew. ed.* 2. *v.* 3. 284. *Sm. Spicil.* 18. *t.* 20. *Bauh. Hist. v.* 2. 63.

C. spinosa, fructu minore, folio rotundo. *Bauh. Pin.* 480. *Tourn. Inst.* 261.

Capparis. *Matth. Valgr. v.* 1. 555. *Camer. Epit.* 375.

C. rotundiore folio. *Ger. Em.* 895.

C. retuso folio. *Lob. Ic.* 635.

β. C. ovata. *Desfont. Atlant. v.* 1. 404. *Willden. Sp. Pl. v.* 2. 1131.

C. folio acuto. *Bauh. Pin.* 480. *Tourn. Inst.* 261. *Lob. Ic.* 634. *Ger. Em.* 895.

C. sicula, duplicatâ spinâ, folio acuto. *Bocc. Sicc.* 79. *t.* 42. *f.* 3.

Καππαρις *Diosc. lib.* 2. *cap.* 204.

Καππαριὰ *hodiè.*

In Græciæ maritimis frequens. ♄.

Radix lignosa, tortuosa, rupium vel murorum rimis arctè infixa. *Caulis* fruticosus, sarmentosus, alternatìm ramosus, longissimus, foliosus, teres, glaber; ramulis subpubescentibus. *Folia* alterna, petiolata, ovato-subrotunda, integerrima, coriacea, glabra, plùs minùs obtusa, vel subacuminata, exstipulata, decidua; juniora sæpiùs pubescentia. *Petioli* breves, crassiusculi. *Stipulæ* geminæ, spinosæ, aduncæ, ad basin petiolorum. *Flores* axillares, solitarii, pedunculati, magni, formosi, inodori, ebracteati. *Calycis* foliola inæqualia, concava, glabra, apice rubicunda. *Petala* calyce longè majora, subro-

Capparis spinosa.

tunda, undulata, unguiculata, patentia, alba, sæpè cum tincturâ carneâ. *Stamina* numerosa, petalis haud duplò longiora, reclinata, filiformia, purpurea, nitida. *Antheræ* incumbentes, concolores. *Germen* elliptico-oblongum, parvum, læve, *pedicello*, longitudine et formâ ferè filamentorum, cum glandulis pluribus, fortè nectariferis, ad basin. *Stylus* nullus. *Stigma* obtusum, sessile, deciduum. *Bacca* stipitata, pendula, elliptico-oblonga, obtusa, bi- vel triuncialis, lævis, unilocularis, polysperma; cortice coriaceo. *Semina* nidulantia, reniformia, numerosa.

β levissima quidem varietas est; *folia* enim, in eodem caule, obtusa, retusa, vel acutiuscula, sæpè mucronulata, conspiciuntur.

Baccæ immaturæ, vel præcipuè *florum* gemmæ, sale, aceto et aromatibus conditæ, omnibus in usu sunt; recentes verò acerrimæ, minimè esculentæ.

a. Pedunculus, cum calyce, nectariis, et germine.   b. Petalum.
c. Stamen cum antherâ.   d, d. Stipes germinis.
e. Pedunculus.

TABULA 487.

CAPPARIS RUPESTRIS.

CAPPARIS inermis, pedunculis unifloris solitariis folio longioribus, foliis subrotundis carnosis deciduis, baccis ovalibus.

C. spinosa. *Curt. Mag. t.* 291?

C. non spinosa, fructu majore. *Bauh. Pin.* 480. *Tourn. Inst.* 261.

In Cretâ et Antiparo insulis, ad rupes. In insulâ Tino. *Olivier.* ♄.

Præcedenti simillima, ut ferè varietas. Differt *caule* inermi, *foliis floribusque* majoribus. *Folia* insuper, monente Oliviero, crassiora et succo pleniora sunt.

GLAUCIUM.

Tourn. t. 130.   *Fl. Brit.* 563.   *Juss.* 236.   *Gærtn. t.* 115.

Calyx diphyllus. *Petala* quatuor. *Siliqua* supera, bi- vel trilocularis, linearis, bi- vel trivalvis; dissepimentis scrobiculatis. *Semina* plurima, punctata, ecristata.

TABULA 488.

GLAUCIUM RUBRUM.

Glaucium caule piloso, foliis caulinis pinnatifidis incisis, siliquâ pilosiusculâ.

G. rubrum.   *Prodr. v.* 1. 357.   *DeCand. Syst. v.* 2. 97.

G. orientale, flore magno rubro.   *Tourn. Cor.* 18.

Ad viam inter Smyrnam et Bursam, et in insulâ Rhodo. ☉ ?

Radix nobis deest.   *Caules* herbacei, diffusi, alternatìm subdivisi, foliosi, multiflori, teretes, pilosi, pilis mollibus, patentibus.   *Folia* alterna, patentia, sessilia, inæqualitèr pinnatifida et incisa, mucronulata, glauca, utrinque margineque pilosa; basi rotundata, breviùs lobata, amplexicaulia.   *Flores* axillares, solitarii, breviùs pedunculati, ebracteati. *Calyx* laxè pilosus, mox deciduus.   *Petala* calyce duplò longiora, obovata, patentia, coccineo-fulva, maculâ violaceâ, ovali, ad basin utrinque notata; duo opposita angustiora.   *Stamina* erecta, luteo-virescentia, petalis duplò breviora, glabra.   *Germen* cylindraceum, erectum, longitudine staminum, undique pilosum.   *Stigma* compressum, sulcatum, subsessile.   *Siliqua* rectiuscula, longissima, teretiuscula, subcompressa, virens, pilis sparsis, mollibus, demùm deciduis, conspersa, omninò bilocularis; dissepimento lineari, valvulis navicularibus parallelo, spongioso, utrinque inæqualitèr scrobiculato, marginibus costato, persistente.   *Semina* numerosissima, receptaculi scrobiculis inserta, subrotunda, alveolato-punctata, nigra, ecristata.

a, a. Petala.   *b.* Stamina cum pistillo.   *c.* Pistillum.

TABULA 489.

GLAUCIUM PHŒNICEUM.

Glaucium caule piloso, foliis caulinis pinnatifidis incisis, siliquâ setoso-hispidâ.

G. phœniceum.   *Gærtn. v.* 2. 165. *t.* 115.   *Sm. Fl. Brit.* 564.   *Engl. Fl. v.* 3. 7.   *Engl. Bot. t.* 1433.

G. hirsutum, flore phœniceo.   *Tourn. Inst.* 254.

Glaucium rubrum.

Glaucium phœniceum.

490.

Glaucium violaceum.

G. corniculatum. *Curt. Lond. fasc.* 6. *t.* 32. *DeCand. Syst. v.* 2. 96.

Chelidonium corniculatum. *Linn. Sp. Pl.* 724. *Willden. Sp. Pl. v.* 2. 1143.

Papaver corniculatum phœniceum, folio hirsuto. *Bauh. Hist. v.* 3. *p.* 2. 399.

P. corniculatum phœniceum hirsutum. *Bauh. Pin.* 171.

P. cornutum phœniceo flore. *Clus. Hist. v.* 2. 91.

P. cornutum, flore rubro. *Ger. Em.* 367.

In vineis Sami, tum in Cypro, aliisque Græciæ insulis. ☉.

Radix cylindraceo-fusiformis, parva, fibrillosa, annua. *Herba* ferè præcedentis, *caulibus* patulis, laxè pilosis, *foliis* glaucis. *Pedunculi* duplò vel triplò quàm in præcedente longiores, pilosi. *Flores* omninò coccinei, nec fulvi; cum maculâ violaceâ, ut in priore, ad singulorum petalorum basin. *Siliqua* undique hispida, setis copiosis, brevibus, erectis, rigidis, omninò bilocularis, ut in icone Gærtnerianâ concinnè et accuratissimè repræsentatur, receptaculis dissepimento spongioso connexis. *Semina* scrobiculata.

A *Glaucio rubro* siliquâ setoso-asperâ, nec non pedunculis longioribus, discrepat.

        a, a. Petala.   *b.* Stamina et pistillum.
        c. Pistillum seorsìm.

TABULA 490.

GLAUCIUM VIOLACEUM.

Glaucium foliis bipinnatifidis linearibus glabris, siliquis trivalvibus.

G. violaceum. *Juss. Gen.* 236. *Sm. Fl. Br.* 565. *Engl. Fl. v.* 3. 7.

G. flore violaceo. *Tourn. Inst.* 254.

Chelidonium hybridum. *Linn. Sp. Pl.* 724. *Willden. Sp. Pl. v.* 2. 1143. *Engl. Bot. t.* 201.

Papaver corniculatum violaceum. *Bauh. Pin.* 172. *Bauh. Hist. v.* 3. *p.* 2. 399. *Dod·* *Pempt.* 449. *Raii Syn.* 309.

P. cornutum, flore violaceo. *Ger. Em.* 367. *Dalech. Hist.* 1713.

Rœmeria hybrida. *DeCand. Syst. v.* 2. 92.

In agro Argolico, nec non in insulâ Cypro. ☉.

Radix gracilis, annua. *Caules* subspithamæi, erecto-patentes, ramosi, foliosi, teretes, læves, et sæpiùs glaberrimi; interdùm pilosi. *Folia* subaggregata; *radicalia* petiolata; *caulina* sessilia; omnia tripartita, pinnatifida, vel bipinnatifida, laciniis linearibus, mucronulatis, integerrimis, pilosis, saturatè viridibus. *Flores* axillares vel terminales, solitarii, pedunculati, erecti, pulchrè violacei. *Pedunculi* pilosi, antè anthesin cernui. *Calyx* pilosus, mox deciduus. *Petala* obovato-rotundata, repanda, nitida, immaculata, caduca. *Stamina* violacea, *antheris* griseis. *Stigma* trilobum. *Siliqua* teretiuscula, angusta, obsoletè triquetra, spinuloso-hispida, trilocularis, trivalvis; receptaculis interstinctis extùs filiformibus; intùs duplicatis, undulatis, cellulosis, membranaceis; dissepimenta constituentibus, at non spongiosis. *Semina* receptaculis, simplici serie in quovis loculamento, inserta, reniformia, scrobiculato-punctata, fusca.

a. Petalum e parte internâ.　　　　*b.* Stamina cum pistillo.
c. Pistillum.

PAPAVER.

Linn. Gen. Pl. 263.　*Juss.* 236.　*Gœrtn. t.* 60.

Calyx diphyllus.　*Petala* quatuor.　*Stigma* radiatum.　*Capsula* supera, sub stigmate persistente poris dehiscens.

TABULA 491.

PAPAVER SOMNIFERUM.

Papaver calycibus capsulisque glabris, foliis amplexicaulibus incisis glaucis.
P. somniferum. *Linn. Sp. Pl.* 726. *Willden. Sp. Pl. v.* 2. 1147. *Sm. Fl. Brit.* 568. *Engl.*
　Fl. v. 3. 11. *Engl. Bot. t.* 2145. *Woodv. Med. Bot. t.* 185. *DeCand. Syst. v.* 2. 81.
P. hortense. *Tourn. Inst.* 237.
P. sylvestre. *Raii Syn.* 308. *Ger. Em.* 370.
P. album. *Bauh. Hist. v.* 3. *p.* 2. 390.
P. sativum. *Matth. Valgr. v.* 2. 405. *Camer. Epit.* 803.
Μηκων ἡμερος, και αγρια, *Diosc. lib.* 4. *cap.* 65.
Casch Casch *Turcorum.*

In Peloponnesi agris.　⊙.

Radix fusiformis, gracilis. *Herba* lactescens, fœtida, glauca, undique sæpiùs glabra; solo fertiliore maximè luxurians. *Caulis* solitarius, erectus, tripedalis, foliosus, teres; supernè alternatìm ramosus, atque interdum hispidus, pilis patentibus. *Folia* alterna, sessilia, lobata, crenata et incisa, venosa, nervo subtùs quandoque pilosa; superiora amplexicaulia. *Stipulæ* nullæ. *Flores* terminales, solitarii, longissimè pedunculati, erecti. *Calyx* glaber, deciduus. *Petala* obovata, inæqualia, cæruleo-incarnata, caduca, unguibus concoloribus. *Capsula* ferè globosa, glaberrima, *stigmate* persistente, sessili, sex- vel octo-radiato, coronata.

Capsulæ immaturæ, incisæ, opium; et semina contusa oleum dulce, edule, præbent.

a, a. Petala.　　*b.* Stamina numerosa pistillum circumstantia. Pistillum seorsìm.

Papaver somniferum.

Papaver pilosum?

Cistus monspeliensis.

TABULA 492.

PAPAVER PILOSUM.

Papaver capsulis glabris, caulibus multifloris hirtis : pilis patentibus, foliis amplexicaulibus
incisis undique pilosis.

P. pilosum. *Prodr. v.* 1. 360. *DeCand. Syst. v.* 2. 80.

P. olympicum. *Sibth. Mss.*

In Olympo Bithyno monte. ♃.

Radix proculdubiò perennis, carnosa, multiceps. *Herba* lætè virens. *Caules* plures, erecti,
ferè tripedales, teretes, foliosi, pilis setosis, horizontalitèr patentibus, densè confertis,
vestiti. *Folia* obtusè incisa, sublobata, undique piloso-scabra ; *radicalia* oblonga, angustiora, petiolata ; *caulina* sessilia, lata, cordata, amplexicaulia, nervis præcipuè hir-
sutissima. *Flores* terminales, magni, speciosi, elegantèr coccinei, nec saturatè phœnicei ;
ante expansionem cernui, *calyce* obovato, setoso, caduco. *Pedunculi* spithamæi, laxè
pilosi. *Petala* subæqualia, rotundata, repanda, sesquiunancialia, unicolora, ungue tantùm albo. *Capsula* obovata, costata, glaucescens, glabra, poris sex, sub stigmate latè
sexradiato, dehiscens.

a. Petalum.   *b.* Stamina cum pistillo.

CISTUS.

Linn. Gen. Pl. 271. *Juss.* 294. *Gærtn. t.* 76.
Helianthemum. *Juss.* 294. *Gærtn. t.* 76.

Calyx pentaphyllus, foliolis inæqualibus. *Petala* quinque. *Capsula* supera, angulata, valvulis pluribus, polyspermis.

---

* *Exstipulati fruticosi.*

TABULA 493.

CISTUS MONSPELIENSIS.

Cistus fruticosus exstipulatus, foliis lineari-lanceolatis sessilibus rugosis utrinque pilosis
trinervibus.

VOL. V.   x

C. monspeliensis.   *Linn. Sp. Pl.* 737.   *Willden. Sp. Pl. v.* 2. 1184.   *Ait. Hort. Kew. ed.* 2. *v.* 3. 305.

C. ladanifera monspeliensium.   *Bauh. Pin.* 467.   *Tourn. Inst.* 260.   *Magnol. Monsp.* 67.

C. ladanifera, sive Ledon monspessulanum, angusto folio, nigricans.   *Bauh. Hist. v.* 2. 10.

Ledum.   *Camer. Epit.* 97.

L. quintum.   *Clus. Hist. v.* 1. 79.

L. narbonense.   *Lob. Ic. v.* 2. 119.

Βᾶκιθο *Messeniacis hodiè.*

In collibus siccis Græciæ et Archipelagi.   ♄.

Caulis lignosus, erectus, cubitalis, vel bipedalis, ramosus, teres, glaber, cortice fusco; ramulis pilosis, foliosis, rubicundis, apice paniculatis, multifloris. *Folia* opposita, sessilia, recurva, saturatè viridia, trinervia, venosa, rugosa, pilosa, integerrima, obtusiuscula, latitudine varia, vel ovato-lanceolata, vel lineari-oblonga; subtùs pallidiora. *Stipulæ* nullæ.   *Racemi* terminales, paniculati, erecti, hirti, ebracteati, multiflori. *Calyx* hirtus; foliolis tribus exterioribus cordatis; duobus interioribus ovatis, angustioribus. *Petala* subæqualia, patentia, obcordata, erosa, calyce longiora, nivea, ungue flavo. *Stamina* numerosa, brevia.   *Antheræ* fulvæ. *Germen* ovatum, apice umbilicatum, scabrum, setis stellatis. *Stylus* brevis, in germinis umbilico immersus. *Stigma* capitatum, papillosum.   *Capsula* calyce persistenti tecta, pentagona, subovata, fusca, lævis, apice tantùm scabra, quinquevalvis, quinquelocularis, dissepimentis e medio valvularum. *Semina* quinque circitèr in quovis loculamento, subrotunda, læviuscula, fusca.

Frutex in hortis Britannicis haud frequens; cum frigoris aliquantulùm impatiens sit, et congeneribus pluribus minùs speciosa, curam diligentiamque hortulani parùm allicit.

a. Flos, petalis orbatus.   b. Idem e parte inferâ.
c. Calyx post anthesin clausus.   d. Petalum.

TABULA 494.

CISTUS INCANUS.

Cistus fruticosus exstipulatus, foliis spatulatis rugosis tomentosis, petiolis inferioribus basi vaginantibus subconnatis nervosis.

C. incanus.   *Linn. Sp. Pl.* 737.   *Willden. Sp. Pl. v.* 2. 1185.   *Ait. Hort. Kew. ed.* 2. *v.* 3. 305.   *Curt. Mag. t.* 43.

C. mas secundus, folio longiore.   *Tourn. Inst.* 259.   *Bauh. Hist. v.* 2. 2.

C. mas secundus.   *Clus. Hist. v.* 1. 69.

Κυνκλιὰ *hodiè.*

Ladan otu *Turc.*

Cistus incanus.

Cistus creticus.

In Peloponneso frequens; etiam in Samo et Cypro insulis. ♄.

Caulis tri- quadripedalis, vel altior, erectus, ramosissimus, cortice incano aut albido, lævi; ramulis villosis, incanis, densè foliosis. *Folia* petiolata, obovato-spatulata, recurva, sub-repanda, rugosa, trinervia, reticulato-venosa, utrinque densè tomentosa, incana, pubes-centiâ stellari. *Petioli* crassi, nervosi, incani, intùs pilosi; inferiores præcipuè dilatati, elongati, plùs minùs basi connati. *Paniculæ* terminales, subtrichotomæ, paucifloræ, foliolosæ, incanæ. *Flores* rosei, elegantes; *petalis* obcordatis, mox deciduis. *Calycis* foliola latè ovata, acuminata; extùs densè tomentosa, pubescentiâ stellari, pilis simpli-cibus interstinctis. *Germen* subrotundum, pubescens; *stigmate* sessili, radiato. *Cap-sula* et *semina* ferè prioris.

Foliorum formâ et longitudine multùm, etiam in hortis nostris, variat.

a. Flos absque petalis. b. Idem subtùs. c. Petalum.
D. Pistillum auctum; ut et E. Stamen.

TABULA 495.

CISTUS CRETICUS.

Cistus fruticosus exstipulatus, foliis obovato-spatulatis rugosis scabris, pedunculis binatis, capsulâ subrotundâ pilosissimâ.

C. creticus. *Linn. Sp. Pl.* 738. *Willden. Sp. Pl. v.* 2. 1186. *Ait. Hort. Kew. ed.* 2. *v.* 3. 306. *Jacq. Coll. v.* 1. 80. *Ic. Rar. t.* 95.

C. ladanifera cretica, flore purpureo. *Tourn. Cor.* 19. *It. v.* 1. 29. *Buxb. Cent.* 3. 34. *t.* 64. *f.* 1.

Ladanum creticum. *Alpin. Exot.* 89. *t.* 88.

Λαδανον *Diosc. lib.* 1. *cap.* 128.

Λάδανω *hodiè.*

In Cretâ, Cypro, et Archipelagi insulis. ♄.

Caulis subtripedalis, densè ramosus; ramis oppositis, teretibus, piloso-scabris; ramulis fo-liosis. *Folia* petiolata, uncialia, patenti-recurva, obovata, obtusiuscula, repanda, saturatè viridia, glutinosa, pilis stellatis utrinque scabra. *Petioli* lineares, pilosi; basi paulu-lùm dilatati, quandoque etiam connati. *Pedunculi* axillares, vel terminales, interdùm gemini, sæpiùs biflori, undique piloso-scabri atque viscidi. *Flores* magni, saturatè rosei, speciosi. *Calycis* foliola latè ovata, acuminata, pilosa. *Petala* obovata, uncialia. *Antheræ* aureæ. *Germen* subrotundum, densè pilosum. *Stylus* columnaris, glaber, longitudine germinis. *Stigma* capitatum. *Capsula* ovato-subrotunda, lignosa, quinque-valvis; extùs undique pilosissima, fusca. *Semina* parva, angulato-subrotunda, badia.

Gummi Ladanum præbet; quod e villis barbisque caprarum, hunc fruticem depascentium, vel e flagellis coriaceis per ramos tractis, colligunt, more majorum, rustici hodierni.

a. Flos, petalis delapsis.	*b.* Petalum.
c. Pistillum.	*d, d.* Capsula.
e. Hujus valvula, e parte interiori.	*f, F.* Semen.

TABULA 496.

CISTUS PARVIFLORUS.

Cistus fruticosus exstipulatus, foliis ovatis crispis rugosis scabris, pedunculis solitariis, capsulâ scabriusculâ retusâ.

C. parviflorus. *Lamarck. Dict. v.* 2. 14.　*Willden. Sp. Pl. v.* 2. 1186.

C. mas creticus, folio breviore, flore parvo.　*Tourn. Cor.* 19.

In insulâ Cretâ. ♄.

Præcedente humilior, foliis floribusque minoribus. *Rami* confertissimi, horizontales. *Folia* semuncialia, obtusiuscula, valdè crispata et scabra. *Petioli* haud sæpiùs quàm in *C. cretico* connati. *Flores* solitarii, formâ et colore prioris, at duplò minores. *Capsula* triplò ferè minor, pentagona, retusa, longè minùs scabra, nec pilis longis erectis villosa.

a. Flos, petalis orbatus.	*b.* Petalum.
c. Capsula.	*d.* Semen.

TABULA 497.

CISTUS SALVIFOLIUS.

Cistus fruticosus exstipulatus, foliis rotundato-ovatis scabris, pedunculis aggregatis, capsulâ subrotundâ retusâ scabriusculâ.

C. salvifolius. *Linn. Sp. Pl.* 738.　*Willden. Sp. Pl. v.* 2. 1184.　*Ait. Hort. Kew. ed.* 2. *v.* 3. 305. *Jacq. Coll. v.* 2. 120. *t.* 8.　*Cavan. Ic. v.* 2. 31. *t.* 137.

C. n. 1031.　*Hall. Hist. v.* 2. 2.

C. fœmina, folio salviæ, elatior, et rectis virgis.　*Tourn. Inst.* 259.

C. fœmina.　*Camer. Epit.* 95.　*Clus. Hist. v.* 1. 70.　*Hisp.* 140. *f.* 141.　*Ger. Em.* 1276. *Dalech. Hist.* 226.

Κιϲῖος Ͽηλυς *Diosc. lib.* 1. *cap.* 126.

Κιστάρι, κυνκλιὰ, ἢ ἀγριο φασκομηλιὰ, *hodiè.*

In Peloponnesi collibus siccis, tum in Archipelagi insulis. ♄.

Cistus parviflorus.

Cistus salvifolius.

Cistus guttatus.

Caulis cubitalis, erectus, teres, lœviusculus, ramulis oppositis, erectis, foliosis, scabris; pilis stellatis, deciduis. *Folia* uncialia, petiolata, ovata, rotundata, obtusa, planiuscula, venulosa, integerrima, saturatè viridia, utrinque pilis stellatis scabra. *Petioli* hirti; superiores dilatati. *Pedunculi* terminales, plerumque terni, erecti, uniflori, scabri, foliis triplò longiores. *Flores* magni, albi. *Calycis* foliola valdè inæqualia, cordata, acuminata, extùs piloso-scabra. *Petala* obcordata, vix uncialia; basi aurea. *Stamina* aurantiaca. *Stigma* hemisphæricum, ferè sessile, papilloso-scabrum. *Capsula* subrotunda, pentagona, retusa, calyce persistente tecta, duplòque brevior, apicem versùs piloso-scabra, structurâ præcedentium. *Semina* subrotunda, angulata.

a. Flos, petalis delapsis.
c. Capsula haud matura.
e. Valvula, cum dissepimento et seminibus.

b. Petalum.
d. Capsula matura.
f, F. Semen seorsim.

** *Exstipulati herbacei.*

TABULA 498.

CISTUS GUTTATUS.

Cistus herbaceus exstipulatus, foliis oppositis lanceolatis trinervibus, racemis ebracteatis.

C. guttatus. *Linn. Sp. Pl.* 741. *Willden. Sp. Pl. v.* 2. 1198. *Sm. Fl. Brit.* 573. *Engl. Bot. t.* 544. *Curt. Lond. fasc.* 6. *t.* 33.

C. serratus. *Cavan. Ic. v.* 2. 57. *t.* 175. *f.* 1. *Willden. Sp. Pl. v.* 2. 1198.

C. flore pallido, punicante maculâ insignito. *Bauh. Pin.* 465. *Raii Syn.* 342.

C. annuus, flore guttato. *Bauh. Hist. v.* 2. 14.

C. annuus, flore maculato. *Ger. Em.* 1281.

Helianthemum flore maculoso. *Tourn. Inst.* 250. *Column. Ecphr. v.* 2. 78. *t.* 77. *f.* 1.

In Peloponneso frequens; nec non in Cypro et Zacyntho insulis. ☉.

Radix gracilis, fibrillosa, annua. *Herba* saturatè virens, viscida, undique pilosa, pilis patentibus, vix spithamæa. *Caulis* solitarius, erectus, simplex, vel apice tantùm subdivisus, foliosus. *Folia* opposita, sessilia, exstipulata, biuncialia, elliptico-lanceolata, acutiuscula, integerrima, trinervia; radicalia aggregata, paulò majora. *Racemi* solitarii vel plures, terminales, erecti, hirti, multiflori, simplices, ebracteati, subfoliosi. *Flores* erecti, perpulchri, matutini. *Calyx* hirtus, persistens, foliolis duobus exterioribus lanceolatis, longè minoribus. *Petala* obcordata, flava, integerrima, vel quandoque erosa, calyce duplò longiora, mox caduca; basin versùs maculâ sanguineâ elegantèr notata. *Stamina* flava. *Stylus* post anthesin elongatus, filiformis, declinatus. *Stigma* capitatum. *Capsula* longitudine calycis, trilocularis, trivalvis, polysperma.

a, A. Flos magnitudine naturali et auctâ, sine petalis.   *b*, B. Petalum, e parte interiori.

*** *Stipulati herbacei.*

TABULA 499.

CISTUS SALICIFOLIUS.

Cistus herbaceus stipulatus pubescens, foliis oblongis obtusis, pedunculis horizontalibus calyce longioribus.

C. salicifolius.   *Linn. Sp. Pl.* 742.   *Willden. Sp. Pl. v.* 2. 1200.   *Ait. Hort. Kew. ed.* 2. *v.* 3. 310.   *Cavan. Ic. v.* 2. 35. *t.* 144.

C. annuus, folio salicis.   *Lob. Ic. v.* 2. 118 ; malè.

Helianthemum salicis folio.   *Tourn. Inst.* 249.

H. annuum humile, foliis ovatis, flore fugaci.   *Segu. Veron. v.* 3. 197. *t.* 6. *f.* 3.

In agro Argolico et insulâ Cypro. ☉.

Radix gracilis, fibrosa, annua.   *Herba* undique pubescens, subincana, pilis brevibus, subsimplicibus.   *Caulis* erectus, palmaris, aut spithamæus, e basi ramosus, ramis teretibus, foliosis, supernè racemosis, multifloris, erectis.   *Folia* opposita, breviùs petiolata, patentia, elliptico-oblonga, obtusa, integerrima, subrevoluta, haud uncialia.   *Stipulæ* lanceolatæ, geminæ, pedunculo longiores, persistentes.   *Racemi* simplices, bracteati.   *Bracteæ* sparsæ, solitariæ, erectæ, ovato-lanceolatæ, parvæ.   *Pedunculi* horizontalitèr patentes, simplices, pilosi, uniflori, calyce duplò longiores.   *Flores* erecti, parvi, luteoli.   *Calyx* persistens ; laciniis tribus interioribus majoribus, membranaceis, costatis, concavis ; duabus exterioribus exiguis, lanceolatis.   *Petala* obovata, immaculata, caduca.   *Stylus* filiformis, persistens, *stigmate* capitato.   *Capsula* subrotundo-triquetra, longitudine vix calycis, glabra, unilocularis, *receptaculis* angustissimis, e medio valvularum, polyspermis.   *Semina* parva, ovato-oblonga, gilva.

   Icon Lobeliana, suprà citata, apud Clusium, Gerardeum, Dalechampium etiam invenitur ; at pedicellorum directione, nec non brevitate, peccat.

   Hanc stirpem, haud vulgarem, ad fontes sulphureos tiburtinos, in agro Romano, olim legimus.   Magnitudine insignitèr variat.   Martio vel Aprili floret.

a, a. Flos absque corollâ.	*b.* Petalum.
C. Stamina cum pistillo, aucta.	*d.* Capsula, calyce persistente suffulta.
c. Eadem, stylo terminata.	*f.* Semen.

Cistus salicifolius.

Cistus thymifolius.

**** *Stipulati suffruticosi.*

TABULA 500.

CISTUS THYMIFOLIUS.

Cistus suffruticosus stipulatus procumbens, foliis revoluto-linearibus oppositis pilosis
   viscidis: axillaribus congestis minoribus.

C. thymifolius. *Linn. Sp. Pl.* 743. *Willden. Sp. Pl. v.* 2. 1206. *Gouan. Fl. Monsp.* 265.
   Ait. Hort. Kew. ed. 2. *v.* 3. 312.

C. humilis, sive Helianthemum folio thymi incano. *Magnol. Monsp.* 68.

Helianthemum folio thymi incano. *Bauh. Hist. v.* 2. 19. *Tourn. Inst.* 249.

Chamæcistus luteus, thymi folio, ολιγανθης, seu minor. *Barrel. Ic. t.* 444; benè.

In Archipelagi insulis frequens. ♄.

Fruticulus humilis, palmaris, multicaulis, depressus, *radice* lignosâ, altè descendenti. *Caules*
   plurimi, decumbentes, teretes, pubescentes, fuscescentes, densè foliosi; basi subdivisi;
   apice racemosi, pauciflori. *Folia* opposita, exigua, brevissimè petiolata, lineari-lanceolata, acuta, revoluta; suprà tomentosa atque pilosa, viscida, glaucescentia. *Stipulæ*
   binæ, lineari-lanceolatæ, ad basin petiolorum. *Racemi* subquadriflori, terminales,
   erecti, laxi, pubescentes. *Bracteæ* minutæ, solitariæ, ad basin pedunculorum. *Flores*
   semunciales, aurei. *Petala* latè cuneiformia. *Calyx* ferè præcedentis. *Capsula* omninò trilocularis, trivalvis, *dissepimentis* membranaceis, latis, e medio valvularum, ad
   centrum usque extensis, apicem versùs seminiferis. *Semina* pauca, majuscula, subrotunda.

   Hæc species, haud minùs quàm *C. ellipticus* et *arabicus*, postmodùm describendi,
   characterem *Helianthemi* auctorum prorsùs subvertit, capsulâque reverà triloculari
   gaudet. *Cisti* generis, maximè naturalis, divisio mihi non placet, nec sanè tolerandum
   est nomen ab *Heliantho* non diversum.

   A. Folium auctum, stipulis adnexis.   b. Flos absque Corollâ.
   c. Petalum.   d. Capsularum valvulæ, seminibus delapsis.
   e. Semen.

FINIS VOLUMINIS QUINTI.

LONDINI

IN ÆDIBUS RICHARDI TAYLOR

M. DCCC. XXV.

FLORA
GRÆCA
Sibthorpiana.

CENTURIA SEXTA.
1826.

ATHENÆ.

FLORA GRÆCA:

SIVE

PLANTARUM RARIORUM HISTORIA

QUAS

IN PROVINCIIS AUT INSULIS GRÆCIÆ

LEGIT, INVESTIGAVIT, ET DEPINGI CURAVIT,

JOHANNES SIBTHORP, M.D.

S. S. REG. ET LINN. LOND. SOCIUS,

BOT. PROF. REGIUS IN ACADEMIA OXONIENSI.

HIC ILLIC ETIAM INSERTÆ SUNT

PAUCULÆ SPECIES QUAS VIR IDEM CLARISSIMUS, GRÆCIAM VERSUS NAVIGANS, IN
ITINERE, PRÆSERTIM APUD ITALIAM ET SICILIAM, INVENERIT.

CHARACTERES OMNIUM,

DESCRIPTIONES ET SYNONYMA,

ELABORAVIT

JACOBUS EDVARDUS SMITH, EQU. AUR. M.D.

S.S. IMP. NAT. CUR. REG. LOND. HOLM. UPSAL. PARIS. TAURIN. OLYSSIP. PHILADELPH. NOVEBOR.
PHYSIOGR. LUND. BEROLIN. PARIS. MOSCOV. GOTTING. ALIARUMQUE SOCIUS;

S. HORT. LOND. SOC. HONOR.

SOC. LINN. PRÆSES.

VOL. VI.

LONDINI:

TYPIS RICHARDI TAYLOR.

MDCCCXXVII.

Cistus hirtus.

Cistus ellipticus.

POLYANDRIA MONOGYNIA.

TABULA 501.

CISTUS HIRTUS.

CISTUS suffruticosus stipulatus, foliis elliptico-oblongis hirtis subtùs incanis, calycibus villosis.

C. hirtus. *Linn. Sp. Pl.* 744. *Willden. Sp. Pl. v.* 2. 1210. *Cavan. Ic. v.* 2. 37. *t.* 146.

C. angusto serpilli folio villosus, flore aureo, italicus. *Barrel. Ic. t.* 488.

Helianthemum foliis rorismarini splendentibus, subtùs incanis. *Tourn. Inst.* 250.

In insulâ Cypro. ♄.

Radix lignosa, crassa, multiceps. *Caules* suffruticosi, diffusi, numerosi, teretes, foliosi, tomentosi, incani, vix spithamæi; basi ramosi; apice racemosi. *Folia* opposita, petiolata, elliptico-oblonga, obtusa, integerrima, parùm revoluta, subindè ferè uncialia, at plerumque minora; suprà glauco-virescentia, hirta; subtùs incana, setosa, setis frequentiùs aggregatis. *Petioli* breves, pilosi. *Stipulæ* lanceolatæ, setosæ, petiolo longiores. *Racemi* terminales, erecti, simplices, multiflori, foliolosi, incani; *pedunculis* hirtis, post florescentiam pendulis. *Flores* ultra unciam lati, aurei; *petalorum* unguibus rubris. *Calyx* extùs densè piloso-villosus, nec incanus. *Capsula* nobis deest.

Bauhini, aliorumque antiquorum synonyma, benè, ut mihi videtur, exclusit Cel. Cavanilles; at Barrelieri tabula stirpem nostram haud malè refert.

    a. Folium cum stipulis.   *b, b.* Flos, corollâ orbatus.
    c. Petalum.   *d.* Pistillum.

TABULA 502.

CISTUS ELLIPTICUS.

CISTUS suffruticosus stipulatus, foliis elliptico-oblongis revolutis incanis, floribus subspicatis secundis, capsulâ tomentosâ.

C. ellipticus. *Desfont. Atlant. v.* 1. 418. *t.* 107. *Willden. Sp. Pl. v.* 2. 1202.

In Græciâ ex herbario Sibthorpiano, at locus specialis non annotatur. ♄.

VOL. VI.   B

Habitus et magnitudo præcedentis, sed *floribus* minoribus, pallidioribus, ferè spicatis, primo intuitu differt. Tota *planta* incana, nec pilosa. *Caules* brevissimè pubescentes. *Folia* petiolata, semuncialia, latitudine varia, obtusa, revoluta, utrinque incana, pilis minutissimis, obsoletè stellatis. *Stipulæ* lanceolatæ, acutæ. *Racemi* terminales, erecti, spicati, subquinqueflori, *floribus* ferè sessilibus, secundis, ebracteatis, præcedente pallidioribus, duplòque minoribus. *Calyx* pubescens, basi subhirsutus. *Petala* subrotunda, unicolora, caduca. *Capsula* subrotundo-triquetra, mollissimè tomentosa, subpilosa, trilocularis, trivalvis; dissepimentis membranaceis, tenuissimis. *Semina* subrotunda.

a. Calyx.	*b.* Petalum.
c. Stamina cum pistillo.	*d.* Pistillum.
e. Capsula stylo coronata, vix matura.	

TABULA 503.

CISTUS ARABICUS.

Cistus suffruticosus stipulatus, foliis lanceolatis alternis : axillaribus congestis minoribus, caulibus paucifloris, capsulâ glaberrimâ.

C. arabicus. *Linn. Sp. Pl.* 745. *Willden. Sp. Pl. v.* 2. 1211. *Vahl. Symb. fasc.* 2. 62. *t.* 35.

Helianthemum creticum, linariæ folio, flore croceo. *Tourn. Cor.* 18.

In insulâ Cretâ. ♄.

Radix gracilis, sublignosa. *Caules* plurimi, spithamæi, erecto-patuli, graciles, fruticulosi, foliosi, teretes, pubescentes; basi ramosi. *Folia* alterna, subpetiolata, lanceolata, acuta, plana, integerrima, subincana, demùm glabrata; juniora præcipuè tomentoso-albida, ad majorum axillas fasciculata. *Stipulæ* geminæ, lanceolatæ, exiguæ. *Flores* ferè unciales, aurato-fulvi, pedunculati, solitarii, sparsi. *Pedunculi* graciles, subpilosi, ebracteati, uniflori. *Calyx* pubescens, subpilosus. *Capsula* calyce major, rotundato-triquetra, badia, glaberrima, nitida, trilocularis, dissepimentis latis, membranaceis, supernè seminiferis. *Semina* angulata, scabra.

a. Folium stipulis suffultum.	*b.* Flos sine corollâ.
c. Petalum.	*d.* Calyx persistens, cum capsulâ.
e. Capsula e parte interna.	*f*, F. Semen.

Cistus arabicus.

Delphinium Consolida.

POLYANDRIA PENTAGYNIA.

DELPHINIUM.

Linn. Gen. Pl. 274. *Juss.* 234. *Gœrtn. t.* 65.

Calyx nullus. *Petala* quinque, vel plura ; supremum calcaratum. *Nectarium* bifidum, posticè calcaratum.

* *Unicapsularia.*

TABULA 504.

DELPHINIUM CONSOLIDA.

Delphinium capsulâ solitariâ, nectario monophyllo, caule subdiviso patulo.

D. Consolida. *Linn. Sp. Pl.* 748. *Willden. Sp. Pl. v.* 2. 1226. *Sm. Fl. Brit.* 577.
    Engl. Fl. v. 3. 30. *Engl. Bot. t.* 1839. *DeCand. Syst. v.* 1. 343. *Fl. Dan. t.* 683.

D. pubescens. *DeCand. Syst. v.* 1. 343.

D. n. 1203. *Hall. Hist. v.* 2. 95.

D. segetum, flore cæruleo. *Tourn. Inst.* 426. *Dill. in Raii Syn.* 273.

D. elatius, simplici flore. *Clus. Hist. v.* 2. 206.

Delphinium. *Rivin. Pentap. Irr. t.* 124. *f.* 1.

Consolida regia. *Trag. Hist.* 569. *Fuchs. Ic.* 239.

C. regalis. *Brunf. Herb. v.* 1. 84. *f.* 83. *Camer. Epit.* 521.

C. regalis arvensis. *Bauh. Pin.* 142.

Chamæmelum eranthemon. *Fuchs. Hist.* 27.

Δελφινιον ἕτερον. *Diosc. lib.* 3. *cap.* 85. *Ic. t.* 124.

Ἀγριο λιναρω τε βανε. *Zacynth.*

Inter segetes Bœotiæ, Atticæ, et agri Messeniaci ; tum in insulâ Zacyntho. ⊙.

Radix gracilis, apice simplex, annua. *Herba* undique sæpiùs tenuissimè pubescens, pilis brevibus, patentibus, ut in *D. Ajacis,* nec, in exemplaribus spontaneis Britannicis, unquam glabram inveni. *Caulis* erectus, bipedalis, alternatìm ramosus, foliosus, teretiusculus ; ramis patentibus, laxè racemosis, haud multifloris. *Folia* sessilia, multipartita, laciniis tripartitis, subcompositis, linearibus, acutis. *Stipulæ* nullæ. *Flores*

cæruleo-violacei, pedunculati. *Bracteæ* lineares, simplices vel tripartitæ, longitudine
variæ, in plantâ hortensi majores. *Petala* quinque ; lateralia ovata, acuta, unguiculata.
Nectarii labium superius intùs ad basin literis tribus nigris notatum, ut ferè in
Delphinio Ajacis. Germen solitarium, sericeo-pilosum. *Capsula* subcylindracea,
tomentosa. *Semina* angulata, scaberrima, atra.

D. pubescens Clarissimi D. DeCandolle, quæ in icone Sibthorpianâ exhibetur, haud magìs
pubescit quàm *D. Consolida* nostras, in hortis Britannicis, sub nomine *Branching Lark-
spur,* vulgaris. Has itaque species, pace optimi et amicissimi viri, conjungere ausus sum.

a. Flos, demptis petalis lateralibus.	*b.* Idem anticè.
B. Nectarii labium superius, auctum.	*c.* Petalum laterale.
d. Pedunculus cum bracteolâ, et staminibus pistilloque.	*e.* Idem sine staminibus.
f. Capsula.	*g,* G. Semen.

TABULA 505.

DELPHINIUM TENUISSIMUM.

DELPHINIUM capsulâ solitariâ semiovatâ, nectario monophyllo, caule paniculato ; ramulis
capillaribus divaricatis.

D. tenuissimum. *Sibth. Mss. Prodr. v.* 1. 370. *DeCand. Syst. v.* 1. 345.

In monte Hymetto prope Athenas. ☉.

Herba præcedente triplò minor, undique tenuissimè pubescens. *Caulis* vix pedalis, erectus,
teres, gracilis, foliosus ; supernè paniculatus, multiflorus. *Folia* tripartita, laciniis trifidis, subdivisis ; superiora sessilia, angustissima ; radicalia longiùs petiolata, laciniis
latioribus, paucioribus. *Paniculæ* divaricato-patentes, subcompositæ, gracillimæ ;
pedunculis unifloris, filiformibus, medio bracteolatis. *Flores* parvi, cæruleo-violacei ;
calcare recto, piloso. *Petala* elliptico-lanceolata. *Nectarium* immaculatum. *Capsula* parva, semiovata, stylo mucronata, glabra. *Semina* subrotunda, pallida, squamis
oblongis, sursùm imbricatis, albis, vestita.

a. Flos, cum pedunculo et bracteolis.	*b.* Idem, petalis avulsis.
c. Nectarium anticè.	*d, d.* Capsula, stylo permanente mucronata.
e, E. Semen.	

** *Tricapsularia.*

TABULA 506.

DELPHINIUM PEREGRINUM.

DELPHINIUM nectariis diphyllis, corollis enneapetalis : lateralibus spatulatis, foliis tripartitis incisis rigidulis.

Delphinium tenuissimum.

Delphinium peregrinum.

Delphinium halteratum.

D. peregrinum. *Linn. Sp. Pl.* 749. *Willden. Sp. Pl. v.* 2. 1228. *Ait. Hort. Kew. ed.* 2.
  v. 3. 319. *Allion. Pedem. v.* 2. 63. *t.* 25. *f.* 3.

D. junceum. *DeCand. Syst. v.* 1. 348.

D. latifolium, parvo flore. *Tourn. Inst.* 426.

Consolida regalis latifolia, parvo flore. *Bauh. Pin.* 142. *Prodr.* 74.

Δελφινιον. *Diosc. lib.* 3. *cap.* 84. *Ic. t.* 123.

Λιναρίθρα. *Zacynth.*

In asperis et apricis Græciæ et Archipelagi frequens. ⊙.

Radix parva, gracilis, annua. *Herba* omnis minutissimè at densissimè pubescens, sordidè
virens. *Caulis* erectus, strictus, sesquipedalis, ramosus, foliosus, angulato-teres, sub-
sulcatus. *Folia* alterna, petiolata, rigidula, coriacea, nec membranacea, omnia tripartita; laciniis trifidis, acutis, subincisis, foliorum inferiorum latioribus. *Petioli* foliis
breviores; summi brevissimi. *Racemi* terminales, cylindracei, multiflori, bracteati.
Bracteæ subulatæ; ad pedunculorum basin solitariæ, majores; aliæ medium versùs
subgeminæ, minores. *Flores* tristè violacei, calcari adscendente. *Petala* inferiora
quinque conniventia; lateralia duo spatulata, vel rotundata, in ungues attenuata, pallidè cærulea. *Nectarium* diphyllum, disco flavum. *Capsulæ* tres, cylindraceæ, bre-
viusculæ, membranaceæ, reticulatæ, pilosæ. *Semina* globosa, rugosa, nigra.

Cum C. Bauhini synonymo, et inde cum Tournefortiano, benè quadrat. Icon apud
  J. Bauhini Hist. v. 3. p. 1. 212. f. 2, ad *D. cardiopetalum*, DeCand. Syst. v. 1. 347,
  potiùs referenda mihi videtur.

a. Flos, cum petalis tantùm inferioribus.	*b.* Nectarii calcar.
c. Petalum laterale.	*d.* Nectarii foliolum.
e. Stamina et pistilla.	*f.* Pistilla seorsìm.
g. Capsulæ.	*h.* Capsula e reliquis disjuncta.
i, I. Semen.	

TABULA 507.

DELPHINIUM HALTERATUM.

Delphinium nectariis diphyllis emarginatis, corollis enneapetalis: lateralibus suborbiculatis ungue capillari, foliis multipartitis.

D. halteratum. *Prodr. v.* 1. 371. *DeCand. Syst. v.* 1. 349.

D. græcum, foliis inferioribus fumariam, superioribus linariam referentibus. *Tourn.*
  Cor. 30?

In Siciliâ, et, ni fallor, in monte Athô, legit Sibthorp. ⊙.

Præcedente major, minùsque pubescens. *Caulis* tripedalis, ramosus, densè foliosus, angulatus, striatus, minutissimè tomentoso-incanus. *Folia* breviùs petiolata, quinquepartita;
  laciniis duplicato-incisis, recurvato-patentibus, minùs coriaceis, utrinque ferè glabris,

VOL. VI.   C vel margine tantùm scabriusculis. *Racemi* longissimi, cylindracei, stricti, multiflori. *Bracteæ* subulatæ; ad pedunculorum basin solitariæ; et ultra medium binæ aliæ, floris basin superantes. *Flores* cæruleo-violacei, calcari elongato, suberecto, pubescente. *Petala* quatuor inferiora divaricato-patentia; lateralia bina latè orbiculata, ungue capillari breviora. *Nectarium* diphyllum, basi flavescens. *Pistilla* tria, *germinibus* pubescentibus, nec glabris. *Fructus* mihi ignotus.

Petala lateralia, insectorum dipterorum halteribus quodammodò conformia, mihi nomen specificum suggessere.

a. Petala quatuor inferiora.   *b.* Petalum laterale, cum nectarii calcare.
c. Nectarii interioris foliolum.   *d.* Pedunculus, cum bracteis superioribus, et pistillis.

TABULA 508.

DELPHINIUM STAPHISAGRIA.

DELPHINIUM nectariis diphyllis linearibus, calcare brevissimo, petalis inferioribus obovatis patentibus: lateralibus angustatis repandis.

D. Staphisagria. *Linn. Sp. Pl.* 750. *Willden. Sp. Pl. v.* 2. 1231. *Ait. Hort. Kew. ed.* 2. *v.* 3. 321. *DeCand. Syst. v.* 1. 363.

D. platani folio, Staphisagria dictum. *Tourn. Inst.* 428.

Staphisagria. *Bauh. Pin.* 324. *Fuchs. Hist.* 785. *t.* 784. *Matth. Valgr. v.* 2. 570. *Camer. Epit.* 947.

S. Matthioli. *Dalech. Hist.* 1629.

Σ]αφις αγρια. *Diosc. lib.* 4. *cap.* 156.

'Αγριο ϛαφίδα. *Zacynth.*

Ad pagos in insulâ Cretâ frequens, locis umbrosis suburbanis præcipuè gaudens; nec non in insulâ Zacyntho. ♂.

Radix fusiformis, biennis. *Caulis* erectus, sesquipedalis, ramulosus, foliosus, angulato-teres, pilosus; pilis mollibus, patentibus, copiosis. *Folia* alterna, petiolata, minutissimè ac brevissimè pubescentia; inferiora multipartita, incisa; superiora palmato-quinquefida, vel trifida, lobis indivisis, integerrimis, acutiusculis. *Petioli* foliis longiores, more caulis pilosi. *Racemi* terminales, pilosi, multiflori. *Bracteæ* solitariæ vel ternæ, ad pedunculorum basin, lineari-lanceolatæ, acutæ, pilosæ. *Flores* magni, saturatè cæru-lei, quasi regulares. *Petala* quatuor inferiora patentia, obovata, extùs virescentia; duo lateralia ferè semiovata, repanda, purpureo alboque picta, ungue lineari, angusto, albo; supremum erectum, inferioribus formâ et colore simillimum, calcari brevissimo quadruplò longius. *Nectarium* diphyllum, angustissimum, album, posticè elongatum. *Capsulæ* tres, breves, pilosæ.

Ab hâc, *petalis* lateralibus latioribus, *cornuque* multùm longiori, ne dicam *floribus* palli-

Delphinium Staphisagria.

Nigella damascena

dioribus, satis discrepat *D. Staphisagria*, Woodv. Med. Bot. t. 154; quod *D. pictum*, apud DeCand. Syst. v. 1. 363, optimè nominatum est.

a. Flos, petalis quatuor inferioribus, vel exterioribus, avulsis.

c. Petala lateralia, cum nectario interiore.

e. Nectarii foliolum.

g. Stamina cum pistillis.

i. Capsulæ.

b. Petalum exterius.

d. Petalum supremum calcaratum.

f. Petalum laterale.

h. Pistilla.

NIGELLA.

Linn. Gen. Pl. 276. *Juss.* 233. *Gærtn. t.* 118.

Calyx nullus. *Petala* quinque, æqualia. *Nectaria* quinque bilabiata, intra corollam. *Capsulæ* quinque, vel decem, connnexæ, polyspermæ.

* *Pentagynæ.*

TABULA 509.

NIGELLA DAMASCENA.

N<small>IGELLA</small> floribus involucro folioso cinctis, nectariis antherisque muticis, capsulis connato-globosis lævibus.

N. damascena. *Linn. Sp. Pl.* 753. *Willden. Sp. Pl. v.* 2. 1248. *Ait. Hort. Kew. ed.* 2. *v.* 3. 326. *Curt. Mag. t.* 22. *DeCand. Syst. v.* 1. 331.

N. petalis tricuspidatis, foliis subpilosis. *Linn. Hort. Upsal.* 154. *Mill. Ic.* 125. *t.* 187. *f.* 2.

N. angustifolia, flore majore simplici cæruleo. *Tourn. Inst.* 258.

N. hortensis. *Trag. Hist.* 117.

N. hortensis altera. *Fuchs. Hist.* 504.

Melanthium sylvestre. *Matth. Valgr. v.* 2. 152. *Camer. Epit.* 552. *Lob. Ic.* 741.

M. damascenum. *Ger. Em.* 1084.

Isopyrum. *Matth. Valgr. v.* 2. 521.

Πορδόχορϊον *hodiè.*

Μαξροκόκο *Attic.*

In Græciæ et Archipelagi arvis, haud rara. ☉.

Radix simplex, gracilis, annua, ut in toto genere. *Herba* glabra, magnitudine varia. *Caulis* erectus, alternatìm ramosus, foliosus, striatus, sesquipedalis circitèr, vix altior. *Folia* bipinnatifida, laciniis linearibus, tenuissimis, acutis, ferulaceis, haud pilosis; caulina sessilia; radicalia petiolata; subradicalium laciniis pluribus infimis ad petioli basin quasi remotis. *Flores* terminales, solitarii, inodori, involucro folioso, pentaphyllo, suffulti. *Petala* ovata, unguiculata, cæruleo-alba. *Nectaria* petalis duplò breviora; ungue nectarifero, purpureo, apice geniculato; labio erecto, bipartito, virescente, anticè bilobo, pilosissimo, purpurascente, mutico. *Stamina* numerosa, capillaria, flava; *antheris* verticalibus, oblongis, muticis. *Germen* ovale, quinquesulcatum, glaberrimum. *Styli* quinque, flexuosi, erecti. *Capsulæ* unciales, in unâ ovatâ, quinqueloculari, extùs lævissimâ, conjunctæ, stylis persistentibus, patentibus, coronatæ.

a. Stamina et pistilla.	*b.* Petalum.
c, C. Nectarium.	*d.* Pistilla.
e. Capsulæ coalitæ.	*f.* Semen.

TABULA 510.
NIGELLA ARISTATA.

N<small>IGELLA</small> floribus involucro folioso cinctis, nectariis antherisque aristatis, capsulis turbinatis muricatis.

N. aristata. *Prodr. v.* 1. 373. *DeCand. Syst. v.* 1. 330.

Prope Athenas. ☉.

Præcedente minor, *involucro* folioso duplò breviore, *foliisque* minùs subdivisis. *Petala* latè cordata, acuminata, longiùs unguiculata. *Antheræ* apiculatæ. *Nectarii* lobus exterior luteo, purpureo, cæruleoque pulchrè variatus, pilosissimus, anticè bicornis. *Capsulæ* quinque, margine interiori connexæ; extùs tricarinatæ, muricato-scabræ. *Semina* angulata, nigerrima.

a. Stamina cum pistillis.	*b.* Petalum.
c, C. Nectarium.	*D.* Stamen auctum.
e. Pistilla.	*f.* Capsulæ.
g, G. Semen.	*H.* Involucri portio, duplò circitèr aucta.

TABULA 511.
NIGELLA SATIVA.

N<small>IGELLA</small> pistillis quinis, floribus nudis, nectariis tricornibus, capsulis connato-subrotundis muricatis.

N. sativa. *Linn. Sp. Pl.* 753. *Willden. Sp. Pl. v.* 2. 1248. *Ait. Hort. Kew. ed.* 2. *v.* 3. 326. *DeCand. Syst. v.* 1. 330.

N. flore minore simplici candido. *Bauh. Pin.* 145. *Tourn. Inst.* 258.

Melanthium. *Dod. Pempt.* 303. *Ger. Em.* 1084.

M. sativum. *Matth. Valgr. v.* 2. 151. *Camer. Epit.* 551.

510

Nigella aristata

Nigella sativa.

Nigella arvensis.

M. hortense primum. *Fuchs. Hist.* 503.

Μελανθιον *Diosc. lib.* 3. *cap.* 93.

Μαβροκυκάδεις *Cypr.*

In Græciâ et Archipelagi insulis frequens. ☉.

Herba plerumque brevissimè pubescens. *Caulis* erectus, angulosus, ramosus, pedalis aut bipedalis. *Folia* tripinnatifida, lobis ultimis elliptico-lanceolatis. *Flores* pedunculati, nudi. *Petala* ovata, acuta, breviùs unguiculata, cyaneo-alba. *Nectarium* cæruleo alboque variatum; lobo interiore brevi, lanceolato, simpliciter cornuto; exteriore inflato, piloso, extùs bicorni, obtuso. *Capsulæ* coalitæ, pentagono-subrotundæ, tuberculoso-muricatæ.

a. Petalum.	*b,* B. Stamen.
c, C, C. Nectarium.	*d.* Germen cum stylis.

TABULA 512.

NIGELLA ARVENSIS.

Nigella pistillis quinis, floribus nudis, nectariis tricornibus, capsulis turbinatis scabriusculis, caule patulo.

N. arvensis. *Linn. Sp. Pl.* 753. *Willden. Sp. Pl. v.* 2. 1248. *Ait. Hort. Kew. ed.* 2. *v.* 3. 327. *DeCand. Syst. v.* 1. 329. *Bulliard. Fr. t.* 126.

N. n. 1194. *Hall. Hist. v.* 2. 88.

N. arvensis cornuta. *Bauh. Pin.* 145. *Tourn. Inst.* 258.

Melanthium sylvestre. *Fuchs. Hist.* 505. *Dod. Pempt.* 303. *Ger. Em.* 1084.

M. sylvestre alterum. *Matth. Valgr. v.* 2. 153; *nec Camer. Epit.* 553.

In insulâ Cypro. ☉.

Herba sæpiùs multicaulis, glabra, vix spithamæa. *Folia* longè minùs quàm in præcedente subdivisa, laciniis acutis. *Flores* pedunculati, parvi. *Petala* cordata, acuta, albida, ungue mediocri. *Nectarium* flavescens, vel ochroleucum, viridi rubroque pictum, structurâ præcedentis, at plerumque glabrum; interdùm, monente Celeberrimo De-Candolle, subpilosum. *Capsulæ* margine interiori ad medium usque connatæ, plùs minùs tuberculato-scabræ; extùs, in exemplaribus Helveticis, glabratæ.

a, A. Petalum.	*b,* B. Nectaria duo, cum staminibus binis connexa.
c. Pistilla.	*d.* Capsula e reliquis disjuncta.
e, E. Semen.	

POLYANDRIA POLYGYNIA.

ANEMONE.

Linn. Gen. Pl. 279. *Juss.* 232. *Gœrtn. t.* 74. *DeCand. Syst. v.* 1.188.

Hepatica. *Dill. Gen.* 108. *t.* 5. *DeCand. Syst. v.* 1. 215.
Pulsatilla. *Tourn. t.* 148.
Anemonoides. *Dill. Gen.* 107. *t.* 4.
Anemone-ranunculus. *Ibid. t.* 4.

Calyx nullus. *Petala* quinque ad quindecim, æstivatione imbricata. *Semina* plura, mucronata, vel caudata.

TABULA 513.

ANEMONE HEPATICA.

Anemone foliis trilobis integerrimis.

A. Hepatica. *Linn. Sp. Pl.* 758. *Willden. Sp. Pl. v.* 2. 1272. *Ait. Hort. Kew. ed.* 2.
· *v.* 3. 336. *Fl. Dan. t.* 610.

Ranunculus tridentatus vernus, flore simplici cæruleo. *Tourn. Inst.* 286.

Hepatica. *Brunf. Herb. v.* 1. 190.

H. n. 1156. *Hall. Hist. v.* 2. 65.

H. trifolia, cæruleo flore. *Clus. Hist. v.* 2. 247.

H. triloba. *DeCand. Syst. v.* 1. 216 ; *excl. Sm. Engl. Bot. t.* 51.

Trifolium hepaticum, flore simplici. *Bauh. Pin.* 330.

Trinitas. *Matth. Valgr. v.* 2. 192. *Camer. Epit.* 585.

Epimedium. *Cord. Hist.* 93.

In herbario Sibthorpiano, nescio unde lecta. ♃.

Radix cæspitosa, subrepens, fibris simplicibus, crassiusculis, altè descendentibus. *Caulis* nullus. *Folia* radicalia, cæspitosa, longiùs petiolata, patentia, coriacea, glabra, ultrà medium triloba, integerrima ; basi cordata ; subtùs sanguineo-fusca. *Petioli* teretes, pilosi, rubicundi, foliis duplò vel triplò longiores. *Pedunculi* radicales, simplices, uniflori, teretes, rubicundi, piloso-sericei, laxi, foliis altiores. *Involucrum* paululùm

Anemone Hepatica.

Anemone coronaria.

a flore remotum, tripartitum, pilosum, margine integerrimum, persistens. *Perianthium* omninò nullum. *Petala* sex, obovato-oblonga, patentia, involucro triplò longiora, pulchrè cyanea; subtùs pallida. *Stamina* numerosa, albida, petalis longè breviora. *Semina* ovata, compressa, acuminata, in capitulum collecta, pedicello elongato elevatum.

In hortis flore roseo, albo, sæpè pleno, vulgaris est; flore pleno saturatè roseo, omnium varietatum vulgatissima.

a. Pedunculi apex, cum involucro; atque pedicello germina et stamina elevante, petalis delapsis.

TABULA 514.

ANEMONE CORONARIA.

ANEMONE foliis ternatìm decompositis, involucro triphyllo multifido, petalis sex ellipticis concavis obtusis.

A. coronaria.   *Linn. Sp. Pl.* 760.   *Willden. Sp. Pl. v.* 2. 1276.   *Ait. Hort. Kew. ed.* 2. *v.* 3. 338.   *DeCand. Syst. v.* 1. 196.   *Sims in Curt. Mag. t.* 841.

A. œnanthes foliis, flore violaceo hexaphyllo.   *Bauh. Pin.* 174.   *Tourn. Inst.* 277.

A. tenuifolia altera quarta.   *Clus. Hisp.* 312.

A. hortensis tenuifolia, simplici flore, secunda.   *Clus. Hist. v.* 1. 255.

A. tuberosa radice.   *Ger. Em.* 374.

Ανεμωνη ἡμερα *Diosc. lib.* 2. *cap.* 207.

Παπαρένα *hodiè.*

In collibus siccis Græciæ copiosè, Martio florens. ♃.

Radix tuberosa, oblonga, radiculis filiformibus. *Folia* radicalia, longiùs petiolata, biternata, laciniis pinnatifidis, decurrentibus, mucronulatis, canaliculatis, sæpè trifidis; subindè pilosa. *Petioli* canaliculati, piloso-sericei, foliis triplò longiores. *Scapus* solitarius, foliis duplò altior, erectus, teres, pilosus, uniflorus. *Involucrum* super medium scapi, triphyllum, erectiusculum; foliolis uniformibus, palmato-multifidis, incisis, acutis; basin versùs nervosis, pilosioribus. *Flos* solitarius, magnus, speciosus, inodorus, erectus, plerumque, ut in Italiæ pratis, lætè cæruleo-violaceus, extùs sericeus; variat etiam colore saturatè violaceo, coccineo, carneo, vel albo. *Antheræ*, ut et *stigmata*, plùs minùs nigricantes. *Semina* densè lanata.

Hortorum europæorum, sub hyeme mitiori vel vere benigno, gratissimum decus. Varietates floribus plenis, versicoloribus, culturâ minùs faciles, inter adonidum delicias, nec immeritò, celebrantur.

a. Pistilla, cum staminibus aliquot, reliquis cum petalis delapsis.

TABULA 515.

ANEMONE HORTENSIS.

ANEMONE foliis tripartitis: lobis cuneatis incisis, involucro triphyllo partìm secto, petalis numerosis oblongis.

A. hortensis. *Linn. Sp. Pl.* 761. *Willden. Sp. Pl. v.* 2. 1277. *Ait. Hort. Kew. ed.* 2. *v.* 3. 338. *Curt. Mag. t.* 123.

A. stellata. *DeCand. Syst. v.* 1. 198.

A. n. 1152. *Hall. Hist. v.* 2. 64.

A. latifolia, simplici carneo flore. *Tourn. Inst.* 276.

A. hortensis latifolia, simplici flore, tertia. *Clus. Hist. v.* 1. 249.

A. prima. *Dod. Pempt.* 434.

A. secunda. *Camer. Epit.* 387.

A. bulbocastani radice. *Ger. Em.* 375.

Ανεμωνη αγϱια *Diosc. lib.* 2. *cap.* 207.

'Αγϱιο παπαϱένα *hodiè.*

In collibus Græciæ cum priore, eodem tempore florens. ♃.

Radix tuberosa, oblongiuscula, vel subrotunda, radiculis copiosis, capillaribus. *Folia* radicalia, longiùs petiolata, patentia, tripartita; lobis cuneiformibus, latitudine maximè variis, inæqualitèr trifidis, mucronatis, planis, margine tantùm scabris. *Scapus* foliis duplò altior, spithamæus, rectiusculus, teres, piloso-sericeus, ultrà medium involucratus, uniflorus. *Involucrum* triphyllum, acutum, extùs pilosum; foliolis duobus plerumque lanceolatis, indivisis; tertio inæqualitèr trifido. *Flos* præcedente longè minor, diametro sesquiuncialis, erectus, saturatè roseus, inodorus, nec multùm, in solo natali, varians. *Petala* duodecim circitèr, patenti-recurva, lineari-oblonga, vel angustè elliptica, obtusa, uniformia; extùs sericea. *Stamina* et *pistilla* cærulescentia.

   a. Petalum.   *b.* Pistilla cum staminibus aliquot.

Anemone hortensis.

CLEMATIS.

Linn. Gen. Pl. 280. *Juss.* 232. *Gærtn. t. 74. DeCand. Syst. v.* 1. 131.

Calyx nullus. *Petala* quatuor ad octo, æstivatione valvata, vel marginibus inflexa. *Semina* plura, caudata. *Receptaculum* capitatum.

TABULA 516.

CLEMATIS VITICELLA.

Clematis foliis ternatìm decompositis cuneatis ovatisve, pedunculis unifloris medio bracteatis, petalis obovatis repandis.

C. Viticella. *Linn. Sp. Pl.* 765. *Willden. Sp. Pl. v.* 2. 1288. *Ait. Hort. Kew. ed.* 2. *v.* 3. 346. *Curt. Mag. t.* 565. *DeCand. Syst. v.* 1. 160.

C. tertia. *Matth. Valgr. v.* 2. 307.

C. altera. *Camer. Epit.* 696. *Clus. Hist. v.* 1. 122. *Dod. Pempt.* 406.

C. peregrina cærulea. *Ger. Em.* 887.

C. sive Flammula, flore cæruleo et purpureo, scandens. *Bauh. Hist. v.* 2. 128.

Clematitis cærulea vel purpurea repens. *Bauh. Pin.* 300.

C. purpurea repens. *Tourn. Inst.* 294.

Pothos cæruleus Matthioli. *Dalech. Hist.* 1430.

Κλημαℓìλις *Diosc. lib.* 4. *cap.* 182. *Sprengel.*

Ad sepes circa lacum Nicææ, Bithyniæ. ♄.

Caules lignosi, graciles, latè diffusi, vel scandentes, ramosissimi, angulati, sulcati, pubescentes. *Rami* oppositi, foliosi. *Folia* opposita, petiolata, composita, aut decomposita; foliolis ternatis; vel ovatis, indivisis, integerrimis; vel trilobis, cuneatis, variè laciniatis; omnibus pilosis, venosis, deciduis. *Stipulæ* nullæ. *Petioli* pilosi, persistentes, demùm tortuosi, cirrosi. *Pedunculi* axillares, simplices, uniflori, angulati, pilosi, foliis longiores, medium versùs bracteati. *Bracteæ* geminæ, oppositæ, foliolis conformes, at minores. *Flores* penduli, campanulati, saturatè violacei, inodori. *Petala* quatuor, æqualia, obovata, obtusa, venosa, corrugata, repanda, sesquiuncialia; basi conniventia, extùs pubescentia; ultra medium patentia, glabrata. *Stamina* et *pistilla* numerosa, petalis duplò breviora. *Germina* pilosa. *Styli* elongati, lineares, ferè glabri. *Seminum caudæ*, ut videtur, glabræ.

Foliorum formâ insignitèr variat, nec non *florum* colore, interdùm pulchrè rubro, sæpiùs verò tristè violaceo.

a. Flos absque petalıs.   b. Petalum e parte internâ.

TABULA 517.

CLEMATIS CIRROSA.

CLEMATIS foliis simplicibus fasciculatis cordatis incisis, pedunculis unifloris apice bracteatis, caule scandente.

C. cirrosa.   *Linn. Sp. Pl.* 766.   *Willden. Sp. Pl. v.* 2. 1287.   *Ait. Hort. Kew. ed.* 2. *v.* 3. 342.   *Sims in Curt. Mag. t.* 1070.   *DeCand. Syst. v.* 1. 162.

C. altera bœtica.   *Clus. Hist. v.* 1. 123.

C. bœtica.   *Ger. Em.* 886.   *Dalech. Hist.* 1434.   *Lob. Ic.* 628.   *Bauh. Hist. v.* 2. 126.

Clematitis peregrina, foliis pyri incisis.   *Bauh. Pin.* 300.   *Tourn. Inst.* 293.   *Pet. Gazoph. t.* 126. *f.* 1.

C. cretica, foliis pyri incisis, nunc singularibus, nunc ternis.   *Tourn. Cor.* 20.   *DeCand. ex herb. auctoris.*

C. campanulata alba, teucrii folio.   *Cupan. Panphyt. v.* 1. *t.* 49.

Κλημαℓῆις *Diosc. lib.* 4. *cap.* 182?   *Sibth.*

Circa Athenas.   ♄ .

Caules lignosi, teretiusculi, sulcati, ramosissimi, scandentes, *petiolis* persistentibus, induratis, contortuplicatis, sustentati.   *Folia* conferta, petiolata, simplicia, glabra, ovata, vix uncialia; utrinque medio incisa; quandoque trifida, vel tripartita.   *Pedunculi* axillares, solitarii vel gemini, foliis breviores, filiformes, cernui, uniflori; prope apicem bracteati; super bracteas incrassati, piloso-sericei.   *Bracteæ* binæ, ovatæ, acutæ, rubicundæ, parvæ, persistentes.   *Flores* penduli, campanulati, ochroleuci vel albidi, amœni; magnitudine vix præcedentis.   *Petala* obovata, nervosa, suprà medium patentiora; extùs tomentosa.   *Semina* pubescentia, compressa, *caudá* plumosâ, nitidâ, albâ.

Inter elegantissimas hujus generis species jure numeratur.   In hortis nostris lætè viget, semperque ferè viret, at rariùs, nec nisi sero autumno, flores perficit.

      a. Flos, abreptis petalis.   *b.* Idem staminibus etiam orbatus.
      c. Petalum.   *d.* Fructus vix maturus.

Ranunculus asiaticus.

RANUNCULUS.

Linn. Gen. Pl. 281. *Juss.* 233. *Gærtn. t.* 74. *DeCand. Syst. v.* 1. 231.

Calyx pentaphyllus, deciduus. *Petala* quinque ad decem, intra ungues poro mellifero. *Semina* mucronata.

TABULA 518.

RANUNCULUS ASIATICUS.

Ranunculus foliis ternatis biternatisque : laciniis trifidis incisis, caule erecto subramoso, calyce demùm reflexo.

R. asiaticus. *Linn. Sp. Pl.* 777. *Willden. Sp. Pl. v.* 2. 1318. *Ait. Hort. Kew. ed.* 2. *v.* 3. 355. *DeCand. Syst. v.* 1. 261.

R. foliis ternatis biternatisque, foliolis trifidis incisis, caule infernè ramoso. *Mill. Ic.* 144. *t.* 216.

R. grumosâ radice, flore phœniceo minimo simplici. *Bauh. Pin.* 181. *Tourn. Inst.* 287.

R. asiaticus grumosâ radice, primus et secundus. *Clus. Hist. v.* 1. 240, 241.

R. grumosâ radice ramosus. *Ger. Em.* 959.

Βαΐραχιον *Diosc. lib.* 2. *cap.* 206.

᾽Αγριο σέλινον *hodiè in Cypro.*

In Cariâ et Ciliciâ ; copiosiùs verò in insulâ Cypro. ♃.

Radix perennis, fasciculata ; tuberibus numerosis, cylindraceo-oblongis, infernè attenuatis, carnosis, fuscis. *Caulis* solitarius, erectus, pedalis vel altior, foliosus, teres, pilosus, pauciflorus. *Folia* ternata, vel biternata, utrinque pilosa ; foliolis aut laciniis cuneiformibus, trifidis, vel incisis ; superiorum quandoque multipartitis, angustatis ; inferiorum minùs divisis. *Petioli* canaliculati, pilosi ; foliorum radicalium longiores, erecti. *Stipulæ* nullæ. *Flores* terminales, solitarii, pedunculati, erecti, speciosi, sæpiùs punicei, nitidi, quandoque flavi. *Calycis* foliola ovato-lanceolata, concava, acuminata, pilosa, fusco-rubicunda, patentia ; demùm reflexa, decidua. *Petala* quinque, imbricata, patentia, obovato-rotundata, concava, calyce duplò longiora. *Stamina* longitudine vix calycis, numerosa. *Antheræ* oblongæ, dorso insertæ, extùs patentes. *Germina* plurima, in capitulum ovatum, mox elongatum, cylindraceum, collecta. *Styli* breves, recurvi, persistentes. *Stigmata* acuta. *Semina* nuda, conferta, ovata, compressa, stylis persistentibus mucronata.

Floribus plenis, versicoloribus, hortos europæos ubique ornat ; cùm innumeræ varietates e seminibus facilè multiplicantur, et selectiores radice propagantur.

    a. Flos corollá orbatus.   *b.* Petalum.   *c.* Pistilla.

TABULA 519.

RANUNCULUS LANUGINOSUS.

RANUNCULUS foliis trifidis lobatis holosericeis, caule erecto multifloro piloso, calyce patulo, seminibus aduncis.

R. lanuginosus. *Linn. Sp. Pl.* 779. *Willden. Sp. Pl. v.* 2. 1327. *Ait. Hort. Kew. ed.* 2. *v.* 3. 357. *Fl. Dan. t.* 397. *DeCand. Syst. v.* 1. 281.

R. montanus lanuginosus, foliis ranunculi pratensis repentis. *Bauh. Pin.* 182. *Tourn. Inst.* 291.

R. montanus subhirsutus latifolius. *Bauh. Prodr.* 96, *cum icone.*

R. magnus, valdè hirsutus, flore luteo. *Bauh. Hist. v.* 3. *p.* 2. 417.

R. n. 1172. *Hall. Hist. v.* 2. 73.

R. nemorosus hirsutus, foliis caryophyllatæ. *Lœsel. Pruss.* 220. *t.* 71.

Βα]ραχιον ἕ]ερον *Diosc. lib.* 2. *cap.* 206. *Sibth.*

Σπᴇρδοκοκύλα *hodiè.*

In umbrosis humidis irriguis, Græciæ præcipuè borealis, nec non in Peloponneso. ♃.

Radix perennis, fasciculata, tuberibus cylindraceis, elongatis, carnosis, pallidè fuscis, radiculis fibrillosis pluribus interstinctis. *Caulis* solitarius, erectus, sesquipedalis, foliosus, teres, undique pilosus, pilis patentibus; basi purpurascens; supernè ramosus, multiflorus. *Folia* cordata, subquinquangula, profundè triloba, vel quinqueloba, venosa, latè incisa, saturatè viridia, utrinque mollissimè villosa, aut holosericea, sinubus purpureo-nigricantibus; radicalia petiolata; caulina subsessilia; summa tripartita, angustata, integerrima. *Petioli* pilosi, rubicundi. *Flores* terminales, erecti, aurei, magnitudine et facie *Ranunculi bulbosi.* *Pedunculi* teretes, pilosi, pilis suberectis. *Calyx* patens, foliolis concavis, extùs hirtis. *Petala* obovato-rotunda, *nectario* exiguo. *Fructus* subglobosus. *Semina* pauciora, ovata, compresso-plana, utrinque lævia, *stylo* persistente mucronata, mucrone recurvo, contorto.

a. Flos absque petalis.   b. Petalum seorsìm.

TABULA 520.

RANUNCULUS FLABELLATUS.

RANUNCULUS foliis pedato-biternatis incisis; primordialibus flabelliformibus trilobisve dentatis, caule paucifloro, fructu elliptico.

R. flabellatus. *Desfont. Atlant. v.* 1. 438. *t.* 114. *Willden. Sp. Pl. v.* 2. 1318.

R. chærophyllos γ. *DeCand. Syst. v.* 1. 255.

Ranunculus lanuginosus

Ranunculus flabellatus.

Ranunculus millefoliatus.

R. lanuginosus, apii folio, asphodeli radice. *Bauh. Pin.* 181. *Tourn. Inst.* 289.

R. alter saxatilis, asphodeli radice. *Column. Ecphr.* 312. *t.* 313. *f.* 1.

In montibus Græciæ borealis. ♃.

Radix fasciculata, tuberibus cylindraceis, elongatis, basi ovatis. *Caulis* erectus, spithamæus,
aut ferè pedalis, foliosus, teres, sericeo-pilosus, apice subdivisus, pauciflorus. *Folia*
radicalia longiùs petiolata, biternata, acutè lobata vel incisa; suprà glabriuscula; subtùs margineque pilosa; basi lobis aggregatis ferè pedatifida; primordialia longè simpliciora; caulina superiora ternata, integerrima; summa simplicia. *Petioli* canaliculati, sericei. *Flores* aurei, magnitudine præcedentis. *Pedunculi* teretes, sericei.
Calyx sericeus, patens, haud reflexus. *Semina* matura nobis desunt.

Variat *caule* unifloro, vix palmari. Cum *R. chærophyllo* radice ferè convenit; discrepat
verò foliis latioribus, et calyce non reflexo.

        a. Flos, abreptâ corollâ.   *b.* Petalum.

TABULA 521.

RANUNCULUS MILLEFOLIATUS.

Ranunculus calycibus erectis glabriusculis, foliis supradecompositis: laciniis elliptico-
linearibus, caulibus subunifloris.

R. millefoliatus. *Vahl. Symb. v.* 2. 63. *t.* 37. *Desfont. Atlant. v.* 1. 441. *t.* 116. *Willden.*
Sp. Pl. v. 2. 1328. *DeCand. Syst. v.* 1. 256.

R. montanus leptophyllon, asphodeli radice. *Column. Ecphr.* 312. *t.* 311.

R. chærophyllos, asphodeli radice. *Bauh. Pin.* 181. *Tourn. Inst.* 289.

In Peloponnesi montibus. ♃.

Radix fasciculata, tuberibus ovalibus, muticis, radiculis fibrillosis interstinctis. *Caules* plures,
vix spithamæi, erecti, simplices, foliosi, teretes, pilosi, pilis mollibus patentibus. *Folia*
petiolata, omnia uniformia, bipinnata, pinnulis trifidis, vel tripartitis, laciniis lanceolatis,
aut elliptico-linearibus, integerrimis, decurrentibus, glabris. *Petioli* laxè pilosi. *Flores*
solitarii, terminales, erecti, longiùs pedunculati, aurei, magnitudine *R. bulbosi. Calyx*
adpressus, minimè reflexus, omninò ferè glaber. *Fructus* oblongus. *Semina* adunca.

A *R. chærophyllo* Linnæi differt *tuberibus radicalibus* elliptico-rotundis, muticis, nec elongatis, attenuatis, ut in præcedente; differt etiam *calyce* glabro, adpresso, nec hirsuto,
reflexo. Icon Illustr. Columnæ *radicis* structurâ omninò peccat. *Radiculæ* verò e
caudice, una cum tuberibus, exeunt.

TABULA 522.

RANUNCULUS MURICATUS.

Ranunculus seminibus aculeatis apice rectis, foliis simplicibus lobatis obtusis glabris, caule diffuso.

R. muricatus.   *Linn. Sp. Pl.* 780.   *Willden. Sp. Pl. v.* 2. 1329.   *Ait. Hort. Kew. ed.* 2. *v.* 3. 358.   *DeCand. Syst. v.* 1. 298 ; varietatibus aliquantulùm dubiis.

R. palustris echinatus.   *Bauh. Pin.* 180.   *Prodr.* 95.   *Bauh. Hist. v.* 3. *p.* 2. 846.   *Tourn. Inst.* 286.

R. Apuleii quibusdam.   *Clus. Hist. v.* 1. 233.

R. parvus echinatus.   *Ger. Em.* 965.

R. alpinus, tribuli aquatici foliis.   *Bocc. Mus.* 162. *t.* 124 ; malè.

Βατραχιον Ἱριον *Diosc. lib.* 2. *cap.* 206. *Sibth.*

Σπυρδοκοκίλα *hodiè.*

In aquosis vel humidis Græciæ frequens.   ☉.

Radix annua, radiculis numerosis, longissimis, fibrillosis, fuscis.   *Caulis* basi divisus, purpurascens; supernè parùm ramosus, plùs minùs patens vel decumbens, teres, crassiusculus, foliosus, glaber.   *Folia* petiolata, patentia, cordato-rotundata, semitriloba, venosa, saturatè virentia, glaberrima, lucida, subcarnosa; lobis latè incisis, vel crenatis. *Petioli* foliis plerumque longiores, caniculati, glabri; basi dilatati, membranacei, vaginantes, margine laxè fimbriati.   *Pedunculi* axillares, solitarii, simplices, uniflori, teretes, glabri.   *Flores* aurei, præcedentibus minores.   *Calyx* arctè reflexus, submembranaceus, glaber, deciduus.   *Petala* obovata, calyce paulò longiora.   *Fructus* capitatoglobosus.   *Semina* ovata, compressa, aculeis porrectis utrinque muricata, apice acuminata, mucrone lato, compresso, angulato, recto, vel paululùm adunco.

a. Flos sine petalis.   *b.* Petalum seorsìm.   *c.* Fructus.

Ranunculus muricatus

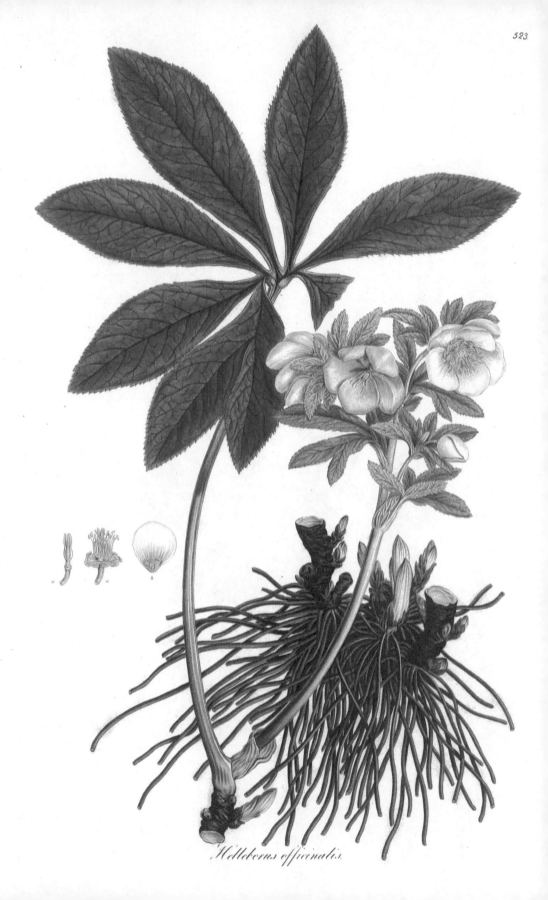

Helleborus officinalis.

HELLEBORUS.

Linn. Gen. Pl. 282.   Juss. 233.   Gœrtn. t. 65.   DeCand. Syst. v. 1. 315.

Calyx nullus.   *Petala* quinque, persistentia.   *Nectaria* plura, tubulata, bilabiata, decidua.   *Capsulœ* polyspermæ.

TABULA 523.

HELLEBORUS OFFICINALIS.

Helleborus foliis pedatis subtùs pubescentibus, scapo multifloro, bracteis digitatis.

H. officinalis.   *Salisb. in Tr. of Linn. Soc. v. 8. 305.*

H. orientalis.   *Lamarck Dict. v. 3. 96.   Willden. Sp. Pl. v. 3. 1337.   DeCand. Syst. v. 1. 317.*

H. niger orientalis, amplissimo folio, caule præalto, flore purpurascente.   *Tourn. Cor. 20.*

Ellebore noir des anciens.   *Tourn. Voy. v. 2. 189.*

Ελλεβορος μελας *Diosc. lib. 4. cap. 151.*

Σκάρφη *hodiè.*

Zoplemé *Turc.*

In Athô, Delphi, et Olympo Bithyno, nec non in montibus circa Thessalonicam.   Prope Byzantium copiosè provenit. ♃.

Radix subcarnosa, cæspitosa, multiceps, extùs nigra; radiculis copiosis, filiformibus, simplicibus, longissimis, concoloribus.   *Folia* radicalia, petiolata, magna, pedata, foliolis plerumque novem, elliptico-oblongis, utrinque acutis, acutè serratis; suprà glaberrimis, atro-viridibus; subtùs pallidioribus, venosis, tenuissimè pubescentibus; exterioribus minoribus, basi connatis.   *Petioli* pedales, erecti, teretiusculi, glabri; suprà canaliculati; basi subdilatati, membranacei, vaginantes, purpurascentes.   *Scapi* e petiolorum vaginis, adscendentes, teretes, subglabri, foliis paulò breviores; basi vaginati; apice corymbosi, foliolosi, multiflori.   *Bracteæ* foliis longè minores ac pallidiores, subsessiles, pedatifidæ, serratæ; subtùs pubescentes.   *Pedunculi* e bractearum axillis, solitarii vel gemini, teretes, simplices, pubescentes, uniflori.   *Flores* cernui, formosi, *Hellebori nigri* duplò minores, minùsque candidi.   *Petala* basi virescentia, demùm pallidè purpurascentia, persistentia.   *Nectaria* numerosa, petalis quadruplò breviora, compressa, retusa, basi attenuata, decidua.   *Stamina* nectariis duplò longiora, filiformia, erecta.   *Antheræ* oblongæ.   *Germina* quinque, lanceolato-oblonga, erecta, in *stylos* totidem subulatos, erectos, longitudine staminum, desinentia.   *Stigmata* acuta.   *Capsulas* nondùm vidi.

Hujus radix, sub nomine *Hellebori nigri*, sive *Melampodii*, apud antiquos, ob vim cathar-
ticam, celeberrima, scilicet in Epilepsiâ, Paralysi, Melancholiâ, Hydrope, nec non
Scabie, a Dioscoride remedium egregium laudatur.   Locus ejus in recentiorum phar-
macopœis, aliis pluribus speciebus inventu facilioribus, usurpatur.

a. Flos petalis orbatus.   *b.* Petalum cum nectariis tribus ad basin.
c. Pistilla.

Guya chia.

DIDYNAMIA GYMNOSPERMIA.

A J U G A.

Linn. Gen. Pl. 287.

Bugula. *Juss.* 112. *Tourn. t.* 98.
Chamæpitys. *Tourn. t.* 98.

Calyx quinquefidus, subæqualis. *Corollæ* labium superius minimum, retusum, emarginatum, staminibus brevius.

TABULA 524.

AJUGA CHIA.

AJUGA caule adscendente ramoso, foliis tripartitis ; inferioribus incisis, floribus folio longioribus.

A. chia. *Schreb. Vertic. Unilab.* 25. *Willden. Sp. Pl. v.* 3. 11.

Chamæpitys chia lutea, folio trifido, flore magno. *Tourn. Cor.* 14.

In Archipelagi insulis frequens, etiam in Asià minore. ☉

Radix ramosa, fibrosa. *Caulis* basi ramosus, sublignosus ; *ramis* oppositis, adscendentibus,
simplicibus, subspithamæis, obtusè tetragonis, piloso-incanis, purpurascentibus, undique densè foliosis. *Folia* opposita, pilosa, tristè virentia, tripartita, basi elongata,
subpetiolata ; inferiorum laciniis paululùm dilatatis, incisis ; superiorum linearibus,
obtusis, integerrimis, revolutis. *Flores* copiosi, axillares, solitarii, sessiles, foliis superioribus longiores, lutei, fusco punctati ac lineati. *Calyx* campanulatus, pilosus, ore
coarctatus, dente supremo minimo. *Corolla* calyce quintuplò longior ; extùs pilosa,
pallida ; *tubo* basi inflato, globoso, supernè infundibuliformi ; *limbo* maximè inæquali ;
labio superiore minimo, retuso, emarginato ; *inferiore* maximo, trilobo ; lobis lateralibus acutis, fusco vittatis ; terminali maximo, dilatato, bifido, subreniformi, disco punctato. *Stamina* pilosa, pallida, corollæ labio superiore multùm longiora, inferiore
breviora. *Semina* quatuor, obovata, incurva, corrugata, vel subcellulosa, fusca.

> *a.* Calyx cum pistillo.
> *c.* Stamina seorsìm.
> *e*, E. Semen magnitudine naturali et aucta.

> *b.* Corolla cum staminibus.
> *d.* Semina matura.

VOL. VI.   G

TABULA 525.

AJUGA IVA.

AJUGA caulibus diffusis, foliis lineari-oblongis anticè dentatis.

A. Iva.   *Schreb. Vertic. Unilab.* 25.   *Willden. Sp. Pl. v.* 3. 11.   *Ait. Hort. Kew. ed.* 2. *v.* 3. 364.

Teucrium Iva.   *Linn. Sp. Pl.* 787.   *Cavan. Ic. v.* 2. 18. *t.* 120.

Chamæpitys moschata, foliis serratis, an prima Dioscoridis ?   *Bauh. Pin.* 249.   *Tourn.*
     Inst. 208.   *Magn. Monsp.* 61.

Ch. sive Iva moschata monspeliensium.   *Bauh. Hist. v.* 3. *p.* 2. 296.   *Moris. Hist. v.* 3. 425.
     sect. 11. *t.* 22. *f.* 3.

Ch. spuria prior, sive Anthyllis altera.   *Dod. Pempt.* 47.

Iva muscata monspeliaca.   *Ger. Em.* 525.

I. moschata monspelii.   *Lob. Advers.* 164.

Anthyllis altera.   *Clus. Hist. v.* 2. 186.

A. chamæpitoides minor : Iva moschata monspelliensis.   *Lob. Ic.* 384.

A. altera herbariorum.   *Dalech. Hist.* 1149.

Χαμαιπίτυς *Diosc. lib.* 3. *cap.* 175.

β. Moscharia.   *Forsk. Ægypt.-Arab.* 158.

In Archipelagi insulis, nec non in Cretâ et Zacyntho.   ☉.

Radix cylindraceo-fusiformis, fibrillosa, annua. *Caules* plures, palmares, aut vix spithamæi,
     undique diffusi, simplices, foliosi, pilosi, teretiusculi. *Folia* opposita, decussata, con-
     ferta, sessilia, uncialia, lineari-oblonga, obtusa, uninervia, undique pilosa, subviscida ;
     basi integerrima; apicem versùs latiuscula, et latè dentata. *Flores* axillares, solitarii,
     sessiles, lutei, longitudine circitèr foliorum. *Calyx* campanulatus, pilosus, ad medium
     ferè quinquefidus, laciniis subæqualibus. *Corolla* et *stamina* præcedentis, at labio
     inferiore trilineato, nec punctato. *Semina* excavato-punctata, quasi alveolata, nec
     transversè corrugata.

Moscharia Forskallii hujus varietas videtur, floribus monstrosis, æqualibus, apetalis, monente
     amicissimo D. Correâ.

Folia quandoque integerrima, et flores albidi.

         a. Calyx cum pistillo.   *b.* Corolla cum staminibus.
         c, C. Semen.

TABULA 526.

AJUGA SALICIFOLIA.

AJUGA caule diffuso ramoso, foliis elliptico-lanceolatis indivisis integerrimis triplinervibus.

A. salicifolia.   *Schreb. Vertic. Unilab.* 26.   *Willden. Sp. Pl. v.* 3. 12.

Ajuga Iva.

Ajuga salicifolia

Teucrium fruticans.

Teucrium salicifolium. *Linn. Mant.* 80. *Schreb. Dec.* 17. *t.* 9.

Chamæpitys orientalis, salicis folio. *Tourn. Cor.* 14.

Ad viam inter Smyrnam et Bursam. ♃.

Caules basi ramosi, sublignosi ; *ramis* pedalibus, diffusis, simplicibus, foliosis, obtusè tetragonis, pilosis. *Folia* patentia, pubescentia, incana, elliptico-lanceolata, obtusiuscula, triplinervia, indivisa et integerrima, uniformia, basi in petiolum brevem attenuata. *Flores* copiosi, axillares, solitarii, sessiles, foliis breviores, lutei. *Calyx* in exemplaribus Sibthorpianis omninò quinquefidus, nec quadrifidus, laciniis post florescentiam auctis, subæqualibus. *Corolla* prioribus similis, marcescens. *Semina* excavato-punctata, basi transversè corrugata.

<table>
<tr><td>a. Calyx cum pistillo.</td><td>b. Corolla cum staminibus.</td></tr>
<tr><td>c. Calyx fructûs, cum corollâ marcidâ.</td><td>d. Idem corollâ orbatus.</td></tr>
<tr><td>e, e. Semina seorsìm.</td><td></td></tr>
</table>

TEUCRIUM.

Linn. Gen. Pl. 287. *Juss.* 112.

Calyx quinquefidus, subæqualis. *Corollæ* labium superius bipartitum, laciniis distantibus, lateralibus.

TABULA 527.

TEUCRIUM FRUTICANS.

Teucrium foliis ovatis obtusis integerrimis subtùs niveis, floribus axillaribus solitariis, corollâ sexlobâ.

T. fruticans. *Linn. Sp. Pl.* 787. *Willden. Sp. Pl. v.* 3. 16. *Schreb. Vertic. Unilab.* 26. *Ait. Hort. Kew. ed.* 2. *v.* 3. 366.

T. fruticans bœticum. *Clus. Hist. v.* 1. 348. *Dill. Elth.* 379. *t.* 284. *f.* 366.

T. bœticum et creticum Clusii. *Bauh. Hist. v.* 3. *p.* 2. 291.

T. bœticum. *Clus. Hisp.* 229. *Tourn. Inst.* 208. *Duham. Arb. v.* 2. 318. *t.* 89. *f.* 2. *Ger. Em.* 659. *Dalech. Hist.* 1166.

T. peregrinum, folio sinuoso. *Bauh. Pin.* 247. *Pluk. Almag.* 363.

T. cæsio et amplo rorismarini flore, bœticum Clusii. *Barrel. Ic. t.* 512.

β. T. fruticans bœticum, minore folio. *Dill. Elth.* 379. *t.* 284. *f.* 367.

T. argenteum, subrotundis foliis, non sinuosis, flore cæruleo. *Pluk. Almag.* 363.

T. bœticum humilius et ramosius, folio subrotundo. *Hort. Angl. Cat. t.* 3.

γ. T. latifolium.   *Linn. Sp. Pl.* 788.   *Curt. Mag. t.* 245.

T. fruticans bœticum, ampliore folio.   *Dill. Elth.* 379. *t.* 284. *f.* 368.

T. hispanicum, latiore folio.   *Tourn. Inst.* 208.

In Siciliâ depingi curavit Sibthorp; anne posteà in Græciâ, vel Archipelagi insulis, hanc stirpem pro herbario, ubi hodiè reponitur, collegit, non constat.   ♄.

Caulis fruticosus, erectus, circitèr quinque-pedalis, ramosissimus; *ramis* oppositis, brachiatis, foliosis, tetragonis, undique tomentoso-niveis. *Folia* opposita, breviùs petiolata, patentia, ovato-oblonga, plùs minùs obtusa, latitudine varia, integerrima, subrepanda, venosa; suprà tristè viridia, glabra; subtùs tomentoso-nivea. *Flores* axillares, solitarii, oppositi, lætè purpuro-cærulei. *Calyx* campanulatus, ferè regularis; intùs glaber; extùs, more *pedunculorum* et *petiolorum*, tomentoso-niveus. *Corolla* calyce quadruplò longior, venulosa, inæqualitèr sexloba, vix ringens aut bilabiata; lobis superioribus, labii superioris vicem gerentibus, divaricatis, mox marcescentibus. *Stamina* cum *stylo* longè exserta, arcuata, glabra. *Semina* in fundo calycis vix mutati, obovato-reniformia, corrugata, nigricantia.

Foliorum latitudine variat; unde species fictæ, vel varietates nugatoriæ, auctorum.

a. Flos anticè visus.	*b.* Corolla cum staminibus.
c. Calyx et pistillum.	D. Stamen duplò auctum.
e. Calyx fructûs.	*f.* Semen.

TABULA 528.

TEUCRIUM BREVIFOLIUM.

Teucrium foliis lanceolatis obtusis integerrimis revolutis incanis, floribus axillaribus solitariis, calyce mutico.

T. brevifolium.   *Schreb. Vertic. Unilab.* 27.   *Willden. Sp. Pl. v.* 3. 17.

T. frutescens, stœchadis arabicæ folio et facie.   *Tourn. Cor.* 14.

Rosmarinum stœchadis facie.   *Alpin. Exot.* 103. *t.* 102.

Polio retto di Candia.   *Pon. Bald.* 156 ; *cum icone.*

In rupibus maritimis Cretæ.   ♄.

Radix lignosa, perennis, intra rupium fissuras altè descendens. *Caules* fruticosi, pedales, ramosissimi, patentes, foliosi, quadranguli, fusci, incani. *Folia* subsessilia, parva, lanceolato-oblonga, obtusa, revoluta, integerrima, uninervia, crassiuscula, utrinque sericeo-incana, plerumque haud uncialia. *Flores* pauciores, e foliorum superiorum axillis, solitarii, pedunculati, cæruleo-incarnati, pallidi, præcedente duplò ferè minores. *Calyx* semiquinquefidus, utrinque incanus, laciniis obtusis, muticis, revolutis, sub-

Teucrium brevifolium.

Teucrium creticum.

Teucrium quadratulum.

æqualibus. *Corolla* quinqueloba, lobo antico indiviso, cordato. *Semina* reniformia, rugosa.

a. Calyx et pistillum.
c. Calyx fructûs.

b. Corolla et stamina.
d. Semen.

TABULA 529.

TEUCRIUM CRETICUM.

TEUCRIUM foliis lineari-lanceolatis integerrimis revolutis subtùs tomentoso-niveis, floribus solitariis ternisve.

T. creticum. *Linn. Sp. Pl.* 788. *Willden. Sp. Pl. v.* 3. 17.

T. hyssopifolium. *Schreb. Vertic. Unilab.* 28.

Polium angustifolium creticum. *Bauh. Pin.* 221 ; *excluso, ni fallor, synonymo.*

In insulâ Cypro. ♄.

Præcedente duplò major. *Caules* tripedales, erecti, ramosi, foliosi, tetragoni, tomentoso-incani. *Folia* uncialia, vel sesquiuncialia, obtusiuscula ; suprà convexa, saturatè viridia, glaberrima ; subtùs densè lanata, nivea. *Flores* e foliorum superiorum axillis, hinc solitarii, illinc terni, pedunculati, rosei, magnitudine prioris. *Calyx* campanulatus, extùs niveus, laciniis mucronulatis, minùs profundis. *Corolla* quinqueloba, lobo antico rotundato, concavo, indiviso.

Hujus et præcedentis synonyma apud Celeberrimum Schreberum minùs felicitèr, me saltem judice, tractantur. Nomen *rosmarinifolium* huic maximè conveniret, ut et *hyssopifolium* præcedenti.

a. Calyx cum pedunculo.

b, b. Corolla cum staminibus et stylo.

TABULA 530.

TEUCRIUM QUADRATULUM.

TEUCRIUM foliis ovato-rhombeis dentatis subtùs niveis, floribus axillaribus solitariis ebracteatis.

T. quadratulum. *Schreb. Vertic. Unilab.* 36. *Willden. Sp. Pl. v.* 3. 18.

T. ramosissimum. *Desfont. Atlant. v.* 2. 4. *t.* 118.

Chamædrys hispanica minima saxatilis incana. *Tourn. Inst.* 205. *Raii Hist. v.* 3. 282.

Ch. cretica saxatilis, folio exiguo subtùs incano. *Tourn. Cor.* 14. *Sibth.*

In rupibus Cretæ. ♄.

VOL. VI.　　　　　　　　　H

Radix lignosa, perennis, ramosa, altè descendens, apice subdivisa. *Caules* plures, spithamæi, ramosi, patentes, foliosi; supernè quadranguli et incani. *Folia* petiolata, ovato-rhombea, vel subcuneiformia, parva, latè dentata; suprà viridia, glabriuscula; subtùs tomentosa, nivea. *Flores* e foliorum superiorum axillis, solitarii, oppositi, pedunculati, conferti. *Pedunculi* erecti, pilosi, breves. *Calyx* deflexus, incanus, subpilosus, quinquefidus, dentibus acutis. *Corolla* rosea; *tubo* flexuoso, albo; *labii* superioris laciniis arcuato-divaricatis, labio inferiori approximatis atque consimilibus. *Stamina* porrecta, glabra. *Stylus* recurvus. *Semina* obovata, celluloso-punctata, fusca.

> *a.* Calyx cum pedunculo et stylo.
> *b,* B. Corolla cum staminibus, magnitudine naturali, etiam duplò ferè auctâ.
> *c,* C. Semen.

TABULA 531.

TEUCRIUM ARDUINI.

Teucrium foliis ovatis serratis utrinque pilosis, racemis cylindraceis terminalibus, bracteis setaceo-linearibus.

T. Arduini.   *Linn. Mant.* 81.   *Willden. Sp. Pl. v.* 3. 22.   *Schreb. Vertic. Unilab.* 40.

T. foliis ovato-crenatis subhirsutis petiolatis, caulibus spicâ flavescente pilosâ terminatis.   *Arduin. Spec.* 1. 12. *t.* 3.

Scutellaria cretica.   *Linn. Sp. Pl.* 836.   *Willden. Sp. Pl. v.* 3. 176.

Cassida cretica fruticosa, catariæ folio, flore albo.   *Tourn. Cor.* 11.

In Olympi Bithyni sylvis umbrosis. ♃.

Caules plures, erecti, pedales vel sesquipedales, ramosi, foliosi, undique piloso-molles; *ramis* oppositis, brachiatis. *Folia* petiolata, ovata, subcordata, crenato-serrata, venosa, utrinque tomentoso-mollia; suprà saturatè viridia; subtùs aliquantulùm pallidiora, nec albida. *Racemi* terminales, solitarii, erecti, cylindracei, densissimi, multiflori, aphylli. *Bracteæ* solitariæ sub singulo pedicello, lineares, angustæ, acutæ, pilosæ, floribus longiores. *Calyx* pilosus, quinqefidus, bilabiatus; *laciniá supremá* latissimâ, cordatâ, acuminatâ, post florescentiam scariosâ, reticulato-venosâ, flavescente; *lateralibus* brevibus, subtriangulis; *infimis* subulatis, porrectis. *Corolla* alba; *tubo* virescente; *labii* superioris laciniis ovato-oblongis, distantibus, inferiori approximatis. *Semina* parva, subrotunda, celluloso-punctata, nigra.

T. *hircanicum*, Linn. Sp. Pl. 789, ab hâc specie parùm discrepat.

> *a.* Flos cum pedicello et bracteâ.   B. Calyx auctus.
> C. Corolla cum staminibus et stylo.

Teucrium Arduini.

Teucrium lucidum.

Teucrium flavum?

TABULA 532.

TEUCRIUM LUCIDUM.

Teucrium foliis ovatis inciso-serratis, verticillis subsexfloris, bracteis crenatis, caulibus erectis.

T. lucidum. *Linn. Sp. Pl.* 790. *Willden. Sp. Pl. v.* 3. 29. *Ait. Hort. Kew. ed.* 2. *v.* 3. 370. *Schreb. Vertic. Unilab.* 33.

Chamædrys alpina frutescens, folio splendente. *Tourn. Inst.* 205. *Magnol. Hort.* 52. *t.* 9.

Ch. alpina lucida. *Vallot. Hort. Reg. Paris.* 47.

In Parnasso aliisque Græciæ montibus ; nec non in insulâ Cypro. ♃.

Radix fibrosa, perennis, subrepens. *Caules* sublignosi, basi ramosi ; *ramis* erectis, strictis, pedalibus, simplicibus, quadrangulis, piloso-incanis, foliosis, multifloris. *Folia* petiolata, patentia, ovata, obtusè serrato-incisa, saturatè viridia, lucida, rigidula, venosa, undique plùs minùs tomentoso-incana, haud glabra.- *Verticilli* plurimi, e foliorum superiorum, in *bracteas* sessiles, crenatas, sensìm diminutas, mutatorum axillis, pedunculati, sexflori. *Calyx, pedunculorum* more, pilosus, purpurascens, laciniis acutis, longitudine æqualibus, supremâ paulùm latiore. *Corolla* saturatè rosea, extùs pubescens ; *tubo* pallido ; *labii* superioris laciniis erecto-conniventibus, ab inferiore divaricatis.

Hujus *calyx* species bilabiatas, ut *T. Arduini* et *spinosum,* cum quinquedentatis, subæqualibus conjungit.

    a. Calyx cum pedunculo.   *b.* Corolla, stamina et pistillum.

TABULA 533.

TEUCRIUM FLAVUM.

Teucrium foliis ovatis crenato-serratis, verticillis sexfloris, bracteis ovatis acutis concavis integerrimis.

T. flavum. *Linn. Sp. Pl.* 791. *Willden. Sp. Pl. v.* 3. 30. *Ait. Hort. Kew. ed.* 2. *v.* 3. 370. *Schreb. Vertic. Unilab.* 34.

Teucrium. *Bauh. Pin.* 247. *Riv. Monop. Irr. t.* 20. *f.* 1.

T. verum. *Besl. Hort. Eyst. œstiv. ord.* 7. *t.* 11. *f.* 1.

T. vulgare fruticans, sive primum. *Clus. Hist. v.* 1. 348.

T. latifolium. *Ger. Em.* 658 ; *cum icone pravâ Clusianâ.*

Chamædrys assurgens. *Dod. Pempt.* 44 ; *icone eâdem.*

Ch. frutescens, Teucrium vulgò. *Tourn. Inst.* 205.

Χαμαιδρυὰ *hodiè.*

In Cretæ, Zacynthi, insularumque Archipelagi, rupibus, frequens. ♄.

Præcedente major, elatior, ramosior, magìsque lignosa, *ramis* erectis, foliosis, multifloris.
   Folia duplò quàm in *T. lucido* majora, obtusiùs ac minùs profundè serrata, venosa,
   undique tomentoso-mollia, nunquàm prorsùs glabra; subtùs pallidiora, subincana.
   Verticilli plurimi, sexflori, in *racemos* pallescentes, bracteatos, pilosos digesti, *bracteis*
   ovatis, acutis, integerrimis, concavis, flore brevioribus. *Calyx* pilosus, glanduloso-
   punctatus, dentibus acutis, subæqualibus. *Corolla* ochroleuca, extùs pilosa, formâ
   ferè præcedentis.
Icon Fuchsiana, Hist. 829, Ic. 478, quoad *inflorescentiam* et *bracteas* omninò peccat, ut ab
   hâc specie aliena videtur.

   a. Flos calyce orbatus.   *b.* Calyx cum pistillo.

TABULA 534.

TEUCRIUM MONTANUM.

Teucrium corymbo terminali, foliis lanceolatis subintegerrimis revolutis subtùs tomentoso-
   niveis, calyce acuminato.
T. montanum. *Linn. Sp. Pl.* 791. *Willden. Sp. Pl. v.* 3. 31. *Ait. Hort. Kew. ed.* 2. *v.* 3. 371.
   Schreb. Vertic. Unilab. 50.
Chamædrys n. 285. *Hall. Hist. v.* 1. 125.
Ajuga folio integro. *Riv. Monop. Irr. t.* 15.
Polium lavandulæ folio. *Bauh. Pin.* 220. *Tourn. Inst.* 206. *Ger. Em.* 655.
P. septimum, cum flore et semine. *Clus. Hist. v.* 1. 363.
P. recentiorum fœmina, lavandulæ folio. *Lob. Ic.* 488.
P. majus. *Cord. Hist.* 125.
P. alterum. *Matth. Valgr. v.* 2. 195. *Camer. Epit.* 587.
β. Teucrium supinum. *Linn. Sp. Pl.* 791. *Willden. Sp. Pl. v.* 3. 32. *Ait. Hort. Kew.*
   ed. 2. *v.* 3. 371. *Jacq. Austr. t.* 417.
Polium montanum repens. *Bauh. Pin.* 221. *Tourn. Inst.* 206.
P. montanum supinum minimum. *Lob. Ic.* 488.
P. montanum minimum. *Ger. Em.* 655.
P. montanum octavum. *Clus. Hist. v.* 1. 363.

In Delphi, Athô, et Olympo Bithyno, montibus. ♃.

Radix multiceps, lignosa, perennis, altè descendens. *Caules* plures, procumbentes, cæspitosi,
   spithamæi, ramosi; *ramis* densè foliosis, obtusè tetragonis, tomentosis, incanis, adscendentibus, apice floriferis. *Folia* opposita, conferta, breviùs petiolata, elliptico-lanceolata, obtusiuscula, vix uncialia, plerumque integerrima, vel rarissimè subdentata; in

Teucrium montanum?

Teucrium Polium.

β angustiora, magìsque revoluta ; omnia suprà laetè viridia, nitida, tenuissimè pilosa ; subtùs tomentoso-nivea. *Corymbi* terminales, solitarii, pubescentes, saepiùs quinque-flori. *Calyx* incanus, dentibus mucronatis, subaequalibus. *Corolla* ochroleuca, *labii* superioris laciniis obovatis, erecto-conniventibus, purpureo-venosis. *Semina* obovata, laevia.

a, a. Flos.   B. Idem auctus, abrepto calyce.

TABULA 535.

TEUCRIUM POLIUM.

Teucrium capitulis pedunculatis aggregatis, foliis obovato-oblongis crenatis undique la-natis, calyce obtuso villoso.

T. Polium. *Linn. Sp. Pl.* 792. *Willden. Sp. Pl. v.* 3. 36. *Ait. Hort. Kew. ed.* 2. *v.* 3. 371.

T. Teuthrion. *Schreb. Vertic. Unilab.* 46.

Polium montanum album. *Bauh. Pin.* 221. *Tourn. Inst.* 206.

P. montanum luteum. *Bauh. Pin.* 220. *Tourn. Inst.* 206.

Polium. *Matth. Valgr. v.* 2. 194.

Hyssopus apulus Dioscoridis et Serapionis. *Column. Ecphr.* 59. *t.* 67 ; ab hâc specie vix distinguendus.

Πολιον *Diosc. lib.* 3. *cap.* 124.

Παναγιόχορ]ον, ἢ ἀμάραντο, *hodiè.*

Τῆς κύρας τὸ χόρτον *Attic.*

Giuda *Turc.*

In montibus Graeciae et Asiae minoris, tum in Archipelagi insulis, frequens. ♄ .

Suffrutex humilis, depressus, ramosissimus, undique lanatus, albus, vel flavescens, *radice* crassâ, lignosâ, profundâ. *Caules* numerosi, caespitosi, obtusè quadranguli, densè lanati, nivei, foliosi, multiflori, adscendentes, basi ramosi. *Folia* sessilia, reclinato-patentia, obovato-oblonga, obtusa, crenata, utrinque lanata ; suprà convexa ; subtùs concava. *Flores* albi, capitati, *capitulis* terminalibus aggregatis, nec non axillaribus, solitariis, pedunculatis, bracteatis. *Calyx* campanulatus, lanatus, semiquinquefidus ; laciniis obtusis, fornicatis, subaequalibus. *Corolla* nivea, *palato* flavido ; *tubo* extùs pubescente ; *labii* superioris laciniis rotundatis, erecto-conniventibus.

Herba amara, haud ingratè aromatica, ob vires medicas olim celebrata, immeritò forsitàn hodiè neglecta.

a. Flos.   B. Calyx.   C. Corolla cum stylo staminibusque.

TABULA 536.

TEUCRIUM CAPITATUM.

Tᴇᴜᴄʀɪᴜᴍ capitulis pedunculatis solitariis, foliis lanceolato-oblongis tomentosis apice crenatis, calyce obtuso hirto.

T. capitatum. *Linn. Sp. Pl.* 792. *Willden. Sp. Pl. v. 3.* 38. *Ait. Hort. Kew. ed. 2. v. 3. 372.*
Cavan. Ic. v. 2. 17. t. 119.

T. Belion. *Schreb. Vertic. Unilab.* 47.

Polium candidum tenellum tomentosum, flore purpureo. *Bauh. Hist. v. 3. p. 2.* 300.
Tourn. Inst. 206.

P. montanum quintum, purpureo flore. *Clus. Hist. v.* 1. 362.

P. montanum purpureum. *Ger. Em.* 654.

Λιβανόχορτον, ἢ πόλεον τȣ βένȣ, *Zacynth.*

In insulæ Zacynthi montibus, alibique. ♃.

Præcedenti speciei valdè affinis, at *foliis* angustioribus, minùsque crenatis, nec non *florum*
colore et formâ, satis distincta. Variat *caulibus* patulis, diffusis, vel simplicioribus et
erectis. *Folia* plùs minùs revoluta, apicem versùs crenata, undique piloso-incana.
Capitula bracteata, solitaria; inferiora pedunculata. *Calyx* tubulosus, hirtus, laciniis
brevibus, obtusis, subæqualibus. *Corolla* rosea, *tubo* elongato, albido.

Ex harum varietatibus species plures, haud benè definitæ, synonymis insuper confusis,
auctorum.

    a. Flos.   B. Calyx cum pistillo.   C. Corolla et stamina.

TABULA 537.

TEUCRIUM CUNEIFOLIUM.

Tᴇᴜᴄʀɪᴜᴍ capitulis terminalibus confertis, foliis rotundatis inciso-crenatis basi cuneiformibus undique lanatis.

T. cuneifolium. *Sibth. Mss.*

In Cretæ montibus Sphacioticis. ♄.

Fruticulus latè diffusus, undique lanatus, incanus aut albidus. *Radix* lignosa, multiceps.
Caules pedales, reclinati, teretiusculi, ramosi, foliosi, *ramulis* adscendentibus, densè
lanatis, apice floriferis. *Folia* obovato-rotundata, plana, crassiuscula, densè lanata,
incana, latè crenata; basi cuneiformia, integerrima, in *petiolum* brevem, latum decurrentia. *Flores* densè capitati, nivei. *Calyx* tubulosus, obtusè quinquedentatus. *Co-*

Teucrium capitatum.

Teucrium alpestre.

Teucrium spinosum.

rollæ labium superius e laciniis duabus oblongis, obtusis, fimbriatis, sursùm conniventibus ; inferius trilobum, lobis lateralibus recurvato-patulis, linearibus.

T. rotundifolium, Schreb. Vertic. Unilab. 42. Willden. Sp. Pl. v. 3. 33, huic affine, satis verò distinctum, videtur.

> *a.* Calyx cum pistillo. *b,* B. Flos, calyce abrepto.
> *c.* Idem, corollæ labiis resectis.

TABULA 538.

TEUCRIUM ALPESTRE.

Teucrium floribus axillaribus solitariis, foliis cuneatis rotundatis inciso-crenatis tomentosis, caule cæspitoso ramosissimo.

T. alpestre. *Sibth. Mss.*

In montium Sphacioticorum summis jugis. ♄.

Radix lignosa, altè descendens, multiceps. *Caules* copiosi, cæspitosi, humiles, ramosissimi, *ramis* erectis, simplicibus, teretiusculis, lanatis, foliosis, vix palmaribus. *Folia* parva, petiolata, rotundata, subspatulata, piloso-incana, inciso-crenata, vix aromatica vel amara. *Flores* e foliorum supremorum axillis, solitarii, pedunculati, conferti. *Calyx* tubulosus, tomentosus, obtusè quinquedentatus. *Corollæ tubus,* ut et *labium superius,* flavescens ; *labium inferius* niveum, laciniis lateralibus præcedenti similibus.

> *a,* A. Calyx et pistillum, magnitudine naturali et auctâ.
> *b,* B. Flos calyce orbatus.

TABULA 539.

TEUCRIUM SPINOSUM.

Teucrium floribus axillaribus, calycis labio superiore maximo cordato ; inferiore quadridentato setaceo, ramis spinosis.

T. spinosum. *Linn. Sp. Pl.* 793. *Willden. Sp. Pl. v.* 3. 41. *Læfl. Hisp.* 147. *Ait. Hort. Kew. ed.* 2. *v.* 3. 372. *Schreb. Vertic. Unilab.* 38.

T. mucronatum. *Linn. Sp. Pl.* 793.

Scordium spinosum. *Cavan. Ic. v.* 1. 19. *t.* 31.

S. spinosum odoratum. *Cornut. Canad.* 123. *t.* 124. *Ex Hispaniâ.*

S. spinosum odoratum annuum. *Barrel. Ic. t.* 202.

Chamædrys multifida spinosa odorata. *Grisl. Lusit.* 28. *Tourn. Inst.* 205.

Ch. spinosa. *Bauh. Pin.* 248. *Prodr.* 117, *cum icone.*

In arvis inter Smyrnam et Bursam. ⊙.

Herba pilosa, viscida, odorata, pallidè virens.   *Radix* annua, tortuosa, deorsùm attenuata. *Caulis* e basi ramosissimus, brachiatus, patens, tetragonus, undique foliosus, spinosus, ac floridus.   *Spinæ* subulatæ, acutæ ; terminales solitariæ ; laterales oppositæ, aut quaternæ, divaricatæ.   *Folia* petiolata, magnitudine varia, sæpiùs parva, elliptico-oblonga, obtusa, crenata, utrinque viridia ; superiora in *bracteas* exiguas sensìm diminuta ; infima quandoque sublobata.   *Flores* axillares, pedunculati, oppositi, vel ad ramorum basin quaterni, omnes spinis suffulti, superiores verò ferè aphylli, omninò recti, nunquàm resupinati.   *Calyx* basi deflexus, infernè ventricosus, *tubo* decemcostato ; *limbo* bilabiato ; *labio superiore* indiviso, latè cordato, mucronato, nervoso, adscendente ; *inferiore* quadripartito, porrecto, laciniis subulatis, parùm inæqualibus. *Corolla* calyce duplò ferè longior ; *tubo* pallidè virescente, deflexo, basi globoso ; *labii superioris* laciniis erectis, obovato-oblongis, albidis, cum lineâ centrali rubrâ ; *inferioris* omnibus niveis, lateralibus parvis, patentibus, intermediâ maximâ, concavâ.   *Semina* in fundo calycis indurati, persistentis, subrotunda, corrugata, parva.

T. mucronatum Linnæi, e Cornuti libro mutuatum, ne quidem varietas est.

a. Flos cum pedunculo.   B. Calyx auctus, cum stylo.

C. Corolla et stamina.   *d.* Calyx fructûs.

e. Semen.

SATUREJA.

Linn. Gen. Pl. 288.   *Juss.* 112.

Calyx quinquedentatus, subæqualis.   *Corolla* ringens, laciniis subæqualibus ; summâ emarginatâ.   *Stamina* distantia.

TABULA 540.

SATUREJA JULIANA.

Satureja verticillis fastigiatis, foliis lanceolatis revolutis, dentibus calycinis setaceis erectis parallelis.

S. juliana.   *Linn. Sp. Pl.* 793.   *Willden. Sp. Pl. v.* 3. 41.   *Ait. Hort. Kew. ed.* 2. *v.* 3. 373.

S. spicata.   *Bauh. Pin.* 218.

S. Sancti Juliani.   *Ger. Em.* 576.

S. foliis tenuibus, sive tenuifolia S. Juliani quorundam.   *Bauh. Hist. v.* 3. *p.* 2. 273.

S. perennis, verticillis spicatìm et densiùs dispositis.   *Moris. v.* 3. 412. *sect.* 11. *t.* 17. *f.* 4.

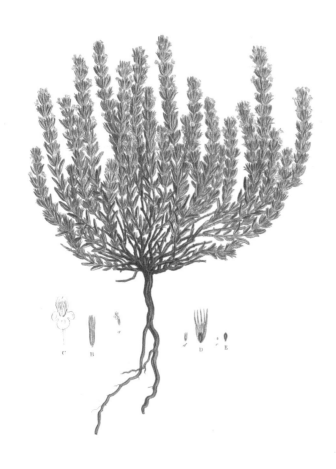

Satureja juliana

Satureja Thymbra

Thymbra Sancti Juliani, sive Satureja vera. *Lob. Ic.* 425. *Tourn. Inst.* 198.

Th. vera Penæ. *Dalech. Hist.* 897.

Τραγοριγανος αλλος *Diosc. lib. 3. cap.* 35? *Sibth.*

Υσσπο *hodiè.*

In Peloponneso, nec non in Cretà et Zacyntho insulis, copiosè. ♃.

Radix sublignosa, fusca, perennis, infernè ramosa. *Caules* plurimi, cæspitosi, vix spitha-mæi, ramosi; *ramis* erectis, teretiusculis, pubescentibus, densè foliosis, multifloris. *Folia* opposita, sessilia, parva, lanceolata, obtusa, revoluta, integerrima, tenuissimè ac densè pubescentia, subincana; inferiora axillis foliolosis; superiora floriferis. *Verticilli* subpedunculati, fastigiati, multiflori, conferti, *bracteis* subulatis, numerosis, calyce paulò brevioribus, suffulti. *Calyx* cylindraceus, pubescens, sulcatus, dentibus quinque, erectis, parallelis, strictis, angustissimis, longitudine tubi. *Corollæ tubus* cylindraceus, gracilis, albus, longitudine calycis; *limbus* roseus, bilabiatus; *labio superiori* erecto, elliptico, concaviusculo, emarginato; inferiore trilobo, patente, lobis rotundatis, inte-gerrimis, intermedio majore. *Stamina* corollâ breviora, paululùm incurva, nec tamen approximata vel conniventia. *Stylus* staminibus brevior. *Semina* obovato-angulata, læviuscula, fusca, exigua.

Folia plerumque ovato-lanceolata, rariùs lineari-lanceolata. *Herba* recens, ut fertur, pun-gens et calida; exsiccata odoris expers mihi videtur. Ad *Hyssopum* antiquorum, ut Clarissimo Sibthorp aliquandò visum est, haud referrem.

a. Flos seorsìm.	B. Calyx auctus.
C. Corolla cum staminibus et stylo.	*d.* Calyx fructûs.
D. Ejusdem sectio longitudinalis aucta.	*e,* E. Semen.

TABULA 541.

SATUREJA THYMBRA.

Satureja verticillis subglobosis hispidis, bracteis lanceolatis ciliatis, foliis obovatis acumi-natis punctatis scabris.

S. Thymbra. *Linn. Sp. Pl.* 794. *Willden. Sp. Pl. v.* 3. 42. *Ait. Hort. Kew. ed.* 2. *v.* 3. 373.

S. cretica. *Bauh. Pin.* 218. *Ger. Em.* 576.

S. legitima di Dioscoride. *Pon. Bald.* 151. *ic.*

Thymbra legitima. *Clus. Hist. v.* 1. 358. *Tourn. Inst.* 197.

Thymum creticum, Ponæ verticillatum. *Barrel. Ic. t.* 898.

Θυμβρα *Diosc. lib. 3. cap.* 45. *Ic. t.* 74.

Θύμβρο, Θρίμβη, ἢ Θρίμβος, *hodiè.*

In montosis asperis Græciæ australis et Archipelagi frequentissimè. ♄.

VOL. VI.   K

Caulis pedalis aut sesquipedalis, erectus, lignosus, supernè ramosissimus, *ramis* oppositis, erectis, foliosis, tetragonis, rubicundis, piloso-incanis, pilis exiguis, recurvis. *Folia* petiolata, obovata, mucronulata, integerrima, utrinque saturatè viridia, punctato-glandulosa, setis adscendentibus scabra; inferiora ad axillas foliolosa, vel ramulosa; superiora florifera. *Verticilli* axillares, subsessiles, bracteati, globosi, densi, multiflori. *Bracteæ* confertæ, lanceolatæ, acuminatæ, ciliatæ, setosæ. *Calyx* campanulatus, semi-quinquefidus, hirtus, punctis resinosis adspersus, dentibus erectis, acutis, ciliatis, subæqualibus. *Corolla* calyce duplò longior; *tubo* albo; *limbo* bilabiato, dilutè purpureo; *fauce* punctatâ, pilosâ. *Stamina* et *stylus* præcedentis. *Semina* obovata, fusca, pubescentia.

Odor totiûs plantæ, vel exsiccatæ, fortis et aromaticus, ferè *Thymi*, quocum viribus convenit.

A. Calyx auctus cum bracteâ.   B. Flos sine calyce.
c, c, C. Semina, magnitudine naturali et auctâ.

TABULA 542.

SATUREJA GRÆCA.

Satureja pedunculis axillaribus trifloris, bracteis subulatis calyce brevioribus, foliis ovatis nervosis.

S. græca. *Linn. Sp. Pl.* 794. *Willden. Sp. Pl. v.* 3. 43. *Ait. Hort. Kew. ed.* 2. *v.* 3. 373. *Prodr. v.* 1. 397; excluso Tournefortii synonymo.

S. annua orientalis tenuior, ad singulos nodos florifera. *Moris. v.* 3. 411. *sect.* 11. *t.* 17. *f.* 2.

Clinopodium creticum. *Alpin. Exot.* 265. *t.* 264.

C. minus exoticum, thymi folio majore, inodorum. *Pluk. Almag.* 110. *Phyt. t.* 84. *f.* 8; nomine falso.

C. orientale, origani folio, flore minimo. *Tourn. Cor.* 12.

Υσσόπο, ή Θρέμπι, *hodiè.*

Supha *Turc.*

In Peloponneso, tum in Cretâ insulâ. ♃.

Radix lignosa, perennis, multiceps. *Herba* pedalis, multicaulis; recens aromatica, suaveolens; sicca ferè inodora. *Caules* parùm ramosi, stricti, foliosi, tetragoni, pubescentes, supernè floriferi. *Folia* breviùs petiolata, vel sæpiùs sessilia, copiosa, parva, ovata, obtusiuscula, integerrima, revoluta, utrinque scabriuscula; subtùs pallidiora, obsoletè punctata, nervosa, nervis lateralibus rectis, parallelis. *Pedunculi* axillares, folio breviores, filiformes, tenuissimè pubescentes, sæpiùs solitarii, rarissimè bini; plerumque trifidi, triflori. *Bracteæ* ad pedicellorum basin, oppositæ, vel subquaternæ, subulatæ, erectæ, calyce breviores, persistentes. *Calyx* striatus, pubescens, ore piloso,

Satureja græca

Satureja montana.

dentibus setaceis, ciliatis, subæqualibus. *Corolla* rosea, *fauce* albo variata ; *tubo* albo. *Semina* badia.

A. Flos calyce orbatus, auctus.
C. Calyx fructûs, arte expansus.

B. Calyx seorsìm.
d, D. Semina.

TABULA 543.

SATUREJA MONTANA.

Satureja pedunculis axillaribus subcymosis, bracteis dentibusque calycinis lanceolatis, foliis lineari-obovatis utrinque punctatis.

S. montana. *Linn. Sp. Pl.* 794. *Willden. Sp. Pl. v.* 3. 43. *Ait. Hort. Kew. ed.* 2. *v.* 3. 374. *Scop. Carn. ed.* 2. *v.* 1. 428. *t.* 30. *Bauh. Pin.* 218.

S. perennis. *Riv. Monop. Irr. t.* 44. *f.* 2.

S. durior. *Dalech. Hist.* 897. *Bauh. Hist. v.* 3. *p.* 2. 272 ; *icone alienâ.*

S. sive Thymbra altera. *Lob. Ic.* 426.

S. hortensis prima, quoad descriptionem, icone secundâ. *Ger. Em.* 575.

Thymbra. *Dod. Pempt.* 288. *Dalech. Hist.* 898. *f.* 2.

Saxifraga secunda. *Camer. Epit.* 717.

Calamintha frutescens, saturejæ folio, facie, et odore. *Tourn. Inst.* 194.

In monte Athô. ♄.

Caulis lignosus, ramosissimus, subpedalis. *Rami* erecti, oppositi, vel subaggregati, teretiusculi, foliosi, incani. *Folia* lineari-obovata, latitudine varia, acuta, integerrima, uninervia, saturatè viridia, utrinque multipunctata, scabriuscula ; basi in petiolum brevem attenuata. *Pedunculi* e foliorum superiorum axillis, solitarii, oppositi, subsecundi, teretiusculi, pubescentes ; in plantâ spontaneâ plerumque biflori ; in cultâ ramosi, multiflori, subcymosi. *Bracteæ* ad pedicellorum basin quaternæ, subulatæ, calyce breviores. *Calyx* pentagonus, striatus, pubescens, glanduloso-punctatus, ore pilosus ; dentibus basi dilatatis, apice subulatis, patentibus. *Corolla* rosea, vel cærulescens, albo variata, fauce glabra.

Planta sylvestris, in icone depicta, gaudet *foliis* angustioribus, nec non *floribus* paucioribus, quàm in hortensi, ob usum culinarium ubique cultâ.

a. Ramuli portio, cum foliis et inflorescentiâ.
C. Calyx seorsìm.

B. Flos auctus, absque calyce.

TABULA 544.

SATUREJA CAPITATA.

SATUREJA floribus spicatis, bracteis ovatis imbricatis, foliis carinatis punctatis ciliatis.

S. capitata. *Linn. Sp. Pl.* 795. *Willden. Sp. Pl. v.* 3. 45. *Ait. Hort. Kew. ed.* 2. *v.* 3. 374.

Thymus capitatus, qui Dioscoridis. *Bauh. Pin.* 219. *Tourn. Inst.* 196. *Pluk. Almag.* 368.
    Phyt. t. 116. *f.* 4.

Thymum. *Matth. Valgr. v.* 2. 81.

Th. legitimum. *Clus. Hist. v.* 1. 357.

Th. creticum. *Ger. Em.* 574.

Th. creticum incanum capitatum. *Barrel. Ic. t.* 897.

Θυμος· *Diosc. lib.* 3. *cap.* 44. *Ic. t.* 75.

Θυμιὸ, Θυμάρι, ἢ Θρέμπι, *hodiè.*

Μελιτζίνι *Lacon.*

In apricis Græciæ et Archipelagi copiosè. ♄.

Caulis lignosus, durus, erectus, pedalis, aut sesquipedalis, ramosissimus; *ramulis* oppositis,
    teretiusculis, incanis, densè foliosis, rigidis, persistentibus, apice floriferis. *Folia* parva,
    brevia, imbricata, quadrifaria, sessilia, oblonga, obtusa, integerrima, ciliata; suprà
    concava, lævia; subtùs carinata, punctata; demùm, elongatis ramulis, distantia, et
    axillis foliolosa. *Spicæ* terminales, solitariæ, ovatæ, multifloræ, *bracteis* arctè imbri-
    catis, ovatis, carinatis, ciliatis, extùs punctatis. *Calyx* resinoso-punctatus, semiquin-
    quefidus, bilabiatus; *tubo* compresso, fauce piloso; *labio superiore* trifido, dilatato;
    inferiore bipartito, laciniis subulatis, parallelis, ciliatis, elongatis. *Corolla* calyce triplò
    longior; *tubo* albido, pubescente; *limbo* pallidè purpureo; *fauce* pilosâ. *Stamina*
    exserta; *antheris* bipartitis.

Spicæ exsiccatæ, manibus tritæ, odoratissimæ, et foliis longè suaviores.

a. Flos.	*b*, B. Bractea.
C. Calyx auctus.	D. Flos absque calyce.
E. Corolla lacera, cum staminibus in situ naturali.	

———————

TABULA 545.

SATUREJA SPINOSA.

SATUREJA caule densè cæspitoso, ramis spinosis, foliis scabris, floribus axillaribus solitariis.

S. spinosa. *Linn. Sp. Pl.* 795. *Amœn. Acad. v.* 4. 317. *Willden. Sp. Pl. v.* 3. 45.

S. cretica frutescens spinosa. *Tourn. Cor.* 13.

S. cretica spinosa. *Pon. Bald.* 21.

Satureja capitata!

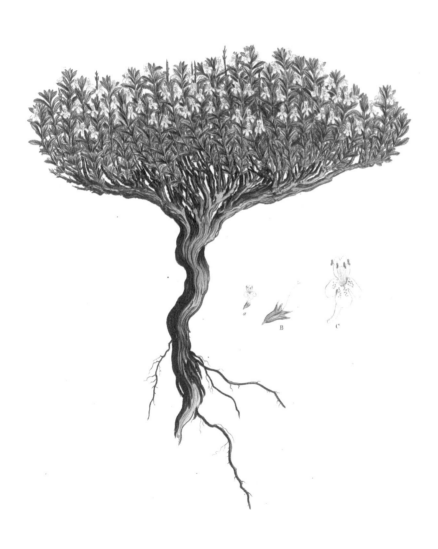

Satureja spinosa.

Thymbra spicata?

In insulâ Cretâ. ♄.

Radix lignosa, crassa, tortuosa, per rupium fissuras altissimè descendens. *Caules* palmares, densissimè cæspitosi, lignosi, ramosissimi, fastigiati ; *ramis* oppositis, teretibus, incanis, foliosis ; apice spinosis, pungentibus, rectis. *Folia* petiolata, parva, obovato-lanceolata, mucronulata, integerrima, ciliata, utrinque punctata, atro-viridia, hispidula, *Thymi* odore ; basi in petiolum attenuata. *Flores* axillares, solitarii, breviùs pedunculati, *bracteis* binis, lanceolatis. *Calyx* campanulatus, pentagonus, punctatus, scaber ; fauce setosus ; margine quinquedentatus, dentibus æqualibus, patentibus, latè lanceolatis, carinatis, mucronatis. *Corolla* alba ; fauce purpureo-punctata, pilosa. *Stamina* vix corollæ longitudine ; *antheris* didymis, fuscescentibus.

    a. Flos.
    B. Calyx et pistillum.
    C. Corolla, cum stylo atque staminibus, triplò circitèr aucta.

THYMBRA.

Linn. Gen. Pl. 288.   *Juss.* 115.

Calyx subcylindraceus, lineâ villosâ utrinque notatus, bilabiatus ; fauce nudus. *Corollæ* labium inferius trilobum ; lobis æqualibus, integer-rimis, planis.

TABULA 546.

THYMBRA SPICATA.

THYMBRA verticillis spicato-confertis.
Th. spicata. *Linn. Sp. Pl.* 795. *Willden. Sp. Pl. v.* 3. 46. *Ait. Hort. Kew. ed.* 2. *v.* 3. 375.
Th. spicata verior hispanica. *Barrel. Ic. t.* 1230. *obs.* n. 281.
Thymus capitatus orientalis, capitulis et foliis longioribus. *Tourn. Cor.* 12 ?
Thymum majus longifolium, stœchadis foliaceo capite purpurascente, pilosum. *Pluk. Almag.* 368. *Phyt. t.* 116. *f.* 4.
Hyssopus montana Fuchsii. *Dalech. Hist.* 934.
Hyssopum montanum macedonicum Valerandi Dourez. *Bauh. Hist. v.* 3. *p.* 2. 276. *f.* 277 ; malè.
H. montanum cilicium quibusdam. *Bauh. Hist. v.* 3. *p.* 2. 277 ; meliùs.
Υσσωπος ορεινος *Diosc. lib.* 3. *cap.* 30 ? *Sibth.*

In Achaiæ, Cretæ, et Asiæ minoris, collibus siccis. ♄.

VOL. VI.   L

Caulis fruticosus, tortuosus, durus, e basi ramosissimus ; *ramis* erectis, pedalibus, subsimplicibus, foliosis, bifariàm præcipuè pubescentibus, supernè tetragonis. *Folia* copiosa,
subsessilia, lineari-lanceolata, integerrima, ciliata, utrinque punctata, saturatè viridia,
glabra, axillis foliolosis. *Verticilli* in ramorum apicibus conferti, ferè spicati ; *bracteis*
lanceolatis, acuminatis, densiùs ciliatis, coloratis, numerosis. *Calyx* tubulosus, teretiusculus, resinoso-punctatus, lineâ utrinque longitudinali pilosâ, bilabiatus ; laciniis
tribus superioribus latioribus ; inferioribus subulatis, densiùs fimbriatis. *Corolla*
calyce triplò longior, tristè purpurea cum maculâ flavescente ad faucem ; *tubo* pallidiore ; *labio* superiori erecto, planiusculo, emarginato ; inferiori ultra medium trilobo,
lobis ferè æqualibus, planis, anticè rotundatis, integerrimis. *Stamina* corollâ breviora,
patentiuscula, *antheris* bipartitis. *Stylus* apice tantùm bifidus, ut in omnibus hujus
ordinis ; nec semibifidus, vel ad medium usque bipartitus, ut pro comperto habent
scriptores plurimi, Linnæo nimium confidentes.

A. Bractea duplò aucta.   B. Calyx cum pistillo.
C. Flos, avulso calyce.

N E P E T A.

Linn. Gen. Pl. 289.   *Juss.* 113.

Cataria. *Tourn. t.* 95.

Calyx quinquedentatus, subæqualis.   *Corolla* ringens ; labio inferiori crenato ; faucis margine dilatato, reflexo.   *Stamina* approximata.

TABULA 547.

NEPETA NUDA.

Nepeta racemis verticillatis paniculatis, bracteolis subulatis, foliis cordato-oblongis sessilibus
serratis nudiusculis.

N. nuda. *Linn. Sp. Pl.* 797. *Mant.* 410. *Willden. Sp. Pl. v.* 3. 53. *Ait. Hort. Kew.*
ed. 2. *v.* 3. 379. *Jacq. Austr. t.* 24.

N. violacea. *Villars. Dauph. v.* 2. 367 ; nec Linn.

Cataria n. 248. *Hall. Hist. v.* 1. 109.

C. hispanica, betonicæ folio angustiori, flore cæruleo ; item flore albo. *Tourn. Inst.* 202.

C. alpina præalta spicata, spicis amethystatis. *Ponted. Comp.* 97.

In monte Parnasso. ♃

Nepeta nuda.

A B C

Nepeta italica.

Radix lignosa, fusca, perennis, subrepens, *radiculis* verticillatis. *Caules* tripedales, erecti, stricti, foliosi, solidi, obtusè tetragoni ; supernè violacei, paniculati ; hinc inde scabriusculi. *Folia* omnia ferè sessilia, patentia, oblonga, obtusa, serrata, venosa, rugosa, saturatè viridia, utrinque punctata ; basi cordata ; suprà glabra ; margine scabra ; subtùs pallidiora, nervis prominentibus, scabris ; inferiora axillis ramulosis ; infima subpetiolata. *Panicula* erecta, violacea, decomposita, tenuissimè pubescens, *verticillis* pedunculatis, fastigiatis, bracteolatis, oppositis. *Bracteæ* lanceolatæ, serratæ. *Bracteolæ* subulatæ, acutæ, integerrimæ. *Calyx* tubulosus, pubescens, dentibus subulatis, acutis, coloratis. *Corollæ tubus* calyce duplò longior, basi gracilis, albus ; fauce dilatatus, coloratus, pubescens, marginatus, punctatus ; *labium superius* erectum, obcordatum, violaceum ; *inferius* concolor, immaculatum, reniforme, concavum, undique crenatum. *Stamina* vix corollæ longitudine, approximata, erecta ; *antheris* bipartitis, cruciato-conniventibus, polline albo. *Stigma* bifidum, acutum.

Variat *floribus* albis. Odor totiûs *herbæ* gravis, ingratè aromaticus. Synonyma apud Linnæum et Tournefortium, priscorum iconibus descriptionibus citationibusque confusis, dubia mihi videntur.

    a. Flos, pedunculo insidens, cum bracteolis.   B. Calyx auctus.
C, C. Corolla et stamina.

TABULA 548.

NEPETA ITALICA.

Nepeta verticillis spicatis multifloris, bracteis lanceolatis scariosis calyce longioribus, foliis cordato-oblongis petiolatis.

N. italica. *Linn. Sp. Pl.* 798. *Willden. Sp. Pl. v.* 3. 54. *Ait. Hort. Kew. ed.* 2. *v.* 3. 380. *Jacq. Hort. Vind. v.* 2. 51. *t.* 112.

Cataria minor alpina. *Tourn. Inst.* 202.

Mentha cataria minor alpina. *Bauh. Pin.* 228. *Prodr.* 110.

In montibus circa Athenas. ♃.

Radix lignosa, multiceps, perennis. *Herba* multicaulis, erecta, undique tomentoso-incana, præcedente duplò humilior, odore acri, aromatico. *Caules* tetragoni, simplices, vix ramulosi, undique foliosi. *Folia* omnia breviùs petiolata, erecto-patentiuscula, oblonga, obtusa, serrata, venosa, utrinque lanata ; subtùs albidiora ; basi cordata. *Spicæ* terminales, solitariæ, erectæ, verticillatæ ; *verticillis* densis, compositis, multifloris, multibracteatis, inferioribus remotioribus, foliosis. *Bracteæ* lanceolatæ, acuminatæ, carinatæ, membranaceæ, integerrimæ, ciliatæ, albidæ, calyce paululùm altiores. *Calyx* tubulosus, pubescens, dentibus æqualibus, subulatis, erectis, margine scariosis. *Corolla* calyce duplò longior, alba, extùs pubescens ; *labio inferiori* acutè dentato, purpureo-punctato.

Nepetella, Besl. Hort. Eyst. æstiv. ord. 7. t. 4. f. 1, a Tournefortio citata, plantam nostram malè refert.

A. Bractea.

C. Flos absque calyce. Omnes duplò vel triplò circitèr aucti.

B. Calyx atque pistillum.

LAVANDULA.

Linn. Gen. Pl. 290. *Juss.* 113. *Gœrtn. t.* 66.

Calyx ovatus, quinquedentatus. *Corolla* resupinata; limbo quinquefido, subæquali. *Stamina* intra tubum.

TABULA 549.

LAVANDULA STŒCHAS.

LAVANDULA foliis lanceolato-linearibus revolutis tomentosis sessilibus, spicâ coarctatâ comosâ.

L. Stœchas. *Linn. Sp. Pl.* 800. *Willden. Sp. Pl. v.* 3. 60. *Ait. Hort. Kew. ed.* 2. *v.* 3. 382.

Stœchas. *Trag. Hist.* 213. *Matth. Valgr. v.* 2. 59. *Camer. Epit.* 465. *Lob. Ic.* 429.

S. purpurea. *Bauh. Pin.* 216. *Tourn. Inst.* 201.

S. arabica. *Barrel. Ic. t.* 301.

S. brevioribus ligulis. *Clus. Hist. v.* 1. 344.

S. sive Spica hortulana. *Ger. Em.* 585.

Στιχας *Diosc. lib.* 3. *cap.* 31.

Μαυροκεφάλι *hodiè.*

Cara bach *Turc.*

In Græciâ boreali, tum in Archipelagi insulis, vulgaris. ♄.

Radix lignosa. *Caules* suffruticosi, vix pedem superantes; basi ramosi; *ramis* erectis, strictis, tetragonis, incanis, fuscescentibus, undique foliosis. *Folia* sessilia, uncialia, lineari-lanceolata, obtusa, integerrima, revoluta, uninervia, utrinque incana; axillis foliolosis, seu ramulosis. *Spicæ* terminales, solitariæ, erectæ, ovatæ, coarctatæ, magìs minùsve pedunculatæ. *Bracteæ* oppositæ, decussatæ, imbricatæ, subdeltoideæ, acutæ, pubescentes, venosæ, coloratæ, calycem parùm superantes; summæ steriles, dilatatæ, obovatæ, membranaceæ, purpureæ, repandæ, vix lobatæ, spicam terminantes, comâ pulcherrimâ. *Calyx* tubulosus, incurvus, densè pubescens, obtusè quinquedentatus, dentibus parùm inæqualibus. *Corolla* calyce duplò longior, resupinata, saturatè vio-

Lavandula Stœchas.

550

Sideritis syriaca!

lacea, immaculata ; *tubo* incurvato, albido ; *limbo* quinquelobo, patente ; *lobis* rotundatis, quorum duo superiores paulò majores. *Stamina* brevia, incurva, intra faucem corollæ, *antheris* incumbentibus, fulvis. *Stylus* tubo brevior, declinatus. *Stigma* obtusum, indivisum. *Semina* in fundo calycis persistentis, rotundato-triquetra, lævia, badia.

Odor foliorum longissimè exsiccatorum ad Camphoram accedit ; recentiorum verò *Lavandulæ Spicæ* est.

> *a.* Bractea.
> C. Calyx seorsìm, auctus.
> E. Eadem, fisso hinc tubo.
> *g,* G. Calyx fructûs dimidiatus, cum seminibus in situ naturali.
> *h, h,* H. Semina magnitudine naturali et auctâ.

> *b.* Flos.
> D. Corolla stamina gerens.
> F. Pistillum.

SIDERITIS.

Linn. Gen. Pl. 290.   *Juss.* 113.

Calyx quinquedentatus.   *Corolla* ringens ; labio superiore bifido ; inferiore tripartito.   *Stamina* intra tubum.   *Stigma* brevius involvens alterum.

TABULA 550.

SIDERITIS SYRIACA.

Sideritis suffruticosa lanata, foliis obovatis obsoletè crenatis, verticillis spicatis, bracteis cordatis acutis integerrimis.

S. syriaca.   *Linn. Sp. Pl.* 801.   *Willden. Sp. Pl. v.* 3. 65.   *Ait. Hort. Kew. ed.* 2. *v.* 3. 385.

S. cretica tomentosa candidissima, flore luteo.   *Tourn. Cor.* 12.

Stachys.   *Matth. Valgr. v.* 2. 184.   *Camer. Epit.* 577.   *Ger. Em.* 695.

S. minor italica.   *Bauh. Pin.* 236.

S. lychnitis.   *Lob. Ic.* 531.

S. lychnoides, incana, angustifolia, flore aureo, italica.   *Barrel. Ic. t.* 1187.

Pilosella syriaca.   *Bauh. Pin.* 262.

P. maxima syriaca.   *Lob. Ic.* 479.   *Dalech. Hist.* 1099.

In montibus Sphacioticis Cretæ. ♃.

Herba undique lanato-tomentosa, mollis, nivea.   *Caulis* basi fruticosus, ramulosus, cæspitosus, densè foliosus ; *ramis* floriferis erectis, strictis, pedalibus, obtusè tetragonis ; ad medium usque foliosis ; supernè verticillatis, multifloris.   *Folia* obovato-oblonga, obtusa, crenulata, crassa ; basi in *petiolum* angustata.   *Verticilli* plures, bracteati, densi, rotundati, in spicam interruptam, erectam, digesti, multiflori.   *Bracteæ* binæ, oppositæ, sub singulo verticillo, ejusdemque ferè longitudinis, ovatæ, acuminatæ, integerrimæ, patentes.   *Calyx* obovatus, tubulosus, extùs densè lanatus ; ore quinquedentatus. *Corolla* calyce duplò longior, aurea ; *tubo* basi albo ; *limbo* bilabiato ; *labio superiori* erecto, acuto, semibifido ; *inferiore* patente, trilobo, lobis acutiusculis, intermediâ paulò latiore.   *Stamina* intra tubum, brevia, flava.   *Stylus* staminibus brevior, supernè incrassatus.   *Stigmata* valdè inæqualia.   *Semina* obovato-triquetra, fusca, nitida, lævia.

A. Calyx duplò ferè auctus.   B. Corolla integra.
C. Eadem, arte fissa, cum staminibus in fauce, abscisso lobo intermedio labii inferioris.
D. Pistillum.   *e, e, e*, E. Semina.

TABULA 551.

SIDERITIS MONTANA.

Sideritis herbacea, verticillis omnibus axillaribus, calycis labio superiore trifido ; inferiore bipartito.

S. montana.   *Linn. Sp. Pl.* 802.   *Willden. Sp. Pl. v.* 3. 64.   *Ait. Hort. Kew. ed.* 2. *v.* 3. 384. *Jacq. Austr. t.* 434.

S. montana, parvo varioque flore.   *Bauh. Pin.* 233.

S. montana, parvo flore nigropurpureo.   *Column. Ecphr. v.* 1. 198. *t.* 196.

Marrubiastrum sideritidis folio, caliculis aculeatis, flore flavo cum limbo atro-purpureo. *Tourn. Inst.* 190.

In maceriis et petrosis Græciæ.   Ad viam inter Smyrnam et Bursam.   ☉.

Radix simplex, tortuosa, fibrillosa, annua.   *Caulis* pedalis, erectus, vel subdiffusus, ramosus, brachiatus, tetragonus, hirtus, undique foliosus.   *Folia* sessilia, recurvato-patentia, ovato-lanceolata, acuta, vix uncialia, subintegerrima, trinervia ; subtùs præcipuè pilosa. *Verticilli* omnes axillares, plerumque sexflori, ebracteati.   *Calycis tubus* ovato-oblongus, decemnervis, villosus, ore pilosus ; *limbus* quinquepartitus, bilabiatus, glaber, laciniis ovatis, mucronato-spinosis, uninervibus, demùm reticulatis, omnibus subæqualibus ; tribus superioribus parùm latioribus, erectis ; duabus inferioribus angustioribus, deflexis.   *Corollæ tubus* cylindraceus, pallidus, longitudine tubi calycis ; *limbus* bilabiatus ; *labio superiore* brevissimo, erecto, atro-purpureo ; *inferiore* flavo, extùs dilatato, semitrilobo, magnitudine vario.   *Stamina* in fauce corollæ, lutea.

a. Flos.   B. Calyx triplò auctus.
C. Corolla cum staminibus.

Sideritis montana!

Sideritis romana.

A B C E D

γ r

Verbena nodiflora.

TABULA 552.

SIDERITIS ROMANA.

Sideritis herbacea, verticillis omnibus axillaribus, calycis labio superiore ovato indiviso maximo ; inferiore quadripartito.

S. romana. *Linn. Sp. Pl.* 802. *Willden. Sp. Pl. v.* 3. 65. *Ait. Hort. Kew. ed.* 2. *v.* 3. 385. *Cavan. Ic. v.* 2. 69. *t.* 187.

S. genus, spinosis verticillis. *Bauh. Hist. v.* 3. *p.* 2. 428.

Marrubiastrum sideritidis folio, caliculis aculeatis, flore candicante. *Tourn. Inst.* 190.

Σιδηριτις *Diosc. lib.* 4. *cap.* 33 ?

In cultis et ruderatis Græciæ atque Archipelagi frequens. ☉.

Præcedenti affinis, at plurimis notis distincta. *Caulis* ramosior, magìsque diffusus. *Folia* majora, serrata, utrinque pilosa ; basi angustata, integerrima. *Flores* incarnato-albidi ; *labio superiori* elongato ; *inferiori* repando, *palato* pubescente. Præcipuè vero dignoscitur *calycis labio superiore* maximo, ovato, indiviso, trinervi ; *inferiore* quadripartito, laciniis subulatis, æqualibus, patentibus.

a. Flos.   B. Calyx auctus.
C. Corolla, cum antheris in fauce. D. Pistillum.

VERBENA.

Linn. Gen. Pl. 14. *Juss.* 109. *Gærtn. t.* 66.

Calycis unico dente truncato. *Corolla* incurva, subæqualis. *Stamina* intra tubum. *Semina* duo, sive quatuor, pelliculâ communi evanescente inclusa.

TABULA 553.

VERBENA NODIFLORA.

Verbena tetrandra, spicis axillaribus capitato-conicis, foliis obovato-cuneiformibus serratis, caule repente.

V. nodiflora. *Linn. Sp. Pl.* 28. *Willden. Sp. Pl. v.* 1. 117. *Ait. Hort. Kew. ed.* 2. *v.* 4. 39. *Burm. Ind.* 12. *t.* 6. *f.* 1. *Bauh. Pin.* 269. *Prodr.* 125 ; *cum icone.*

V. nodiflora, capite oblongo. *Barrel. Ic. t.* 855.

Verbenaca nodiflora. *Bauh. Hist. v.* 3. *p.* 2. 444. *Imperat. Hist. Nat.* 673 ; *cum icone.*

Zapania nodiflora.   *Brown. Prodr. v.* 1. 514.

Ad ripas fluvii prope Plataniam, in insulâ Cretâ, Junio florens. ♃.

Radix fibrosa, perennis.   *Caules* prostrati, radicantes, herbacei, ramosi, foliosi, multiflori, obtusè quadranguli, glabriusculi.   *Folia* opposita, obovata, vel spatulata, serrata, glabra ; basi in *petiolum* angustata, integerrima.   *Pedunculi* foliis aliquantulùm longiores, axillares, solitarii, erecti, simplicissimi, nudi.   *Capitula* erecta, multiflora, conica, densa ; demùm obtusa. *Bracteæ* rotundatæ, dentatæ, coloratæ, calyce longiores, persistentes. *Calyx* bipartitus.   *Corolla* purpureo-incarnata, *limbo* quinquelobo, subinæquali. *Stamina* brevia ; duo in fauce ; duo medium versùs *tubi* ; *antheris* incumbentibus. *Stylus* brevis, erectus, persistens. *Stigma* capitatum, parvum.   *Fructus* subrotundus, compressus, dispermus, *pelliculo* arctè adnato, evanido. *Semina* angulata, dura.

A. Florum spica, duplò vel triplò aucta.	B. Bractea.
C. Calyx cum pistillo.	D. Flos calyce orbatus.
E. Idem arte fissus et expansus.	*f*, F. Fructus maturus.

TABULA 554.

VERBENA SUPINA.

Verbena tetrandra, spicis filiformibus solitariis terminalibus, bracteis calyce brevioribus, foliis bipinnatifidis, caule decumbente.

V. supina.   *Linn. Sp. Pl.* 29.   *Willden. Sp. Pl. v.* 1. 120.   *Ait. Hort. Kew. ed.* 2. *v.* 4. 41. *Clus. Hist. v.* 2. 46.

V. tenuifolia.   *Bauh. Pin.* 269.   *Tourn. Inst.* 200.

V. sacra.   *Ger. Em.* 718.   *Lob. Ic.* 535.

Verbenaca supina.   *Dod. Pempt.* 150.   *Bauh. Hist. v.* 3. *p.* 2. 444.

In locis depressis, hyeme inundatis, Asiæ minoris prope Smyrnam alibique, Julio florens. ☉.

Radix fibrosa, annua.   *Caules* plerumque plures, spithamæi, decumbentes, patuli, ramosi, foliosi, tetragoni, subcompressi, hirti.   *Folia* inæqualitèr bipinnatifida, scabriuscula, subincana, lobis decurrentibus ; basi in petiolum angustata.   *Spicæ* terminales, pedunculatæ, solitariæ, adscendentes, laxæ, multifloræ, scabræ.   *Bracteæ* solitariæ, subulatæ, ciliatæ, calyce breviores. *Calyx* campanulatus, persistens, hirtus, quinquepartitus, laciniâ unicâ reliquis paulò minori.   *Corolla* ferè prioris, *tubo* graciliore.   *Stylus* brevissimus. *Semina* quatuor, oblonga, parallela.

a. Flos.	B. Idem auctus, sine calyce.
c, C. Calyx floris.	D. Calyx fructûs.
E. Fructus maturus, cum stylo persistente.	F. Semen seorsìm.

Verbena supina

Lamium rugosum.

LAMIUM.

Linn. Gen. Pl. 292. *Juss.* 113.

Calyx quinquedentatus, subæqualis. *Corollæ* labium superius fornicatum ;
inferius bilobum ; faux utrinque margine dentata.

TABULA 555.

LAMIUM RUGOSUM.

Lᴀᴍɪᴜᴍ foliis cordatis acutis rugosis inciso-serratis caulibusque pilosis, corollæ dentibus
setaceis solitariis.

L. rugosum. *Ait. Hort. Kew. ed.* 1. *v.* 2. 296. *ed.* 2. *v.* 3. 393. *Willden. Sp. Pl. v.* 3. 87.

L. pubescens. *Sibth. Ms.*

L. hirsutum. *Lamarck. Dict. v.* 3. 410.

L. montanum, foliis elegantèr incisis, flore purpurascente. *Tourn. Inst.* 183? *excluso Columnæ synonymo.*

L. amplo serrato nigricante subrotundo rugoso folio, flore rubro. *Bocc. Mus.* 35. *t.* 23.

L. montanum hirsutum, folio oblongo, flore purpureo. *Till. Pis.* 93. *t.* 35. *f.* 1.

In Siciliâ. ♃.

Radices fibrosæ, perennes. *Herba* atro-virens, undique pilosa. *Caules* pedales, erecti,
tetragoni, foliosi ; basi subdivisi, radicantes ; supernè simplicissimi. *Folia* petiolata,
patentia, cordata, acuta, venosa, rugosa, inæqualitèr et obtusè serrata, utrinque
pubescentia ; subtùs pallidiora ; inferiora minima, *petiolis* elongatis. *Verticilli* plerumque bini, axillares, ebracteati ; superior caulem terminans. *Calyx* tubulosus,
hians, nervosus, pilosus, quinquedentatus ; *dentibus* mucronato-spinosis, patentibus ;
summo majori, erecto ; reliquis deflexis. *Corollæ labium superius* saturatè roseum,
fornicatum ; extùs villosum ; anticè retusum, indivisum, crenatum ; *inferius* deflexum,
rotundatum, emarginatum, crenatum, album, venis rubris ; basi angustatum ; *faux*
inflata, rubro punctata, utrinque marginata, unidentata, dentibus setaceis, patentibus.
Stamina corollâ breviora, labio superiore tecta. *Stigma* bifidum, acutum.

a. Calyx cum pistillo.   b. Corolla cum staminibus.

TABULA 556.

LAMIUM MACULATUM.

Lamium foliis cordatis serratis pilosis, verticillis subdecemfloris, tubo calycino longitudine
limbi, corollæ dentibus solitariis.

L. maculatum. *Linn. Sp. Pl.* 809. *Willden. Sp. Pl. v.* 3. 87. *Ait. Hort. Kew. ed.* 2. *v.* 3. 393.

L. albâ lineâ notatum. *Bauh. Pin.* 231. *Tourn. Inst.* 183.

L. Plinii campoclarense et montanum. *Column. Ecphr.* 190. *t.* 192. *f.* 1.

Urtica lactea. *Matth. Valgr. v.* 2. 473 ; *sine icone.*

In monte Athô, nec non in agro Argolico. ♃.

Habitus et magnitudo præcedentis. *Folia* longiùs petiolata, obtusiùs serrata, nec incisa ;
    suprà lineâ inæquali lacteâ, medium percurrente, notabilia. *Verticilli* plures, ebrac-
    teati. *Flores* haud ultrà decem in singulo verticillo, purpurei, albo variati. *Calyx*
    glabriusculus, *dentibus* ciliatis, *tubo* haud longioribus. *Corollæ labium superius* anticè
    dilatatum, integerrimum ; *inferius* concavum, emarginatum, acutè crenatum, album,
    venis rubris ; *faux* dentibus solitariis, setaceis, deflexis, albis.

Ab hâc forsitàn, ut species distincta, separandum est *Lamium maculatum*, Engl. Fl. v. 3. 90.
    Engl. Bot. v. 36. t. 2550. Bauh. Pin. 231 ; quod sub numero 270, apud Hist. Stirp.
    Helvet. intellexit et descripsit celeberrimus Hallerus. Differt enim *foliis* levitèr
    omninò punctatis, nec lineâ albâ pulcherrimè notatis ; et culturâ non mutatur. Cha-
    racter specificus tamen desideratur.

    a. Calyx.   *b.* Flos anticè conspectus.
    c. Idem obliquè.   *d.* Faucis portio, cum dente marginali, staminibus duobus, styloque.

TABULA 557.

LAMIUM STRIATUM.

Lamium foliis cordatis obtusiusculis, corollarum galeâ bifidâ : laciniis divaricatis dentatis ;
    fauce utrinque bidentatâ.

L. striatum. *Sibth. Ms.*

Βαλλωτη *Diosc. lib.* 3. *cap.* 117 ? *Sibth.*

In ruderatis Græciæ et Archipelagi copiosè. ♃.

Forma et magnitudo præcedentium. *Herba* tomentoso-mollis. *Folia* longiùs petiolata,
    obtusiuscula, latè, et parùm inæqualitèr, serrata, saturatè viridia. *Verticilli* duo vel
    tres ; vix decemflori. *Flores* magni, speciosi, quorum summi supra caulem assurgunt.

Lamium maculatum.

Lamium striatum?

Stachys cretica.

Calyx pubescens, *dentibus* ferè æqualibus. *Corolla* alba, rubro pulchrè picta et striata ; extùs pubescens ; *labio superiore* sursùm producto, bilobo, divaricato, dentato ; *inferiore* bifido, obtusè crenato ; *fauce* utrinque bidentatâ, patulâ. *Stamina* et *stylus* ut in præcedentibus.

A *Lamio bifido*, Willden. Sp. Pl. v. 3. 89. Cyrill. Rar. fasc. 1. 22. t. 7, differt *floribus* majoribus, longèque speciosioribus, rubro vittatis, utrinque bidentatis ; denique *foliis* lineâ centrali albâ destitutis.

      a. Flos calyce orbatus.   *b.* Calyx seorsìm.

STACHYS.

Linn. Gen. Pl. 293.   *Juss.* 114.

Calyx quinquedentatus, mucronatus, subæqualis. *Corollæ* labium superius fornicatum ; inferius trilobum ; lobis lateralibus reflexis ; intermediâ majore. *Stamina* demùm versus latera reflexa.

TABULA 558.

STACHYS CRETICA.

Stachys verticillis multifloris, calycibus pungentibus, foliis oblongis crenatis villosis, caule hirto.

S. cretica. *Linn. Sp. Pl.* 812. *Willden. Sp. Pl. v.* 3. 100. *Ait. Hort. Kew. ed.* 2. *v.* 3. 299.   *Bauh. Pin.* 236. *Tourn. Inst.* 186.

S. folio obscurè virente, flore purpurascente. *Walth. Hort.* 108. *t.* 19.

Pseudostachys cretica. *Bauh. Prodr.* 113 ; *absque icone.*

In Cretâ, et Archipelagi insulis, frequens. ♃.

Radix lignosa, perennis, multiceps. *Herba* tristè virens, subcinerea, minùs sericea, seu lanato-nivea. *Caules* erecti, stricti, pedales aut ultrà, simplices, foliosi, tetragoni, undique hirti, vel sublanati, multiflori. *Folia* oblonga, obtusa, undique crenata, venosa, rugosa ; subtùs præcipuè lanata ; radicalia petiolata, basi angustata ; superiora sensìm diminuta, sessilia. *Verticilli* axillares, numerosi, bracteolati, densi, *floribus* sæpiùs triginta. *Calyx* tubulosus, extùs lanatus, ore quinquedentatus, dentibus lanceolatis, subæqualibus, mucronato-pungentibus, erectis. *Corollæ tubus* albus, sursùm

curvatus ; *limbus* pallidè violaceus, bilabiatus, hians, extùs villosus ; *labio superiore*
fornicato, apice dilatato, emarginato ; *inferiore* trilobo, lobis lateralibus oblongis,
deflexis, parvis ; intermedio maximo, rotundato, concavo. *Stamina* corollâ breviora ;
post anthesin divaricato-patentia, exserta. *Semina* obovato-triquetra, retusa, fusca.

    a. Calyx cum pistillo.   *b.* Corolla et stamina.   *c, c, c.* Semina.

TABULA 559.

STACHYS SPINOSA.

STACHYS floribus axillaribus solitariis oppositis, ramulis brachiatis apice spinosis, foliis cau-
    leque villosis.

S. spinosa.   *Linn. Sp. Pl.* 813.   *Willden. Sp. Pl. v.* 3. 101.   *Ait. Hort. Kew. ed.* 2. *v.* 3. 400.

S. spinosa cretica.   *Bauh. Pin.* 236.   *Tourn. Cor.* 11.   *Moris. v.* 3. 382. *sect.* 11. *t.* 10. *f.* 9.

Sideritis spinosa.   *Bauh. Hist. v.* 3. *p.* 2. 428 ; *icone nullâ.*

Gaidarothimo di Candia.   *Pon. Bald.* 106 ; *cum icone.*   *Clus. Hist. v.* 2. 311. ; *icone nullâ.*

In insulâ Cretâ.   ♄.

Caulis vix pedalis, fruticosus, erectus, ramosissimus, foliosus, villosus, ramulis brachiatis,
    decompositis, patulis, floriferis, pubescentibus, ferè aphyllis.   *Folia* opposita, sessilia,
    lineari-oblonga, obtusa, integerrima, villosa, mollia ; basi angustata, elongata ; demùm
    emarcida, recurva, persistentia.   *Flores* apicem versus ramulorum, oppositi, subsessiles,
    bracteati, albi ; *bracteis* oppositis, lanceolatis, acutis, vix calycis longitudine.   *Calyx*
    villosus, campanulatus, semiquinquefidus ; ore pilosus ; dentibus patentibus, spinosis.
    Corolla extùs pilosa ; *labio superiore* rotundato, integro ; *inferiore* basi elongato,
    laciniâ intermediâ reniformi, planâ.   *Semina* subrotunda, badia.

    a. Calyx.   *b.* Corolla et stamina.
    c. Eadem ad basin usque bipartita, cum staminibus ad latus utrinque flexis.
    d. Calyx fructûs.   *e, e.* Semina.

TABULA 560.

STACHYS ORIENTALIS.

STACHYS verticillis subdecemfloris, foliis oblongis crenatis tomentosis ; floralibus cordatis
    integerrimis acutis.

S. orientalis.   *Linn. Sp. Pl.* 813.   *Willden. Sp. Pl. v.* 3. 101.   *Ait. Hort. Kew. ed.* 2. *v.* 3. 400.

S. orientalis, altissima et fœtidissima.   *Tourn. Cor.* 12.

Stachys spinosa.

Stachys orientalis.

Marrubium velutinum.

Ad viam inter Smyrnam et Bursam ; etiam in agro Messeniaco. ♃.

Habitu ad penultimam speciem accedit ; differt verò colore *florum*, nec non *foliorum floralium* latitudine et formâ. *Caulis* hirtus, pedalis aut sesquipedalis, foliosus, simplex. *Folia inferiora* oblonga, obtusiuscula, petiolata, undique crenata, sericeo-villosa, rugosa ; *floralia* abbreviata, dilatata, cordata, acuta, integerrima, minùs villosa, calyces superantia, patentiuscula. *Verticilli* densi, bracteolati, sæpiùs decemflori. *Bracteolæ* lineari-lanceolatæ, pilosæ, calycibus breviores. *Calyx* tubulosus, villosus, dentibus spinosis. *Corolla* ochroleuca ; *labiis* extùs villosis ; *superiore* rotundato ; *inferiore* trilobo, laciniâ intermediâ concaviusculâ, subrepandâ. *Stamina* post anthesin rubicunda, patentissima.

     a. Calyx cum pistillo.
     b, B. Flos, calyce avulso, staminibus inferioribus defloratis, divaricatis.

MARRUBIUM.

Linn. Gen. Pl. 294. *Juss.* 114.

Calyx tubulosus, decem-sulcatus ; limbo patente ; demùm induratus. *Corollæ* labium superius bifidum, lineare, rectum.

TABULA 561.

MARRUBIUM VELUTINUM.

Marrubium foliis subrotundis retusis sericeis rugosis crenatis, dentibus calycinis quinis rectis, caule ramoso.

M. velutinum. *Sibth. Ms.*

In monte Parnasso. ♃.

Radix lignosa, crassiuscula, perennis. *Caules* plures, erecti, herbacei, subramosi, foliosi, obtusè quadranguli, densè pubescentes, aut tenuissimè lanati, pedales vel bipedales. *Folia* plerumque uncialia, petiolata, patentia, obovato-subrotunda, crassiuscula, rugosa, crenata, retusa, venosa, utrinque sericeo-mollissima, flavicante-incana. *Verticilli* plures, apicem versus caulis, axillares, densi, convexi, multibracteati, multiflori. *Bracteæ* subulatæ, mucronato-spinosæ, pubescentes. *Flores* sessiles, bracteas superantes, erecti, *Calyx* pubescens ; *tubo* subcylindraceo, decem-sulcato ; *limbo* quinquepartito, dentibus subulatis, rectis, patentibus. *Corolla* calyce duplò longior ; *tubo* infundibuliformi, albido, pubescente ; *labio superiori* erecto, semibifido, bimaculato ; *inferiore* fulvo, trilobo, deflexo, laciniâ intermediâ obcordatâ, latiori. *Stamina* intra faucem, brevia, fulva. *Stigma* bifidum, inæquale.

Herba dudùm exsiccata vix aromatica vel amara.

A. Calyx, duplò ferè auctus.
C. Floris sectio longitudinalis.

B. Corolla.
D. Pistillum.

TABULA 562.

MARRUBIUM PSEUDODICTAMNUS.

Marrubium foliis cordatis concaviusculis crenatis densè tomentosis, limbo calycino decem-crenato plano villoso.

M. Pseudodictamnus. *Linn. Sp. Pl.* 817. *Willden. Sp. Pl. v. 3.* 113. *Ait. Hort. Kew. ed. 2. v. 3.* 405.

Pseudodictamnus verticillatus inodorus. *Bauh. Pin.* 222. *Tourn. Inst.* 188.

Pseudodictamnum. *Dod. Pempt.* 281. *Matth. Valgr. v. 2.* 68. *Camer. Epit.* 474.

Gnaffalio di Dioscoride. *Pon. Bald. 5. f. 6.*

Ψευδοδίκταμνος *Diosc. lib. 3. cap.* 38.

Γναφαλιον *Diosc. Ic. t.* 69.

Μαβρομάργο *Attic. hodiè.*

Ἀσπροπίκροπάνδι *Lacon.*

In Græciâ, tum in Cretâ, et Archipelagi insulis, frequens. ♄ .

Radix lignosa. *Caulis* fruticosus, erectus, ramosissimus ; *ramis* obtusè quadrangulis, lanatis, foliosis, apice verticillatis, multifloris. *Folia* petiolata, rotundato-cordata, patentia, crenata, venosa, concaviuscula, crassa, utrinque densè tomentosa, alba. *Verticilli* axillares, conferti, subdecemflori, bracteati ; *bracteis* numerosis, oblongis, lanatis, tubo calycino duplò circitèr brevioribus. *Calyx* undique lanatus ; *tubus* decemsulcatus ; *limbus* hypocrateriformis, repandus, inæqualitèr decemcrenatus, venosus ; demùm scariosus, reticulatus. *Corollæ tubus* gracilis, incurvus, albidus ; *labium superius* flavescens, villosum, subfornicatum, apice porrectum, bifidum ; *inferius* trilobum, purpureo alboque pictum, lobis oblongis ; lateralibus emarginatis ; intermedio semibifido. *Stamina* corollâ breviora, sub labio superiori recondita.

a, a. Calyx cum bracteis.   b. Flos e calyce abreptus.
B. Idem magnitudine auctus, averso labio superiore cum staminibus et pistillo.

Marrubium Pseudodictamnus.

Phlomis fruticosa.

PHLOMIS.

Linn. Gen. Pl. 295.   *Juss.* 114.   *Gœrtn. t.* 66.

Calyx angulatus, quinquedentatus.   *Corollæ* labium superius incumbens, compressum, villosum.

TABULA 563.

PHLOMIS FRUTICOSA.

Phlomis foliis ovato-oblongis crenatis densè tomentosis, bracteis lanceolatis, caule fruticoso.

Ph. fruticosa.   *Linn. Sp. Pl.* 818.   *Willden. Sp. Pl. v.* 3. 117.   *Ait. Hort. Kew. ed.* 2. *v.* 3. 407.

Ph. fruticosa, salviæ folio latiore et rotundiore.   *Tourn. Inst.* 177.

Verbascum latis salviæ foliis.   *Bauh. Pin.* 240.

V. quartum, sive sylvestre.   *Matth. Valgr. v.* 2. 490.   *Dalech. Hist.* 1300.

V. sylvestre Matthioli.   *Clus. Hist. v.* 2. 28.

V. Matthioli.   *Ger. Em.* 767.

Φλομος αγρια *Diosc. lib.* 4. *cap.* 104.

Σφάκα, γαδαροσφάκα, ἤ φλομὸ, *hodiè.*

In petrosis siccis maritimis Græciæ et Archipelagi vulgaris.   ♄.

Caulis fruticosus, erectus, tripedalis vel altior, solidus, brachiatus, teres, glabratus, *ramis* erectis, tetragonis, lanatis, foliosis, apice floriferis.   *Folia* opposita, petiolata, ovato-oblonga, obtusa, crenata, subrepanda, reticulato-venosa ; subtùs præcipuè densè tomentosa, albida.   *Petioli* lanati, crassiusculi.   *Verticilli* solitarii vel bini, axillares, in ramorum apicibus, sex- ad decem-flori.   *Bracteæ* numerosæ, lanceolatæ, acutæ, erectæ, densè lanatæ, calyce breviores.   *Calyx* decemsulcatus, tomentosus, dentibus quinque, parvis, acutis, patulis, æqualibus.   *Corolla* aurea, calyce duplò longior, extùs villosa ; *labio superiore* arcuato, concavo, utrinque compresso, apice retuso ; *inferiore* patulo, glabrato, trilobo ; lobo intermedio obtuso, subcordato, maximo.   *Stamina* intra labium superius.   *Stigmata* inæqualia, simplicia.   *Semina* cylindraceo-oblonga, apice barbata.

Odor *foliorum* peculiaris, ferè saponaceus.

a. Calyx cum pistillo, bracteis duabus suffultus.
c. Eadem, abscisso limbo.
e, e. Semina.

b. Corolla cum staminibus.
d. Calyx fructûs, hinc fissus.

TABULA 564.

PHLOMIS SAMIA.

Phlomis foliis cordatis crenatis subtùs tomentosis, bracteis tripartitis subulatis hirtis longitudine calycis.

Ph. samia.   *Linn. Sp. Pl.* 819.   *Willden. Sp. Pl. v.* 3. 120.   *Ait. Hort. Kew. ed.* 2. *v.* 3. 408.
    Andr. Repos. t. 584.   *Desfont. Atlant. v.* 2. 25.   *Venten. Choix, t.* 4.
Ph. samia herbacea, lunariæ folio.   *Tourn. Cor.* 10.
Ph. radiis involucri setaceis trifidis, foliis cordatis.   *Sauv. Meth. Folior.* 152. *n.* 239.

In Eubœâ.   ♃.

Radix oblonga, subrepens, perennis.   *Herba* tristè virens, undique pubescens, mollis.
    Caules herbacei, erecti, tripedales, foliosi, obtusè quadranguli, solidi, supernè subramosi.
    Folia cordata, undique crenata, venosa; suprà saturatè viridia, piloso-scabriuscula;
    subtùs lanata, candicantia; *radicalia* maxima, longissimè petiolata; *caulina* minora,
    sensìm acutiora, subsessilia.   *Verticilli* plures, axillares et terminales, magni, densi,
    bracteati, multiflori.   *Bracteæ* longitudine calycis, erectæ, tripartitæ, interdùm bipar-
    titæ, laciniis lineari-subulatis, mucronato-pungentibus, glanduloso-ciliatis, purpuras-
    centibus.   *Calyx* tubulosus, decemcostatus, piloso-glandulosus, dentibus marginalibus
    quinque, subulatis, mucronato-pungentibus.   *Corolla* formâ præcedentis, colore verò
    diversa, tristè purpurea, *labio superiore* extùs villoso-cana.   *Stigmata* inæqualia.
Tournefortii synonymon, a Clarissimo Desfontainesio abrogatum, denuò, exemplaribus
    certis inspectis, instauravit botanicus egregius D. Ventenatius.   Hoc enim a *Phlomide
    lunarifoliâ* nostrâ, Prodr. v. 1. 414, proculdubiò alienâ, removendum.

  a. Bractea.   *b.* Calyx.   *c.* Corolla.
  d. Eadem, avulso limbo.   *e.* Pistillum.

TABULA 565.

PHLOMIS HERBA-VENTI.

Phlomis foliis ovato-lanceolatis serratis scabriusculis subtùs tomentosis, bracteis ternis
    subulatis longitudine calycis.

Ph. Herba-venti.   *Linn. Sp. Pl.* 819.   *Willden. Sp. Pl. v.* 3. 122.   *Ait. Hort. Kew. ed.* 2.
    v. 3. 408.
Ph. narbonensis, hormini folio, flore purpurascente.   *Tourn Inst.* 178.
Marrubium nigrum longifolium.   *Bauh. Pin.* 230.   *Ger. Em.* 701.
Herba venti.   *Lob. Ic.* 532.   *Dalech. Hist.* 1120.
Sideritis monspeliensium.   *Dalech. Hist.* 1120; *minùs benè.*

Phlomis samia.

Phlomis Herba venti.

Moluccella lævis.

β. Phlomis pungens. *Willden. Sp. Pl. v. 3.* 121.

Ph. orientalis, hormini folio, flore minore, calyce glabro. *Tourn. Cor.* 10.

Prope Athenas; nec non in Asiâ minore inter Smyrnam et Bursam. ♃.

Radix crassa, sublignosa, perennis. *Caules* erecti, herbacei, pedales aut sesquipedales, ramosi, brachiati, patentes, obtusè quadranguli, foliosi, multiflori, undique pulve- rulento-incani, plùs minùs pilosi; basin versus hirsuti. *Folia* petiolata, patenti- recurva, ovato-oblonga; suprà tristè viridia, setis minutis asperiuscula; subtùs tomen- toso-incana, vel pulverulento-albida, venosa; *inferiora* undique serrata; *ramea*, aut *florifera*, minora, angustiora, ultra medium integerrima. *Verticilli* plurimi, axillares et terminales, sæpiùs quinqueflori, bracteati. *Bracteæ* bi- vel tripartitæ, laciniis subu- latis, mucronato-pungentibus, incanis, sæpè glandulosis et hirsutis, calycis tubum su- perantibus. *Calyx* pulverulento-incanus, interdùm pilosus; *tubo* angulato, decem- costato; *limbo* quinquedentato, patente, subulato, subindè hirsuto. *Corolla* tristè pur- purea; extùs tomentoso-incana, subpilosa; labio superiori emarginato.

Serraturis *foliorum* majorum, pubescentiâ omni, nec non magnitudine *florum*, et *dentium calycinorum* directione, variare nobis videtur. In duas species, sat lubricas, distinxit Cl. Willdenovius. Icon Sibthorpiana varietatem nostram β potiùs refert; sed exem- plaria Græca, in herbario ejus conservata, *foliis* majoribus crebrè serratis gaudent, ut in α.

a. Bractea bipartita.
c. Corolla.
e. Stamina et pistillum, cum tubi fauce.

b. Calyx.
d. Eadem, limbo dirupto.

MOLUCCELLA.

Linn. Gen. Pl. 296. *Juss.* 115. *Gærtn. t.* 66.

Calyx campanulatus, ampliatus, corollâ latior, spinosus. *Semina* retusa.

TABULA 566.

MOLUCCELLA LÆVIS.

MOLUCCELLA calyce rotundato quinquedentato æquali, foliis petiolatis cordato-subrotundis serratis.

M. lævis. *Linn. Sp. Pl.* 821. *Willden. Sp. Pl. v. 3.* 129. *Ait. Hort. Kew. ed. 2. v. 3.* 411.

Molucca lævis. *Dod. Pempt.* 92. *Tourn. Inst.* 187.

Melissa moluccana odorata.   *Bauh. Pin.* 229.

M. Molucca lævis.   *Ger. Em.* 691.

M. constantinopolitana.   *Matth. ed. Bauh.* 602. *f.* 2.

M. moluca, sive constantinopolitana.   *Camer. Epit.* 575.

Melissophyllum constantinopolitanum.   *Dalech. Hist.* 959.

In arvis inter Smyrnam et Bursam.   ☉.

Herba glaberrima, lætè virens, amaricans, parùm odora, *radice* gracili, annuâ. *Caulis*
  erectus, simplex, vel subramosus, obtusè quadrangulus, lævis, solidus, foliosus, ramis
  oppositis, erectis, simplicibus, multifloris. *Folia* opposita, petiolata, cordato-subrotunda, crenata, venosa, utrinque nuda, magnitudine varia, subindè incisa, aut lobata.
  Spinæ axillares, fasciculatæ, patentes, subulatæ, glabræ, pallidæ, mucronato-pungentes.
  Verticilli axillares, plerumque sexflori, numerosi, in spicas cylindraceas conferti, spinis
  plurimis suffulti. *Calyx* maximus, campanulato-infundibuliformis, membranaceus,
  reticulato-venosus, glaberrimus, margine repandus, spinulis quinque exiguis. *Corolla*
  vix calycis longitudine, gracilis, incarnato-albida, *tubo* subtùs obsoletè calcarato ; *labio*
  superiore fornicato, integro, pubescente, rubicundo ; *inferiore* trilobo, laciniâ intermediâ maximâ, bilobâ. *Stamina* corollâ breviora. *Stigma* bifidum, acutum, subæquale. *Semina* brevia, triquetra, retusa, acutangula, glaberrima.

  a. Calyx, spinis suffultus.   *b.* Corolla.
  c. Flos anticè fissus, cum staminibus et stylo in fauce.   *d, d, d.* Semina.

TABULA 567.

MOLUCCELLA SPINOSA.

Moluccella calyce bilabiato octodentato incurvo, foliis petiolatis cordatis lobatis incisis.

M. spinosa. *Linn. Sp. Pl.* 821.   *Willden. Sp. Pl. v.* 3. 128.   *Ait. Hort. Kew. ed.* 2. *v.* 3. 410.

Molucca spinosa. *Dod. Pempt.* 92.   *Tourn. Inst.* 187.   *Ger. Em.* 691.   *Dalech. Hist.* 959.

Melissa moluccana fœtida. *Bauh. Pin.* 229.   *Matth. ed. Bauh.* 603. *f.* 3.

In monte Parnasso.   ☉.

Præcedente altior, atro-virens, odore ingrato. *Caulis* erectus, simplex vel ramosus, foliosus,
  crassus, saturatè purpurascens, obtusè quadrangulus, cavus. *Folia* palmato-lobata,
  incisa, saturatè ac tristè viridia, duplò quàm in præcedenti majora, *spinis* axillaribus
  fuscescentibus. *Verticilli* axillares, numerosi, multiflori, basi, ut in priore, spinosi.
  Calyx infundibuliformis, incurvus, reticulato-venosus, extùs pubescens, ore bilabiatus ;
  labio superiore indiviso, in spinam validam, erectam, desinenti ; *inferiore* septem-
  spinoso, spinis deflexis, inæqualibus, labio plerumque longioribus. *Corolla* alba ; *tubo*

Moluccella spinosa.

Moluccella frutescens.

subtùs obsoletè calcarato ; *labio superiore* retuso, villoso ; *fauce* purpureo-striatâ, lævi. *Stamina* medium versus pilosa. *Antheræ* flavæ.

> *a.* Calyx et pistillum, cum spinis tribus ad basin.
> *b.* Corolla, cum staminibus in situ naturali.
> *c.* Ejusdem tubus, abscisso limbo, stamina gerens.

TABULA 568.

MOLUCCELLA FRUTESCENS.

Moluccella calyce cylindraceo-infundibuliformi quinquefido æquali, foliis ovatis pubescentibus, caule fruticoso, spinis subquaternis.

M. frutescens. *Linn. Sp. Pl.* 821. *Willden. Sp. Pl. v.* 3. 130. *Allion. Pedem. v.* 1. 33. *t.* 2. *f.* 2.

Scordium spinosum, floris labio superiore seu galeâ lanuginosâ seu villosâ. *Raii Hist. v.* 3. 311.

In insulâ Cypro. ♄ .

Caulis fruticosus, ramosissimus, implexus, teretiusculus, lævis ; *ramulis* obsoletè quadrangulis, foliosis, spinosis. *Spinæ* axillares, sæpiùs quaternæ, patenti-recurvæ, rigidæ, acutæ, persistentes. *Folia* opposita, breviùs petiolata, ovata, utrinque unidentata, undique pubescentia, venosa, haud uncialia. *Flores* axillares, solitarii, oppositi, pedunculati, cernui. *Calyx* cylindraceus, pubescens, decemsulcatus ; *limbo* patente, quinquefido, subæquali, laciniis spinulosis. *Corolla* calyce parùm longior, alba ; *palato* lineis purpureis striato ; *labio superiore* obtuso, extùs villoso. *Stamina* glabra. *Stigmata* acuta.

> *a.* Calyx.   *b.* Corolla et stamina.
> *c.* Tubi portio, cum staminibus fauce insertis.   *d.* Pistillum..

ORIGANUM.

Linn. Gen. Pl. 297.   *Juss.* 115.

Calyx variè labiatus, ecostatus.   *Amentum* spurium, ex *involucris* numerosis, imbricatis, dilatatis, complanatis, ad calycum basin solitariis.

TABULA 569.

ORIGANUM TOURNEFORTII.

ORIGANUM calyce unilabiato, spicis erectis, foliis orbiculato-cordatis integerrimis punctatis.

O. Tournefortii. *Sibth. apud Ait. Hort. Kew. ed.* 1. *v.* 2. 311. *ed.* 2. *v.* 3. 412.   *Willden. Sp. Pl. v.* 3. 133. *Andr. Repos. t.* 537.

O. dictamni cretici facie, folio crasso, nunc villoso nunc glabro. *Tourn. Cor.* 13. *It. v.* 1. 91; *cum icone.*

In Amorgi insulæ rupibus, prope divæ virginis cœnobium. ♄ .

Radix lignosa, crassa, multiceps, rupium præruptarum fissuris infixa. *Caules* suffruticosi, numerosi, cæspitosi, spithamæi, adscendentes, subramosi, foliosi, quadranguli, glabri, vel subincani. *Folia* haud uncialia, opposita, decussata, subsessilia, orbiculata, crassiuscula, costata, obtusa, integerrima, glauco-viridia; utrinque punctata; basi subcordata; undique vel omninò glabra, vel pubescentia, vel margine tantùm villosa. *Spicæ* terminales, erectæ, solitariæ, binæ, vel ternæ, oblongæ, densæ, pyramidato-quadrangulæ. *Involucra* quadrifaria, arctè imbricata, latè elliptica, integerrima, costata, reticulata, glabra, viridi purpureoque variata, calyces superantia, persistentia. *Calyx* monophyllus, lateralis, vel hinc fissus, obovatus, coloratus, glaber, integerrimus. *Corolla* calyce triplò longior, erecta, gracilis, rosea; *tubo* pallescente, anticè medium versus gibbo, vel subcalcarato; *limbo* bilabiato; *labio superiori* erecto, elliptico-oblongo, emarginato; *inferiore* tripartito, æquali, patulo. *Stamina* labium superius paulùm superantia, erecta, purpurea, glabra. *Stigma* obtusum, emarginatum. *Semina* in fundo calycis emarcidi, obovata, parva, glaberrima, nitida, badia.

Folia, monente Tournefortio, vel aromatica et odora, vel omninò insipida; crassitudine et pubescentiâ insignitèr etiam variant.

a. Involucrum.
c, C. Flos, calyce orbatus.
e, E. Semen.

b. Calyx et pistillum.
d. Calyx fructûs.

Origanum Tournefortii?

Origanum sipyleum!

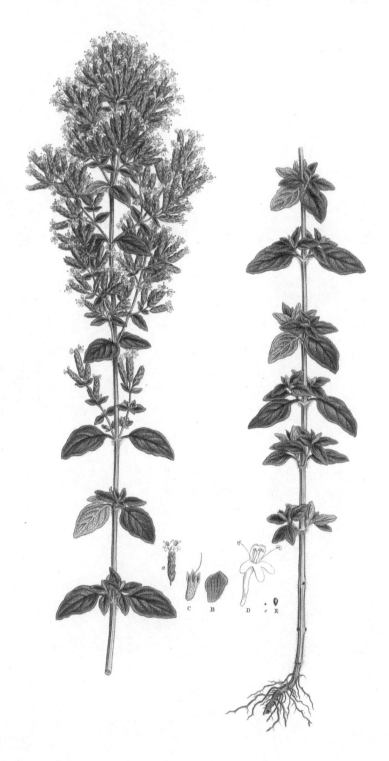

Origanum smyrnæum.

TABULA 570.

ORIGANUM SIPYLEUM.

Origanum calyce cylindraceo inæqualitèr dentato, spicis paniculatis nutantibus, foliis
superioribus ovatis glabris integerrimis.

O. sipyleum. *Linn. Sp. Pl.* 823. *Willden. Sp. Pl. v.* 3. 133. *Ait. Hort. Kew. ed.* 2. *v.* 3. 413.

O. montis Sipyli. *Tourn. Inst.* 199. *Herm. Lugd.-Bat.* 462. *t.* 463.

O. spicatum montis Sipyli, foliis glabris. *Whel. It.* 228. *f.* 4.

Dictamnus sipyleus, majoranæ foliis. *Moris. v.* 3. 357. *sect.* 11. *t.* 4. *f.* 2.

Μαρον *Diosc. lib.* 3. *cap.* 49.

In monte Sipylo, Phrygiæ; etiam ad viam inter Smyrnam et Bursam. In monte Delphi,
Eubœæ, at vix alibi, inter Græciæ terminos, occurrit. *Sibth.* ♃.

Radix repens, sublignosa. *Caules* herbacei, erecti, bipedales, ramosi, foliosi, obtusè tetragoni, solidi, glabri, fusco-purpurascentes; supernè paniculati, multiflori. *Folia caulina*
subsessilia, ovata, acuta, glaberrima, glauca, ferè uncialia, sæpiùs integerrima; *infima*,
sarmentorum radicalium præcipuè, minora, cordato-rotundata, crenata, undique, sicut
ipsa sarmenta, villosa. *Panicula* decomposita, patens, foliolosa, gracilis, glaberrima.
Spicæ terminales, solitariæ, nutantes, ovatæ, purpureæ, glaberrimæ, subsedecimfloræ,
demùm scariosæ. *Involucra* elliptica, concaviuscula, reticulato-venosa; basi virescentia. *Calyx* tubulosus, venosus, glaber, resinoso-punctatus, margine inæqualitèr
quinquefido, obtuso. *Corolla* ferè precedentis, at minùs evidentèr calcarata. *Stigma*
emarginatum.

Spicæ jamdudùm exsiccatæ, manibus tritæ, fortitèr et gratissimè olent; non item *folia*.

a. Foliolum florale.	*b*, B. Involucrum.
c. Flos.	D. Calyx cum pistillo.
E. Flos, calyce avulso, magnitudine triplò circitèr auctus.	

TABULA 571.

ORIGANUM SMYRNÆUM.

Origanum calyce cylindraceo acutè dentato, spicis linearibus erectis congestis scabris,
foliis ovatis punctatis.

O. smyrnæum. *Linn. Sp. Pl.* 823. *Willden. Sp. Pl. v.* 3. 134. *Ait. Hort. Kew. ed.* 2.
v. 3. 412.

O. glandulosum. *Desfont. Atlant. v.* 2. 27; *ex descriptione optimâ.*

O. heracleoticum, cunila gallinacea Plinii, floribus candidis. *Tourn. Inst.* 199; *ex herbario*
Vaillantiano.

O. Onitis, folio subrotundo.   *Matth. ed. Bauh.* 519. *f.* 3 ; *opt.*

O. monspeliense pulchrum.   *Camer. Epit.* 468.   *Bauh. Hist. v.* 3. *p.* 2. 238.

Ρίγανι *hodiè.*

Sater *Turcorum.*

Circa Smyrnam ; nec non in ericetis circa Byzantium. ♃.

Radix fibrosa. *Caules* erecti, sesquipedales, aut bipedales, stricti, herbacei, ramulosi, foliosi, quadranguli, pilosi ; apice corymbosi, multiflori. *Folia* petiolata, ovata, acutiuscula, repanda, subdentata, utrinque multipunctata, hirsuto-scabra, tristè viridia, omnia uniformia. *Spicœ* terminales et axillares, confertæ, fastigiatæ, erectæ, lineares, multi-floræ. *Involucra* præcedentibus longè minora, obovato-cuneiformia, acuta, concava, nervosa, paululùm apice recurva, plùs minùs piloso-scabra, non colorata. *Calyx* tubu-losus, punctatus, scaber ; margine profundè, atque parùm inæqualitèr, quinquefidus, acutus. *Corolla* pubescens, obsoletè calcarata, albida, *labio superiore,* ut et *fauce,* pur-pureo-incarnata. *Stigma* parvum, emarginatum. *Semina* exigua, obovata, nitida.
Odor *Saturejœ montanœ.*

a. Spica.	B. Involucrum auctum.
C. Calyx cum pistillo.	D. Flos absque calyce.
e, E. Semen.	

TABULA 572.

ORIGANUM ONITIS.

Origanum calyce unilabiato, spicis oblongis erectis congestis hirsutis, foliis ovatis tomen-tosis subserratis.

O. Onitis. *Linn. Sp. Pl.* 824.   *Willden. Sp. Pl. v.* 3. 136.   *Ait. Hort. Kew. ed.* 2. *v.* 3. 413.
  Bauh. Pin. 223.   *Matth. Valgr. v.* 2. 61.   *Matth. ed. Bauh.* 519. *f.* 2 ; *malè. Dalech.*
  Hist. 887.   *Camer. Epit.* 467.   *Besl. Hort. Eyst. autumn. ord.* 2. *t.* 5. *f.* 2.

O. lignosum syracusanum perenne, umbellâ amplissimâ, brevi lato et nervoso folio nigri-cante. *Bocc. Mus.* 43. *t.* 38 ; *benè.*

Majorana cretica, origani folio, villosa, satureiæ odore, corymbis majoribus albis.   *Tourn.*
  Cor. 13 ; *excluso synonymo Wheleri. Herb. Tourn.*

Ορίγανος Ονητις *Diosc. lib.* 3. *cap.* 33.

Ρίγανι *hodiè.*

In Græciâ australi, insulisque circumjacentibus. ♃.

Caules sublignosi, erecti, ramosissimi, foliosi, quadranguli, hirsuti, pallidi ; infernè teretius-culi. *Folia* copiosa, præcedentibus minora, ac pallidiora, subpetiolata, ovata, acuta, obsoletè serrata, costata, utrinque tomentoso-mollia, punctata. *Spicœ* terminales,

Origanum Onites.

Origanum Maru.

erectæ, densè corymbosæ, numerosæ, ovato-oblongæ, obtusæ, hirsutæ, multifloræ. *Involucra* magnitudine præcedentis, vel paulò latiora, arctè imbricata, ovata, concava, obtusa, extùs pilosa. *Calyx* monophyllus, lateralis, ut in *O. Tournefortii*, obovatus, viridis ; extùs pilosus ; post florescentiam rotundatus, emarcidus. *Corolla* calyce duplò longior, alba, glabra ; *tubo* vix manifestè calcarato. *Stamina* intra tubum, vel paulò exserta. *Stigma* bipartitum, acutum. *Semina* obovata, nitida.

Odor præcedentis, at levior. Synonyma, a scriptoribus ferè omnibus perversa, haud facilè eruenda sunt. Species reverà distinctissima.

A. Spica modicè aucta.	B. Calyx seorsìm, cum pistillo.
C. Idem, e parte externâ.	*d.* Flos, magnitudine naturali.
E. Corolla multùm aucta.	*f*, F. Calyx fructûs.
g, G. Semina.	

TABULA 573.

ORIGANUM MARU.

ORIGANUM calyce cylindraceo retuso, spicis ovato-subrotundis erectis hirsutis, foliis ovatis tomentosis integerrimis.

O. Maru. *Linn. Sp. Pl.* 825 ; *excluso Tournefortii synonymo. Willden. Sp. Pl. v.* 3. 137. *Sims apud Curt. Mag. t.* 2605.

Majorana cretica rotundifolia, lavandulæ odore, capitulis minoribus incanis, flore purpurascente. *Tourn. Cor.* 13. *Herb. Tourn.*

Marù creticum. *Alpin. Exot.* 289. *t.* 288.

In Cretæ montibus Sphacioticis. ♃.

Caules sublignosi, erecti, ramosissimi, graciles, teretiusculi, glabri, patentes ; *ramulis* quadrangulis, pubescentibus, foliosis, apice floriferis. *Folia* parva, breviùs petiolata, ovata, integerrima, utrinque densè tomentosa, incana. *Spicæ* terminales, erectæ, sæpiùs ternæ, parvæ, ovato-subrotundæ, hirsutæ, paucifloræ. *Involucra* latè elliptica, concava, obtusa, extùs glaucescentia, pilosa. *Calyx* tubulosus, retusus, obsoletè et inæqualitèr dentatus, sericeo-incanus. *Corolla* purpurascens ; *tubo* anticè gibbo.

Odor totius herbæ suavis et aromaticus, ferè *O. ægyptiaci.*

A. Spica aucta.	*b.* Flos magnitudine naturali.
C. Involucrum auctum.	D. Calyx cum stylo.
E. Corolla cum staminibus.	

R

THYMUS.

Linn. Gen. Pl. 297.   *Juss.* 115.

Calyx bilabiatus ; *faux* villis densis conniventibus clausa.

TABULA 574.

THYMUS ZYGIS.

Thymus verticillis spicatis, dentibus calycinis omnibus pectinatis, foliis lineari-lanceolatis
obtusis basi ciliatis.

Th. Zygis. *Linn. Sp. Pl.* 826. *Willden. Sp. Pl. v.* 3. 140. *Ait. Hort. Kew. ed.* 2. *v.* 3. 414.

Thymum angusto longiorique folio. *Barrel. Ic. t.* 777.

Serpillum sylvestre, Zygis Dioscoridis. *Clus. Hist. v.* 1. 358. *Bauh. Hist. v.* 3. *p.* 2. 271.

S. creticum. *Ger. Em.* 571 ; *icone Clusiâná.*

Thymbra hispanica, coridis folio. *Tourn. Inst.* 197.

Ερπυλλος ζυγις *Diosc. lib.* 3. *cap.* 46 ? *Sibth.*

Σμάρι, quasi Apum delectamentum, *hodiè.*

In montibus circa Athenas et Byzantium. ♃.

Fruticulus humilis ; *radice* lignosâ ; *caulibus* undique patentibus, decumbentibus, ramosis ;
ramulis adscendentibus, tetragonis, foliosis, subpubescentibus, apice floriferis. *Folia*
opposita, lineari-lanceolata, obtusa, integerrima, nervosa, punctata, lætè viridia ; basi
in *petiolum* attenuata, ciliata ; cæterùm glabra. *Verticilli superiores* in *spicam* termi-
nalem conferti, bracteati ; *bracteis* ovatis, acutis, nervosis, punctatis, ciliatis ; *inferiores*
axillares, ebracteati. *Flores* pedicellati, erecti, nivei. *Calycis tubus* nervosus, pubescens, anticè gibbus ; *faux* villis densis, niveis, clausa ; *dentes* omnes lanceolati, elongati, adscendentes, subæquales, undique pectinato-ciliati. *Corolla* calyce duplò longior ; *tubo* infundibuliformi ; *labio superiore* concaviusculo, emarginato ; *inferiori*
obtusè trilobo ; laciniis æqualibus, intermediâ purpureo-punctatâ. *Stamina* filiformia,
patentia, corollâ longiora ; *antheris* purpurascentibus. *Stigma* bifidum, acutum. *Semina* ferè globosa, fusca, nitida, *hilo* albo.

Folia exsiccata longè minùs quàm in speciebus vulgaribus aromatica. *Flores* verò, levi
terebinthino gaudent odore, quocum mel atticum haud ingratè afficiunt.

a. Bractea.	*b.* Flos.
C. Calyx auctus.	D. Flos sine calyce.
e, E. Semina.	F. Folium triplò circitèr auctum.

Thymus Zygis

C   B   a   D

Thymus exiguus.

Thymus graveolens.

TABULA 575.

THYMUS EXIGUUS.

THYMUS verticillis paucifloris, foliis rhombeis mucronatis obliquis subintegerrimis, caulibus basi divisis, corollâ filiformi.

In insulæ Cypri montosis. ☉.

Facies *Zizyphoræ hispanicæ*. *Radix* teres, annua ; infernè flexuosa, fibrosa, latè patens ac descendens. *Caulis* herbaceus, basi ramosus, plerumque trifidus, *ramis* simplicibus, adscendentibus, trientalibus, foliosis, tetragonis, pubescenti-incanis. *Folia* vix odorata, longiùs petiolata, rhombea, acuminata, nervosa, pilosiuscula, integerrima ; inferiora hinc indè dentata. *Flores* axillares, oppositi, solitarii vel bini, pedunculati, *pedunculis* plùs minùs dilatatis, complanatis, incanis. *Calyx* cylindraceus, flexuosus, sulcatus, hirsutus ; subtùs gibbus ; *dentibus* subulatis ; *fauce* pilis clausâ. *Corolla* calyce longior ; *tubo* gracillimo, albido ; *limbo* parvo, rotundato, inæqualitèr quinquelobo, pallidè purpureo. *Stamina* intra faucem ; *antheris* subrotundis, flavis.

> *a.* Flos pedunculo insidens.
> B. Calyx auctus, cum pedunculo.
> C. Corolla cum antheris e fauce prominulis.
> D. Eadem fissa, ut stamina in conspectum veniant.

TABULA 576.

THYMUS GRAVEOLENS.

THYMUS verticillis subsexfloris, foliis ovato-rhombeis obtusis revolutis subserratis, caulibus ramosissimis suffruticosis.

Th. graveolens. *Sibth. Ms.*

Τραγοριγανος *Diosc. lib. 3. cap.* 35 ! *Sibth.*

In monte Parnasso. ♄.

Radix lignosa, crassa, nigra, multiceps. *Caules* fruticulosi, numerosi, cæspitosi, adscendentes, ramosi, foliosi, tetragoni, tenuissimè pubescentes, haud spithamæi. *Folia* odore forti *Pulegii*, petiolata, ovato-rhombea, obtusa, revoluta, crassiuscula, hinc et hinc subserrata, sæpè omninò integerrima, venosa ; suprà saturatè viridia, glabra ; subtùs pallidiora, resinoso-punctata, venis prominentibus, pubescentibus. *Flores* verticillati axillares, pedunculati, subseni. *Bracteæ* binæ, ovatæ, parvæ, ad basin pedunculi. *Calyx* ovatus, costatus, pubescens, subtùs gibbus ; *fauce* villis albis clausâ ; *labio superiore* brevi, lato, tridentato, dentibus parvis, acutis, erectis ; *inferiore* bipartito, porrecto, laciniis subulatis, ciliatis.   *Corolla* saturatè rosea, extùs, fauceque, pubescens, *labio superiore* parvo, rotundato, emarginato, erecto ; *inferiori* obtusè trilobo, laciniâ intermediâ duplò latiore.   *Stamina* sub labio superiore corollæ, eoque breviora.   *Semina* subrotunda, badia.

> A. Calyx auctus, cum pedunculo et bracteis.
> B. Corolla, cum staminibus atque pistillo.
> c, C. Calyx fructûs.
> d, d, D. Semina.

TABULA 577.

THYMUS INCANUS.

THYMUS verticillis pedunculatis subsexfloris, foliis subrotundis integerrimis tomentoso-incanis, villis calycinis inclusis.

Calamintha orientalis annua, ocymi folio, flore minimo.   *Tourn. Cor.* 12 ; ex charactere.

In Archipelagi insulis frequens, et circa Athenas. ♃ ?

Radix multiceps, lignosa, crassa, e facie perennis, nec annua, videtur.   *Herba* undique tomentoso-incana, mollis, odore forti *Nepetæ catariæ*.   *Caules* numerosi, decumbentes, ramosi, obtusè quadranguli, subhirsuti, foliosi, *ramulis* oppositis, patentibus.   *Folia* breviùs petiolata, parva, cordato-rotundata, obtusa, integerrima, crassiuscula, obsoletè venosa, utrinque tomentoso-mollia, albida.   *Verticilli* axillares, plerumque sexflori ; *floribus* pedunculatis, parvis ; *pedunculis* trifidis, villosis, medio bracteolatis.   *Calyx* ovatus, costatus, villosus, gibbus ; *labio superiore* brevi, lato, retuso, tridentato ; *inferiore* bipartito, subulato ; *villis* e fauce non prominentibus, at labio utroque longè brevioribus.   *Corolla* extùs pubescens ; *tubo* incarnato ; *labio superiori* emarginato, erectiusculo, roseo ; *inferiore* rotundato, trilobo, albo, punctis rubris ad faucem.   *Stamina* corollâ breviora, alba.   *Stigma* bilobum, acutum, inæquale.   *Semina* exigua, obovata, nitida.

> a. Flos.   B. Calyx magnitudine auctus, cum pistillo.
> C. Flos calyce orbatus.   d, d, D. Semina.

TABULA 578.

THYMUS VILLOSUS.

THYMUS capitulis imbricatis, bracteis lanceolatis pectinatis, foliis ciliatis, caulibus fruticulosis cæspitosis radicantibus.

Th. villosus. *Linn. Sp. Pl.* 827. *Willden. Sp. Pl. v.* 3. 145. *Ait. Hort. Kew. ed.* 2. *v.* 3. 416.

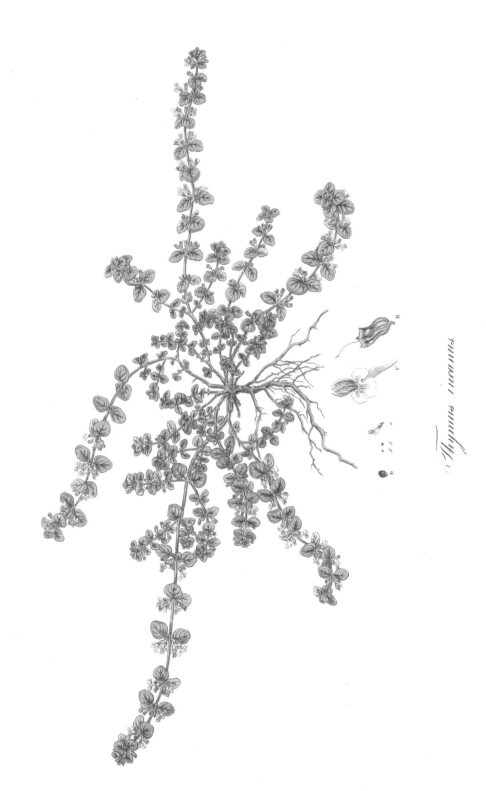

Thymus incanus

Thymus villosus.

Melissa altissima.

Th. lusitanicus, folio capillaceo villoso, capite magno purpurascente oblongo; sive rotundo. *Tourn. Inst.* 196.

In Archipelagi insulis. ♄.

Radix lignosa, ramosa, fibrillosa, altè descendens. *Caules* numerosi, cæspitosi, decumbentes, radicantes, teretiusculi, pubescentes, ramosi, foliosi, vix palmares. *Folia* conferta, sub-sessilia, lineari-lanceolata, integerrima, punctata, uninervia, pectinato-ciliata; sæpiùs acuta, glabra; subindè obtusiuscula, pubescentia, ferè tomentosa. *Capitula* terminalia, solitaria, subrotunda, quandoque oblonga, multibracteata, multiflora. *Bracteæ* lan-ceolatæ, acutæ, coloratæ, pectinato-ciliatæ, costatæ; *interiores* minores. *Calyx* ovatus, costatus, pubescens, glanduloso-punctatus; *labiis* coloratis, pectinato-ciliatis; *superiore* lato, ovato, erecto, breviùs tridentato; *inferiore* bipartito, laciniis subulatis, adscen-dentibus; *villis* albis, e fauce vix prominentibus. *Corolla* saturatè rosea, formâ *Thymi graveolentis,* t. 576, *tubo* verò graciliore. *Stamina duo lateralia* labio superiori lon-giora; *intermedia* breviora. *Stigma* obtusum, emarginatum.

  a. Bracteæ.   *b*, B. Calyx et pistillum.   *c*, C. Corolla et stamina.

MELISSA.

Linn. Gen. Pl. 298. *Juss.* 115.

Calyx bilabiatus, scariosus; suprà planiusculus, labio superiori retuso; fauce perviâ. *Corollæ* labium superius concaviusculum, bifidum; inferius inæqualitèr trilobum.

TABULA 579.

MELISSA ALTISSIMA.

Melissa verticillis dimidiatis pedunculatis, bracteis petiolatis, foliis cordatis acutè crenatis. M. altissima. *Sibth. Ms.*

Καλαμίνθη τρίτη *Diosc. lib.* 3. *cap.* 43? *Sibth.* at vix mihi videtur.

Μελισσόχορτον *hodiè in monte Parnasso.*

Ad sepes umbrosas Græciæ vulgaris; nec non in insulâ Cretâ. ♃

Radix fibrosa, cæspitosa, perennis. *Herba* facie cum *Melissâ officinali* ferè convenit, sed major et elatior, odore fortiori. *Caules* erecti, obtusè quadranguli, pilosi, foliosi, ra-

VOL. VI.   s

mosi, tri- vel quadripedales.   *Folia* petiolata, cordata, acutè crenata, vel serrata, lætè viridia, venosa, pilosa.   *Verticilli* numerosi, multiflori, pedunculati, bracteati.   *Bracteæ* parvæ, ovatæ, acutæ, petiolatæ, quandoque subincisæ.   *Flores* pedicellati, incarnato-albidi, erecti.   *Calyx* costatus, pilosus ;   subtùs gibbus ;   *labio superiore* dilatato, retuso, tridentato ;   *inferiore* bipartito, laciniis lanceolatis, apice subulatis, ciliatis ;   *fauce* perviâ, pilosiusculâ, nec villis conniventibus clausâ.   *Corollæ labium superius* apice bifidum ;   *inferius* subinæqualitèr trilobum, supernè pilosum.   *Stigma* bifidum, acutum.   *Semina* obovato-oblonga, fusca, hilo niveo.

a. Bracteæ aliquot, cum singulo flore.
C. Calyx cum pistillo.

B. Flos auctus, calyce avulso.
d, d, D. Semina.

SCUTELLARIA.

Linn. Gen. Pl. 301.   *Juss.* 117.

Calyx bilabiatus, edentulus ; post florescentiam clausus, operculo dorsali.

TABULA 580.

SCUTELLARIA ORIENTALIS.

Scutellaria foliis pinnatifido-incisis subtùs tomentosis, spicis oblongis.

S. orientalis.   *Linn. Sp. Pl.* 834.   *Willden. Sp. Pl. v.* 3. 171.   *Ait. Hort. Kew. ed.* 2. *v.* 3. 426.

Cassida orientalis, chamædryos folio, flore luteo.   *Tourn. Cor.* 11.   *It. v.* 2. 129, *cum icone.*
    Mart. Cent. 18. *t.* 18.

β. C. orientalis incana, foliis laciniatis, flore luteo.   *Tourn. Cor.* 11.   *Commel. Rar.* 30. *t.* 30.

γ. C. orientalis incana, foliis laciniatis, flore luteo, maculâ croceâ notato.   *Tourn. Cor.* 11.

In Olympo Bithyno monte.   ♃.

Radix lignosa, longissima, multiceps.   *Caules* herbacei, cæspitosi, erecti, vel adscendentes, spithamæi, foliosi, obtusè quadranguli, pubescentes, basi plerumque ramosi, et inter-dùm radicantes.   *Folia* petiolata, subcordato-oblonga, obtusè incisa, subindè pinna-tifida, vel pectinata, revoluta, vix semuncialia ;   suprà saturatè viridia, breviùs pubes-centia ;   subtùs tomentosa, incana, vel pulchrè nivea.   *Spicæ* terminales, solitariæ, ob-longæ, simplices, densæ.   *Bracteæ* quadrifariàm imbricatæ, ovatæ, acutæ, concavæ, membranaceæ, pubescentes, venosæ, pallidæ, venis sæpiùs sanguineis.   *Flores* pedi-cellati, erecti, magni, formosi, aurei, *palato* plùs minùs lineis aut maculis croceis insig-nito.   *Calyx* hirtus ;   *labiis* demùm compresso-clausis ;   *operculo* rotundato, fimbriato.

Scutellaria orientalis.

Scutellaria albida.

Corolla extùs pubescens ; *palato* prominente, bilobo. *Stamina* inclusa, concolora. *Stigma* bifidum, acutum.

   a. Bractea.
   b. Calyx pedicello insistens.
   c Corolla longitudinalitèr fissa, cum staminibus in fauce.
   d. Calyx cum pistillo.

TABULA 581.

SCUTELLARIA ALBIDA.

Scutellaria foliis cordatis latè serratis, floribus racemosis confertis, corollæ labio inferiore retuso integro.

S. albida. *Linn. Mant.* 248. *Willden. Sp. Pl. v.* 3. 171. *Ait. Hort. Kew. ed.* 2. *v.* 3   427.

S. teucrii facie, flore albo. *Bauh. Hist. v.* 3. *p.* 2. 291 ; *sine icone.*

Cassida flore exalbido. *Tourn. Inst.* 182.

C. flore ex albo pallente. *Column. Ecphr.* 190 ; *descr.*

In Olympo Bithyno et circa Byzantium. ♃.

Radix repens, subcarnosa, cortice suberoso. *Caules* herbacei, erecti, bipedales aut ultrà, quadranguli, foliosi, glabriusculi, solidi ; supernè ramosi, racemosi. *Folia* petiolata, patentia, cordata, latè ac minùs copiosè serrata, tristè viridia, opaca, subpubescentia, vel omninò ferè glabra, venosa, ultrà unciam longa. *Racemi* terminales, solitarii, erecti, simplices, glanduloso-pilosi, multibracteati, multiflori. *Bracteæ* oppositæ, petiolatæ, patentes, ovatæ, integerrimæ, sæpiùs pubescentes, foliis longè minores. *Flores* e bractearum axillis, solitarii, secundi, pedicellati, ochroleuci, præcedente minores. *Calyx* undique hirtus ; *operculo* rotundato. *Corolla* ochroleuca, unicolor ; extùs pubescens ; *tubo* basi geniculato ; *labio inferiore* porrecto, obtusissimo, indiviso, integerrimo. *Stamina* sub labio superiore, haud exserta. *Semina* in fundo calycis arctè clausi, subrotunda, fusca, granulato-scabra.

Cum sequente a Linnæo aliisque olim confusa, colore *florum*, notisque indicatis, angustis et concisis quidem, at certis, omninò discrepat.

   A. Calyx duplò auctus.
   B. Corolla.
   C. Ejusdem portio longitudinalis, cum staminibus et stylo.
   d. Calyx fructûs, magnitudine naturali, clausus.
   e. Ejusdem labium superius.
   f. Labium inferius seorsìm, cum seminibus.
  g, G. Semen.

TABULA 582.

SCUTELLARIA PEREGRINA.

Scutellaria foliis cordatis serratis, floribus racemosis laxiusculis, corollæ labio inferiori
emarginato crenato repando.

S. peregrina. *Linn. Sp. Pl.* 836. *Willden. Sp. Pl. v.* 3. 175. *Ait. Hort. Kew. ed.* 2. *v.* 3. 429.
"*Waldst. et Kitaib. Hung. v.* 2. 132. *t.* 125."

S. teucrii facie, flore rubro. *Bauh. Hist. v.* 3. *p.* 2. 291. *f.* 292.

Lamium peregrinum, sive Scutellaria. *Bauh. Pin.* 231. *Prodr.* 110.

L. astragaloides ab Hispaniâ. *Cornut. Canad.* 128. *t.* 129.

Cassida. *Tourn. Inst.* 181 ; *excluso Columnæ synonymo.*

In insulâ Cypro, et prope Byzantium. ♃.

Radix sublignosa ; *stolonibus* repentibus. *Caules* erectiusculi, sesquipedales, quadranguli,
foliosi, solidi, glabri, vel subpubescentes, sæpè rubicundi ; supernè ramosi, racemosi.
Folia quàm in priore magìs elongata et angustata, glabriuscula, serraturis duplò minoribus ac numerosioribus. *Racemi* laxiores, pilosi. *Bracteæ* ovato-lanceolatæ, longitudine florum, foliis duplò circitèr minores, integerrimæ ; inferiores subserratæ.
Flores secundi, præcedente majores et hirsutiores, sanguinei, *palato* albido. *Corollæ*
labium inferius repandum, crenatum, anticè bilobum.

Cassidam Columnæ, *Ecphr. t.* 189, nomine *Scutellariæ Columnæ*, optimè ab hâc specie distinxit Clarissimus Allionius, *Fl. Pedem. v.* 1. 40. *t.* 84. *f.* 2. Differt *herbæ* magnitudine duplò vel triplò majori ; *bracteis* contrà exiguis, vix *calycem* superantibus. Est
enim *Scutellaria altissima* Linnæi, quod exemplaria ab Allionio missa me docuerunt.

a. Calyx floris, cum pedicello.	*b.* Flos absque calyce.
c Idem arte divisus et expansus.	D. Stamen auctum seorsìm.

TABULA 583.

SCUTELLARIA HIRTA.

Scutellaria foliis cordatis serratis cauleque hirtis, spicis arctis secundis, bracteis petiolatis
flore duplò brevioribus.

Cassida cretica minor, catariæ folio, flore subcæruleo. *Tourn. Cor.* 11.

Scordote secondo di Plinio. *Pon. Bald.* 91. *ic.* 93.

In Cretæ montibus umbrosis. ♃.

Præcedentibus hirsutior, triplòque humilior. *Caules* subramosi, vix spithamæi, undique
foliosi, quadranguli, hirti, pilis omnibus horizontalitèr patentibus ; basi decumbentes.

Scutellaria peregrina

Scutellaria hirta.

Prasium majus.

Folia longiùs petiolata, utrinque piloso-mollia, subincana, latè serrata, haud uncialia. *Petioli* hirsuti. *Flores* spicato-racemosi, secundi, pallidi. *Bracteæ* ovatæ, integerrimæ, acutæ, pilosæ, calyce duplò longiores, floribus duplò vel triplò breviores. *Calyx* undique hirsutus. *Corolla* pubescens ; *tubo* ochroleuco ; *labium superius* incarnatum, subcæruleum ; *inferius* colore tubi, indivisum, *palato* bilobo. *Stamina* inclusa. *Semina* granulata.

a. Flos.	B. Calyx auctus.
C. Corolla.	*d.* Calyx fructûs clausus.
e. Idem arte fissus, semina in fundo gerens.	*f*, F. Semen seorsìm.

PRASIUM.

Linn. Gen. Pl. 302.　*Juss.* 117.　*Gœrtn. t.* 66.

Baccæ quatuor, monospermæ, in fundo *calycis* bilabiati.

TABULA 584.

PRASIUM MAJUS.

Prasium foliis ovato-oblongis serratis.

P. majus. *Linn. Sp. Pl.* 838. *Willden. Sp. Pl. v.* 3. 179. *Ait. Hort. Kew. ed.* 2. *v.* 3. 431.
Galeopsis hispanica frutescens, teucrii folio. *Tourn. Inst.* 186.
Teucrium fruticans, amplo et albo flore, italicum. *Barrel. Ic. t.* 895.
Lamio arboreo perenne di Candia. *Zanon. Ist.* 112. *t.* 46.
Φάσσοχορτον *Zacynth.*

In Peloponneso, tum in littore Cariensi, et insulâ Zacyntho. ♄.

Caulis fruticosus, solidus, laxus, vel subscandens, ramosus, foliosus, quadrangulus, lævis atque glaberrimus ; *ramis* oppositis. *Folia* opposita, petiolata, ovato-oblonga, acuta, venosa, glabriuscula, saturatè viridia, lucida, undique serrata. *Petioli* foliis breviores, canaliculati, obsoletè ciliati. *Flores* axillares, solitarii, oppositi, pedunculati, ringentes, albi, *labio inferiore* concavo, intùs punctis purpureis notato. *Stamina* etiam purpureo maculata. *Stigma* bifidum, acutum. *Baccæ* atræ, nitidæ, succo plenæ, in fundo *calycis* parùm dilatati, laciniis aristatis, subæqualibus.

a. Calyx cum pistillo.	*b.* Flos anticè visus, abrepto calyce.
c. Idem lateralitèr.	D. Stamen auctum.
e. Calyx fructûs.	*f.* Bacca.
g. Semen.	

VOL. VI.　　　　　　　　　T

DIDYNAMIA ANGIOSPERMIA.

BARTSIA.

Linn. Gen. Pl. 303.   Juss. 100.   *Fl. Brit.* 647.   *Engl. Fl. v.* 3. 616.

Calyx quadrifidus.   *Capsula* bilocularis.   *Semina* angulosa.

TABULA 585.

BARTSIA TRIXAGO.

Bartsia foliis oppositis lineari-oblongis obtusè serratis, floribus quadrifariàm spicatis; labio superiore abbreviato.

B. Trixago.   *Linn. Sp. Pl. ed.* 1. 602.

Rhinanthus Trixago.   *Linn. Sp. Pl. ed.* 2. 840.   *Willden. Sp. Pl. v.* 3. 189.

Trixago apula unicaulis τετραϛαχης.   *Column. Ecphr.* 199. *t.* 197.

Pedicularis maritima, folio oblongo serrato.   *Tourn. Inst.* 172.

Antirrhinum folio dissecto.   *Bauh. Pin.* 211.   *Tourn.*

A. album, serrato folio.   *Bauh. Hist. v.* 3. *p.* 2. 437; *cum icone.*

'Αγριόλυκος *hodiè.*

Σταρόλυκος *Zacynth.*

In maritimis arenosis humidis Græciæ, et insularum vicinarum.   ☉.

Radix annua; apice simplex, nec surculosa; infernè attenuata.   *Herba* minutìm pubescens, viscida, exsiccatione nigricans.   *Caulis* erectus, teres, foliosus, solidus, omninò ferè simplex, spithamæus, pedalis, vel ultrà, undique pubescens, pilis exiguis, recurvatis. *Folia* omnia opposita; infima subpetiolata; reliqua sessilia, erecto-patentia, lineari-oblonga, obtusa, obtusè serrata, vel potiùs dentata, saturatè virentia, venosa, pubescentia; margine scabra.   *Spica* terminalis, solitaria, erecta, densa, foliolosa, multiflora. *Flores* sessiles, quadrifarii, aurei, speciosi.   *Calyx* ovatus, angulatus, pallidè virens, pilosus, viscidus, margine quadrifido, laciniis acutis, subæqualibus.   *Corollæ labium superius* brevius et angustius, fornicatum, compressiusculum, pubescens; *inferius* magnum, dilatatum, anticè trilobum, lobo intermedio minore; palato elevato, bilobo. *Stamina* sub labio superiore, *antheris* pubescentibus, deflexis, bilocularibus, muticis, anticè dehiscentibus.   *Stigma* obtusum, bifidum.   *Capsula* ovata, compressiuscula, obtusè

Bartsia Trixago.

A B C D

Bartsia latifolia.

acuminata, subemarginata, pilosa, bilocularis, bivalvis, dissepimentis bilamellosis, e medio valvularum. *Semina* numerosissima, exigua, fusca, ovato-incurvata, sulcato-angulata, minimè *Rhinanthi*.

a. Calyx et pistillum.	*b.* Corolla cum staminibus.
c. Eadem, labio superiori arte reflexo.	D. Staminum par auctum.
e. Capsula integra.	*f.* Ejusdem sectio transversa.
g, G. Semen.	

TABULA 586.

BARTSIA LATIFOLIA.

Bartsia foliis oppositis ovatis dentato-palmatis, floribus quadrifariàm spicatis ; labio superiore abbreviato.

Euphrasia latifolia.   *Linn. Sp. Pl.* 841.   *Willden. Sp. Pl. v.* 3. 192.   *Dicks. Dr. Pl.* 10.

E. pratensis italica latifolia.   *Bauh. Pin.* 234.   *Moris. v.* 3. 431. *sect.* 11. *t.* 24. *f.* 8.

E. purpurea minor.   *Bauh. Prodr.* 111.   *Magn. Fl. Monsp.* 95. *t.* 94.

Eufragia latifolia pratensis.   *Column. Ecphr. t.* 202. *f.* 2.

E. tertia.   *Column. Ecphr.* 200.

Pedicularis purpurea annua minima verna.   *Tourn. Inst.* 172.

In agro Argolico, Messeniaco et Eliensi ; nec non in insulâ Cypro ; ad campos, tempore vernali. ☉.

Radix fibrosa, collo simplici. *Herba* palmaris, pilosa, viscida. *Caulis* erectus, teres, foliosus, vel simplex, vel basi subramosus. *Folia* omnia opposita, sessilia, ovata, vel subcuneiformia, palmato-incisa, revoluta, costata, saturatè viridia ; utrinque pilosa ; subtùs pallidiora. *Flores* pulcherrimi, in spicam simplicem foliolosam digesti, quadrifarii, sessiles, longitudine circitèr foliorum floralium. *Calyx* tubulosus, angulatus, incurvus, pallescens, villosus, ore quadrifido, purpurascente, laciniis parùm inæqualibus, margine revolutis. *Corollæ tubus* albus, glaber, basi tumidus ; *limbus* extùs saturatè sanguineus, villosus ; *labio superiore* abbreviato, convexo, indiviso ; *inferiore* longiore, obtusè trilobo, suprà niveo, apicibus sanguineis ; *palato* parvo, elevato, flavo. *Antheræ* acutæ, inclusæ, flavæ. *Stigma* obtusum, emarginatum. *Semina* numerosa, exigua, elliptica, angulata.

Variat *floribus* niveis, nitidissimis.

A. Calyx auctus.
B. Corolla.
C. Eadem, labio superiore exciso, ut stamina, cum stylo, conspiciantur
D. Pistillum.

ANTIRRHINUM.

Linn. Gen. Pl. 309.   *Juss.* 120.   *Gœrtn. t.* 53.

Linaria.   *Bauh. Pin.* 212.   *Juss.* 120.   *Tourn. t.* 76.

Calyx quinquepartitus.   *Capsula* bilocularis ; apice inæqualitèr dehiscens. *Corolla* basi deorsùm prominens, vel calcarata ; fauce palato bipartito convexo clausa.

TABULA 587.

ANTIRRHINUM MICRANTHUM.

Antirrhinum foliis lanceolatis glaucis : inferioribus ternis quaternisve, calyce piloso, calcare brevissimo, seminibus marginatis.

A. micranthum.   *Cavan. Ic. v.* 1. 51. *t.* 69. *f.* 3.   *Willden. Sp. Pl. v.* 3. 246.

In insulâ Rhodo.   ☉.

Herba spithamæa, erecta, glauca, præter *calycem* et *bracteas* omninò glabra ; sæpiùs multicaulis.   *Caules* foliosi, teretes, lævissimi.   *Folia* sessilia, lanceolata, obtusiuscula, integerrima, uninervia, lævia ; *inferiora* terna, vel quaterna ; *superiora* sparsa, erecta. *Spicæ* terminales, solitariæ, simplices, bracteatæ, multifloræ.   *Bracteæ* sub singulo flore solitariæ, patentes, oblongæ, foliis minores, marginibus pilosæ, glandulosæ, viscidæ.   *Flores* exigui, sessiles.   *Calycis* laciniæ lineari-oblongæ, obtusæ, inæquales, glanduloso-pilosæ.   *Corolla* calyce paulò longior, ringens, incarnata, purpureo-lineata, palato tumido, flavescente ; subtùs ventricosa, calcari brevissimo, acuto ; labio superiore bipartito, obtuso, subdivaricato ; inferiore trilobo, laciniis rotundatis, vix inæqualibus.   *Capsula* pallidè fusca, glabra, loculis demùm usque ad basin ferè trivalvibus. *Semina* nigricantia, reniformi-rotundata, compressa, utrinque muricata ; margine membranaceo, dilatato, lævi, undique cincta.

a. Calyx.	B. Flos auctus.
c, C. Corolla seorsìm.	*d.* Capsula matura.
e, E. Semen.	

Antirrhinum micranthum

Antirrhinum albifrons

Antirrhinum purpureum.

TABULA 588.
ANTIRRHINUM ALBIFRONS.

Antirrhinum foliis lanceolatis glaucis : inferioribus ternis quaternisve, calyce glabro, calcare brevissimo, seminibus alveolatis.

In insulâ Rhodo. ☉.

Habitus præcedentis. *Herba* undique glaberrima, etiam *bracteis* et *calyce*. *Corollæ tubus* paulò angustior, purpureus ; *labia,* ut et *palatum,* anticè prorsùs nivea. *Capsularum valvulæ* utrinque tridentatæ. *Semina* reniformia, nigricantia, undique alveolato-corrugata, margine destituta.

Folia omnia, ut in icone nostrâ, quandoque alterna ; inferiora tamen sæpiùs terna, vel etiam quaterna, inveni.

> A. Calyx auctus, cum pistillo.
> c. Capsula matura, stylo persistente terminata.
> e, E. Semen.

> b, B. Corolla.
> d. Eadem dehiscens.

TABULA 589.
ANTIRRHINUM PURPUREUM.

Antirrhinum foliis linearibus quaternis : superioribus sparsis, racemis simplicibus, calyce glabro longitudine calcaris.

A. purpureum. *Linn. Sp. Pl.* 853. *Willden. Sp. Pl. v.* 3. 239. *Ait. Hort. Kew. ed.* 1. *v.* 2. 333. *Curt. Mag. t.* 99.

Linaria purpurea. *Brown apud Ait. Hort. Kew. ed.* 2. *v.* 4. 12.

L. purpurea major odorata. *Bauh. Pin.* 213. *Tourn. Inst.* 170.

L. purpurea magna. *Bauh. Hist. v.* 3. *p.* 2. 460.

L. flore purpurascente minore. *Riv. Monop. Irr. t.* 85. *f.* 1.

L. cærulea. *Dalech. Hist.* 1151.

L. purpureo-violacea elatior. *Besl. Hort. Eyst. autumn. ord.* 2. *t.* 12. *f.* 3.

In Græciâ, ex herbario Sibthorpiano. ♃.

Radix subcarnosa, albida, ramosa, multiceps, perennis. *Herba* undique glaberrima, glaucescens. *Caules* erecti, stricti, teretes, solidi, densè foliosi ; apice spicato-racemosi. *Folia* omnia ferè quaterna, vel terna, lineari-lanceolata, integerrima, acutiuscula, trinervia ; basi in *petiolum* brevem angustata ; plerumque bi- vel triuncialia ; superiora alterna. *Racemi* terminales, solitarii, erecti, simplices, densi, multiflori, apice sensìm attenuati. *Bracteæ* solitariæ, lineares, acutæ, erectæ, longitudine circitèr pedicellorum.

VOL. VI.   U

Calyx glaberrimus, laciniis erectis, angustis, subæqualibus. *Corolla* pallidè violacea, immaculata, ferè unicolor ; *limbo* quinquefido, bilabiato, laciniis uniformibus, vix inæqualibus ; *palato* tumido. *Capsula* subrotunda, pallescens.

Icon apud *Dod. Pempt.* 183, *Linaria altera purpurea*, a C. Bauhino citata, etiam a Lobelio aliisque mutuata, ad *Antirrhinum repens* lubentiùs referrem.

a. Calyx.

c. Ejusdem labium superius.

b. Corolla.

d. Labium inferius, cum palato.

TABULA 590.

ANTIRRHINUM ARVENSE *β.*

Antirrhinum foliis linearibus : inferioribus quaternis, calyce piloso, floribus spicatis, seminibus marginatis, caule erecto.

A. arvense *β.   Willden. Sp. Pl. v.* 3. 244.

A. arvense *γ.   Linn. Sp. Pl.* 855.

Linaria quadrifolia lutea.   *Bauh. Pin.* 213.   *Tourn. Inst.* 170.

L. tetraphylla lutea minor.   *Column. Ecphr.* 299. *t.* 300. *f.* 1.

In maris Euxini littoribus arenosis. ☉.

Radix parva, gracilis, fibrosa, annua. *Herba* glabra, glauca. *Caules* solitarii vel plures, simplices vel ramosi, erecti, pedales, teretes, foliosi ; supernè denudati. *Folia* linearia, aut rariùs lineari-lanceolata, acutiuscula, integerrima, erecta, sessilia, uncialia, vel parùm longiora, uninervia; *inferiora*, ut et caulium sterilium omnia, quaterna ; *superiora* alterna. *Spicæ* terminales, solitariæ, erectæ. *Bracteæ* parvæ, lineares, glabræ. *Flores* exigui, flavi. *Calyx* plùs minùs piloso-viscidus, laciniis subinæqualibus, *calcare* duplò brevioribus. *Corollæ labii superioris* laciniæ erectæ, parallelæ, oblongæ, obtusæ. *Capsula* ovato-subrotunda. *Semina* numerosa, imbricata, rotundata, muricata, fusca, alâ pallidâ, membranaceâ, cincta.

a. Calyx cum pistillo.

b. Corolla.

C. Ejusdem labium superius, cum staminibus, auctum.

D. Labium inferius cum calcare.

e. Capsula dehiscens.

f. Dissepimentum, cum seminibus in situ naturali.

g. Idem cum receptaculo, delapsis seminibus.

h, H. Semen, magnitudine naturali et auctâ.

Antirrhinum arvense β

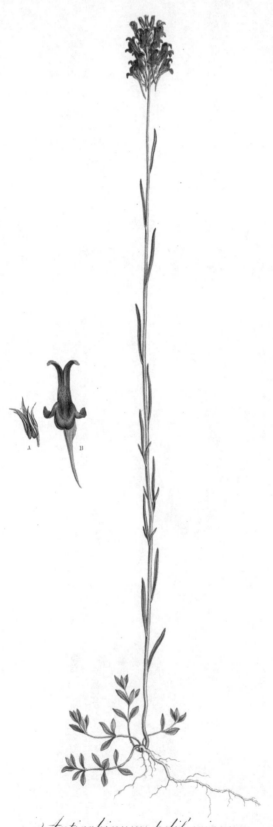

591.

Antirrhinum pelisserianum.

Antirrhinum chalepense.

TABULA 591.

ANTIRRHINUM PELISSERIANUM.

ANTIRRHINUM foliis linearibus alternis; ramulorum radicalium ellipticis ternis, racemo subcorymboso, palato villoso.

A. pelisserianum. *Linn. Sp. Pl.* 855. *Willden. Sp. Pl. v.* 3. 244.

Linaria cærulea minor, D. Pelisserii. *Lob. Illustr.* 103.

L. annua purpuro-violacea, calcaribus longis, foliis imis rotundioribus. *Magn. Fl. Monsp.* 159. *t.* 158. *Tourn. Inst.* 170. *Vaill. Par.* 118.

L. pelisseriana. *Br. apud Ait. Hort. Kew. ed.* 2. *v.* 4. 14.

Chamælinaria violacea italica. *Barrel. Ic. t.* 1162.

In agro Messeniaco et Eliensi, nec non in littore Cariensi. ☉.

Habitus præcedentis et sequentis. *Herba* glaberrima, minùs glauca. *Caulis* sæpiùs solitarius, pedalis, aut sesquipedalis, erectus, strictus, simplex, foliosus, teres, basi ramulosus aut sarmentosus. *Folia caulina* sparsa, ultrà uncialia, linearia, acuta, angustissima, erecta, axillis quandoque subfoliolosa; *ramulorum radicalium* opposita, terna, vel quaterna, abbreviata, elliptica. *Racemus* terminalis, solitarius, erectus, fastigiatus, corymbosus; maturescente fructu elongatus, laxus. *Bracteæ* lineares. *Flores* violacei. *Calycis* laciniæ acutæ; anteriores basi dilatatæ, coloratæ. *Corollæ labii superioris* laciniæ sursùm elongatæ, lineares, apice recurvato-divaricatæ; *inferioris* breviores; *palato* tumido, supernè villoso; *calcare* deflexo, subulato, gracili, calyce duplò longiori. *Capsula* subrotundo-didyma, valvulis demùm laceris. *Semina* orbiculata, compressa, fusca, scabriuscula, margine radiato-fimbriata.

A. Calyx auctus, cum pistillo.　　　　B. Corolla, cum staminibus.

TABULA 592.

ANTIRRHINUM CHALEPENSE.

ANTIRRHINUM foliis linearibus: superioribus alternis; ramulorum ellipticis ternis, racemo laxo, calcare filiformi incurvo.

A. chalepense. *Linn. Sp. Pl.* 859. *Willden. Sp. Pl. v.* 3. 255. *Gouan. Illustr.* 38.

Linaria annua chalepensis minor erecta, flore albo lineis violaceis notato, calyci ex quinis foliolis uncialibus constructo insidente. *Moris. v.* 2. 502. *sect.* 5. *t.* 35. *f.* 9.

L. annua angustifolia, flosculis albis longiùs caudatis. *Triumf. Obs.* 87. *cum icone. Tourn. Inst.* 171.

L. flosculis albis. *Riv. Monop. Irr. t.* 83. *f.* 2.

L. chalepensis. *Br. apud Ait. Hort. Kew. ed.* 2. *v.* 4. 17.

In Peloponnesi arvis, nec non in Cariæ littore, et insulâ Cypro. ☉.

Cum præcedente convenit surculorum radicalium *foliis* verticillatis, ternis, ellipticis, a Linnæo prætermissis. *Caulis* erectus, haud ultrà pedalis. *Folia caulina* angustissima, linearia, erecta, sesquiuncialia, plerumque alterna ; infima verò sæpiùs terna. *Racemus* terminalis, erectus, laxus, solitarius, multiflorus, *bracteis* exiguis linearibus. *Flores* vel omninò nivei, immaculati ; vel lineis purpureis interdùm notati. *Calycis* laciniæ patentes, elongatæ, acuminatæ, glabræ. *Corollæ labium superius* erectum, bipartitum ; *inferius* ad basin ferè tripartitum, subæquale ; *palato* intùs utrinque lineâ pubescenti notato ; *calcare* gracillimo, filiformi, incurvo, calyce duplò circitèr longiori. *Capsula* rotundato-didyma. *Semina* subrotunda, corrugata, angulosa.

     a, A. Calyx.   *b*. Corolla.
        C. Eadem aucta, ore hiante, cum staminibus in fauce.

TABULA 593.

ANTIRRHINUM REFLEXUM.

A{\sc ntirrhinum} foliis ellipticis glabris : ternis alternisve, pedunculis axillaribus : fructiferis recurvis, caule adscendente.

A. reflexum. *Linn. Sp. Pl.* 857. *Willden. Sp. Pl. v.* 3. 256. *Vahl. Symb. fasc.* 2. 67.
Linaria pusilla procumbens latifolia, flore pallido, rictu luteo. *Raii Hist. v.* 1. 755.
L. pusilla procumbens latifolia, flore pallido, rictu aureo. *Tourn. Inst.* 169.

In agro Argolico. ☉.

Herba palmaris aut spithamæa, glauca, glaberrima. *Radix* gracilis, simplex, annua ; infernè fibrosa. *Caules* sæpiùs plures, adscendentes, vel suberecti, simplices, foliosi, teretes. *Folia* elliptica, integerrima, acutiuscula, patentia, haud uncialia ; basi paululùm angustata, vix petiolata ; omnia quandoque terna ; subindè alterna. *Flores* axillares, solitarii, erecti. *Pedunculi* graciles, foliis duplò longiores, simplices, recti, nudi ; fructu maturescente recurvati. *Calyx* erectus, glaberrimus, glaucus, ad basin ferè quinquepartitus ; laciniis duabus anticis latioribus. *Corolla* alba ; *calcare* gracili, elongato ; *palato* fulvo, intùs lineis duabus pubescentibus, albis, notato. *Capsula* subrotunda, loculis trivalvibus. *Semina* parva, corrugata, subreniformia.

        a. Calyx cum pistillo.
        b. Corolla, cum staminibus in fauce, palato arte deflexo.
        c. Capsula dehiscens.
        d. Semen.

Antirrhinum reflexum.

Antirrhinum strictum.

Antirrhinum supinum.

TABULA 594.

ANTIRRHINUM STRICTUM.

ANTIRRHINUM foliis linearibus confertis, caule erecto, racemis terminalibus, floribus imbricatis, calyce pubescente obtuso.

Linaria orientalis erecta, angusto oblongo folio, flore aureo. *Tourn. Cor.* 9 ; ex charactere.

In agro Cariensi, et insulâ Cypro ; nec non in Siciliâ. ☉.

Radix ut videtur annua ; caudice simplici ; infernè ramosa, fibrosa. *Herba* glabra. *Caules*
plures, pedales vel ultrà, erecti, simplices, teretes, undique densè foliosi, solidi. *Folia*
alterna, conferta, erectiuscula, subpetiolata, linearia, angustissima, acuta, lætè viridia,
circitèr biuncialia. *Racemi* terminales, subsolitarii, erecti, stricti, densi, multiflori.
Pedicelli breves, angulati, pubescentes. *Bracteæ* parvæ, oblongæ, subhirsutæ, viscidæ. *Flores* arctè conferti, vel sursùm imbricati, aurei, *palato* fulvo ; *calcare* longitudine limbi. *Calycis* laciniæ subæquales, concavæ, obtusæ, dorso pilosæ, viscidæ,
margine membranaceæ. *Capsula* subrotunda, glabra, valvis tridentatis. *Semina* oblonga, corrugata, minuta.

Floribus minoribus, *calyce* obtusiore, denique *foliis* omnibus uniformibus, ab *A. viscoso*
Linnæi, cui affine, discrepat.

a. Calyx cum pedicello et pistillo.	*b, b.* Corolla.
c. Eadem arte expansa, cum staminibus in fauce.	*d, d.* Capsula.
e. Semen.	

TABULA 595.

ANTIRRHINUM SUPINUM.

ANTIRRHINUM foliis quaternis sparsisve linearibus uniformibus, caulibus basi decumbentibus, racemis laxis, calcare abbreviato.

A. supinum. *Linn. Sp. Pl.* 856. *Willden. Sp. Pl. v.* 3. 243.

Linaria pumila supina lutea. *Bauh. Pin.* 213. *Tourn. Inst.* 170.

L. hispanica quinta. *Clus. Hist. v.* 1. 321.

L. supina. *Br. apud Ait. Hort. Kew. ed.* 2. *v.* 4. 14.

Osyris flava sylvestris. *Lob. Ic.* 410. *Ger. Em.* 553.

In agro Byzantino. ♃.

Radix attenuata, subrepens, perennis, ut mihi videtur, nec annua. *Herba* glabra, vix
glauca. *Caules* basi ramosi, decumbentes, teretes ; *ramis* adscendentibus, spithamæis,
simplicibus, foliosis. *Folia* sesquiuncialia, linearia, acutiuscula, angusta ; basi attenuata ;

VOL. VI.   X

omnia uniformia, et plerumque sparsa ; inferiora quandoque terna, sive quaterna. *Racemi* terminales, erecti, laxi, pauciflori, undique glabri. *Bracteæ* lineares, longitudine circitèr pedicellorum. *Calyx* glaberrimus, brevis, laciniis obtusiusculis. *Corolla* lutea ; *calcare* rectiusculo, longitudine duplò ferè calycis ; *palato* fulvo.

Invenitur *corollâ* monstrosâ, regulari, quinquecalcaratâ, ore clauso, quinquelobo, ut in *Antirrhini Linariæ* varietate celeberrimâ, *Peloria* dictâ, aliisque pluribus hujusce generis speciebus.

         a. Calyx pedicello insidens, cum pistillo.
         b. Corolla seorsìm.
         c. Eadem arte aperta, cum staminibus, et palato intùs villoso.
         d. Flores duo monstrosi, *Peloriæ* characterem exhibentes.

TABULA 596.

ANTIRRHINUM GENISTIFOLIUM.

Antirrhinum foliis ovato-lanceolatis acuminatis trinervibus glaucis alternis, racemis paniculatis subflexuosis, palato hirsutissimo.

A. genistifolium. *Linn. Sp. Pl.* 858. *Willden. Sp. Pl. v.* 3. 252. *Jacq. Austr. t.* 244.

Linaria flore pallido, rictu aureo. *Bauh. Pin.* 213. *Tourn. Inst.* 170.

L. pannonica, flore luteo minore quàm in vulgari. *Bauh. Hist. v.* 3. *p.* 2. 458.

L. genistifolia. *Br. apud Ait. Hort. Kew. ed.* 2. *v.* 4. 16.

In monte Athô, et circa Byzantium. ♃ .

Radix cæspitosa, perennis, multiceps, non repens. *Herba* bicubitalis, glabra, glauca. *Caules* erecti, solidi, teretes, undique foliosi ; supernè paniculati, racemis erectis, numerosis, multifloris, plùs minùs flexuosis. *Folia* sparsa, sessilia, erectiuscula, ovato-lanceolata, integerrima, trinervia, coriacea, ferè biuncialia. *Bracteæ* ovatæ, acutæ, parvæ. *Calyx* glaber. *Flores* lutei, duplò quàm in *A. Linariâ* vulgari minores ; *palato* tumido, aureo, suprà valdè hirsuto ; *calcare* limbo duplò breviori. *Semina* parva, angulata, rugosa, nigra.

Antirrhinum numero 337, *Hall. Hist. v.* 1. 145, ab optimo Davallio nobiscum communicatum, differt *foliis* longè angustioribus, lanceolatis, deorsùm attenuatis, *floribus* longiùs calcaratis. Distincta species a Linnæanis omnibus est, cui pertinet C. Bauhini synonymo, *Linaria lutea montana, genistæ tinctoriæ folio* ; *Pin.* 213.

         a, A. Calyx pistillum gerens.
         b. Corolla posticè.
         C. Eadem anticè, aucta, cum staminibus ; palato arte depresso.
         d, d. Capsula.
         e, E, E. Semina.

Antirrhinum genistifolium.

Scrophularia peregrina.

SCROPHULARIA.

Linn. Gen. Pl. 312. *Juss.* 119. *Gærtn. t. 53.*

Calyx quinquefidus ; laciniis rotundatis. *Capsula* bilocularis. *Corolla* resupinata ; tubo inflato ; limbo rotundato, breviore.

TABULA 597.

SCROPHULARIA PEREGRINA.

Scrophularia foliis cordatis acutis lucidis : superioribus alternis, pedunculis axillaribus subtrifloris, caule sexangulari.

S. peregrina. *Linn. Sp. Pl.* 866. *Mant.* 418. *Willden. Sp. Pl. v. 3.* 279. *Ait. Hort. Kew. ed. 2. v. 4.* 26. *Camer. Hort. t. 43.*

S. folio urticæ. *Bauh. Pin.* 236. *Tourn. Inst.* 166.

S. flore rubro Camerarii. *Bauh. Hist. v. 3. p. 2.* 422.

S. cretica secunda. *Clus. Hist. v. 2.* 210 ; *sine icone.*

Galeopsis. *Anguillar. Simpl. auctoritate C. Bauhini.*

Γαλιοψις *Diosc. lib. 4. cap.* 95 ; *optimè monente Sibthorp. Ic. t.* 71.

Βρομόχορτον *hodiè.*

Circa sepes, semitas, edificiorumque areas, ubique, ut à Dioscoride memoratur. ☉.

Radix pallida, fibrosa, annua, vel biennis. *Caulis* solitarius, erectus, pedalis aut bipedalis, simplex, undique foliosus, glaber, supernè præcipuè sexangularis. *Folia* petiolata, cordata, acuta, venosa, acutè serrata, saturatè viridia, lucida, glabra ; inferiora opposita ; superiora, imprimis floralia, alterna. *Pedunculi* copiosi, axillares, solitarii, angulati, glanduloso-scabriusculi, foliis breviores ; sæpiùs bi- vel triflori ; interdùm quadri- vel quinqueflori. *Bracteæ* sub singulâ pedunculi divisione solitariæ, parvæ, lanceolatæ, acutæ, persistentes. *Calyx* ferè quinquepartitus, laciniis obtusis, venosis, glabris, persistentibus. *Corolla* atrosanguinea ; *tubo* globoso, pallidiore ; *limbi* laciniis duabus majoribus rotundatis, superioribus ; infimâ minimâ, recurvâ ; lateralibus abbreviatis. *Stigma* capitatum. *Capsula* ovato-didyma, acuta, glabra, venulosa, *stylo* persistente, bipartibili, terminata. *Semina* plurima, oblonga, sulcata, rugosa, atrofusca.

Folia trita odorem gravem reddunt. Hæc in codice celeberrimo cæsario nimis obtusa et rotundata delineantur.

a. Calyx cum pistillo.
c. Capsula.
e, E. Semina.

b. Corolla posticè.
d. Ejusdem sectio.

TABULA 598.

SCROPHULARIA CANINA.

SCROPHULARIA foliis interruptè pinnatis pinnatifidis, racemo patentissimo ; pedunculis bifidis demùm elongatis flexuosis multifloris.

S. canina. *Linn. Sp. Pl.* 865. *Willden. Sp. Pl. v.* 3. 277. *Ait. Hort. Kew. ed.* 2. *v.* 4. 25.

S. ruta canina dicta vulgaris. *Bauh. Pin.* 236. *Tourn. Inst.* 167.

S. tertia, Dodonæo tenuifolia, Ruta canina quibusdam vocata. *Bauh. Hist. v.* 3. *p.* 2. 423.
  f. opt.

Sideritis tertia. *Matth. Valgr. v.* 2. 352.

Σιδηριτις ἑτερα *Diosc. lib.* 4. *cap.* 34? *Sibth.*

Σκροπιδόχορτον *hodiè.*

In Peloponneso frequens ; nec non in Cretâ et Cypro insulis. ☉.

Radix fusiformis, pallida, annua. *Herba* glabra, saturatè virens, vix glauca. *Caulis* erectus, tripedalis vel altior, angulatus, lævis, solidus, foliosus ; supernè paniculatus, multiflorus. *Folia* interruptè pinnata, petiolata, *foliolis* pinnatifidis, acutè incisis atque dentatis ; *inferiora* simpliciora et latiora ; *summa* tenuiora, subsessilia, alterna. *Paniculæ* rami, seu *pedunculi*, alterni, bracteati, subangulati, lævissimi ; basi bipartiti, flore interstincto, pedicellato ; deindè simplices, patentissimi, rigidi, elongati, flexuosi, multiflori. *Bracteæ* solitariæ, lineari-lanceolatæ, acutæ ; superiores sensìm diminutæ, persistentes. *Flores* omnes ferè, præter primordiales, subsessiles, solitarii, priori paulò majores et pallidiores. *Calycis* laciniæ rotundatæ, conniventes, margine scarioso, niveo. *Corollæ tubus,* ut et *limbi* lobus infimus, pallidè virens ; *limbi* laciniæ laterales tristè puniceæ, breves ; *summæ* orbiculatæ, purpurascentes. *Capsula* subrotundo-didyma, longiùs mucronata. *Semina* ut in præcedente.

Rutæ caninæ icon apud Clusium, Lobelium, aliosque, ferè omnibus eadem, *inflorescentiâ* toto cælo à stirpe nostrâ differt.

   a. Calyx cum pistillo.   *b.* Corolla, cum staminibus in situ naturali.
   c. Capsula.   *d,* D. Semen.
   e, e. Folia inferiora.

TABULA 599.

SCROPHULARIA GLAUCA.

SCROPHULARIA foliis pinnatis pinnatifidis glaucis, racemo cylindraceo coarctato ; pedunculis bifidis subseptemfloris.

S. lucida. *Prodr. v.* 1. 436 ; exclusis synonymis.

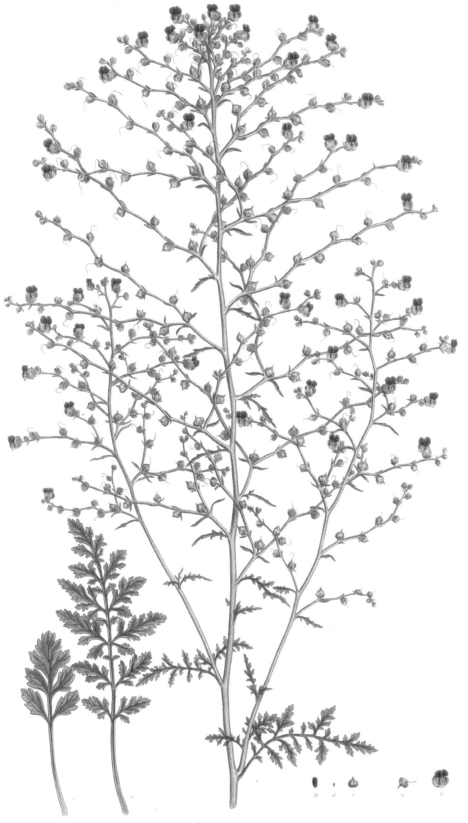

Scrophularia canina.

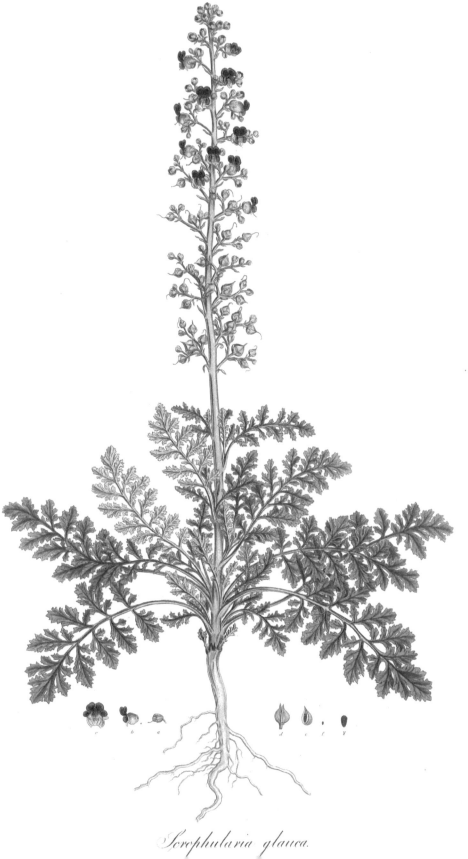

Scrophularia glauca.

Scrophularia filicifolia.

S. glauco folio, in amplas lacinias diviso. *Tourn. Cor.* 9. *It. v.* 1. 84, *cum icone.*

Σιδηριτις τριτη. *Diosc. lib.* 4. *cap.* 35 ? *Sibth.*

In Archipelagi insulis. ♃.

Radix fusiformis, perennis. *Herba* glabra. *Caules* solitarii vel plures, herbacei, erecti, bi- tripedales, angulato-teretes; ad medium usque foliosi; supernè racemosi, multi-flori. *Folia* petiolata, glauca, lævissima, subcarnosa, pinnata; pinnis pinnatifidis, obtusiusculis, acutè dentatis; *superiora* subsessilia, paulò angustiora. *Racemi* ter-minales, solitarii, erecti, cylindracei, multiflori; *pedunculis* alternis, uniformibus, bre-vibus, bifidis, subcymosis, angulatis, scabriusculis, plerumque septemfloris; fructu maturescente haud elongatis. *Bracteæ* lineari-lanceolatæ, acutæ, parvæ, glabræ, persistentes. *Flores* omnes pedicellati. *Calycis* laciniæ rotundatæ, margine scarioso, albo, angusto. *Corollæ tubus* pallidè virens, suprà gibbus, rubicundus; *limbi* laciniis quatuor majoribus rotundatis, fusco-sanguineis, infimâ minore, viridi. *Stamina* in-curvata, tubo inclusa. *Capsula* ovato-subrotunda, acuminata. *Semina* oblonga, ob-tusa, striata, granulata, nigra.

Malè cum *Scrophulariá lucidá* adhûc associata fuit. Discrepat colore glauco, *racemo* arctè cylindraceo, *calycis* margine angustiori.

a. Calyx atque pistillum.	*b.* Corolla.
c. Eadem hinc fissa, basi staminifera.	*d.* Capsula matura.
e. Ejusdem valvula, seminibus referta.	*f*, F. Semen.

TABULA 600.

SCROPHULARIA FILICIFOLIA.

Scrophularia foliis pinnatis pinnatifidis incisis, racemo oblongo laxo; pedunculis bifidis septemfloris, staminibus exsertis.

S. filicifolia. *Mill. Dict. ed.* 8. *n.* 10. *Willden. Sp. Pl. v.* 3. 278. *sub n.* 21.

S. folio filicis modo laciniatis, vel Ruta canina latifolia. *Bauh. Pin.* 236. *Tourn. Inst.* 167.

S. cretica prima. *Clus. Hist. v.* 2. 209.

S. indica. *Ger. Em.* 716.

In insulâ Cretâ. ♃.

Radix fusiformis, crassa, perennis. *Herba* præcedentibus major, glabra, saturatè virens, nec glauca, neque siccitate nigrescens. *Caulis* erectus, quadripedalis, cavus, tetra-gonus, subindè ramosus, foliosus, undique lævis, supernè racemosus. *Folia inferiora* magna, spithamæa, vel pedalia, petiolata, pinnata; pinnis variè sed profundè pinna-tifidis, argutè incisis ac dentatis; *superiora* subsessilia, laciniis angustioribus. *Racemus* terminalis, solitarius, erectus, sesquipedalis, aut bipedalis, laxus; *pedunculis* distantibus, patentibus, bifidis, angulatis, obsoletè scabriusculis, septem- vel novemfloris. *Bracteæ* lanceolato-oblongæ, majores, glabræ. *Flores* omnes, præter primordiales, sessiles, magnitudine circitèr præcedentium. *Calyx* margine membranaceo, albo. *Corollæ tubus* virens, dorso rubro ; *limbi* laciniis duabus superioribus atro-sanguineis ; lateralibus parvis, pallidis ; infimâ minimâ, colore tubi. *Stamina* omnia medium versùs tubi inserta ; duo longiora e fauce prominentia, *antheris* subrotundis, flavis. *Capsula* subrotunda, acuminata.

     a. Calyx cum pistillo.
     b. Corolla posticè.
     c. Eadem anticè, cum staminibus longioribus e tubo prominentibus.
     d. Eadem lateralitèr.
     e. Ejusdem sectio longitudinalis, ut staminum omnium insertio intelligatur.

FINIS VOLUMINIS SEXTI.

LONDINI
IN ÆDIBUS RICHARDI TAYLOR
M.DCCC.XXVII.

FLORA

GRÆCA

Sibthorpiana.

CENTURIA SEPTIMA.

1830.

CORINTHUS.

FLORA GRÆCA:

SIVE

PLANTARUM RARIORUM HISTORIA

QUAS

IN PROVINCIIS AUT INSULIS GRÆCIÆ

LEGIT, INVESTIGAVIT, ET DEPINGI CURAVIT,

JOHANNES SIBTHORP, M.D.

S. S. REG. ET LINN. LOND. SOCIUS,

BOT. PROF. REGIUS IN ACADEMIA OXONIENSI.

HIC ILLIC ETIAM INSERTÆ SUNT

PAUCULÆ SPECIES QUAS VIR IDEM CLARISSIMUS, GRÆCIAM VERSUS NAVIGANS, IN
ITINERE, PRÆSERTIM APUD ITALIAM ET SICILIAM, INVENERIT.

———————

CHARACTERES OMNIUM,

DESCRIPTIONES ET SYNONYMA,

ELABORAVIT

JACOBUS EDVARDUS SMITH, EQU. AUR. M.D.

S. S. IMP. NAT. CUR. REG. LOND. HOLM. UPSAL. PARIS. TAURIN. OLYSSIP. PHILADELPH. NOVEBOR.
PHYSIOGR. LUND. BEROLIN. PARIS. MOSCOV. GOTTING. ALIARUMQUE SOCIUS;
S. HORT. LOND. SOC. HONOR.

SOC. LINN. PRÆSES.

———————

VOL. VII.

———————

LONDINI:

TYPIS RICHARDI TAYLOR.

———

MDCCCXXX.

Scrophularia livida.

Scrophularia bicolor.

DIDYNAMIA ANGIOSPERMIA.

TABULA 601.
SCROPHULARIA LIVIDA.

SCROPHULARIA foliis subbipinnatis angulato-incisis, racemo stricto virgato ; pedunculis subquinquefloris, staminibus inclusis.

In Asiâ minore. ⊙.

Radix albida, fusiformis, annua; caudice simplici. *Herba* lætè virens, glabra, siccitate parùm nigrescens. *Caulis* plerumque, ut videtur, solitarius, erectus, simplex, bi- vel tripedalis, foliosus, tetragonus, solidus. *Folia* interruptè pinnata ; pinnis pinnatifidis, basi pinnatis ; laciniis parvis, angulatis, acutè incisis, subuniformibus; *inferiora* peti-olata, conferta, palmaria ; *superiora* opposita, subsessilia, gradatìm breviora. *Ra-cemus* terminalis, erectus, strictus, virgatus, gracilis, lævis, ultrà pedalis ; *pedunculis* approximatis, brevibus, bifidis, angulatis, plerumque quinquefloris ; infimis septem-floris. *Bracteæ* lineari-lanceolatæ, acutæ, patentes; superiores simplices, integerrimæ ; inferiores tripartitæ, vel pinnatifidæ, subdentatæ. *Flores* subsessiles, parvi, liventes. *Calyx* margine tenui, albo. *Corollæ tubus* tristè flavidus ; *limbi* laciniis tribus inferi-oribus concoloribus; summis duabus rotundatis, paulò majoribus, cum internâ, trans-versâ, retusâ, minimâ, pallidè purpureis. *Stamina* tubo inclusa, incurvata, medium versùs inserta, *antheris* incumbentibus, pallidis. *Fructus* desideratur.

> *a.* Calyx pistillum gerens.   *b.* Corolla anticè visa.   *c.* Eadem posticè.
> D. Ejusdem sectio longitudinalis, aucta, cum staminibus in situ ac positione naturali.

TABULA 602.
SCROPHULARIA BICOLOR.

SCROPHULARIA foliis bipinnatis angustatis, racemo paniculato ; pedunculis multifloris, cap-sulâ globosâ muticâ, staminibus exsertis.

S. orientalis, chrysanthemi folio, flore minimo variegato. *Tourn. Cor.* 9.

VOL. VII.   B

In Siciliâ legit, ac depingi curavit, Sibthorp. ♃.

Caulis e facie perennis, suffruticosus, tripedalis, solidus, tereti-angulatus, foliosus, glaber ;
 supernè ramosus, multiflorus. *Folia caulina* alterna, subsessilia, bipinnata, glabra,
 lætè viridia, pinnulis argutè incisis, laciniis omnibus angustatis, decurrentibus. *Race-*
 mus oblongus, erectus, multiflorus ; *pedunculis* laxè patentibus ; basi bifidis, lævibus ;
 deinde racemosis, flexuosis, utrinque subquinquefloris. *Bracteæ* lineares, glabræ,
 acutæ. *Flores* omnes pedicellati, pedicellis scabriusculis. *Calycis* laciniæ rotundatæ,
 margine lato, albo, scarioso. *Corollæ tubus* rotundatus, compressiusculus, atro-sanguineus, basi albidus ; *limbi* laciniis lateralibus brevibus, niveis ; reliquis atro-sanguineis, margine utrinque niveo. *Stamina* omnia recta, exserta. *Stylus* exsertus,
 deflexus, staminibus longior. *Capsula* subrotunda, depressiuscula, fusca, lævis, obtusa,
 cum mucronulo obsoleto. *Semina* oblonga, sulcata, scabra.

Tournefortii synonymon, ad *Scrophulariam chrysanthemifoliam, Fl. Taurico-Caucas. v. 2.*
 78, retulit celeberrimus Marschall à Bieberstein. Hæc autem, ab illustri de Steven
 transmissa, differt à *bicolore* nostrâ, *foliorum* laciniis latioribus, obtusioribus, necnon
 pedicellis lævissimis.

  A. Calyx pistillum gerens, auctus.   B. Flos sine calyce.   C. Idem lateralitèr.
  d. Capsula.   *e,* E. Semen.

TABULA 603.

SCROPHULARIA HETEROPHYLLA.

Scrophularia foliis glaucescentibus pinnatis trilobisque incisis ; floralibus elliptico-lanceolatis integerrimis, caule frutescente glabro.

S. heterophylla. *Willden. Sp. Pl. v. 3. 274.*

S. frutescens *β. Prodr. v. 1. 437.*

S. cretica frutescens, folio vario crassiori. *Tourn. Cor. 9.*

In monte Atho ? ♄.

Radix crassa, lignosa, multiceps, perennis. *Caules* fruticosi, erecti, subramosi, glabri,
 obtusè tetragoni, foliosi ; ramis apice floriferis. *Folia* petiolata, glabra, subglauca ;
 inferiora opposita, pinnata, acutè incisa, venosa, crassiuscula ; *superiora* ternata, vel
 basi triloba ; *floralia* elliptico-lanceolata, integerrima. *Racemi* terminales, solitarii,
 cylindracei, erecti, glabri ; *pedunculis* patentiusculis, angulatis, bifidis, septem-novem-
 floris, vel omninò glabris, vel apicem versùs scabriusculis. *Bracteæ* lanceolatæ,
 acutæ, glabræ, parvæ. *Flores* saturatè coccinei ; *tubo* pallidiore. *Stamina* cum *pis-*
 tillo subexserta. *Capsula* parva, lævis, subdidyma, mucronulata. *Semina* oblonga,
 corrugata.

Scrophularia heterophylla.

Scrophularia cæsia.

S. frutescens vera gaudet *foliis* vix divisis, *pedunculis* undique scabris, *capsulis* verrucoso-granulatis.

a. Calyx cum pistillo.	*b.* Flos absque calyce.	C. Flos auctus, corollâ circumcisâ.
d. Capsula.	*e,* E. Semen.	

TABULA 604.
SCROPHULARIA CÆSIA.

Scrophularia foliis glaucescentibus lyrato-pinnatifidis incisis, caulibus numerosis cæspitosis, paniculâ abbreviatâ pauciflorâ.

S. orientalis minor, melissæ folio.   *Tourn. Cor.* 9.   *Buxb. Cent.* 5. 10. *t.* 17. *f.* 2.

In rupibus circa Athenas; necnon in agro Laconico et Messeniaco.   ♃.

Radix perennis, lignosa, crassa, multiceps.   *Herba* glabra, glauco-virens, spithamæa, multicaulis, densè cæspitosa.   *Caules* adscendentes, graciles, simplices, foliosi, quadranguli; apice paniculato-racemosi.   *Folia* opposita, petiolata, patentia, lyrato-pinnatifida, acutè incisa et dentata, sæpè tripartita, uncialia, vel paulò longiora; *floralia* elliptico-oblonga, integerrima.   *Racemi* terminales, solitarii, breves, vix biunciales, erecti, glabriusculi, subviscidi; *pedunculis* patentibus, subtrifloris.   *Bracteæ* lanceolatæ, exiguæ.   *Flores* pedicellati, præcedentibus minores.   *Calycis* margo tenuissima, alba.   *Corollæ tubus* inflatus, rufo-virens; *limbi* laciniis duabus superioribus atrosanguineis; tribus inferioribus rotundatis, subæqualibus, albis.   *Stamina* omnia exserta. *Stylus* declinatus, staminibus longior.   *Capsula* didyma, mucronulata, parva.

A. Calyx cum pistillo auctus.	*b, b.* Flos, abrepto calyce.	C. Idem auctus.
d. Capsula.	*e.* Semen.	

CELSIA.

Linn. Gen. Pl. 312.   *Juss.* 124.   *Gærtn. t.* 55.

Calyx quinquepartitus.   *Corolla* rotata.   *Filamenta* barbata.   *Capsula* bilocularis.

TABULA 605.

CELSIA ORIENTALIS.

Celsia foliis bipinnatifidis.
C. orientalis. *Linn. Sp. Pl.* 866. *Willden. Sp. Pl. v.* 3. 279. *Ait. Hort. Kew. ed.* 2. *v.* 4. 26.
C. foliis duplicato-pinnatis. *Linn. Hort. Upsal.* 179. *t.* 2.
Verbascum orientale, sophiæ folio. *Tourn. Cor.* 8. *Buxb. Cent.* 5. 17. *t.* 33.
Blattaria orientalis, agrimoniæ folio. *Tourn. Cor.* 8. *Buxb. Cent.* 1. 14. *t.* 20.

In agro Argolico. ⊙.

Radix annua, fibrosa, caudice simplici. *Caulis* solitarius, erectus, subsimplex, teres, foliosus,
   solidus, tenuissimè pubescens ; apice paniculato-racemosus. *Folia* vel omninò glabra,
   vel subpubescentia, lætè viridia, alterna, subsessilia, patentia, plerumque bipinnatifida,
   laciniis lineari-lanceolatis, acutiusculis, integerrimis ; *infima* petiolata, minùs divisa ;
   superiora simpliciora et angustiora. *Racemi* aggregati, simplices, erecti, multiflori,
   bracteati. *Bracteæ* lineari-lanceolatæ, recurvato-patentes, glanduloso-pubescentes,
   viscidæ, sub singulo flore solitariæ. *Flores* aurei, speciosi, brevissimè pedicellati.
   Calyx glanduloso-pubescens, viscidus, laciniis lineari-lanceolatis, acutis, recurvis,
   corollâ brevioribus. *Corolla* rotata, quinquepartita, laciniis rotundatis, subtùs pallidis ;
   inferioribus tribus majoribus. *Stamina* erecto-incurva ; extùs barbata, plumosa.
   Stigma parvum, obtusum.

a. Calyx cum pistillo.   *b.* Corolla posticè.   *c.* Eadem supernè, cum staminibus.
d. Ejusdem sectio, cum staminibus tubo insertis.   E. Stamen unicum seorsìm, auctum.

Celsia orientalis.

Digitalis ferruginea.

DIGITALIS.

Linn. Gen. Pl. 313.   *Juss.* 120.   *Gærtn. t.* 53.

Calyx quinquepartitus.   *Corolla* campanulata, subtùs ventricosa.   *Stamina* flexa.   *Capsula* bilocularis.

TABULA 606.

DIGITALIS FERRUGINEA.

Digitalis laciniis calycinis obovatis glabris margine membranaceis, bracteis flore brevi-oribus, corollæ labio hirsuto.

D. ferruginea.   *Linn. Sp. Pl.* 867.   *Willden. Sp. Pl. v.* 3. 286.   *Ait. Hort. Kew. ed.* 2. *v.* 4. 80.   *Lob. Ic.* 573.   *Ger. Em.* 790.

D. latifolia, flore ferrugineo.   *Tourn. Inst.* 166.   *Moris. v.* 2. 478. *sect.* 5. *t.* 8. *f.* 2.

D. flore ferrugineo.   *Riv. Monop. Irr. t.* 105. *f.* 1.

D. maxima ferruginea.   *Park. Parad.* 380. *t.* 381. *f.* 6.

D. angustifolia, flore ferrugineo.   *Bauh. Pin.* 244.   *Tourn. Inst.* 166.   *Moris. v.* 2. 479. *sect.* 5. *t.* 8. *f.* 3.

D. ferruginea, folio angustiore.   *Bauh. Hist. v.* 2. 813.

Ελλεβορος λευκος *Diosc. lib.* 4. *cap.* 150.   *Sibth.* at mihi non videtur, neque descriptioni respondet.

Κωράχορτον *hodiè.*

In Parnasso, aliisque Græciæ montibus elatioribus, frequens; etiam in Olympo Bi-thyno. ♃.

Radix oblonga, subrepens, teres, extùs fusca; *radiculis* crassiusculis, pallidis. *Caulis* herbaceus, solitarius, erectus, strictus, simplex, tripedalis vel altior, solidus, angulatus, subpubescens, sæpiùs purpurascens, undique foliosus. *Folia* sparsa, sessilia, patentia, lineari-lanceolata, acuta, costata, repanda, subcoriacea, saturatè viridia, nitida, utrinque glabra, vel margine tantùm subpubescentia; *inferiora* majora, obsoletè dentata; basi angustata, elongata. *Spica* terminalis, solitaria, erecta, simplex, laxiuscula, multiflora. *Bracteæ* solitariæ sub singulo flore, patenti-reflexæ, lineari-lanceolatæ, acutæ, inte-gerrimæ, glabræ, omnes ferè calyce breviores. *Flores* subsessiles, tristè ferruginei, nec inelegantes. *Calycis* laciniæ subæquales, obovatæ, obtusæ, glabræ, margine dilatato, membranaceo, albo. *Corolla* calyce quadruplò longior; *tubo* brevi, incurvo, pallido; *fauce* magnâ, inflatâ, extùs pubescente, unicolori, intùs fulvâ, veris fusco-purpureis; *limbi* laciniis quinque; supremis brevibus, rotundatis; lateralibus breviusculis, acutis; infimâ maximâ, subtrilobâ, suprà hirsutissimâ, apice recurvâ. *Stamina* tubo inserta, fauce breviora, incurvato-approximata, rigida, glabra, *antheris* bipartitis, cruciato-conniventibus. *Pistillum* glaberrimum, *stigmate* simplici. *Folia* latitudine variant.

a. Calyx atque pistillum.   b. Corolla.
c. Eadem secta, ut stamina in situ naturali conspiciantur.

TABULA 607.
DIGITALIS LEUCOPHÆA.

Digitalis laciniis calycinis linearibus ciliatis, bracteis flore longioribus, corollæ labio spatulato rotundato pubescente.

D. leucophæa. *Prodr. v.* 1. 439. *Ait. Hort. Kew. ed.* 2. *v.* 4. 30.

In monte Atho? ♃.

Herba præcedenti similis; sed *folia* inferiora majora, parùm repanda, vix dentata. *Spica* cylindracea, densissima, longissima, multiflora. *Bracteæ* lineari-lanceolatæ, acutæ, ciliatæ, deflexæ, omnes floribus longiores, persistentes. *Calycis* laciniæ lineares, aut lineari-lanceolatæ, subæquales, pilosæ, ciliatæ. *Corolla* extùs pubescens, præcedente, imprimis *fauce*, longè minor atque pallidior; *limbi* laciniis summis, ut et lateralibus, brevibus, acutiusculis; infimâ basi elongatâ, venosâ, fulvâ, antice rotundatâ, dilatatâ, convexâ, niveâ, venis fusco-purpureis. *Stamina* pallida, glabra. *Pistillum* hirsutum, *stigmate* simplici, glabrato. *Capsula* ovata, acuta, pilosa.

a. Calyx.   b. Corolla anticè visa, cum staminibus in fauce.   c. Eadem lateralitèr.
D. Flos auctus, fauce utrinque fissâ et expansâ, labioque deflexo, cum staminibus et pistillo in situ naturali.
E. Stamen seorsìm.   F. Pistillum.

Digitalis leucophæa.

Orobanche ramosa.

OROBANCHE.

Linn. Gen. Pl. 321. *Juss.* 101. *Sm. Engl. Fl. v.* 3. 63.

Calyx diphyllus, lateralis. *Glandula* sub germine. *Corolla* ringens. *Capsula* unilocularis; *receptaculis* quaternis.

TABULA 608.

OROBANCHE RAMOSA.

Orobanche caule ramoso, bracteis ternis, corollâ quinquefidâ laciniis obtusis integerrimis, stylo glabriusculo.

O. ramosa. *Linn. Sp. Pl.* 882. *Willden. Sp. Pl. v.* 3. 353. *Sm. Fl. Brit.* 671. *Engl. Fl. v.* 3. 150. *Comp. ed.* 4. 107. *Engl. Bot. v.* 3. *t.* 184. *Tourn. Inst.* 176. *Bull. Fr. t.* 399. *Bauh. Pin.* 88. *Ger. Em.* 1312.

Orobanche. *Camer. Epit.* 311. *Lob. Ic. v.* 2. 270.

O. tertia πολυκλωνος. *Clus. Hist. v.* 1. 271.

O. minor purpureis floribus, sive ramosa. *Bauh. Hist. v.* 2. 781.

In agro Messeniaco; nec non in Cretâ et Cypro insulis, et littore Cariensi. ☉.

Radix parasitica, fibrosa, annua. *Caulis* solitarius, vix spithamæus, erectus, angulosus, laxè squamosus, fuscus, pubescens, plùs minùs ramosus; *ramis* alternis, erectis, simplicibus, supernè spicatis. *Squamæ caulinæ* sparsæ, lanceolatæ, acuminatæ, nigricantes, pubescentes, unciales. *Spicæ* terminales, erectæ, solitariæ, laxiusculæ, multiflræ. *Bracteæ* sub singulis floribus ternæ, lanceolatæ, acuminatæ, pubescentes, nigræ, persistentes; exterior magnitudine ferè squamarum caulinarum; interiores duæ minores et angustiores, oppositæ. *Flores* sessiles, erecti, alterni. *Calycis* foliola lateralia, opposita, pubescentia, bipartita, submembranacea, laciniis ovatis, acuminatis, carinatis, subæqualibus, erectis. *Corolla* extùs pubescens, ultrà uncialis, marcescens; *tubo* albido, demùm basi tumido; *limbo* elegantèr cæruleo, ringente, quinquepartito, laciniis subæqualibus, rotundatis, integerrimis; *palato* tumido, bilobo, albo, glabro. *Stamina* tubo, basin versùs, inserta, fauce inclusa, albida, basi subciliata; *antheris* incumbentibus, albis. *Germen* ovatum, album, læve. *Stylus* subpubescens, vel omninò glaber. *Stigma* bilobum, album.

Exemplaria græca vegetiora, speciosiora, quàm in Europâ boreali; at differentia specifica inter hæc et britannica nostra nequaquàm inveni.

Viciæ Fabæ imprimis infesta est. *D. Hawkins.*

a. Bractea exterior. *b.* Calyx cum pistillo. *c.* Bractea interior.
d. Corolla. *e.* Eadem longitudinalitèr fissa, cum staminibus basi insertis.

VITEX.

Linn. Gen. Pl. 326.   Juss. 107.   Gærtn. t. 56.   Br. Prodr. v. 1. 511.

Calyx quinquedentatus.   *Corollæ* limbus quinquepartitus, inæqualis.
Stigma bifidum.   *Drupa,* nuce quadriloculari, tetraspermâ.

TABULA 609.

VITEX AGNUS-CASTUS.

Vitex foliis digitatis lanceolatis integerrimis subtùs incanis, racemis verticillatis paniculatis.

V. Agnus-castus.   *Linn. Sp. Pl.* 890.   *Willden. Sp. Pl. v.* 3. 391.   *Ait. Hort. Kew. ed.* 2.
  v. 4. 67.   *Woodv. Med. Bot. t.* 222.   *Ehrh. Pl. Off. n.* 266.

Vitex.   *Trag. Hist.* 1075 ; *sine icone.   Matth. Valgr. v.* 1. 177.   *Camer. Epit.* 105.   *Dod.
  Pempt.* 774.

V. foliis angustioribus, cannabis modo dispositis.   *Bauh. Pin.* 475.   *Tourn. Inst.* 603.

V. sive Agnus castus.   *Ger. Em.* 1387.

Agnus folio non serrato.   *Bauh. Hist. v.* 1. *p.* 2. 205.

Eleagnon Theophrasti.   *Lob. Ic. v.* 2. 138.

Αγνος η λυγος, *Diosc. lib.* 1. *cap.* 135.

Αγνειὰ, λυγειὰ, ῆ λυγαριὰ, *hodiè.*

In depressis humidis, ad rivulorum margines, vulgatissima.   ♄.

Frutex, sive *arbor humilis, ramis* oppositis, lentis, salignis, tereti-quadrangulis, solidis, foliosis, pubescentibus; apice paniculato-racemosis.   *Folia* opposita, petiolata, quinata,
  interdùm septenata ; *foliolis* lineari-lanceolatis, acutis, integerrimis, subrepandis, petiolis partialibus brevibus ; suprà cinereo-virentibus, tenuissimè pubescentibus ; subtùs
  incanis, albidis.   *Stipulæ* nullæ.   *Verticilli* numerosi, densi, multiflori, in *racemos*
  terminales, erectos, digesti ; *pedicellis* compositis, brevibus, incanis.   *Bracteæ* parvæ,
  lanceolatæ, solitariæ sub singulo flore.   *Calyx* campanulatus, incanus, margine
  quinquedentatus.   *Corolla* purpuro-cærulea, tubulosa, calyce multùm longior ; *limbi*
  laciniis ovatis, tubo duplò brevioribus, patentibus ; inferioribus majoribus.   *Stamina*
  exserta ; *antheris* lunatis.   *Stylus* filiformis, vix staminibus brevior ; *stigmate* bifido,
  acuto.

Odor totius plantæ ingratè aromaticus, nauseosus, vel stomachum movens, unde forsitàn
  appetitum sedet, ut famâ ab omni ævo traditur.   Variat *floribus* albis.

  a, A. Calyx et pistillum, cum bracteâ.   *b,* B. Flos calyce privatus.   *c.* Ejusdem varietas alba.

Vitex Agnus-castus

Acanthus mollis.

ACANTHUS.

Linn. Gen. Pl. 327.   *Juss.* 103.   *Gœrtn. t. 54.*   *Br. Prodr. v.* 1. 480.

Calyx quadripartitus, inæqualis; laciniis lateralibus minoribus, inclusis. *Corolla* unilabiata.   *Antheræ* uniloculares, barbatæ.   *Capsula* bilocularis; *dissepimento* adnato, contrario.   *Semina* subsolitaria.

TABULA 610.

ACANTHUS MOLLIS

Acanthus foliis sinuatis inermibus, caule herbaceo erecto.

A. mollis.   *Linn. Sp. Pl.* 891.   *Wilden. Sp. Pl. v.* 3. 397.   *Ait. Hort. Kew. ed.* 2. *v.* 4. 68.

A. sativus, vel mollis Vergilii.   *Bauh. Pin.* 383.   *Tourn. Inst.* 176.

A. sativus.   *Dod. Pempt.* 719.   *Ger. Em.* 1147.   *Dalech. Hist.* 1443.   *Lob. Ic. v.* 2. 2.

Acanthus.   *Matth. Valgr. v.* 2. 35.   *Camer. Epit.* 442.

A. verus.   *Trag. Hist.* 863 ; *cum icone ad finem voluminis.*   *Fuchs. Hist.* 52.

Carduus acanthus, sive Branca ursina.   *Bauh. Hist. v.* 3. *p.* 1. 75.

In Siciliâ, nec in Græciâ, legit Sibthorp.   ♃.

Radix repens, ramosa, teres, albida, longæva, succo mucoso, viscido, nauseoso.   *Caulis* herbaceus, erectus, simplex, bicubitalis, foliosus, teres, solidus, glaber, vel tenuitèr pubescens.   *Folia* pinnatifida, saturatè viridia, nitida, venosa, glabriuscula, vel margine præcipuè pubescentia, laciniis subalternis, acutiusculis, inæqualitèr incisis aut dentatis; *radicalia* maxima, cubitalia, numerosa, petiolata, undique patentia.   *Spica* terminalis, solitaria, erecta, simplex, cylindracea, densa, multiflora.   *Bracteæ* tres persistentes sub singulo flore; exterior ovata, concava, costata, venulosa, acuta, spinoso-dentata floribus aliquantulùm brevior; laterales duæ lineari-lanceolatæ, mucronato-spinosæ integerrimæ calyce duplò breviores.   *Flores* sessiles, magni, formosi, inodori.   *Calyx* subpubescens, costatus, valdè inæqualis, longitudine corollæ; laciniâ supremâ elliptico-oblongâ, fornicatâ, purpurascente, apice dentatâ infimâ cuneato-oblongâ, apice bifidâ, dentato-spinosâ, basi utrinque dilatatâ.   *Corolla* alba, venosa, monopetala, unilabiata, rotundato-triloba, ferè coriacea, *tubo* brevissimo.   *Stamina* labio duplò breviora, incurvata, rigida, glabra.   *Antheræ* incumbentes, oblongæ, complanatæ, subtùs villosæ, uniloculares.   *Germen* ovatum, glabrum.   *Stylus* filiformis, staminibus paulò longior.   *Stigma* bilobum.

a. Calycis lacinia infima, pistillum basi amplectens.   *b, b.* Bracteæ laterales.
c. Calycis lacinia suprema, seorsim.   *d.* Flos calyce orbatus.   *e.* Pars superior tubi.

VOL. VII.   D

TABULA 611.

ACANTHUS SPINOSUS.

ACANTHUS foliis bipinnatifidis spinosis, caule herbaceo erecto.

A. spinosus.   *Linn. Sp. Pl.* 891.   *Willden. Sp. Pl. v.* 3. 398.   *Ait. Hort. Kew. ed.* 2.
     v. 4. 69.

A. aculeatns.   *Bauh. Pin.* 383.   *Tourn. Inst.* 176.

A. sylvestris.   *Dod. Pempt.* 719.

A. sylvestris aculeatus.   *Ger. Em.* 1147.

Chamæleonta monspelliensium.   *Lob. Ic. v.* 2. 2.

Branca ursina aculeata.   *Dalech. Hist.* 1445.

Carduus acanthus, sive Branca ursina spinosa.   *Bauh. Hist. v. 3. p.* 1. 77.

Ακανθα, η ἑρακανθα, *Diosc. lib.* 3. *cap.* 19.

Μαντρίνα, ματρίνα, ἢ ματρένα, *hodiè.*

Τζϵλαδίτζα, *Lacon.*

Ad agrorum margines, nec non in petrosis humidis, Græciæ australis et Archipelagi.   In
     Cretâ vulgaris. ♃

Differt à præcedente, in hortis Europæis longè frequentiori, *foliis* bipinnatifidis, dentibus
     marginalibus, ut et laciniis omnibus, *bracteisque,* validè spinosis.   Cæterùm *inflores-*
     centiâ, florumque facie et structurâ, prorsùs conveniunt.   Hujus *capsula,* sicut prioris,
     ovata, acuta, glaberrima, nitida, fulva, dura, ferè lignea est, dissepimentis contrariis,
     seu e medio valvularum ; *seminibus* ovatis, nigris, nitidis, sæpiùs solitariis, dissepimento
     utrinque insertis, pedicellatis, erectis.

a. Calyx quadripartitus, cum bracteis duabus lateralibus.
b. Flos absque calyce.   *c.* Capsula matura.
d. Ejusdem valvula, cum semine in situ naturali.   *e.* Semen ex altero loculamento seorsìm.

Acanthus spinosus.

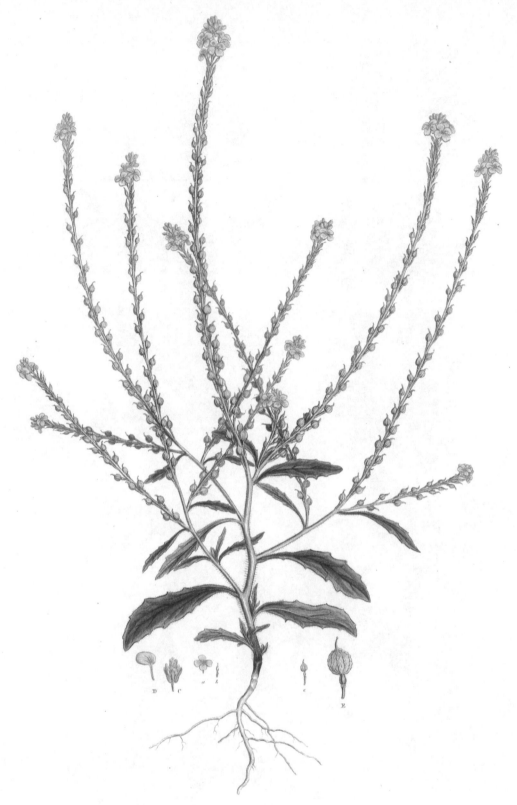

Bunias raphanifolia.

TETRADYNAMIA SILICULOSA.

BUNIAS.

Linn. Gen. Pl. 343.   Juss. 241.   *Gærtn. t.* 142.

Erucago.   *Tourn. t.* 103.

Silicula drupacea, evalvis.   *Nux* bilocularis; loculis mono- aut di-spermis.
Cotyledones v. incumbentes, v. spirales.   *Calyx* patentiusculus.

TABULA 612.

BUNIAS RAPHANIFOLIA.

Bunias siliculis globosis sulcatis torulosis glabris, foliis oblongis dentato-sinuatis scabris.
Myagrum orientale.   *Linn. Sp. Pl.* 893.   *Willden. Sp. Pl. v.* 3. 406.
Rapistrum orientale.   *DeCand. Syst. v.* 2. 433.
R. orientale, folio raphani, capsulis rugosis.   *Boerh. Lugd. Bat. v.* 2. 2.

In Meli et Cretæ arvis; tum in agro Messeniaco. ☉.

Radix albida, parva; apice simplex, teres.   *Caulis* erectus, ramosissimus, foliosus, teres,
   hinc indè pilosus, pilis laxis, patentissimis; basi violaceus.   *Folia* sparsa, petiolata,
   elliptico-oblonga, patentissima, obtusiuscula, latè dentata, glabra; basi in petiolum
   angustata; superiora minora.   *Stipulæ* nullæ.   *Corymbi* terminales, simplices, ebracteati, mox racemosi, divaricati, longissimi, glabri.   *Flores* numerosi, parvi.   *Calyx*
   glaber, modicè patens, pallidè virens.   *Petalorum ungues* lineares, canaliculati, erecti,
   longitudine calycis; *laminæ* horizontales, latè rotundatæ, obtusæ, aureæ.   *Siliculæ*
   sub medio constrictæ, coriaceæ, glabræ; loculo inferiore parvo, lævi; superiore longè
   majori, subgloboso, sulcato, corrugato.   *Stylus* subulatus, rectiusculus, longitudine
   dimidii ferè loculi superioris, persistens.   *Stigma* capitatum.   *Semina* nondum vidi.

   a. Flos, magnitudine naturali.
   C. Flos auctus, petalis avulsis.
   e, E. Silicula stylum gerens, pedicello insidens.

   b. Pistillum seorsìm.
   D. Petalum.

TABULA 613.
BUNIAS VIRGATA.

BUNIAS siliculis biarticulatis angulatis vix longitudine styli, foliis ellipticis pinnatifidisque lævibus.

Myagrum ægyptium.   *Linn. Sp. Pl.* 895.   *Willden. Sp. Pl. v.* 3. 410.

Didesmus ægyptius.   *DeCand. Syst. v.* 2. 658.

In insulâ Cypro.   ☉.

Radix simplex, gracilis.   *Herba* undique glabra, glauco-virens.   *Caulis* ramosissimus, diffusus, foliosus, multiflorus, teres, solidus ; ramis alternis.   *Folia* petiolata, obtusa, repanda ; infima obovata, indivisa ; superiora basin versus pinnatifida ; summa oblonga, ferè linearia.   *Flores* incarnato-albi, magnitudine præcedentis.   *Calyx* supra medium patulus ; extùs purpurascens ; interdùm pilosiusculus.   *Petala* alba, rotundata ; *unguibus* linearibus, pallidè violaceis, erectis.   *Silicula* glabra, medio constricta ; loculo inferiore lævi, aut parùm angulato ; superiore paululùm majori, sulcato, rugoso.   *Stylus* loculo longior, persistens, erectus, subulatus ; basi pyramidatus. *Stigma* capitatum.

a. Flos.	B. Idem sine petalis auctus.	C. Petalum.
D. Pistillum.	*e.* Silicula ad maturitatem vergens.	

TABULA 614.
BUNIAS TENUIFOLIA.

BUNIAS siliculis biarticulatis angulatis : articulis uniformibus, foliis pinnatifidis dentatis.

Didesmus tenuifolius.   *DeCand. Syst. v.* 2. 659.

Cakile græca arvensis, siliquâ striatâ brevi.   *Tourn. Cor.* 49.   *Voy. v.* 1. 97. *t.* 97.

In insulâ Cypro.   ☉.

Radix gracilis, caudice simplici.   *Caulis* herbaceus, erectus, ramosissimus, foliosus, teres, solidus, purpurascens, interdùm pilosus.   *Folia* sparsa, petiolata, subcarnosa, profundè pinnatifida, vel bipinnatifida ; laciniis alternis, acutè dentatis, glabris.   *Flores* albi, præcedentibus paulò majores.   *Calyx* ad basin ferè patentiusculus, purpurascens, glaber.   *Petala* rotundata, undique nivea.   *Germen* glaberrimum, supra basin constrictum.   *Stylus* pyramidato-subulatus, calyce duplò longior.   *Stigma* capitatum. *Silicula* coriacea, angulata, sulcata, glabra ; loculis uniformibus, monospersis ; superiore rostrato.   *Semina* subrotunda, ferruginea.

a. Flos.	B. Idem, absque petalis, auctus.	C. Pistillum.
d. Silicula matura.	*e.* Loculus inferior seorsìm.	*f.* Ejusdem loculus superior.
g. Loculi sectio transversa.	*h.* Semen.	

Bunias virgata.

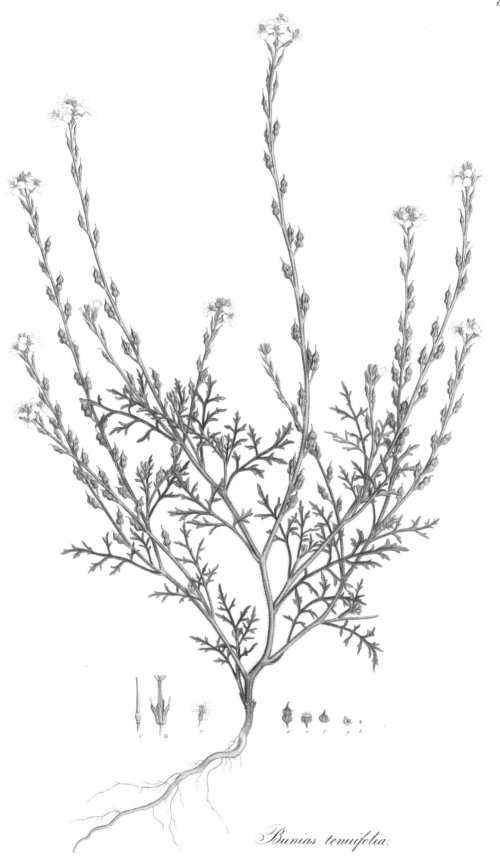

Bunias tenuifolia.

Isatis lusitanica.

ISATIS.

Linn. Gen. Pl. 344.   Juss. 242.   Gœrtn. t. 142.

Silicula integra, decidua, marginata, transversè compressa, bivalvis, unilocularis, monosperma. *Cotyledones* incumbentes. *Calyx* patens.

TABULA 615.

ISATIS LUSITANICA.

Isatis foliis dentato-crenatis : radicalibus sublyratis, siliculis lineari-oblongis villosis latitudine octuplò longioribus.

Isatis lusitanica. *Linn. Sp. Pl.* 936.   *Herb. Linn.   Willden. Sp. Pl. v.* 3. 421.   *Lam.*
Illustr. t. 554. *f.* 2.   *DeCand. Syst. v.* 2. 567.

l. aleppica.   *Scop. Del. Insubr. v.* 2. 31. *t.* 16.   *DeCand. Syst. v.* 2. 573?.

Ισαλις αγρια.   *Diosc. lib.* 2. *cap.* 216.   *Ic.* 88 ; malè.

In rupibus maritimis Græciæ et Asiæ minoris. ☉.

Radix annua, gracilis, simplex, fibrillosa, mox caulescens. *Caulis* erectus, foliosus, solidus,
teres, glabriusculus ; supernè angulatus. *Folia* glabra ; inferiora obovata, obtusa,
latè crenata, vel dentata, quandoque sublyrata ; basi in petiolum angustata ; caulina
sessilia, amplexicaulia, plùs minùs crenata. *Flores* corymbosi, flavi, *pedicellis* pilosis.
Calyx patens, glaber, basi æqualis. *Petala* rotundata, *ungue* brevi. *Stamina* vix
calycis longitudine. *Antheræ* incumbentes. *Germen* obcuneatum, longitudine staminum. *Stylus* brevissimus. *Stigma* capitatum, umbilicatum. *Siliculæ* longiùs racemosæ, pendulæ, unciales, ferè lineares, obtusæ, stylorum rudimentis mucronulatæ ;
basi attenuatæ ; disco utrinque densè pubescentes ; margine retrorsùm fimbriatæ.
Semen oblongum, solitarium.

Specierum omnium limitationes incertæ, ac synonyma vix eruenda.

a. Flos cum pedicello.	*b.* Petalum.	C. Flos, demptis petalis, auctus.
D. Pistillum seorsìm.	*e.* Silicula.	*f.* Semen.

LEPIDIUM.

Linn. Gen. Pl. 333. *Juss.* 241. *Gærtn. t.* 141. *Br. apud Ait. Hort.*
Kew. ed. 2. *v.* 4. 85. *DeCand. Syst. v.* 2. 527.

Silicula loculis monospermis; valvulis navicularibus. *Cotyledones* sæpissimè incumbentes. *Petala* æqualia.

TABULA 616.

LEPIDIUM SATIVUM.

Lepidium siliculis elliptico-orbiculatis alatis, foliorum radicalium pinnis rotundatis incisis;
  caulinorum linearibus integerrimis.

L. sativum.   *Linn. Sp. Pl.* 899.   *Willden. Sp. Pl. v.* 3. 435.   *Br. apud Ait. Hort. Kew.*
  ed. 2. *v.* 4. 89.   *DeCand. Syst. v.* 2. 533.

Nasturtium.   *Matth. Valgr. v.* 1. 517.   *Camer. Epit.* 335.

N. hortense.   *Fuchs. Hist.* 362.   *Ic.* 204.   *Dod. Pempt.* 711.   *Dalech. Hist.* 655.   *Theophr.*
  ed. Bod. a Stapel. 766.   *Ger. Em.* 250.

N. hortense vulgatum.   *Bauh. Pin.* 103.   *Tourn. Inst.* 213.

N. vulgare.   *Bauh. Hist. v.* 2. 912.   *Moris. v.* 2. 300. *sect.* 3. *t.* 19. *f.* 1.

β. N. hortense crispum.   *Bauh. Pin.* 104.   *Prodr.* 43, 44. *cum ic.*   *Moris. v.* 2. 301.
  sect. 3. *t.* 19. *f.* 4.

N. crispum.   *Bauh. Hist. v.* 2. 913.

Καρδαμον *Diosc. lib.* 2. *cap.* 185.

Κάρδαμο *hodiè.*

In insulæ Cypri arvis, inter segetes.   ☉.

Radix annua, pallida, caudice simplici; infernè ramosa, fibrillosa. *Herba* glabra, glaucescens. *Caulis* solitarius, erectus, teres, lævis, solidus, foliosus, supernè alternatìm
  ramosus, multiflorus. *Folia radicalia,* ut et *caulina inferiora,* pinnata; *foliolis* variè
  dilatatis, lobatis et incisis; inferioribus latioribus; *superiora* ternata; *summa* simplicia,
  linearia; acuta, integerrima, recurvato-patentia. *Corymbi* oppositifolii, solitarii, densi,
  multiflori; mox elongato-racemosi. *Flores* parvi, albi. *Foliola calycina* patula, subæqualia, lævia, convexa, purpureo variata; margine tenui, albo. *Petala* obovata,
  patentia; *unguibus* longitudine calycis. *Stamina* sex, quorum duo lateralia exteriora
  magìs patentia, parùmque breviora. *Germen* orbiculatum, emarginatum, compressum.
  Stylus brevissimus. *Stigma* capitatum. *Silicula* elliptico-orbiculata, lævis; supernè

616.

Lepidium sativum.

Lepidium spinosum.

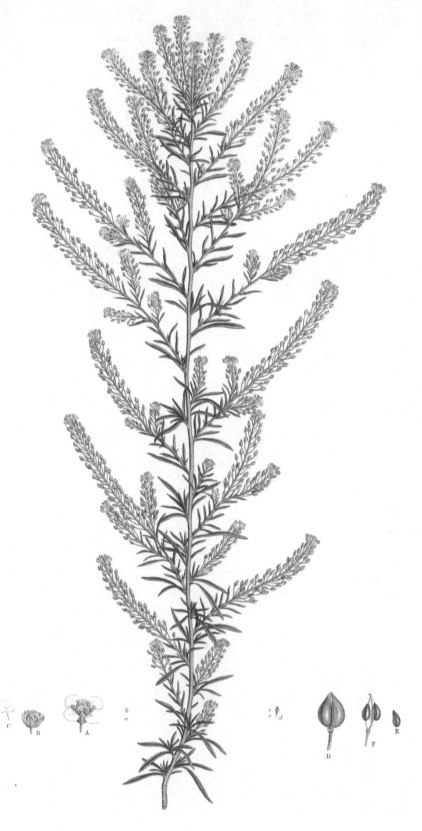

Lepidium graminifolium.

alata, emarginata; *stylo* inter lobos persistente. *Semina* solitaria, oblongiuscula, rufescentia. *Cotyledones,* monente optimo DeCandolle, sæpiùs tripartitæ, interdùm bilobæ, rarissimè integræ.

Herba calida et aromatica, in hortis Europæis primo vere colitur, ut acetariis immisceatur. Varietas crispa pulchrior est, nec viribus præstantior.

a, A. Flos.   B. Idem, petalis orbatus.   c. Silicula.

TABULA 617.
LEPIDIUM SPINOSUM.

LEPIDIUM foliis radicalibus pinnatifidis : lobis incisis, siliculis cuneatis semibifidis.

L. spinosum.   *Linn. Mant.* 253.   *Willd. Sp. Pl. v.* 3. 434.   *Br. apud Ait. Hort. Kew.*
     ed. 2. *v.* 4. 88.   *DeCand. Syst. v.* 2. 537.

L. cornutum.   *Prodr. n.* 1491. *v.* 2. 6 *exclus. Tournefortii syn.*

In insulâ Cypro. ⊙.

Radix annua, pallida, caudice simplici, tereti; infernè attenuata, fibrillosa, altè descendens. *Herba* glabra, parùm glauca, præcedente minor, vix spithamæa. *Caulis* erectus, teres, vel subangulatus, lævis, foliosus, ramulosus, apice monostachyus. *Folia radicalia* plurima, erecto-patentia, pinnata, uniformia, pinnis cuneato-oblongis, incisis, decurrentibus; *caulina* alterna, lineari-lanceolata, acuta, integerrima. *Corymbi laterales* oppositifolii, parvi, foliis longè breviores; *terminalis* maximus, solitarius, erectus, mox racemosus. *Flores* exigui, albi, præcedentis conformes, at *germine* profundiùs bilobo diversi. *Silicula* oblonga, glabra, vel rariùs pilosa; apice biloba, alata. *Stylus* persistens, lobulis brevior. *Semina* solitaria.

a, A. Flos.   B. Pistillum auctum.   c, C. Silicula, cum stylo persistente.

TABULA 618.
LEPIDIUM GRAMINIFOLIUM.

LEPIDIUM foliis caulinis linearibus integerrimis, caule ramosissimo, floribus hexandris, siliculis ovatis stylo mucronulatis.

L. graminifolium.   *Linn. Sp. Pl.* 900.   *Willden. Sp. Pl. v.* 3. 438.   *Br. apud Ait. Hort.*
     Kew. ed. 2. *v.* 4. 86.

L. Iberis.　*DeCand. Syst. v.* 2. 550; *ex charactere.*

L. Iberis, foliis dissectis, scabiosæ æmulis.　*Cupan. Phyt. ed.* 2. *t.* 95.

Thlaspi lusitanicum umbellatum, gramineo folio, flore albo.　*Tourn. Inst.* 213.

Iberis.　*Matth. Valgr. v.* 1. 266; benè.　*Dod. Pempt.* 715.　*Bauh. Hist. v.* 2. 918.

I. cardamantica.　*Ger. Em.* 253.　*Lob. Ic.* 223.

Nasturtium n. 507.　*Hall. Hist. v.* 1. 219; *ex descriptione optimâ.*

Ἰβερις *Diosc. lib.* 1. *cap.* 188.

In locis incultis per totam Græciam, et circa Byzantium.　♃.

Radix perennis, sublignosa.　*Caules* erecti, teretes, glabri, undique ramosissimi, foliosi; ramis alternis.　*Folia radicalia,* ut et *caulina inferiora,* ex auctorum descriptionibus, variè pinnatifida et incisa; at hæc nobis desunt; *superiora* copiosissima, sparsa, sessilia, patentia, linearia, acuta, integerrima, subglauca, uncialia; axillis foliolosis, aut ramulosis.　*Corymbi* terminales, densi; mox elongati, racemosi, polycarpi, glabri.　*Flores* exigui, albi.　*Calycis foliola* ovata, obtusa; margine membranaceo, albo.　*Petala* cordato-subrotunda, patentia, *unguibus* vix calyce brevioribus.　*Stamina* sex, longitudine ferè calycis, quorum duo magìs patentia.　*Silicula* ovata, acuta, turgida, *stylo* brevissimo, persistente, cum *stigmate* capitato, mucronulata.　*Semina* in utroque loculo solitaria, e dissepimenti apice pendula, obovata, lævia, rufescentia.

A *Lepidio Iberide,* Linn. Sp. Pl. ed. 1. 645, siliculis ovatis, turgidis, acutis, nec depressis, orbiculatis, emarginatis, luce clariùs discrepat.　Utrumque ex Helvetiâ habeo; at *L. graminifolium* cum Halleri *Nasturtio n.* 507, ex silicularum descriptione, unicè convenit.　Priscorum icones suprà citatas ob fructûs formam selegi.

a, A. Flos, magnitudine naturali et auctâ, cum sex staminibus.　　　B. Idem, petalis avulsis.
C. Petalum.　　　　　　　　　*d*, D. Silicula.　　　　　　　　*e*, E. Semen.
F. Siliculæ maturæ dissepimentum, cum stylo et stigmate, nec non seminibus, in situ naturali, delapsis valvulis.

Calepina Corvini.

CALEPINA.

Adans. Fam. v. 2. 423. Desv. Journ. de Bot. Appl. v. 3. 158.
DeCand. Syst. v. 2. 648.

Calyx subpatens. *Petala* exteriora paulò majora. *Silicula* subglobosa, indehiscens, monosperma. *Semen* pendulum. *Cotyledones* incumbentes, subconduplicatæ.

TABULA 619.

CALEPINA CORVINI.

CALEPINA Corvini. *Desv. Journ. de Bot. Appl. v. 3. 158. DeCand. Syst. v. 2. 648.*
Bunias cochlearioides. *Murr. in Nov. Comm. Gœtt. v. 8. 42. t. 3. Willd. Sp. Pl. v. 3. 413.*
Cochlearia lyrata. *Prodr. n. 1500. v. 2. 8.*

In Siciliâ, nec in Græciâ, legit et depingi curavit Clarissimus Sibthorp. ☉.

Radix simplex, teres, fibrillosa, annua. *Herba* pallidè virens, undique glaberrima. *Caulis* solitarius, erectus, teres, foliosus, supernè ramosus; quandoque basi subdivisus. *Folia* obovato-oblonga, dentata, obtusiuscula, venosa, basi angustata; radicalia lyrato-pinnatifida, aggregata; caulina alterna, basi sagittata, acuta, amplexicaulia. *Corymbi* terminales, mox racemosi, laxi. *Flores* nivei, parvi. *Calyx* basi æqualis; *foliolis* patulis, ovatis, obtusis, concavis, deciduis. *Petala* obovata, obtusa, patentia, paululùm, ut videtur, inæqualia, aut obliqua. *Stamina* vix calyce longiora, quandoque, ut ex icone patet, squamâ obovatâ, concavâ, filamenti ferè longitudine, extùs ad basin munita, quod e speciminibus siccis haud benè confirmari potest. *Siliculam* immaturam tantùm vidimus.

A. Flos auctus.   B. Stamen seorsìm, cum squamâ ad latus exterius.   C. Silicula haud matura.

IBERIS.

Linn. Gen. Pl. 335.   Juss. 240.   *Gærtn. t.* 141.   *DeCand. Syst. v.* 2. 393.

Silicula obcordato-biloba, depresso-concava; valvulis carinatis.   *Semina* solitaria.   *Cotyledones* accumbentes.   *Petala* duo exteriora majora. *Stamina* simplicia.

———

TABULA 620.

IBERIS SEMPERVIRENS.

IBERIS frutescens ramosissima decumbens, foliis lineari-oblongis obtusiusculis integerrimis glabris.

I. sempervirens.   *Linn. Sp. Pl.* 905.   *Willd. Sp. Pl. v.* 3. 453.   *DeCand. Syst. v.* 2. 397. *Ait. Hort. Kew. ed.* 2. *v.* 4. 83.

Thlaspi montanum sempervirens.   *Tourn. Inst.* 213.

Th. creticum, flore albo.   *Bauh. Prodr.* 48 ; *cum icone.*

Thlaspidium.   *Riv. Tetrap. Irr. t.* 110. *f.* 1.

In Cretæ montibus Sphacioticis.   ♄.

Radix lignosa, fibrillosa.   *Caules* fruticosi, ramosissimi, undique diffusi; ramulis foliosis, glabris; floriferis elatioribus, foliis remotioribus, sparsis.   *Folia* petiolata, patentiuscula, lineari-oblonga, obtusiuscula, quandoque plùs minùs acuta, omninò integerrima, saturatè viridia, glabra, sempervirentia; basi in petiolum attenuata.   *Corymbi* capitati, densi, multiflori, nivei.   *Calycis foliola* glabra; basi gibba, supernè dilatata, albo marginata.   *Flores* marginales præcipuè inæquales, *petalis* duobus exterioribus majoribus, latè ellipticis, *unguibus* vix calycis longitudine; interioribus duplò minoribus, orbiculatis.   *Stamina* sex, quorum quatuor, paulò longiora, calycem superant. *Germen* ellipticum, compressum.   *Stylus* filiformis, longitudine staminum.   *Stigma* capitatum.   *Siliculæ* breviùs racemosæ, orbiculato-obcordatæ, glabræ, hinc concaviusculæ; apice bilobæ, lobis rotundatis, *stylo* persistente, duplò longiore, interstincto. *Semina* in utroque loculo solitaria, ovata, ex dissepimenti apice pendula.

A. Flos triplò circitèr auctus.   B. Petalum interius.   C. Petalum exterius.
D. Calyx cum staminibus et pistillo.   E. Pistillum seorslm.   *f.* Silicula magnitudine naturali.

Iberis sempervirens

Koniga maritima.

KONIGA.

Konig. *Adans. Fam. v. 2. 420.*

Koniga. *Br. in Denham et Clappert. Trav. Append. p. 214.*

Calyx patens. *Petala* integerrima. *Glandulæ* hypogynæ 8! *Filamenta* omnia edentula. *Silicula* subovata, valvulis planiusculis, loculis 1-polyspermis, funiculis basi septo (venoso nervo deliquescenti) adnatis. *Cotyledones* accumbentes.

TABULA 621.

KONIGA MARITIMA.

Koniga silicula subrotunda : loculis monospermis.

Alyssum maritimum. *Prodr. n.* 1506. *v. 2.* 10. *Willd. Sp. Pl. v. 3.* 459. *DeCand. Syst. v. 2.* 318. *Sm. Engl. Fl. v. 3.* 162. *Engl. Bot. v. 25. t.* 1729. *Ait. Hort. Kew. ed. 2. v. 4.* 95. *Tourn. Inst.* 217.

A. minimum. *Linn. Sp. Pl.* 908.

A. halimifolium. *Linn. Sp. Pl.* 907 ; *excluso Hermanni synonymo. Curt. Mag. t.* 101. *Ait. Hort. Kew. ed.* 1. *v. 2.* 381.

Clypeola maritima. *Linn. Sp. Pl.* 910. *Mant.* 2. 426. *Gouan. Hort.* 322 ; *ex ipso auctore.*

Thlaspi Alyssum dictum maritimum. *Bauh. Pin.* 107. *Moris. v. 2.* 291. *sect.* 3. *t.* 16. *f.* 1.

Th. maritimum. *Dalech. Hist.* 1393.

Th. linifolium minus cineritium, flore albo. *Barrel. Ic. t.* 908. *f.* 1 ; *benè.*

Th. supinum minimum maritimum, Leucoii angusto acuminato folio siculum, flore albo. *Bocc. Mus.* 163. *t.* 130. *f.* 1.

Th. narbonense Lobelii. *Ger. Em.* 267.

Th. Lavendulæ folio acuto, flore odore favi mellis. *Cupan. Panph. ed.* 1. *t.* 151. *ed.* 2. *t.* 61.

In maritimis Græciæ et Archipelagi. ♄.

Radix perennis, nec diù vigens, caudice simplici ; infernè ramosa, fibrosa. *Herba* incana, pilis sericeis, adpressis. *Caulis* ramosissimus, diffusus ; basi sublignosus ; ramis adscendentibus, foliosis, angulosis, apice floriferis. *Folia* sparsa, subsessilia, linearilanceolata, integerrima, utrinque acuta ; sæpè recurvato-patentia. *Flores* densè corymbosi, nivei, odore mellis ; post anthesin colore violaceo, ad *filamenta* præcipuè, et *petalorum* ungues, frequentiùs tincti. *Petala* subcordata, obtusa. *Stamina* sex,

simplicia. *Siliculæ* densiùs racemosæ, elliptico-subrotundæ, compressiusculæ, mucronulatæ, glabræ. *Semina* in utroque loculo solitaria, lateralia, orbiculata, fusca,
margine dilatata.

A. Flos auctus.
C. Petalum seorsìm.
F. Eadem, delapsis valvulis, semen cum dissepimento, in situ naturali, ostendens.

B. Idem, sine petalis.
d, D. Silicula magnitudine naturali et auctâ.

A L Y S S U M.

Br. in Denham et Clappert. Trav. Append. p. 214.

Alyssi species.   *Linn. Gen. Pl. 335.   Juss. 240.   Gærtn. t. 141.*
DeCand. Syst. v. 2. 301.

Silicula subrotunda; valvulis disco convexiusculo, limbo plano; loculis
dispermis, ovulis in diversis loculis oppositis.   *Cotyledones* accumbentes.   *Filamenta* sæpissimè dentata.   *Petala* emarginata.

TABULA 622.

ALYSSUM CAMPESTRE.

Alyssum caulibus herbaceis patulis, foliis obovato-lanceolatis integerrimis; pube stellari,
siliculis orbiculatis hirtis.

A. campestre.   *Prodr. n.* 1514. *v.* 2. 13.   *Linn. Sp. Pl.* 909.   *Willd. Sp. Pl. v.* 3. 467.
DeCand. Syst. v. 2. 314.

A. incanum, serpilli folio, fructu nudo.   *Tourn. Inst.* 217.

A. n. 495.   *Hall. Hist. v.* 1.

Thlaspi Alysson incanum luteum, lunato utriculo.   *Barrel. Ic. t.* 912. *f.* 2.

Circa Athenas.   ☉.

Radix simplex, teres, annua, infernè fibrosa.   *Caules* sæpiùs plures, palmares, patentes,
foliosi, teretes, scabri, simplices, vel plerumque ramosi; supernè racemosi.   *Folia*
sparsa, haud uncialia, subsessilia, patentia, obovato-lanceolata, obtusiuscula, integerrima, utrinque tuberculato-scabra, pube stellari.   *Flores* corymbosi, exigui, pallidè
flavescentes; siccitate albidi.   *Calyx* hirtus, flavidus, deciduus.   *Petala* angustè obcordata, *unguibus* longitudine calycis.   *Stamina* quatuor longiora, monente DeCandollio, supra medium subdentata.   *Germen* orbiculatum, compressum, hirtum, *stylo*

Alyssum campestre.

Alyssum alpestre.

Alyssum orientale.

brevi, *stigmate* capitato. *Siliculæ* longè racemosæ, orbiculatæ, compressæ, integræ, stylo persistente mucronulatæ, valvulis medio tumentibus, undique scabris, hirtis. *Semina* in utroque loculo bina, ex apice pendula, compressa, fusca, tenuissimè marginata.

a, A. Flos.	B. Petalum auctum.	C. Stamina cum pistillo.
d. Silicula, magnitudine naturali.	*e*. Dissepimentum cum seminibus.	*f*. Semen seorslm.

TABULA 623.

ALYSSUM ALPESTRE.

ALYSSUM caule fruticuloso ; ramis adscendentibus, foliis obovatis tomentoso-incanis, siliculis elliptico-subrotundis planiusculis pubescentibus.

A. alpestre. *Prodr. n.* 1510. *v.* 2. 12. *Linn. Mant.* 92. *Willd. Sp. Pl. v.* 3. 461. *De-Cand. Syst. v.* 2. 307. *Allion. Pedem. v.* 2. 241. *t.* 18. *f.* 2.

A. n. 7. *Gerard. Gallo-Prov.* 352. *t.* 13. *f.* 2.

A. n. 493. *Hall. Hist. v.* 1. 214.

Αλυσσον *Diosc. lib.* 3. *cap.* 105 ; *monente Sprengelio ; at descriptio Biscutellam potiùs refert.*

Circa Athenas. ♄.

Radix lignosa, crassa, multicaulis, altè descendens. *Caules* basi ramosissimi, adscendentes, teretes, foliosi, corymbosi, incani. *Folia* sparsa, recurvato-patentia, subsessilia, obovato-oblonga, acuta, integerrima, haud uncialia, undique pube densâ, stellari, tomentoso-incana ; axillis foliolosis. *Corymbi* sæpiùs compositi, densi, multiflori, demùm racemosi, foliis minoribus quasi bracteolati. *Flores* parvi, aurei, *calyce* pubescente, subcolorato. *Petalorum laminæ* rotundatæ, integerrimæ. *Filamenta* omnia intùs dilatata, unidentata. *Germen* orbiculatum, compressum, tomentosum, margine incrassato, glabrato. *Stylus* glaber, filiformis, longitudine germinis. *Silicula* elliptico-orbiculata, disco prominulo, tomentoso.

a, A. Flos, magnitudine naturali et auctâ.	B. Calyx auctus.
C. Petalum.	D. Pistillum.
E. Idem, staminibus circumdatum.	*f*, F. Pistillum post impregnationem.

TABULA 624.

ALYSSUM ORIENTALE.

ALYSSUM caulibus paniculatis : basi suffruticosis, foliis dentatis repandis tomentosis, filamentis subsimplicibus, siliculis glabris.

A. orientale.　*Prodr. n.* 1512. *v.* 2. 13.　*Arduin. Spec.* 2. 32. *t.* 15. *f.* 1.　*Willd. Sp. Pl.*
v. 3. 463.　*DeCand. Syst. v.* 2. 303.

Clypeola tomentosa.　*Linn. Mant.* 92 ; *excluso Tournefortii synonymo.*

Ad maris Euxini littora arenosa, prope Fanar.　♄.

Radix simplex, teres, rectè descendens.　*Caules* pauci, adscendentes, pedales circitèr, teretes,
　　pubescentes; basi præcipuè foliosi, et subindè fruticulosi; supernè paniculati, race-
　　mosi, multiflori.　*Folia* lineari-oblonga, magìs minùsve repanda, vel inæqualitèr den-
　　tata; basi in *petiolum* attenuata; undique tomentoso-incana, mollia.　*Flores* aurei,
　　præcedente majores.　*Calyx* virens, subincanus, albo marginatus.　*Petalorum lamina*
　　obcordata, *ungue* brevi, latiusculo.　*Stamina* sex; quorum quatuor erecto-parallela,
　　simplicia, edentula; duo opposita breviora, arcuato-patentia, incurva, basi incrassata,
　　gibba, aut subdentata.　*Antheræ* incumbentes, oblongæ.　*Germen* orbiculatum, com-
　　pressum.　*Stylus* rectus, longitudine ferè staminum.　*Silicula* transversè latior, sub-
　　elliptica, pallidè fusca, glabra, stylo mucronulata.　*Semina* utrinque solitaria, orbicu-
　　lata, compressa, marginata, fusca, sub apice siliculæ pendula.

　　　A. Calyx quadruplò auctus.　　　　　　B. Petalum.
　　　C. Stamina et pistillum.　　　　　　　　D. Pistillum seorsìm.
　　　e. Silicula, magnitudine naturali.　　　　*f.* Ejusdem dissepimentum, cum semine.

FIBIGIA.

Med. in Ust. Neu. Annal. 2. *p.* 47.　*Mœnch Meth.* 261.　*Br. in Denham*
et Clappert. Trav. Append. p. 219.

Calyx clausus.　*Petala* indivisa.　*Filamenta* breviora dentata.　*Silicula*
elliptica, sessilis, polysperma; valvulis planis; dissepimento enervi,
avenio, areolarum parietibus rectis.　*Semina* marginata.　*Cotyledones*
accumbentes.

TABULA 625.

FIBIGIA LUNARIOIDES.

Fibigia caule fruticoso ramosissimo, foliis obovato-oblongis undique tomentosis, petalis
　obovatis.

Farsetia lunarioides.　*Br. in Ait. H. Kew. ed.* 2. *v.* 4. 96.　*DeCand. Syst. v.* 2. 288.

Fibigia lunarioides.

Alyssum lunarioides. *Willd. Sp. Pl. v. 3.* 461. *Prodr. n.* 1508. *v.* 2. 11.

Lunaria fruticosa perennis incana, leucoii folio. *Tourn. Cor.* 15. *It. v.* 1. 92, *cum icone.*

L. Tournefortii. *Sibth. Ms.*

In insulâ *Caloyero* dictâ. ♄.

Radix lignosa, crassa, petrarum rimis arctè infixa. *Caulis* erectus, ramosissimus, fruticosus, crassus, teres; *cortice* rimoso, fusco, glabrato; *ramulis* tomentoso-incanis, densè foliosis, adscendentibus. *Folia* conferta, petiolata, obovato-oblonga, obtusa, recurvato-patentia, integerrima, undique densè tomentosa, incana, pube hinc indè stellari; basi in petiolum angustata, decidua, *petiolis* persistentibus. *Corymbi* terminales, solitarii, simplices, multiflori, densi. *Flores* saturatè flavi, magnitudine et facie *Cheiranthi Cheiri*, sed unicolores. *Calyx* erectus, clausus, pilosus, subcoloratus; basi bisaccatus. *Petala* obovata, obtusa, integerrima, patenti-deflexa; *unguibus* erectis, linearibus, longitudine calycis. *Stamina* omnia erecto-parallela, insertione æqualia, flavescentia, linearia, vel paululùm dilatata supernè, quorum duo breviora unidentata. *Antheræ* omnes erecto-incumbentes, oblongæ. *Germen* ovale, compressum, piloso-incanum. *Stylus* subulatus, apicem versùs glabratus, deciduus. *Stigma* bilobum, obtusum, erecto-connivens. *Silicula* latè elliptica, compresso-plana, omninò ferè sessilis, obtusè mucronulata, utrinque tomentosa, incana, longitudine ultrà semuncialis. *Semina* in utroque loculamento duo, lateralitèr inserta, orbiculata, compresso plana, ferruginea, margine dilatato, membranaceo, undique cincta.

Nomen specificum Willdenovianum, e græco et latino sermone conflatum, minùs placet, nec habitum exprimit, qui *Lunariæ* non est.

a. Flos.	*b.* Idem, petalis orbatus.	*c.* Petalum.	*d*, D. Stamina cum pistillo.
e, E. Pistillum.	*f.* Silicula, magnitudine naturali.		*g.* Semen.

BERTEROA.

DeCand. Syst. v. 2. 290.

Silicula elliptica, valvulis convexo-planis, membranaceis, dissepimento enervi, avenio, areolarum parietibus rectis. *Semina* lateralia, orbiculata, compressa, alâ membranaceâ cincta. *Cotyledones* accumbentes. *Stylus* filiformis, persistens. *Petala* biloba.

TABULA 626.

BERTEROA OBLIQUA.

Berteroa caule suffruticoso, siliculis obliquis complanatis subpubescentibus.

B. obliqua. *DeCand. Syst. v. 2. 292.*

Alyssum obliquum. *Prodr. n. 1509. v. 2. 12.*

Lunaria leucoii folio, siliquâ oblongâ minori. *Tourn. Inst. 218.*

Leucoium peltatum romanum minus. *Column. Ecphr. pars 2. 58. t. 60.*

L. alyssoides clypeatum minus. *Bauh. Pin. 201. Moris. v. 2. 247. sect. 3. t. 9. f. 5.*

In Siciliâ. ♄ .

Radix lignosa, tortuosa, nodosa, multiceps. *Caules* plurimi, erecti, teretes, pubescentes, subincani, foliosi, fistulosi; basi præcipuè lignosi et subramosi. *Folia* alterna, subpetiolata, obovato-oblonga, obtusa, repanda, utrinque tristè virentia, subincana; pube adpressâ. *Corymbi* terminales, solitarii, multiflori, e caulium apice denudato pedunculati, erecti. *Calyx* piloso-incanus, foliolis duobus exterioribus basi gibbis. *Petala* nivea; *limbo* semibilobo, rotundato; *ungue* cuneato-lineari, longitudine calycis. *Stamina* subæqualia, filiformia, vix calyce longiora, omnia ni fallor simplicia. *Antheræ* ovales, incumbentes. *Germen* sessile, ovale; *stylo* filiformi, erecto, ejusdem longitudinis, persistente; *stigmate* capitato. *Siliculæ* longiùs racemosæ, erecto-patentes, parvæ, ellipticæ, compresso-planiusculæ, inæquilateres, sive obliquæ, *stylo* persistente, obliquo, mucronatæ, sæpiùs pubescentes, quandoque glabratæ. *Semina* in utroque loculamento tria vel quatuor, nec, nisi abortu, solitaria, omnia lateralia, compresso-plana, ferruginea, alâ membranaceâ, latâ, orbiculari cincta.

Genus hoc novum, a summo viro DeCandollio propositum, in dubio haud revocandum; nec desunt characteres, in habitu vel fructificatione, quibus confirmatur.

A. Calyx auctus.
C. Impregnationis organa.
e. Dissepimentum, cum semine solitario.

B. Petalum.
d. Silicula matura, non aucta.
f, F. Semen.

Berteroa obliqua.

Vesicaria utriculata.

VESICARIA.

DeCand. Syst. v. 2. 295. Br. apud. Ait. Hort. Kew. ed. 2. v. 4. 97.
Lam. Illustr. t. 559.

Alyssoides. *Tourn. Inst. 218. t. 104.*

Silicula globosa, inflata; valvulis hemisphærico-convexis; dissepimento enervi, avenio, areolarum parietibus rectis. *Semina* numerosa, orbiculata,
compressa, alâ membraneâ cincta. *Cotyledones* accumbentes. *Stylus*
filiformis. *Petala* indivisa.

TABULA 627.

VESICARIA UTRICULATA.

Vesicaria calyce basi gibboso, foliis lanceolatis integerrimis ciliatis utrinque læviusculis;
infimis spatulatis.

V. utriculata. *DeCand. Syst. v. 2. 296. Ait. Hort. Kew. ed. 2. v. 4. 97.*

Alyssum utriculatum. *Prodr. n. 1518. v. 2. 15. Linn. Mant. 92. Willden. Sp. Pl. v. 3. 470.*
Curt. Mag. t. 130.

A. n. 491. *Hall. Hist. v. 1. 213.*

Alyssoides fruticosum, leucoii folio viridi. *Tourn. Inst. 218; excluso synonymo.*

Ionthlaspi, sive Leucojum montanum luteum, subrotundo thlaspi utriculo, semine compresso, italicum. *Bocc. Mus. 78. t. 68.*

Thlaspi luteo leucoji flore. *Barrel. Ic. t. 842.*

Th. aureo leucoji flore, siliculâ rotundâ, majus. *Barrel. Ic. t. 883.*

In monte Athô. ♃.

Radix perennis, lignosa, multiceps, crassitie vix digiti. *Caules* cæspitosi, erecti, spithamæi,
simplices, foliosi, laxè pilosi, herbacei, vel basi tantùm fruticulosi. *Folia* sparsa, lanceolato-oblonga, acutiuscula, repanda, laxè ciliata, utrinque lætè viridia, vel omninò
glabra, vel pilis aliquot adpressis scabriuscula; infima conferta, minora, spatulata.
Corymbi solitarii, simplices, densi, multiflori, glabri. *Flores* majusculi, aurei. *Calyx*
clausus, pilosus; foliolis duobus exterioribus basi gibbis. *Petalorum laminæ* obovatæ, obtusæ, integerrimæ, aut vix emarginatæ; *ungues* lineares, angusti. *Stamina*
linearia, simplicia, *antheris* recurvis. *Germen* ellipticum, glabrum. *Stylus* rectus,
filiformis, glaberrimus, altitudine staminum longiorum, demùm deciduus. *Stigma*

VOL. VII.   H

capitatum, parvum. *Silicula* globosa, vel subelliptica, obsoletè mucronulata, glaberrima; valvulis membranaceis, hemisphærico-inflatis, deciduis; dissepimento tenui,
hyalino. *Semina* utrinque duo, quandoque plura, siliculæ apicem versus lateralitèr
inserta, compressa, ferruginea, imbricata, margine dilatato, orbiculari, integerrimo.

Vesicaria dentata, Sm. apud Rees Cyclop. v. 37.   *V. reticulata*, DeCand. Syst. v. 2. 297
et 714, Tournefortiani generis typus; *siliculæ* structurâ, nec non *seminibus* immargi-
natis, nimis, forsitàn, a reliquis discrepat.

a, A. Flos absque petalis.   B. Stamen, auctum.   *c*. Petalum, magnitudine naturali.
d, D. Pistillum.   *e*. Silicula, magnitudine naturali.
   f. Ejusdem dissepimentum, cum funiculis seminum.
   g. Siliculæ dissepimentum, cum semine unico maturescente, in situ naturali.

AUBRIETIA.

Adans. Fam. v. 2. 420.   DeCand. Syst. v. 2. 293.

Farsetiæ sect. *3.   Br. apud Ait. Hort. Kew. ed. 2. v. 4. 97.*

Silicula cylindraceo-elliptica; valvulis convexis; dissepimento enervi, avenio,
areolarum parietibus flexuosis. *Semina* numerosa, lateralia, subrotunda, simplicia. *Cotyledones* accumbentes. *Stylus* filiformis. *Petala*
indivisa. *Stamina* breviora dente aucta.

TABULA 628.

AUBRIETIA DELTOIDEA.

Aubrietia deltoidea.   *DeCand. Syst. v. 2. 294.*

Alyssum deltoideum.   *Prodr. n. 1520. v. 2. 15.   Linn. Sp. Pl. 908.   Willden. Sp. Pl.*
   v. 3. 470.   Curt. Mag. t. 126.

A. creticum, foliis angulatis, flore violaceo.   *Tourn. Cor.* 15.

Farsetia deltoidea.   *Ait. Hort. Kew. ed. 2. v. 4. 97.*

Lithoreoleucoion minimum supinum Valvensium.   *Column. Ecphr.* 282. *t.* 284.*f.* 2.

Leucoium saxatile, thymi folio, hirsutum cœruleo-purpureum.   *Bauh. Pin.* 201.   *Moris.*
   v. 2. 242. *sect.* 3. *t.* 8.*f.* 10.

In Laconiæ et Atticæ montibus; nec non in rupibus Sphacioticis Cretæ.   ♃

Radix perennis, ramosa, multiceps. *Herba* multicaulis, densè cæspitosa, undique hirsuta,
virens, foliosa, multiflora. *Caules* diffusi, teretes, flexuosi, pallescentes, parùm ramosi,

Aubrietia deltoidea.

Biscutella Columnæ.

vix spithamæi; basi suffruticulosi. *Folia* alterna, petiolata, patentia, obovata, acuta, dente utrinque lato, sæpiùs solitario, et inde, monente DeCandollio, quasi rhomboidea, nec deltoidea; pube laxâ, substellatâ. *Racemi* oppositifolii, subterminales, solitarii, pauciflori, erecti, hirti. *Calyx* clausus, purpurascens, hirsutus; foliolis duobus exterioribus basi gibbis. *Petala* pallidè violacea, obovata, subretusa, *unguibus* longitudine calycis, albidis. *Stamina* subulata, complanata, quorum duo breviora, e DeCandollii auctoritate, apice dentata, quod prætermisit pictor noster, cæterùm egregius. *Antheræ* terminales, erectæ, oblongæ. *Germen* elliptico-oblongum, densè pubescens. *Stylus* rectus, cylindraceus, glaber, altitudine staminum longiorum, persistens. *Stigma* capitatum, majusculum. *Silicula* figurâ germinis, et vix duplò major, ferè cylindracea, paululùm compressa, undique hirta, valvulis rigidulis, concavis, cymbiformibus, dissepimento hyalino, tenuissimo. *Semina* in singulo loculamento duodecim, simplici serie, secundum dissepimenti marginem incrassatum, utrinque digesta, obovata, fusca, minimè alata, vel marginata.

Claudius Aubriet, Tournefortii comes, plantarum pictor nunquam satis laudandus, hujus pulchri ac certi generis nomine jure commemoratur. Alia species apud DeCandollium *Arabis purpurea* Sibthorpii est.

a. Calyx.   *b.* Petalum.   *c,* C. Stamina cum pistillo.   *d,* D. Pistillum.
e. Silicula integra.   *f.* Ejusdem dissepimentum, cum stylo, et seminibus duobus tantum, in situ naturali.
g. Semen seorsìm.

BISCUTELLA.

Linn. Gen. Pl. 336. Juss. 239. Gœrtn. t. 141. Br. apud Ait. Hort. Kew. ed. 2. v. 4. 76. DeCand. Syst. v. 2. 406.

Silicula didyma; segmentis evalvibus, foliaceo-compressis, monospermis. *Radicula* descendens! *Cotyledones* accumbentes, inversæ.

TABULA 629.

BISCUTELLA COLUMNÆ.

BISCUTELLA scutellis piloso-scabris, foliis obovato-cuneatis latè dentatis subsinuatis, caule nudiusculo.

B. Columnæ. *DeCand. Syst. v. 2. 412.*

B. apula. *Prodr. n. 1522. v. 2. 16.*

Thlaspidium apulum spicatum. *Tourn. Inst. 215.*

Iondraba alyssoides apula spicata.   *Column. Ecphr.* 283. *t.* 285. *f.* 1.   *Moris. v.* 2. *sect.* 3.
     t. 9. *f.* 12.   *Barrel. Ic. t.* 253. *f.* 1.

In insulâ Rhodo, et agro Argolico.   ☉.

Radix annua, simplex, teres, infernè fibrosa. *Caulis* erectus, spithamæus, teres, plùs minùs
     foliosus, vel omninò simplex, vel sæpiùs ad basin usque alternatìm ramosus, undique
     piloso-scaber, basin versus hirsutior. *Folia* saturatè viridia, piloso-scabra; radicalia
     plurima, patentia, obovato-cuneata, latè at inæqualitèr dentata, basi angustata; caulina
     minora et pauciora, sessilia, vel amplexicaulia, acuta. *Corymbi* terminales, solitarii,
     parvi, densi, pallidè flavescentes. *Calyx* glaber, foliolis duobus oppositis basi pau-
     lulùm gibbosis. *Petala* obovata, integerrima, unguibus brevibus. *Stamina* omnia
     simplicia, *antheris* incumbentibus. *Siliculæ* laxiùs racemosæ, mediæ magnitudinis,
     loculis omninò orbiculatis, margine densiùs piloso-scabris, disco subhirsutis; dissepi-
     mento angustissimo, stylo persistente. *Semina* solitaria, reniformi-orbiculata, com-
     pressa, rufa, glabra.

     a, A. Flos.   B. Calyx.   *c.* Silicula.   *d.* Semen.

RICOTIA.

Linn. Gen. Pl. 337.   *Juss.* 239.   *DeCand. Syst. v.* 2. 284.

Lunaria Ricotia.   *Gærtn. t.* 142.

Silicula sessilis, elliptico-oblonga, compresso-plana, dissepimento evanido
     unilocularis. *Semina* lateralia, subsolitaria, compressa. *Cotyledones*
     accumbentes, planæ.

TABULA 630.

RICOTIA TENUIFOLIA.

Rɪᴄᴏᴛɪᴀ foliis subbipinnatifidis linearibus, calycibus cauleque glaberrimis.
R. tenuifolia.   *Prodr. n.* 1525. *v.* 2. 17.   *DeCand. Syst. v.* 2. 285.

In Lyciâ.   ☉.

Radix gracilis, annua, simplex; infernè fibrillosa. *Caulis* erectus, gracilis, teres, glaber-
     rimus, undique ramosus, patens, foliosus, multiflorus. *Folia* alterna, longiùs petiolata,

Ricotia tenuifolia.

pinnatifida, vel bipinnatifida, laciniis oppositis, linearibus, acutis, glabris, subcarnosis. *Cotyledones* obovatæ, obtusæ, longissimè petiolatæ, glabræ, sæpè persistentes. *Corymbi* terminales, solitarii, glabri. *Flores* pallidè incarnati. *Calyx* glaberrimus, vix basi gibbus. *Petala* obovata, parùm emarginata, lineâ centrali purpureâ; *ungue* albo, angusto, calycis longitudine. *Stamina* omnia simplicia, subulata, incurva; quatuor longiora germen paululùm superantia. *Antheræ* omnes oblongæ, erectæ. *Stylus* brevissimus. *Siliculæ* racemosæ, pendulæ, ellipticæ, valdè compressæ, glabræ. *Semen* solitarium, reniforme, compressum, rufescens, margine, ut ex icone videtur, angustissimo, pallido.

Hujusce generis dubia species.

a. Flos.	B. Calyx, quadruplò ferè auctus.	C. Petalum.
D. Stamina, pistillum amplectentia.	*e.* Silicula, cum pedicello.	*f.* Semen.

TETRADYNAMIA SILIQUOSA.

CARDAMINE.

Linn. Gen. Pl. 338. Juss. 239. Gærtn. t. 143. Br. apud Ait. Hort. Kew. ed. 2. v. 4. 101.

Pteroneurum. *DeCand. Syst. v. 2. 269.*

Siliqua linearis; valvulis planis, ecostatis, dissepimento angustioribus, basi elasticè dissilientibus. *Cotyledones* accumbentes, planæ.

TABULA 631.

CARDAMINE GRÆCA.

Cardamine foliis pinnatis: foliolis petiolatis palmato-lobatis obtusis subæqualibus.

C. græca. *Linn. Sp. Pl.* 915. *Willden. Sp. Pl. v.* 3. 486. *Br. apud Ait. Hort. Kew. ed.* 2. *v.* 4. 103.

C. sicula, foliis fumariæ. *Tourn. Inst.* 224; nec 214.

Sio minimo Prosp. Alpin. affinis, siliquis latis. *Bocc. Sic.* 84. *t.* 44. *f.* N. *t.* 45. *f.* 2.

Pteroneurum græcum. *DeCand. Syst. v.* 2. 270; excluso *Nasturtio montano, Bocc. Mus. t.* 116; nec non *C. græcâ, chelidonii folio, Tourn. Cor.* 16.

In monte Parnasso. ☉.

Radix annua, gracillima, simplex, infernè fibrosa. *Herba* glabra, pallidè virens. *Caulis* teres, undique ramosus, patentissimus, foliosus. *Folia* alterna, petiolata, patentia, pinnata; *foliolis* septem, petiolatis, cuneatis, aut subovatis, tri- vel quinquelobis, lobis obtusis; exterioribus paulò majoribus. *Corymbi* terminales, in ramulorum primordialium, ut et lateralium, apicibus, pauciflori. *Flores* albi. *Calycis foliola*, ovata, concava, patentia; basi gibba. *Petala* orbiculata, integra, nivea, horizontalitèr patentia; unguibus erectis, calyce paulò longioribus. *Stamina* simplicia; duo opposita patentia, reliquis multò breviora. *Siliquæ* laxiùs racemosæ, erectæ, latè lineares, basi apiceque acutæ, margine incrassatæ, *stylo* subensiformi, persistente, mucronatæ; *valvulis* planis, ecostatis, tenuibus, rectis, basi dissilientibus, nec revolutis, plerumque glabris, rariùs hirsutis; *dissepimento* hyalino. *Semina* in quoque loculamento quatuor

Cardamine græca.

Sisymbrium tenuissimum.

vel quinque, simplici serie receptaculo marginali utrinque inserta, oblonga, compresso-plana, *pedicellis*, vel *funiculis*, brevissimis, ut ferè nullis.

a, A. Flos.	B. Idem, abreptis petalis.	C. Pistillum.
d. Siliqua.	*e.* Eadem, sine valvulis.	*f*. Semen.

SISYMBRIUM.

Linn. Gen. Pl. 338. Juss. 339. DeCand. Syst. v. 2. 458.

Siliqua subcylindracea; valvulis concavis. *Semina* simplici serie alterna, simplicia. *Cotyledones* incumbentes, planæ. *Calyx* basi æqualis. *Stigma* capitatum.

TABULA 632.

SISYMBRIUM TORULOSUM.

Sisymbrium foliis lanceolatis dentatis, siliquis spicato-racemosis hispidis subtorulosis.

S. torulosum. *Desfont. Atlant. v. 2. 84. t. 159. Willden. Sp. Pl. v. 3. 495. DeCand. Syst. v. 2. 483.*

In insulâ Cypro. ☉.

Radix simplex, teres, annua. *Herba* tristè virens, facie quodammodò *Sisymbrii Polyceratii*. *Caules* plures, spithamæi, patentes, vel decumbentes, ramosi, foliosi, teretes, piloso-hispidi. *Folia* sparsa, petiolata, patentia, lineari-lanceolata, utrinque acutiuscula, latè et acutè dentata. *Flores* capitato-corymbosi, albi, parvi. *Calyx* campanulatus, pilosus, *foliolis* ovatis, albo marginatis. *Petala* orbiculata, indivisa, patentia, nivea, *unguibus* erectis, longitudine calycis. *Stamina* subulata, simplicia, omnia erectiuscula; duo breviora. *Antheræ* rotundatæ, patentes. *Germen* cylindraceum, densè pilosum. *Stylus* brevissimus, crassiusculus. *Stigma* capitatum, orbiculare, depressum, umbilicatum, indivisum. *Siliquæ* unciales, teretes, torulosæ, piloso-hispidæ, numerosæ, subsessiles, patentes, spicato-racemosæ.

a, A. Flos.	B. Calyx.	C. Petalum.
D. Stamina et pistillum.	E. Pistillum.	

ERYSIMUM.

Linn. Gen. Pl. 339.   Juss. 239.   Gærtn. t. 143.   DeCand. Syst. v. 2. 490.

Siliqua tetragona ; valvulis carinatis.   *Semina* simplici serie alterna, simplicia.   *Cotyledones* incumbentes, planæ.   *Calyx* clausus, basi subæqualis.   *Stigma* capitatum, emarginatum.

TABULA 633.

ERYSIMUM RUPESTRE.

Erysimum foliis subdentatis : radicalibus spatulatis ; caulinis oblongis, pubescentiâ furcatâ adpressâ, caule fruticuloso.

E. rupestre. *DeCand. Syst. v. 2. 494.*

Cheiranthus rupestris. *Prodr. n. 1551. v. 2. 23.*

Leucoium luteum græcum saxatile humilius. *Tourn. Cor. 16 ?*

In Olympi Bithyni cacumine. ♄.

Radix lignosa, fibrillosa, ramosa, subrepens, multiceps, multicaulis.   *Caules* cæspitosi, fruticulosi, densè foliosi, unciales ; floriferi supernè elongati, erecti, simplices, laxiùs foliosi, piloso-incani, ferè triunciales.   *Folia* tristè virentia, undìque piloso-incana, pilis furcatis, vel trifidis, adpressis, albis ; margine utrinque sæpiùs unidentata ; inferiora congesta, petiolata, recurvato-patentia ; superiora alterna, sessilia, oblonga, e basi ad medium usque dentata, supernè integerrima, obtusiuscula.   *Flores* pauci, corymbosi, aurei, unicolores.   *Calyx* coloratus, glabriusculus ; foliolis oblongis, conniventibus ; duobus exterioribus basi gibbis.   *Petala* obovata, integerrima, patentia, unguibus rectis.   *Stamina* subulata, simplicia, erecta, quorum duo breviora.   *Germen* sessile, tetragonum, sericeo-incanum.   *Stylus* elongatus, glaber.   *Stigma* capitatum, emarginatum.   Nec *siliquam* maturam, neque *semina* vidi. Monente amicissimo D. De-Candollio, hanc stirpem ad *Erysimum* revocavi.

A. Folium inferius, triplò circitèr auctum.   b. Calyx, magnitudine naturali.   c. Petalum.
d. Stamina, pistillum amplectentia.   e. Siliqua haud matura.

Erysimum rupestre.

634

Malcomia flexuosa

Malcomia lyrata.

MALCOMIA.

Br. apud Ait. Hort. Kew. ed. 2. v. 4. 121. DeCand. Syst. v. 2. 438.

Siliqua teres, bilocularis, bivalvis. *Stigma* indivisum, acutum. *Cotyle-dones* incumbentes, planæ. *Calyx* clausus.

TABULA 634.

MALCOMIA FLEXUOSA.

Malcomia foliis obovato-subrotundis, caule diffuso flexuoso, siliquis patentissimis rigidis. Cheiranthus flexuosus. *Prodr. n.* 1553. *v.* 2. 24.

In insulâ Cypro. ☉.

Radix simplex, teres, annua, infernè fibrosa. *Herba* rigida, glabra, subcarnosa, sæpè purpurascens. *Caulis* teres, foliosus, basi ramosus; *ramis* patentibus, diffusis, flexuosis; supernè demùm longè racemosis, caule longioribus. *Folia* alterna, petiolata, obovata, indivisa, integerrima, obtusa, vel subemarginata, patentissima; subtùs colorata. *Flores* corymboso-racemosi, purpureo-rosei. *Calyx* glaber, subcoloratus, clausus; basi utrinque gibbus. *Petala* obovata, paululùm emarginata, venosa; basi, unguibusque, alba. *Stamina* subulata, simplicia, alba; duobus brevioribus magìs incurvis. *Antheræ* lineares, erectiusculæ. *Germen* sessile, teres. *Stigma* terminale, subulatum, indivisum, acutissimum, erectum; post florescentiam diminutum, incurvum, induratum, pungens, persistens. *Siliquæ* patentissimæ, distichæ, cylindraceæ, curvæ, subtorulosæ, glabræ, biloculares, polyspermæ, obtusæ, stigmatibus quasi unguiculatæ. *Semina* ovata, simplici serie digesta, alterna, dissepimento scrobiculato nidulantia.
Genus habitu, haud minùs quàm stigmatis formâ, distinctum.

    a. Flos corollâ orbatus.   *b.* Petalum.   C. Stamina duplò aucta, cum pistillo.
    D. Pistillum seorsìm.

TABULA 635.

MALCOMIA LYRATA.

Malcomia foliis lyratis subincanis, pubescentiâ adpressâ, caule ramoso erecto, siliquis erectiusculis pubescentibus.
M. lyrata. *DeCand. Syst. v.* 2. 443.

VOL. VII.   K

Cheiranthus lyratus. *Prodr. n.* 1554. *v.* 2. 24.

Hesperis rigida. *Sibth. Ms.*

H. chia saxatilis, leucoii folio serrato, flore parvo. *Tourn. Cor.* 16 ?

In insulâ Cypro. ☉.

Radix gracilis, supernè simplex, annua. *Herba* undique pubescens, subincana, pilis arctè
adpressis, bipartitis. *Caulis* solitarius, erectus, digitalis, aut palmaris, ramosus, foliosus, teres, solidus. *Folia* inferiora plerumque lyrato-pinnatifida, obtusa, petiolata ;
superiora obovata, sive oblonga, repanda, subsessilia ; omnia quandoque indivisa.
Flores præcedentis, at minores ; *calyce* pubescente ; *petalis* emarginato-bilobis. *Siliquæ* racemosæ, erectiusculæ, structurâ præcedentis, graciliores tamen, et setis adpressis incanæ. *Semina* obovato-oblonga, fusca, simplici serie alterna, *pedicellis*, aut
funiculis, capillaribus.

a, A. Calyx, magnitudine naturali et auctâ.   b, B. Petalum.
    C. Fœcundationis organa.   D. Pistillum.   e. Siliqua.
    F. Ejusdem portio aucta, cum seminibus in situ naturali.   g, G. Semen cum funiculo.

MATTHIOLA.

Br. apud Ait. Hort. Kew. ed. 2. *v.* 4. 119.   *DeCand. Syst. v.* 2. 162.
Sm. Engl. Fl. v. 3. 204.

Siliqua teretiuscula, recta, bilocularis, bivalvis.   *Stigma* bilobum ; lobis
supernè conniventibus, dorso tumidis.   *Cotyledones* accumbentes,
planæ.   *Calyx* clausus ; foliolis duobus basi gibbis.

Matthiolâ Linnæi ad *Guettardam* nupèr relatâ, hoc genus, a *Cheirantho*
proculdubiò distinctum, nomen botanici benè merentis accepit.

TABULA 636.

MATTHIOLA VARIA.

Mᴀᴛᴛʜɪᴏʟᴀ caule herbaceo subsimplici nudiusculo spicato, foliis linearibus obtusis integerrimis cæspitosis.

M. varia. *DeCand. Syst. v.* 2. 171.

Cheiranthus varius. *Prodr. n.* 1558. *v.* 2. 25 ; *excluso Curtisii synonymo.*

Hesperis orientalis maritima, leucoii folio incano, floribus variis. *Tourn. Cor.* 16 ; *ex
archetypo apud herb. Banks.*

Matthiola varia.

Matthiola coronopifolia.

In maritimis Græciæ. ♃.

Radix subcarnosa, teres, fusiformis, infernè ramosa. *Herba* densiùs pubescens, incana. *Caulis* solitarius, simplex, teres, omninò ferè aphyllus, spicatus. *Folia* omnia radicalia, numerosa, cæspitosa, patentia, uniformia, lineari-oblonga, obtusa, integerrima, crassiuscula, uninervia; basi angustata, elongata. *Spica* terminalis, solitaria, erecta, multiflora, laxiuscula. *Flores* sessiles, ferè *Matthiolæ tristis*, in hybernaculis nostris vulgaris, at duplò majores, foliolisque *calycinis* mucronatis, apice patulis. *Petalorum laminæ* obtusæ, recurvato-pendulæ, tristè fuscescentes, venosæ. *Stamina* quatuor longiora basi dilatata. *Stigmatis lobi* dorso incrassati, simplices. *Siliqua*, monente Cl. DeCandollio, compressa.

A. Calyx aliquantulùm auctus.   B. Petalum.   C. Stamina cum pistillo.   D. Pistillum.

TABULA 637.

MATTHIOLA CORONOPIFOLIA.

MATTHIOLA caule ramosissimo, foliis linearibus dentato-pinnatifidis, petalis undatis, siliquis subtorulosis breviùs tricuspidatis.

M. coronopifolia.   *DeCand. Syst. v.* 2. 173.
Cheiranthus coronopifolia.   *Prodr. n.* 1559. *v.* 2. 25.
Hesperis sicula, coronopi folio, siliquâ tricuspidi.   *Tourn. Inst.* 223.
Leucoium montanum crucigerum, coronopi folio.   *Bocc. Mus.* 147. *t.* 111. *f.* 1—4.

In montibus prope Athenas. ♃.

Radix teres, lignosa, perennis, multicaulis. *Caules* herbacei, aut basi tantùm suffrutescentes, adscendentes, undique ramosissimi, foliosi, teretes, subincani. *Folia* sparsa, recurvato-patentia, linearia, obtusa, medio præcipuè dentato-pinnatifida; basi angustata, elongata; utrinque tomentoso-incana. *Spicæ* terminales, solitariæ, multifloræ; post florescentiam laxæ. *Flores* tristè flavescentes, sessiles, præcedente minores. *Petala* oblonga, apice rotundata, obtusa; disco venosa; margine utrinque undulato-crispa. *Stamina* longiora ad medium usque paululùm dilatata. *Siliquæ* subsessiles, patentes, graciles, teretes, subtorulosæ, incanæ, duræ, *stigmate* persistenti, incrassato, clauso, utrinque ad basin breviùs bicuspidato, terminatæ. *Semina* numerosa, parva, ovata, compressa, margine parùm dilatata.

M. *lunata*, DeCand. Syst. v. 2. 176, huic affinis, est forsitàn *Cheiranthus (Matthiola) bicornis*, Prodr. n. 1560. *v.* 2. 26.

a, A. Calyx.   *b*, B. Petalum.   *c*, C. Stamina cum pistillo.   D. Pistillum.

TABULA 638.

MATTHIOLA PUMILIO.

MATTHIOLA caule brevissimo, foliis pinnatifido-sinuatis, siliquis bicornutis : cornibus obtusis stigmate longioribus.

M. Pumilio.   *DeCand. Syst. v.* 2. 177.

Cheiranthus Pumilio.   *Prodr. n.* 1561. *v.* 2. 26.

In insulâ Rhodo ; nec non in scopulo *Caloyero* dicto. ☉.

Radix supernè simplex, teres, gracilis ; infernè subdivisa, fibrillosa, capillaris, longissimè descendens. *Herba* incana, pubescentiâ stellari. *Caulis* subsolitarius, simplex, erectus, teres, humillimus, subindè vix uncialis, parùm foliosus. *Folia* omnia ferè radicalia, caule longiora, patentia, lyrato-pinnatifida, obtusa ; basi in petiolum angustata. *Flores* pauci, magni, spicato-corymbosi. *Calyx* tomentosus, clausus, basi utrinque gibbus. *Petalorum laminæ* patentes, obovatæ, planæ, integerrimæ ; suprà roseæ; basi albidæ ; subtùs virescentes, venis purpureo-fuscis, ramosis. *Stamina* omnia subulata, simplicia, *antheris* oblongis, erectis. *Germen* pilosum. *Stigma* bilobum, supernè connivens, muticum. *Siliqua* teres, pubescens, curva, longitudine ferè foliorum, *stigmate* brevi, obtuso, persistenti, cornibus duobus obtusis, crassis, patulis, suffulto, terminata.

    a. Calyx.   *b.* Petalum, ex parte inferiori.   *c.* Idem, superne.

d, D. Stamina cum pistillo.   E. Pistillum seorsìm.

TABULA 639.

MATTHIOLA TRICUSPIDATA.

MATTHIOLA caule ramoso patulo, foliis pinnatifido-sinuatis, siliquis subæqualitèr tricuspidatis acutis.

M. tricuspidata.   *Br. in Ait. Hort. Kew. ed.* 2. *v.* 4. 120.   *DeCand. Syst. v.* 2. 175.

Cheiranthus tricuspidatus.   *Prodr. n.* 1562. *v.* 2. 26.   *Linn. Sp. Pl.* 926.   *Willden. Sp. Pl. v.* 3. 523.

Hesperis maritima latifolia, siliquâ tricuspidi.   *Tourn. Inst.* 223.

Leucoium marinum.   *Camer. Hort.* 87. *t.* 24.

L. maritimum, foliis et siliquâ hirsutis, eâque tribus in summo apicibus donatâ.   *Moris. v.* 2. 242. *sect.* 3. *t.* 8. *f.* 13.

Leucoiis affine, Tripolium Anguillaræ, et Leucoium maritimum Camerarii.   *Bauh. Hist. v.* 2. 876.

λευκοιον (θαλασσιον) *Diosc. lib.* 3. *cap.* 138.

F. D   d   c   a   b

Matthiola Pumila.

Matthiola tricuspidata.

Matthiola sinuata.

In maritimis arenosis Græciæ frequens.   ⊙.

Radix simplex, gracilis, subfusiformis, annua.   *Herba* incana, pubescentiâ densâ, villosâ, sæpiùs ramosâ.   *Caulis* solitarius, erectus, teres, hirsutus, undique ramosus ac foliosus, multiflorus.   *Folia* lyrato-pinnatifida, obtusa, tomentoso-mollia, basi angustata; inferiorum lobis anticè incisis.   *Flores* spicato-racemosi, numerosi, magnitudine et colore ferè præcedentis, perpulchri.   *Calyx* hirtus, clausus, basi utrinque gibbus.   *Petala* obovata, planiuscula, indivisa; subtùs concolora, avenia.   *Stigma* tripartitum; lobis acutis, uniformibus, erectis.   *Siliquæ* brevissimè pedunculatæ, patentes, subcylindraceæ, densiùs villosæ; supernè paululùm attenuatæ, cornibus tribus, acutis, patentibus, rigidis, subæqualibus, e stigmate indurato ortis, terminalibus.   *Semina* ovata, compressiuscula, rufa, tenuissimè marginata.

    a. Calyx.   *b.* Petalum supernè.   *c.* Stamina, pistillum amplectentia.
d, D. Pistillum, stigmate nondùm impregnato.   *e.* Siliqua matura.   *f,* F. Semen.

TABULA 640.
MATTHIOLA SINUATA.

Matthiola caule herbaceo ramoso erectiusculo, foliis inferioribus pinnatifido-sinuatis, siliquis glanduloso-muricatis compressis.

M. sinuata.   *Br. in Ait. Hort. Kew. ed.* 2. *v.* 4. 120.   *DeCand. Syst. v.* 2. 167.   *Sm. Comp.*
     ed. 4. 113.   *Engl. Fl. v.* 3. 206.

Cheiranthus sinuatus.   *Prodr. n.* 1563. *v.* 2. 27.   *Linn. Sp. Pl.* 926.   *Willden. Sp. Pl.*
     v. 3. 524.   *Huds. ed.* 2. 288.   *Fl. Brit.* 710.   *Engl. Bot. v.* 7. *t.* 462.

Leucoium maritimum, sinuato folio.   *Bauh. Pin.* 201.   *Tourn. Inst.* 221.   *Moris. v.* 2. 241.

L. maritimum majus.   *Lob. Adv.* 141.   *Ic.* 330. *f.* 2; *malè.*

L. maritimum magnum latifolium.   *Bauh. Hist. v.* 2. 875. *f.* 876.   *Chabr. Ic.* 279. *f.* 4.

L. marinum majus.   *Clus. Hist. v.* 1. 298.   *Raii Syn.* 291.

L. marinum purpureum Lobelii.   *Ger. Em.* 460; cum icone pravâ Lobelianâ.

In insulâ Cypro.   ♂.

Radix simplex, cylindracea, crassiuscula, biennis.   *Herba* undique densè tomentoso-incana, pilis stellatis, implexis, glandulisque sparsis, prominentibus, rigidis, interstinctis, magìsque verò in siliquarum superficie conspicuis.   Has prætermisit pictor noster, cæterùm egregius.   *Caulis* erectiusculus, ramosus, patens, teres, solidus, foliosus, bipedalis.   *Folia radicalia,* ut et *caulina inferiora,* pinnatifida, lobis oppositis, obtusis, integerrimis; *superiora* indivisa, lineari-oblonga, petiolata, minora.   *Flores* corymbosoracemosi, magnitudine præcedentis, colore verò saturatiori, tristiori, de die inodori,

vespere odoratissimi. *Calyx* clausus, basi parùm gibbosus. *Petala* obovata, integerrima. *Stigma* parvum, obtusum, emarginatum. *Siliquæ* adscendentes, numerosæ,
pedicellatæ, lineares, compresso-planiusculæ, pilosæ, glanduloso-scabræ, subtorulosæ,
apice breviùs et obtusè tricuspidatæ. *Semina* orbiculata, compressa, undique latè
marginata.

Icon apud Clusium foliis inferioribus caret.

a. Calyx.	*b*. Petalum.	*c*. Stamina cum pistillo.
d, Pistillum.	*e*. Siliqua.	*f*. Semen.

ARABIS.

Linn. Gen. Pl. 341. *Juss.* 238. *Br. apud Ait. Hort. Kew. ed.* 2. *v.* 4. 104.
DeCand. Syst. v. 2. 213.

Siliqua linearis, stigmate obtuso, angustato, coronata; valvulis nervosis.
Semina simplici serie, alterna. *Cotyledones* accumbentes, planæ.
Calyx erectus.

TABULA 641.

ARABIS VERNA.

ARABIS foliis pubescentibus dentatis: caulinis cordatis amplexicaulibus, siliquâ tereti, stigmate emarginato, pedicellis calyce brevioribus.

A. verna. *Br. in Ait. Hort. Kew. ed.* 2. *v.* 4. 105. *DeCand. Syst. v.* 2. 215.

Hesperis verna. *Prodr. n.* 1565. *v.* 2. 27. *Linn. Sp. Pl.* 928. *Willden. Sp. Pl. v.* 3. 533.

Turritis annua verna, flore purpurascente. *Tourn. Inst.* 224.

Leucoium marinum alterum latifolium purpuro-violaceum. *Lob. Ic.* 333.

L. marinum latifolium. *Ger. Em.* 460; *ic. eádem.*

L. maritimum latifolium. *Bauh. Pin.* 201. *Moris. v.* 2. 241. *sect.* 3. *t.* 8. *f.* 5.

L. maritimum latifolium, flore cæruleo purpurante. *Bauh. Hist. v.* 2. 880. *Chabr. Ic.*
279. *f.* 5.

L. purpureum, bellidis folio, majus. *Barrel. Ic. t.* 875.

L. minus rotundifolium, flore purpureo. *Barrel. Ic. t.* 876.

In agro Argolico, Laconico et Messeniaco. ☉

Radix simplex, teres, gracilis, annua, infernè fibrillosa. *Herba* virens, undique pilis, plùs

Arabis verna.

Arabis thyrsoidea.

minùs divisis, aut ramosis, scabriuscula. *Caulis* solitarius, erectus, palmaris vel spithamæus, simplex vel subramosus, teres, basin versùs, aut ramis, præcipuè foliosus.
Folia obovata, dentato-serrata, patentia ; *radicalia* majora, basi angustata, in petiolum
elongata ; *caulina* breviora, latè cordata, sessilia, amplexicaulia. *Flores* corymboso-
racemosi, pauci, parvi, *pedicellis* calyce duplò brevioribus. *Calyx* pilosus, foliolis
erectis, conniventibus ; exterioribus basi gibbosis, saccatis. *Petalorum laminæ* patentes, obovatæ, integerrimæ, purpuro-violaceæ, basi, unguibusque, niveæ. *Stamina*
filiformia, subæqualia, simplicissima, *antheris* brevibus, incumbentibus. *Siliquæ* laxè
racemosæ, adscendentes, graciles, teretiusculæ, subpilosæ, valvulis convexis, multinervibus. *Stigma* persistens, sessile, siliquâ angustius, obtusum, emarginatum. *Semina* parva, compressa.

    A. Calycis foliolum exterius.   B. Petalum.
    C. Fœcundationis organa. Omnia triplò aucta.

TABULA 642.

ARABIS THYRSOIDEA.

ARABIS foliis obovatis obtusè dentatis tomentosis, racemo capitato, siliquis curvato-adscen-
dentibus confertis.
A. thyrsoidea.   *Prodr. n.* 1567. *v.* 2. 28.   *DeCand. Syst. v.* 2. 219.

In Olympi Bithyni cacumine. ♃.

Radix filiformis, ramosa, per rimas petrarum altè descendens, perennis ; supernè cæspitosa, multiceps. *Herba* saturatè virens, parùm incana, breviùs tomentosa, pilis ramosis
ac stellatis. *Folia* obovata, obtusa, latè dentata ; *radicalia* conferta, patentia, in petiolum attenuata ; *caulina* pauca, alterna, erectiuscula, subsessilia. *Caules* floriferi
terminales, solitarii, erecti, biunciales, simplices, foliosi, teretes, tomentosi. *Racemi*
terminales, solitarii, erecti, densi, capitato-rotundi. *Flores* magni, speciosi, nivei, *pedicellis* pubescentibus, calyce paulò brevioribus. *Calyx* erectus, apice tantùm pubescens ; foliolis duobus exterioribus basi valdè gibbis. *Petala* orbiculata, vix emarginata, unguibus longitudine calycis. *Stamina* filiformia, simplicia, *antheris* brevibus.
Siliquæ confertæ, lineares, sursùm curvati, suberecti, nervosæ, torulosæ, glabræ, *stigmate* sessili, capitato, indiviso, terminatæ. *Semina* subrotunda, simplicia, nec margine
dilatata, simplici serie, in quoque loculamento, alternatìm digesta.

    a. Flos absque petalis.   *b.* Petalum.   *c.* Stamina cum pistillo.
    d. Siliqua.   *e.* Dissepimentum cum stigmate.   *f,* F. Semen.

TABULA 643.

ARABIS PURPUREA.

Arabis foliis obovatis dentatis densè tomentosis, siliquis decurvis planis nitidis, calycibus pilosis.

A. purpurea.   *Sibth. MS.*

Aubrietia purpurea.   *DeCand. Syst. v.* 2. 294.

In Olympi Bithyni cacumine.   ♃.

Habitus et *magnitudo* ferè præcedentis; sed *folia* undique densè tomentosa, incana, longiùs-que petiolata; caulina magìs oblonga; omnium pubescentiâ stellari.   *Caules* digitales, vel altiores.   *Calyx* pedicellis plerumque brevior, basi utrinque gibbus, undique laxè pilosus, deciduus.   *Petala* obovata, integerrima, purpureo-incarnata.   *Stamina* fili-formia, simplicia, *antheris* oblongis.   *Racemi* fructiferi laxi, elongati, glabri, *pedicellis* gracilibus.   *Siliquæ* præcedente sesquilongiores, patulo-decurvæ, rectiusculæ, glabræ, nitidæ, multinervosæ, aut venulosæ; *stigmate* subsessili, capitato, leviùs emarginato.   *Semina* exigua, ovata, simplicia, eodem modo ac in priore disposita.

Siliquis ignotis ex habitu tantùm ad *Aubrietiam* suam retulit Cl. DeCandolle.

     a. Flos, petalis orbatus.   *b.* Petalum.   C. Fœcundationis organa, triplò aucta.

Arabis purpurea.

Brassica arvensis.

BRASSICA.

*Linn. Gen. Pl. 342. Juss. 238. Gærtn. t. 143. Br. apud Ait. Hort. Kew.
ed. 2. v. 4. 123. DeCand. Syst. v. 2. 582.*

Eruca. DeCand. Syst. v. 2. 636.

Siliqua subcylindracea, rostrata, bivalvis. *Semina* subglobosa. *Cotyledones* conduplicatæ. *Calyx* clausus.

TABULA 644.

BRASSICA ARVENSIS.

BRASSICA foliis cordato-amplexicaulibus sub-integerrimis, siliquis tetragonis : rostro sterili.

B. arvensis. *Linn. Mant.* 95. *Willden. Sp. Pl. v.* 3. 546. *Allion. Pedem. v.* 1. 266.

B. campestris perfoliata, flore purpureo. *Bauh. Pin.* 112. *Tourn. Inst.* 220. *Moris.
v.* 2. 210.

B. sylvestris, fabariæ foliis. *Bocc. Sic.* 49. *t.* 25. *f.* 3, 4.

B. sylvestris, fabariæ foliis non serratis. *Cupan. Panph. ed.* 1. *t.* 27.

Turritis arvensis. *Br. apud Ait. Hort. Kew. ed.* 2. *v.* 4. 108.

Moricandia arvensis. *DeCand. Syst. v.* 2. 626.

In arvis humentibus Græciæ. ♃.

Radix perennis, sublignosa, multiceps. *Herba* glauca, glaberrima. *Caules* erecti, teretes, foliosi; basi subdivisi; supernè simplices. *Folia* alterna, patentia, sessilia, obovata, obtusa, integerrima, plùs minùs repanda, quandoque subserrata; basi elongata, angustata, imprimis inferiora; omnia cordato-amplexicaulia. *Flores* purpureo-incarnati, corymboso-racemosi, magni. *Calyx* glaberrimus, erectus, clausus, apice patentiusculus, basi utrinque paululùm gibbus. *Petala* obovata, integerrima, laxè patentia, *unguibus* linearibus, laminâ, ut et calyce, paulò longioribus. *Filamenta* simplicia, filiformia. *Antheræ* erecto-incumbentes, oblongæ, muticæ. *Siliquæ* erectæ, biunciales, aut ultrà, lineares, tetragonæ, graciles, acutæ, rostratæ, paululùm incurvæ, glaberrimæ. *Semina* numerosa, parva, ovata, badia, simplicia, margine non dilatata, neque compressa, receptaculis lateralibus alternatìm inserta, pedicellata, pendula, series duas, imperfectas tamen, aut subdecussantes, constituentia. *Rostrum* vacuum et sterile omninò videtur.

Hanc stirpem a *Brassicâ* disjungere non ausus sum. Cavendum est ne genera, characteribus exquisitis reverâ, nimis multiplicentur. "Genus dabit characterem, non character genus."

a. Flos abreptis petalis.   b. Petalum.   c. Stamina cum pistillo.
d. Pistillum.   e. Siliqua.
f. Eadem, valvis, ut et seminibus plurimis, delapsis.   g, G. Semen.

TABULA 645.

BRASSICA CRETICA.

BRASSICA caule fruticoso, foliis ovato-subrotundis crenatis lyrato-appendiculatis lævibus, antheris fimbriatis aduncis.

B. cretica.   *Lam. Dict. v.* 1. 747.   *Willden. Sp. Pl. v.* 3. 549.   *DeCand. Syst. v.* 2. 594.

B. cretica fruticosa, folio subrotundo.   *Tourn. Cor.* 16.

Κϱαμβη αγϱια *Diosc. lib.* 2. *cap.* 147.

Σκαϱολάχανον *hodiè.*

In clivis præruptis maritimis Græciæ et Archipelagi, frequens.   ♄.

Caulis erectus, teres, lignosus, solidus, cicatricosus, apice foliosus; ramis floriferis termi-nalibus, teretibus, lævibus, subaphyllis. *Folia* subalterna, conferta, petiolata, coriacea, crassa, lævia atque glaberrima, glaucescentia, venosa, ovata, vel subrotunda, undique serrata, vel inæqualitèr crenata; *petiolis* crassis, canaliculatis, glaberrimis, longitudine ferè foliorum, apicem versùs appendiculatis, sive auriculatis, auriculis rotundatis, in-tegerrimis. *Flores* corymboso-racemosi, flavi, numerosi, magnitudine et facie *Brassicæ oleraceæ*, sed *antheris* aduncis, fimbriatis, distinctissimi. *Calyx* clausus, coloratus, glaberrimus, basi paululùm gibbus. *Petala* obovata, integerrima, laxè patentia. *Filamenta* subulato-filiformia, simplicia, quorum duo triplò breviora. *Antheræ* ob-longæ, patenti-recurvæ, utroque margine pulcherrimè fimbriatæ, atque mucrone adunco, adscendente, terminatæ. *Germen* cylindraceum, glabrum. *Stylus* subulatus, erectus, cum *stigmate* capitato, persistens. *Siliqua* præcedenti simillima, sed paulò crassior, *seminibus* paucioribus, duplòque majoribus, simplicem seriem decussatìm formantibus.

Antherarum forma, a nemine adhuc notata, characterem specificum optimum præbet.

Folia mare injecta pisces, imprimis *Labrum Scarum*, alliciunt; undè piscatus Græcis hodi-ernis dolosis facillimus.

a. Calyx.   b. Petalum.
c, C. Stamina et pistillum, magnitudine naturali et multùm auctâ.
d. Pistillum seorsìm.   e. Siliqua integra.
f. Eadem, valvulâ hinc amotâ, cum seminibus duobus in situ manentibus.

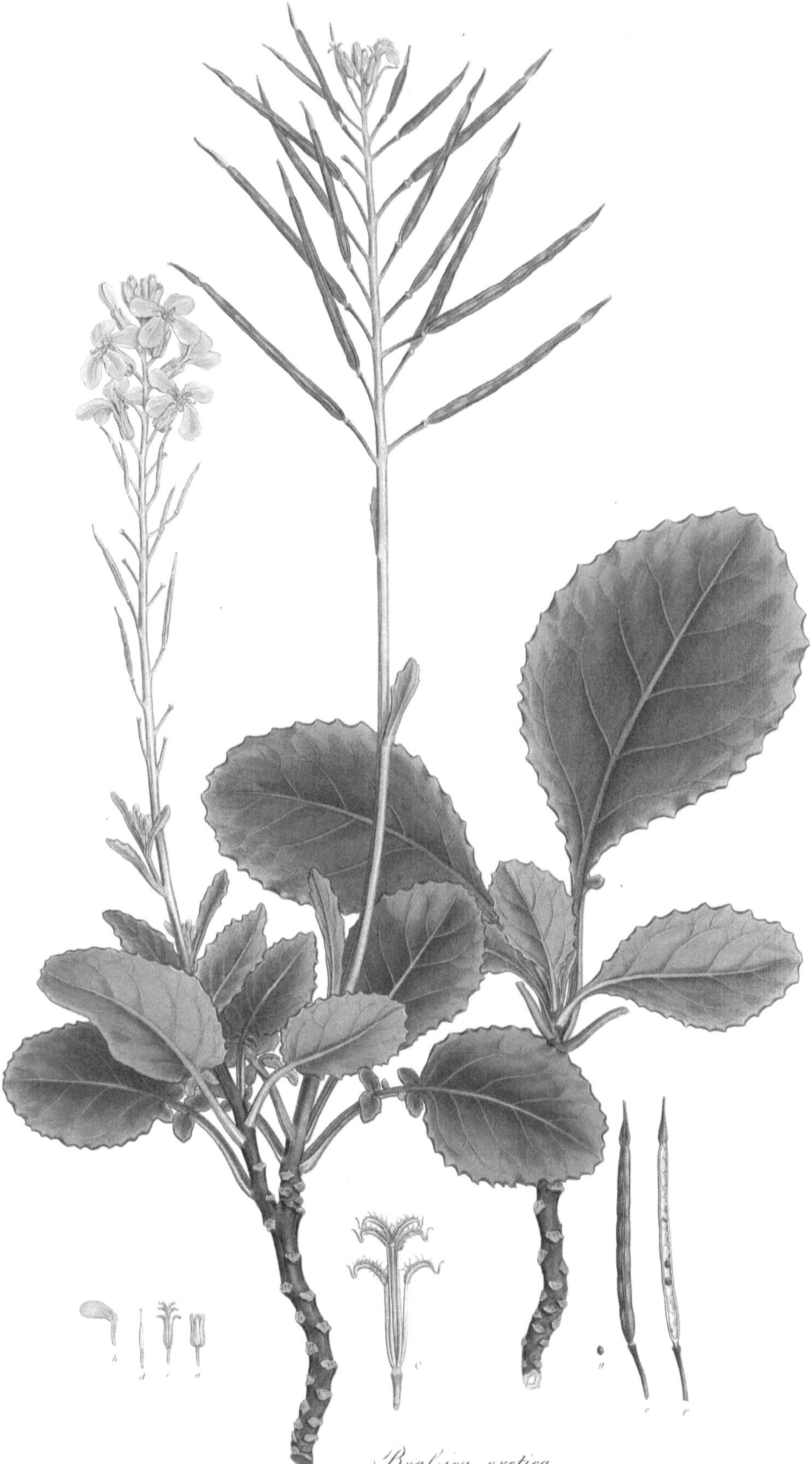

Braßsica cretica.

Brassica Eruca α.

Brassica Eruca β.

TABULÆ 646, 647.
BRASSICA ERUCA.

BRASSICA foliis lyrato-pinnatifidis dentatis, calyce recto, siliquâ ovali-oblongâ rostro parùm longiore.

B. Eruca. *Linn. Sp. Pl.* 932. *Willden. Sp. Pl. v.* 3. 551. *Br. apud Ait. Hort. Kew. ed.* 2. *v.* 4. 124.

Eruca latifolia alba. *Bauh. Pin.* 98. *Tourn. Inst.* 227.

E. sativa. *Dod. Pempt.* 708. *DeCand. Syst. v.* 2. 637.

Erucula major. *Cord. Hist.* 123. 2.

Sinapi n. 464. *Hall. Hist. v.* 1. 201.

Sinapis alterum genus. *Fuchs. Hist.* 539.

Ευζωμον *Diosc. lib.* 2. *cap.* 170.

Ευζώματον, ἢ αρώματος *hodiè.*

TABULA 646.

α. *Prodr. v.* 2. 30. Siliquis glabris, petalis retusis.

Brassica Eruca. *Bull. Fr. t.* 313.

Eruca sativa γ. *DeCand. Syst. v.* 2. 637.

TABULA 647.

β. *Prodr. v.* 2. 30. Siliquis hirtis, petalis emarginatis.

Brassica vesicaria. *Sibth. apud Walpole It. Orient.* 15 ; *nec Linnæi.*

Eruca sativa δ. *DeCand. Syst. v.* 2. 638.

In Archipelagi insulis, inter vineas. Circa Athenas vulgaris. ☉.

β. In insulæ Cypri campis depressis, cum *Salviâ clandestinâ,* tab. 24 ; nec *S. ceratophylloide,* ut apud Walp. loc. citato.

Radix teres, subfusiformis, gracilis, annua ; infernè ramosa. *Caulis* erectus, undique ramosus, foliosus, teres, subflexuosus, multiflorus, basin versùs præcipuè hirtus, aut laxè pilosus, pilis patentibus. *Folia* alterna, subpetiolata, oblonga, lyrato-pinnatifida, vel omninò glabra, vel hinc indè pilosa ; lobis oppositis, supernè dilatatis, parcè et inæqualitèr dentatis. *Corymbi* terminales, solitarii, simplices, multiflori, mox elongati, racemosi, recti. *Calyx* erectus, clausus, glaber, vel subpilosus, deciduus. *Petalorum laminæ* obovatæ, albidæ, vel ochroleucæ, venis ramosis, purpureis ; apice retusæ ; in β emarginatæ. *Siliquæ* erectæ, ovali-cylindraceæ, breves, obsoletè quadrangulæ, bivalves, biloculares, sæpiùs glabræ, quandoque verò hirtæ ; *rostro* lato, compresso, sterili, longitudine ferè siliquæ, semper glabro ; *stylo* brevi, crasso ; *stigmate* capitato. *Semina* globosa, parva, duplici serie, at inconditè, disposita.

Varietas *β.* siliquâ hispidâ præcipuè discrepat, quâ notâ cum *Brassicâ vesicariâ,* alioquin satìs distinctâ, convenit.

Tab. 646.   B. Eruca *α.—a.* Calyx.   *b.* Petalum.   *c.* Stamina cum pistillo.   *d.* Siliqua.
                   e. Eadem, valvulâ hinc abreptâ, cum seminibus in situ naturali.   *f.* Semen.
Tab. 647.   B. Eruca *β.—a.* Flos, demptis petalis.   *b,* B. Petalum seorsìm.
               C. Stamina, pistillum amplectentia.   *d.* Siliqua matura, integra.   *e.* Semen.

TABULA 648.

BRASSICA FRUTICULOSA.

Brassica foliis inferioribus lyratis obtusis dentatis; summis indivisis, siliquâ torulosâ rostro quadruplò longiore.

B. fruticulosa.   *Cyrill. Pl. Rar. fasc.* 2. 7. *t.* 1.   *DeCand. Syst. v.* 2. 604.

B. sylvestris Messanensis, Raphani minoris folio glauco, Sinapis corrosionibus.   *Cupan. Panph. ed.* 1. *t.* 124. *ed.* 2. *t.* 71.

Sinapis radicata.   *Prodr. n.* 1581. *v.* 2. 32.   *Desfont. Atlant. v.* 2. 98. *t.* 167.   *Willden. Sp. Pl. v.* 3. 559.

In collibus Græciæ.   ♃.

Radix gracilis, cylindracea, albida, longa, perennis.   *Caulis* herbaceus, teres, erectus, ramosus, foliosus; basi vix ac ne vix fruticulosus, et subindè hispidus.   *Folia* sparsa, petiolata, sæpiùs piloso-scabra; *inferiora* lyrata, latè dentata; lobis obtusis, rotundatis, terminali maximo, trifido; *superiora* lineari-oblonga, subintegerrima.   *Flores* corymbosi, majusculi, flavi.   *Calycis foliola* conniventia, vel paululùm patentia, subcolorata, glabra, decidua; exteriora basi gibba.   *Petalorum laminæ* obovato-rotundatæ, integerrimæ, patulæ.   *Stamina* duo opposita duplò breviora, basi patentia, supernè incurvata.   *Antheræ* omnes oblongæ, simplices, incumbentes.   *Siliquæ* longiùs racemosæ, erectæ, pedicellis patentibus, cylindraceæ, torulosæ, glabræ, rostro subulato, plerumque sterili, triplò aut quadruplò breviores.   *Semina* numerosa, globosa, in singulo loculamento alterna, simplici serie digesta.

Stirpem genere ambiguam, suadente amicissimo DeCandollio, ad *Brassicam* retuli. Ambigit reverà inter hoc genus et *Sinapem.*

A. Fructificationis organa, cum glandulis quatuor nectariferis ad basin, et calycis foliolo unico exteriori, omnia triplò aucta.

Brassica fruticulosa.

Erucaria aleppica.

ERUCARIA.

Gærtn. t. 143. *Br. apud Ait. Hort. Kew. ed.* 2. *v.* 4. 122. *DeCand. Syst. v.* 2. 673.

Cordylocarpus. *Prodr. v.* 2. 32; nec *Desfont. Atlant. v.* 2. 79. *t.* 152.

Siliqua teretiuscula, biarticulata; articulo inferiore bivalvi, biloculari, polyspermo; superiore evalvi, oligospermo. *Semina* subglobosa. *Cotyledones* incumbentes, planæ, replicatæ.

TABULA 649.

ERUCARIA ALEPPICA.

Erucaria glabra, stylo elongato filiformi, foliis pinnatifidis linearibus subincisis.
E. aleppica. *Gærtn. v.* 2. 298. *t.* 143. *DeCand. Syst. v.* 2. 674. *Venten. Hort. Cels. t.* 64.
Cordylocarpus lævigatus. *Prodr. n.* 1583. *v.* 2. 32. *Willden. Sp. Pl. v.* 3. 563.
Bunias myagroides. *Linn. Mant.* 96. *Herb. Linn. Willden. Sp. Pl. v.* 3. 414.
Eruca chalepensis, flore dilutè violaceo, siliquis articulatis. *Moris. v.* 2. 232. *sect.* 3. *t.* 25.
Raphanistrum alepicum, flore dilutè violaceo. *Tourn. Cor.* 17.
Sinapi græcum maritimum tenuissimè laciniatum, flore purpurascente. *Tourn. Cor.* 17.
   It. v. 1. 98, *cum icone.*
Γογγυλη αγρια *Diosc. lib.* 2. *cap.* 135. *Sibth.*

In Archipelagi insulis frequens, nec non in Cretâ. ☉.

Radix fusiformis, gracilis, annua. *Herba* undique ferè glabra. *Caulis* erectus, ramosissimus, foliosus, teres, solidus, rariùs basin versus scabriusculus; supernè glaucescens. *Folia* alterna, patentia, subsessilia, profundè sed inæqualitèr pinnatifida, laciniis lineari-oblongis, obtusiusculis, canaliculatis, saturatè viridibus, subcarnosis, hinc indè lobatis. *Corymbi* axillares vel terminales, solitarii, simplices, mox elongati, racemosi. *Calyx* erectus, vix pilosus; basi æqualis, aut parùm gibbus; apice subhians. *Petalorum laminæ* pallidè violaceæ, obtusæ, obovatæ, vel subcordatæ. *Stylus* filiformis, persistens, *stigmate* capitato. *Siliqua* oblonga, teretiuscula, subtriquetra, torulosa, glabra, biarticulata; articulo inferiore longiore, biloculari, bivalvi, polyspermo; superiore stylifero, compressiusculo, breviore, deciduo, monospermo. *Semina* subglobosa, *cotyledonibus* oblongis, ex icone Gærtneri convolutis.

a. Calyx.   b. Flos, amoto calyce.   c. Petalum.   d, D. Stamina et pistillum.
e. Siliqua, ex parte angulosâ.   f. Eadem lateralitèr.   g. Eadem, articulis disjunctis.
h. Articulus inferior, valvulâ hinc abreptâ, ut semina in situ naturali conspiciantur.   i, I. Semen.

VOL. VII.   N

CLEOME.

Linn. Gen. Pl. 345.   Juss. 243.   Gærtn. t. 76.   DeCand. Prodr. v. 1. 238.

Calyx tetraphyllus, patens, subæqualis.   *Petala* quatuor, adscendentia.
Siliqua unilocularis, bivalvis, polysperma.

TABULA 650.

CLEOME ORNITHOPODIOIDES.

Cleome foliis ternatis elliptico-oblongis, floribus hexandris, siliquis deflexis.

C. ornithopodioides.   *Linn. Sp. Pl.* 940.   *Willden. Sp. Pl. v.* 3. 568.   *Ait. Hort. Kew. ed.* 2.
v. 4. 132.

C. Dilleniana.   *DeCand. Prodr. v.* 1. 240.

Sinapistrum orientale triphyllum, ornithopodii siliquis.   *Tourn. Cor.* 17.   *Dill. Elth.* 359.
t. 266 ; *exclusâ plantâ Buxbaumianâ, cui flores lutei.*

Ad vias inter Smyrnam et Olympum Bithynum. ☉.

Radix cylindracea, tortuosa, annua; caudice simplici.   *Herba* undique pubescens, tristè
virens, viscida, ingrati odoris.   *Caulis* erectus, ramosissimus, foliosus, teres, solidus,
multiflorus.   *Folia* sparsa, petiolata, ternata, foliolis elliptico-oblongis, sive obovatis,
obtusis, integerrimis, longitudine variis ; superiora in *bracteas* simplices, obovatas,
foliolis conformes, mutata.   *Racemi* terminales, erecti, simplices, solitarii, multiflori,
bracteis solitariis ad *pedicellorum* singulorum basin.   *Pedicelli* alterni, ferè horizontales,
uniflori, bracteis triplò longiores.   *Calyx* reflexo-patens, foliolis ovatis, acutis, deciduis.
Petala orbiculata, alba, unguibus calyce longioribus, purpurascentibus ; quorum duo
superiora paulò minora, magìsque adscendentia.   *Stamina* filiformia, simplicia ; duo
superiora erecta, petalis breviora ; quatuor inferiora longiora, deflexa.   *Antheræ* subrotundæ, bilobæ, flavæ.   *Receptaculum floris* convexum.   *Germen* pedicellatum, deflexum, lineari-oblongum, torulosum, pilosum, uniloculare, apice recurvum, staminibus
longius.   *Stylus* subulatus, adscendens.   *Stigma* simplex.   *Siliqua* figurâ germinis,
dependens, *valvulis* deciduis, *receptaculis seminum* lateralibus, filiformibus, flexuosis,
persistentibus.   *Semina* numerosa, alterna, reniformi-orbiculata, compressiuscula,
tuberculata, badia.

A. Flos duplò circitèr auctus.   B. Calyx cum pistillo.   C. Petalum superius.
d. Siliqua, magnitudine naturali.   e. Receptacula seminum.   f, F. Semen.

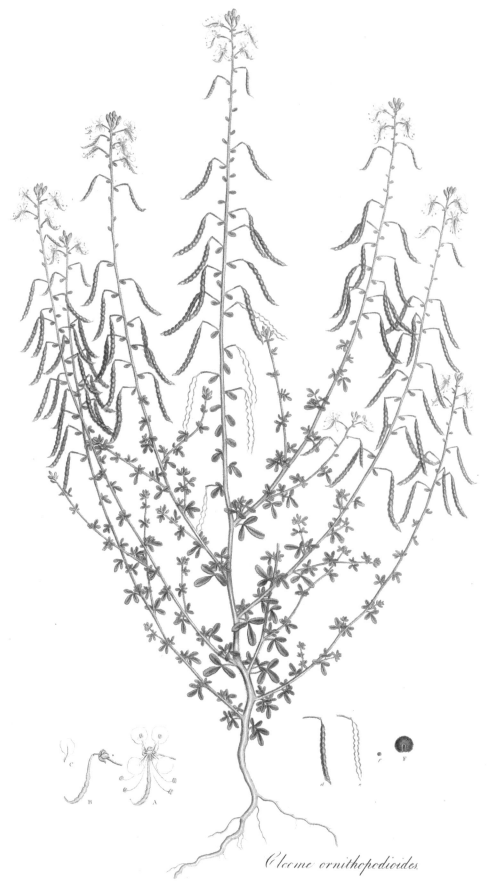

650.

Cleome ornithopodioides.

Erodium petræum.

MONADELPHIA PENTANDRIA.

ERODIUM.

L'Herit. Geraniologia ined. Ait. H. Kew. ed. 1. v. 2. 414. Willden. Sp. Pl. v. 3. 625. DeCand. Prodr. v. 1. 644.

Geranium. *Gærtn. t.* 79, *moschatum.*

Gerania cicutaria. *Linn. Gen. Pl.* 350.

G. europæa, sæpiùs multiflora. *Juss.* 269.

Sepala 5, æqualia, ecalcarata. *Petala* totidem æqualia, rariùs inæqualia. *Stamina* 10, sæpè monadelpha, nunc omninò libera, alterna sterilia. *Glandulæ* quinque ad basin staminum fertilium extrinsecùs. *Fructus* pentacoccus, coccis monospermis : rostellis longis, coadunatis, demùm elasticè spiraliter tortis, introrsùm barbatis.

Auctores quidam, inter quos etiam summus vir Candollius numeratur, glandulas ad basin staminum sterilibus malè adscripserunt ; reverà ad basin fertilium collocantur ; situs equidem primâ fronte abnormis, et theoriæ verticillorum inter se perpetuâ serie alternantium contrarius. Sin autem meliùs rem perpendes, glandulas sepalis oppositas verticillo primo s. exteriori adscribas, stamina sterilia petalis opposita secundo s. intermedio, et filamenta 5 fertilia tertio s. interiori ; quapropter structura theoretica organorum masculorum *Erodii* ex tribus verticillis extrinsecùs sensìm abortientibus formari, interiore tantùm perfecto, intelligenda est.

---

* *Foliis compositis, pinnatis, pinnatifidisque.*

TABULA 651.

ERODIUM PETRÆUM.

ERODIUM acaule, pedunculis subbifloris, foliis suprà canis pinnatis, foliolis pinnatifidis : laciniis lanceolato-linearibus, rachi inter foliola dentatâ, calyce incano striato petalis retusis duplò breviore, filamentis sterilibus ovatis subtridentatis fertilibus triplò brevioribus, floribus polygamis.

VOL. VII.   o

E. supracanum.   *L'Herit. Geraniol. t. 2.*   *DeCand. Prodr. v. 1. 645.*
E. petræum *Prodromi, nec Willdenovii aliorumque.*
Geranium rupestre.   *Cavan. Diss. v. 1. p. 225. t. 90. f. 3.*

In Olympi Bithyni cacumine. ♃.

Radix crassa, lignosa, multiceps, perennis, extùs castanea. *Caules* plures, erecti, simplices, diphylli, vix unquam divisi, subangulati, pilosi, apice tantùm floriferi. *Folia radicalia* numerosa, cæspitosa, petiolata, interruptè pinnata, undique piloso-incana; foliolis majoribus profundè et acutè pinnatifidis; minoribus indivisis alternis; *caulina* bina, opposita, subsessilia, minora, minùsque composita. *Stipulæ* lineari-lanceolatæ, acutæ, petiolorum basi adnatæ. *Pedunculi* terminales, simplices, uniflori, subumbellati, numero varii, rubicundi, pilosi, laxè patentes. *Bracteæ* ovatæ, indivisæ, membranaceæ, pilosæ, fuscescentes. *Flores* rosei, polygami. *Sepala* elliptico-oblonga, concava, mucronata, trinervia, extùs pilosa, margine membranacea, albida. *Petala* rotundata, retusa, breviùs unguiculata, unicolora. *Stamina* floris masculi nullo modo monadelpha; *filamenta* alba, *fertilia* recurvo-patentia, subulata, basi dilatata et utrinque bidentata, *sterilia* multò breviora, ovata, tridentata; *antheræ* roseæ. *Rudimentum* tantùm pistilli sæpiùs adest. *Fructum* et flores fœmineos v. hermaphroditos non vidi.

In icone Baueri stamina minùs accuratè repræsentantur; sunt reverà decem, alternè sterilia ut in aliis generis speciebus, nec quinque quorum omnia fertilia.

Ab *Erodio petræo* Willdenovii, cum quo beatus Smithius confudit, optimè distinguendum foliis tomentosis cinereis, pedicellis calycibusque incanis, horum costis coloratis nudiusculis *Helianthemi* cujusdam ad instar, nec pilis longis vestitis, filamentis sterilibus latis ovatis sæpiùs tridentatis quàm fertilia duplò brevioribus, denique floribus polygamis. In *E. petræo* stamina sterilia sunt lineari-lanceolata, nullo modo dentata, fertilibus ferè æqualia.

      a. Calyx.   A. Calyx, cum staminibus floris masculi, auctus.
      b. Petalum.   C. Calyx, cum fructu.

TABULA 652.

ERODIUM ABSINTHOIDES.

Erodium subacaule, pedunculis 3—4-floris, foliis adpressè sericeis pinnatis, foliolis pinnatifidis: laciniis linearibus acutis passìm dentatis, petalis subrotundis calyce majoribus.
E. absinthoides *Prodromi, nec Willdenovii aliorumque.*
E. chrysanthum.   *L'Herit. ined. No. 2. sec. DeCand. Prodr. v. 1. 645.*

In monte Parnasso. ♃.

Erodium absinthoides.

Erodium alpinum.

Flores omninò flavi, immaculati, petalis rotundatis, vix emarginatis. *Fructus* undique sursùm hispidus. *Prod. v. 2. 35.*

Ab *Erodio absinthoide* Willdenovii, cui caules spithamæi, flores rosei, petala emarginata, hanc speciem rectè distinxit Candollius. Synonymon igitur Tournefortii, in Prodromo citatum, delendum est.

Deest in Herbario Sibthorpiano.

TABULA 653.

ERODIUM ALPINUM.

ERODIUM caule ramoso diffuso puberulo, foliis crassis pubescentibus pinnatis, foliolis pinnatifidis: laciniis linearibus subdentatis, pedunculis multifloris, bracteis stipulisque membranaceis ovatis obtusis, petalis rotundatis calyce duplò majoribus, sepalis brevissimè mucronatis, filamentis monadelphis: sterilibus subulatis fertilibus duplò brevioribus, rostro longissimè plumoso.

E. alpinum *Prodromi, nec L'Heritieri aliorumque.*

E. crassifolium β salinarium. *Sibthorp. ined. in Herb. L'Herit. sec. DeCand. Prodr. v. 1. 646.*

In montibus Græciæ. ♃.

Radix lignosus, ramosissimus, atrocastaneus, sæpè tubercula nucis avellanæ magnitudine emittens. *Caulis* palmaris v. paulò ultrà, decumbens, ramosissimus, glaucescens, rubore parcè suffusus, leviter angulatus, pilis brevibus undique vestitus. *Folia* glaucescentia, bipinnatifida, laciniis paucidentatis, rachi integerrimâ, densè pubescentia, petiolo elongato villoso; *stipulæ* magnæ, ovatæ, obtusæ, brunneæ, membranaceæ, pilosæ. *Umbellæ* 4—6-floræ, sæpiùs 5-floræ, divaricatæ, axillares, pedunculo pubescente foliis pedicellisque duplò longiore. *Bracteæ* ovatæ, obtusæ, membranaceæ, ciliatæ, pubescentes. *Calyx* oblongus, glaucus: sepalis oblongis, sulcatis, pubescentibus, subciliatis, apice brevissimè mucronatis. *Petala* subrotunda, rosea, basi purpureo maculata, striata, calyce duplò majora. *Stamina* basi monadelpha, pallidè rosea, *filamentis* fertilibus filiformibus, stigmatibus longioribus, sterilibus gladiatis duplò brevioribus; *antheræ* luteæ. *Styli* pubescentes. *Stigmata* quinque, purpurea. *Fructus* pallidè brunneus, rostro subulato, duas uncias et dimidiam longo, glabriusculo, demùm in rostella quinque intùs plumam longissimam gerentia spiraliter torta et divaricata separante. *Cocci* ovales, pilosi. *Semina* non vidi.

E. *alpinum* verum Cavanillesii, alpium Italiæ incola, cui hoc retulit celeb. Smithius, diversissimum est petalorum formâ, sepalis longè mucronatis, foliorum figurâ, petiolo communi, s. rachi, dentatâ, glabritie omnium partium, denique plumâ rostellorum vix ullâ. Nomen E. *salinarii* Sibthorpii in herbario L'Heritierano, autoritate Candollii, asservatum, inter schedas Sibthorpianas haud inveni.

    a. Calyx apertus, cum staminibus.   *b.* Petalum.
    C. Adelphia staminum, magnitudine aucta.   *d.* Fructus, rostellis secedentibus.
    e. Coccus, cum rostello suo spiraliter torto et divaricato.

TABULA 654.

ERODIUM ROMANUM.

Erodium subacaule, pilis ramentaceis sparsis tectum, foliis pinnatis, foliolis ovatis pinnatifidis, pedunculis multifloris, petalis ovatis subundulatis calyce triplò majoribus, glandulis bilobis, staminibus monadelphis : filamentis subulatis conformibus æqualibus.

E. romanum. *Willd. Sp. Pl. v.* 7. 630. *DeCand. Prodr. v.* 1. 647.

Geranium romanum. *Linn. Sp. Pl.* 951. *Cavan. Diss. v.* 1. 225. *tab.* 94. *f.* 2.

E. cicutæ folio inodorum. *Tourn. Inst.* 269 ?

Circa Athenas ; necnon in agro Argolico, Messeniaco et Arcadiensi. Hyeme et vere
floret. ⊙.

Acaulis. Radix simplex, subfusiformis, vix ramosus. *Folia* humi prona, lætè viridia,
undique pilis albis ramentaceis magìs minùsve sparsis obsita, pinnata, rachi integerrimâ,
foliolis ovatis, pinnatifidis, laciniis sæpiùs integris. *Pedunculi* ascendentes, ramenta-
ceo-pilosi, foliis subæquales, nunc breviores. *Umbellæ* subquadrifloræ, pedicellis
coloratis, petalis duplò longioribus, nunc glabris nunc pilosis. *Bracteæ* ovatæ, membranaceæ, acutæ, pilosæ. *Sepala* oblonga, concava, parùm sulcata, incano-pilosa,
mucrone brevi, sæpiùs bifido, membranaceo. *Petala* ovato-oblonga, unguiculata,
undulata, venosa, calyce ferè triplò majora, amœnè rosea. *Stamina* paulò infra
medium monadelpha ; *filamenta* basi viridia, apice purpurea, æqualia, fertilia subulata,
sterilia lineari-lanceolata ; *antheræ* purpureæ. *Glandulæ* ad basin staminum fertilium
extùs, quinque, carnosæ, ex icone Baueri antheriformes, ex exemplare sicco obscurè
bilobæ, brevissimæ. *Styli* villosi ; *stigmata* brevissima, linearia, fuscescentia, staminum
altitudine. *Fructus* brunneus, rostro pubescente, subulato ; *cocci* pilosi, rostellis
subulatis demùm spiraliter tortis, intùs ad basin villosis. *Semina* non vidi.

TABULA 655.

ERODIUM LACINIATUM.

Erodium caule prostrato, foliis uniformibus tripartitis petiolis longioribus : laciniis incisis :
intermediâ trifidâ ; lateralibus basi altè lobatis, pedunculis multifloris foliis multò
longioribus, filamentis sterilibus lanceolatis, petalis oblongis calyce parùm majoribus.

Geranium laciniatum. *Cavan. Diss. v.* 4. 228. *tab.* 113. *f.* 3., *non Willdenovii, nec Candollii,
nec fortassè plurium autorum.*

Geranium creticum humifusum, foliis subrotundis laciniatis, acu longissimâ. *Tourn. Cor.* 19.

In insulâ Cypro. ⊙.

Erodium romanum.

Erodium? laciniatum?

Erodium gruinum.

Caulis prostratus, flexuosus, leviter pubescens, subangulosus, ramis divaricatis. *Folia* opposita, uniformia, tripartita, lævissimè pubescentia; petiolis duplò longiora; laciniis acutè incisis, subpinnatifidis, intermediâ subtrifidâ, lateralibus basi altè lobatis; *stipulæ* scariosæ, ovatæ, acuminatæ, integerrimæ. *Pedunculi* axillares, teretes, pallidè virides, foliis triplò quadruplòve longiores. *Umbellæ* subsexfloræ, patentissimæ; *pedicelli* pubescentes. *Bracteæ* parvæ, ovatæ, acutæ, membranaceæ. *Sepala* lineari-oblonga, striata, concava, pubescentia, obtusa, sub apice mucronata, membranaceo-marginata. *Petala* rosea, angusta, oblonga, sepalis paulò majora. *Stamina* 10, ne minimùm monadelpha ut in icone Bauerana; *filamentis* roseis, sterilibus lanceolatis, fertilibus subulatis ferè ejusdem longitudinis. *Antheræ* oblongæ, luteæ. *Stigmata* 5, lævia. *Carpella* pilosa, rostellis lævibus; juniora tantùm vidi.

Proculdubiò vera est species Cavanillesii, sed nullo modo Willdenovii Candolliive, cujus exemplaria coram habeo in Galliâ meridionali lecta cel. Benthamio, necnon e pascuis maritimis prope Cagliari, quæ diversissima est foliis polymorphis, bracteis, stipulisque, ut benè descripsit Willdenovius, " magnis obtusis membranaceo-scariosis"; hæc videtur *E. pulverulentum* Cavan.

A. Calyx, cum staminibus, auctus.   B. Petalum auctum.
C. Adelphia aucta, antheris delapsis.

** *Foliis ternatis et tripartitis.*

TABULA 656.

ERODIUM GRUINUM.

ERODIUM caule erecto pubescente, foliis tripartitis: lobis ovatis serratis subincisis lateralibus multò minoribus, pedunculis bifloris, sepalis altè sulcatis longè mucronatis petalis rotundatis duplò brevioribus, filamentis liberis petaloideis: fertilibus longioribus cuspidatis.

E. gruinum. *Willden. Sp. Pl. v.* 7. 633.   *DeCand. Prodr. v.* 1. 647.
Geranium gruinum. *Linn. Sp. Pl.* 952.   *Cavan. Diss. v.* 1. *p.* 217. *t.* 88. *f.* 2.
G. latifolium, longissimâ acu. *Tourn. Inst.* 269.

In agro Argolico; necnon in Asiâ minore et circa Byzantium. ☉

Radix annua, perpendicularis, subramosa, pallidè fusca. *Caulis* suberectus, teres, hispido-pilosus, crassus, viridis, rubore nullo tinctus, palmaris, v. spithamæus, haud multùm ramosus; ramis patentibus. *Folia* pauca, patentia, glabriuscula, sæpè caulis totius longitudine, tripartita, lobis ovato-triangularibus, serratis, subincisis; lateralibus multò minoribus ad basin intermedii sessilibus; *petiolus* hispido-pilosus, radicalium

VOL. VII.   P

laminâ longior, caulinorum brevior; *stipulæ* latæ, ovatæ, acutæ, membranaceæ, glabræ. *Pedunculi* axillares, foliis longiores, biflori, hispido-pilosi; *bracteæ* stipulis conformes, sed minores; *pedicelli* sub anthesin erecti, patentes, pedunculo triplò breviores, mox refracti. *Flores* intensè cœrulei. *Sepala* oblonga, concava, longè mucronata, costis tribus majoribus scabris, duabus alteris minoribus intra-marginalibus, margine membranaceo ciliato. *Petala* obovata, sepalis majora, basi albida, venis septem subsimplicibus, sanguineis, a basi ortis. *Stamina* nullo modo monadelpha, carnea; *filamenta* lanceolata, petaloidea, *fertilia* in acumen subulatum, antheriferum desinentia, *sterilia* breviora acumine nullo; *antheræ* virescentes; *glandulæ* ad basin staminum fertilium ovatæ, carnosæ. *Ovaria* villosissima; *stylus* pubescens, filamentorum fertilium longitudine; *stigmata* brevia, linearia. *Fructus* coccis angustatis, unguiculatis, villosissimis, rostellis glaberrimis, nec intùs plumosis nisi leviter ad basin. Icon Baueri hîc quoque ut in *E. petræo* filamenta quinque tantùm indicat. Adsunt autem decem, qualia descripsi, petaloidea, alterna minora.

    a. Calyx apertus, cum staminibus.   *b.* Petalum.
    C. Adelphia, magnitudine aucta.

TABULA 657.

ERODIUM CHIUM.

Erodium caule erecto subdiffuso, foliis glabriusculis subcordatis 3-lobis: lobis rotundatis inciso-dentatis: medio subtrifido lateralibus minoribus subdivaricatis, pedunculis multifloris, staminibus stylo brevioribus, filamentis fertilibus subulatis: sterilibus lanceolatis brevioribus.

E. chium.   *Willden. Sp. Pl. v.* 7. 634.   *DeCand. Prodr. v.* 1. 647.
Geranium chium.   *Linn. Sp. Pl.* 951.   *Cavan. Diss. v.* 1. *p.* 221. *t.* 92. *f.* 1.
G. chium vernum caryophyllatæ folio.   *Tourn. Cor.* 20.

In insulâ Cretâ. ☉.

Radix annua, simplex, pallida, descendens, subramosa. *Caules* diffusi, ramosi, pubescentes, pallidè virides. *Folia* triloba v. tripartita, breviùs petiolata, lævissimè pubescentia, lobis rotundatis incisis, in tripartitis subpinnatifidis: intermedio subtrilobo, lateralibus divaricatis; *stipulæ* subulatæ, membranaceæ, petiolo ferè tomentoso ad minimum triplò breviores. *Pedunculi* axillares, foliis triplò longiores. *Umbellæ* laxæ, multifloræ: pedicellis petalis duplò longioribus, demùm refractis, subsecundis. *Bracteæ* minimæ, membranaceæ, acutæ. *Sepala* oblonga, concava, striata, acuta, pubescentia, longiùs mucronata. *Petala* purpurea, immaculata, subrotunda, sepalis vix longiora. *Stamina* nullo modo monadelpha, *filamentis* albis, fertilibus subulatis: sterilibus lanceolatis brevioribus; utrisque ovario duplò longioribus, stylo brevioribus; *antheræ* luteæ. *Stigmata* 5, brevia. *Cocci* teretes, pubescentes, rostellis gracilibus,

Erodium chium?

Erodium malacoides.

demùm spiraliter tortis, glabris, intùs pilis paucis deciduis vestitis. *Semina* teretia, glabra.

Exemplaria hujus speciei in herbario Sibthorpiano asservata cum prototypo in museo Linnæano optimè congruunt, et Cavanillesii figuræ descriptionique satìs respondent. Nullibi tamen folia tam altè divisa inveni ac in icone Bauerana, quæ quoque laciniarum figuram, et marginem, laciniarumque lateralium divaricationem minùs feliciter repræsentat.

E. chium valdè affine est *E. littorali,* quod distinguitur foliorum laciniis lateralibus non divaricatis, et staminibus vix ovario longioribus, necnon filamentis sterilibus oblongis acutis fertilibus parùm brevioribus.

A. Calyx, cum adelphia, magnitudine auctus.   B. Petalum auctum.
c. Fructus, coccis dissilientibus et retortis.   D. Coccus, cum rostello suo, magnitudine auctus.

***

*** *Foliis lobatis et indivisis.*

TABULA 658.

ERODIUM MALACOIDES.

ERODIUM caule ramoso, foliis tomentosis cordatis crenatis obtusis trilobis indivisisve subincisis, pedunculis multifloris, floribus densè umbellatis, petalis calycis longitudine, staminibus liberis ; filamentis sterilibus lanceolatis fertilibus subæqualibus.

E. malacoides. *Willden. Sp. Pl. v.* 7. 639. *DeCand. Prodr. v.* 1. 648.

Geranium malacoides. *Linn. Sp. Pl.* 952. *Cavan. Diss. v.* 1. *p.* 220. *t.* 91. *f.* 1.

G. folio althææ. *Tourn. Inst.* 268.

Γεϱανιον ἑτεϱον *Dioscoridis.*

In Cypro insulisque Archipelagi, tum in agro Argolico, Messeniaco et Eliensi, frequens. ☉.

Radix simplex, annua, fusiformis, pallida. *Caules* plures, parùm ramosi, debiles, suberecti, teretes, pilosi, pallidè virides. *Folia radicalia* longiùs petiolata, erecta, cordata, ovata, subtriloba, crenata, leviter incisa, paulò pubescentia ; *caulina* conformia, sed breviùs petiolata ; *stipulæ* ovato-lanceolatæ, acuminatæ, brunneæ. *Pedunculi* axillares, pilosi, foliis longiores. *Umbellæ* sub anthesin capitatæ, sub-6-floræ, pedicellis petalorum longitudine, demùm refractis, subsecundis. *Bracteæ* membranaceæ, subrotundæ, obtusæ, pedicellis floriferis duplò breviores. *Sepala* oblonga, concava, pubescentia, obtusa, membranaceo-marginata, striata, obsoletè mucronata. *Petala* ovalia, obtusa, purpureo-rosea, immaculata, sepalis paulò longiora. *Stamina* vix monadelpha, filamentis omnibus roseis, subulatis, æqualibus, stylo brevioribus ; *antheræ* roseo-ochraceæ. *Stigmata* 5, antheris erectiora. *Fructus* rostro tenui, atrobrunneo, lævi, intùs versus basin paulò piloso ; *cocci* pilosi.

a. Calyx apertus.   b. Petalum.   c. Adelphia, magnitudine aucta.
d. Fructus.   e. Coccus unicus, cum rostello suo.

MONADELPHIA DECANDRIA.

GERANIUM.

Linn. Gen. Pl. 350. Juss. Gen. 268. DeCand. Prodr. v. 1. 639.

Geranium. *Gærtn. t. 79, pratense.*

Sepala 5, æqualia, ecalcarata. *Petala* totidem, æqualia. *Stamina* decem, sæpiùs omnia fertilia, nunc dimidiò sterilia; monadelpha v. omninò libera. *Glandulæ 5*, ad basin staminum majorum extrinsecùs; v. fertilium si dimidiò sterilia. *Fructus* pentacoccus, coccis monospermis: rostellis longis, coadunatis, demùm elasticè à basi ad axeos apicem circinatìm revolutis.

** *Pedunculis bifloris; perennia.*

TABULA 659.

GERANIUM TUBEROSUM.

Gᴇʀᴀɴɪᴜᴍ radice subglobosâ, caule simplici erecto nudo v. medio diphyllo, foliis 5—7-partitis: lobis pinnatifidis; laciniis passim incisis, cymâ terminali patenti trichotomâ glanduloso-pilosâ, petalis emarginatis, staminibus liberis: filamentis recurvis pilosis alternis majoribus.

G. tuberosum. *Linn. Sp. Pl.* 953. *Cavan. Diss. v.* 1. *p.* 199. *t.* 78. *f.* 1. *Willden. Sp. Pl. v.* 7. 698. *DeCand. Prodr. v.* 1. 640.

G. radicatum. *Bieberst. Fl. Taurico-cauc. v.* 2. 134.

G. tuberosum majus. *Tourn. Inst.* 267.

Γεϱάνιον φύλλω ἀνεμώνης, ῥίζα ὑποστϱογγύλη γλυκεία *Dioscoridis.*

In Cypri arvis, inter segetes frequens; etiam in Arcadiâ. ♃.

Radix tuberosa, nucis avellanæ magnitudine et formâ, ad extremitatem inferiorem fibrillosa, olivaceo-fusca. *Caulis* simplex, erectus, subpedalis, pubescens, teres, apice tantùm floridus, in medio diphyllus. *Folia radicalia* sæpiùs bina, *petiolo* flexuoso, longo,

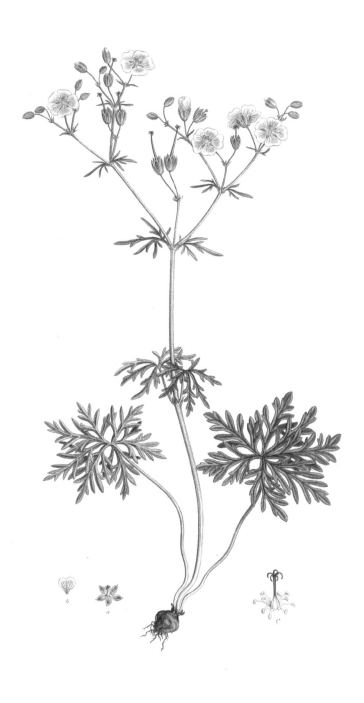

Geranium tuberosum.

Geranium striatum.

tereti, pubescente, circumscriptione septangulari; septempartita, lobis pinnatifidis, laciniis linearibus obtusis, integerrimis v. dentatis; *caulina* similia, sed breviùs petiolata, et 5-partita, lobis minùs pinnatifidis. *Stipulæ* ovatæ, acutæ. *Cyma* terminalis, corymbosa, basi diphylla, glanduloso-pilosa, ter trichotoma, ramulis sensìm abbreviatis, ultimis tres lineas longis, villosis; *foliolis* ad basin cujusvis trichotomiæ, tri-pluripartitis. *Calyx* villosissimus; *sepalis* coloratis, ovatis, acutis, mucronulatis, margine membranaceis. *Petala* pallidè purpurea, cuneata, emarginata, imbricata, basi venulosa, calyce duplò majora. *Stamina* 10, alterna breviora; *filamentis* carneis, pilosis, subulatis, subrecurvis, basi omninò liberis; *antheris* oblongis, luteis. *Ovarium* villosissimum. *Stylus* purpureus, staminibus longior. *Stigmata* 5, recurva, linearia, purpurea. *Fructus* in herbario deest.

Caulis in exemplaribus omnibus Sibthorpianis est medio diphyllus, in unico etiam floridus; sed in Neapolitanis, Smyrnæis et hortensibus meis constantèr nudus.

    a. Calyx apertus.   *b.* Petalum.   C. Adelphia, cum pistillo, aucta.

TABULA 660.

GERANIUM STRIATUM.

Geranium caule tereti erecto, foliis trilobis pubescentibus: laciniis ovatis acutis incisoserratis: lateralibus sæpiùs bilobis, stipulis subulatis acuminatissimis, petalis cuneatis emarginatis, staminibus subæqualibus erectis basi subliberis.

G. striatum. *Linn. Sp. Pl.* 953. *Cavan. Diss. v.* 1. 207. *t.* 79. *f.* 1. *Willden. Sp. Pl. v.* 3. 702. *Curt. Bot. Mag. t.* 55. *DeCand. Prodr. v.* 1. 641.

G. romanum versicolor, sive striatum. *Tourn. Inst.* 267.

In Parnasso et Delphi montibus. ♃.

Radix perennis, ramosus, subperpendicularis, flexuosus, castaneus. *Caulis* erectus, sesquipedalis v. ultrà, subteres, pilis longis horizontalibus vestitus. *Folia radicalia* longissimè petiolata, pubescentia, triloba, laciniis latè ovatis acutis grossè serratis, incisis: lateralibus bilobis; serraturis apiculatis; *caulina* breviùs pedunculata et minùs incisa. *Stipulæ* subulatæ, acuminatissimæ, pilosæ. *Pedunculi* axillares, suberecti, biflori, foliis longiores, levitèr pilosi; *pedicelli* erecti, pedunculo duplò breviores. *Bracteæ* subulatæ, elongatæ. *Sepala* ovata, glabra, costis tribus pilosis, in mucrone acuminata. *Petala* alba, venis rubris striata, cuneata, emarginata, sepalis duplò majora. *Stamina* 10, æqualia, erecta, basi levitèr monadelpha, *filamentis* omnibus fertilibus e lata basi subulatis; *antheræ* oblongæ, connectivo viridi, valvis purpureis. *Stylus* staminibus longior. *Stigmata* 5, linearia, recurvo-patentia. *Cocci* oblongi, pilosi, demùm in rostella extùs pubescentia intùs glabra revoluti. *Semina* oblonga, testâ puncticulatâ atro-brunneâ.

VOL. VII.   Q

Folia in exemplaribus Sibthorpianis maculâ fuscâ carent ; *petala* etiam minùs exquisitè reticulato-venosa, quàm in hortis nostris ubique conspiciendum est, depinguntur. *Smith. in Prodromo, v.* 1. 39.   Eadem notavi in exemplaribus in agro Neapolitano lectis et a cel. Tenorio transmissis.

a. Calyx.   *b.* Petalum.   C. Adelphia, cum stylo, aucta.
d. Fructus.   *e.* Coccus, cum rostello suo.

TABULA 661.

GERANIUM ASPHODELOIDES.

GERANIUM caule brevissimo, foliis orbiculatis petiolatis villosis subcinereis 5-partitis : laciniis cuneatis tridentatis, pedunculis patentibus foliorum longitudine, petalis rotundatis calyce villoso majoribus, floribus subpentandris.

G. subcaulescens.   *L'Heritier, MSS. secundum DeCand. Prodr. v.* 1. 640.

G. asphodeloides *Prodromi, nec Burmanni aliorumque.*

In monte Parnasso.   ♃ .

Caulis subterraneus, radiciformis, atro-castaneus, squamosus, rectus, ad nodos radices repentes ramulosos promens.   *Rami* brevissimi, teretes, pilosi, e squamis plurimis rigidis acuminatis fastigium caulis multicipitis cingentibus erumpentes.   *Folia* radicalia, longè petiolata, orbiculata, villosa, 5-partita, laciniis cuneatis, tridentatis trifidisve ; *petioli* pubescentes.   *Stipulæ* lineari-lanceolatæ, acuminatæ, minimæ.   *Pedunculi* patentes, teretes, pubescentes, foliorum longitudine, biflori.   *Bracteæ* ovatæ, mucrone subulato, parvæ, glabræ.   *Pedicelli* pedunculo duplò breviores, villis patentibus vestiti, primùm nutantes, dein erecti, demùm secundi ascendentes.   *Sepala* oblonga, concava, brevè mucronata, villosa, haud sulcata, ciliata.   *Petala* rubro-purpurea, obovata, basi ciliata, calyce duplò majora, omnia æqualia.   *Stamina* 10, basi levitèr monadelpha, filamentis purpureis pistilli longitudine, 5 v. 6 tantùm sterilibus ; *antheræ* purpureæ, polline subviridi.   *Ovarium* pubescens.   *Styli* basi villosi, filamentorum longitudine ; *stigmata* brevia, filiformia.   *Fructum* haud vidi.

Erodii species, potiùs quàm *Geranii*, si numerum staminum sterilium respicias, quæ semper 5 v. ad summum 6 inveni.

Geranium asphodeloides Burmanni, sive *G. orientale columbinum, flore maximo, asphodeli radice,* Tournefortii, cui hanc retulit b. Smithius, diversum est caule flaccido piloso, nec brevissimo v. subnullo, nec non petalis emarginatis.

a. Calyx apertus, cum staminibus.   *b.* Petalum.   *c.* Adelphia, paululùm aucta.

Geranium asphodeloides

Alcea rosea

MONADELPHIA POLYANDRIA.

A L C E A.

Linn. Gen. Pl. 353. Lam. Illustr. t. 581. Prodr. v. 2. 43.

Althæa, § 2. *DeCand. Prodr. v. 1. 435.*

Calyx 5-partitus. *Involucrum* 6—7-fidum. *Carpella* capsularia, mono-sperma, margine membranaceo sulcato circumdata, in orbem disposita.

Ab *Althæa* vix diversa.

TABULA 662.

ALCEA ROSEA.

Alcea caule stricto hirsuto, foliis cordatis integris crenatis rugosis suborbiculatis : inferioribus subtrilobis, racemis terminalibus multifloris, petalis obcordatis venosis : unguibus carnosis villosis.

Alcea rosea. *Linn. Sp. Pl. 966.*

Althæa rosea. *Cavan. Diss. v. 1. 91. t. 28. f. 1. Willden. Sp. Pl. v. 3. 773. DeCand. Prodr. v. 1. 437.*

Malva rosea, folio subrotundo. *Tourn. Inst. 94.*

Μαλαχη *Dioscoridis, secundum Sibthorpium.*

Δενδρομολώχα, ἡ μολώχη ἡμέρα, *hodiè.*

In montosis siccis Cretæ, et variis Græciæ locis. Florum causâ, qui apud Græcos hodiè officinales sunt, in hortis colitur. ♂ v. potiùs ♃.

Radix perpendicularis, parùm ramosus, altè infixus. *Caulis* strictus, teres, sesqui- v. bi-pedalis, pilis densis brevibus stellatis tomentosus. *Folia* cordata, subrotunda, rugosa, *inferiora* paulò triloba, *superiora* integra, crenata, cinerea, densè tomentosa. *Stipulæ* parvæ, ovatæ. *Flores* in racemo terminali strictissimo dispositi, bracteis foliiformibus stipati. *Pedicelli* erecti, rigidi, breves, involucrum et calyx densissimè tomentosi. *Involucrum* patens, 6-partitum : laciniis calyce brevioribus. *Calyx* depressus, 5-partitus. *Corolla* pallida, purpureo-rosea, diametro 2½-unciali, patentissima ; *petalis* subrotundis, venosis, retusis : unguibus villosis. *Stamina* plurima, monadelpha. *Fructus* depressus, glaber, e carpellis plurimis constans, rotundis, compressis, latere radiatìm sulcatis, dorso breviùs bimarginatis : sulco alto intermedio, transversè rugosis.

Folia parùm angulata, potiùs integerrima, crenata, inferioribus tantùm trilobis, et ideò ab *Althæa rosea* Cavanillesii autorumque fortè diversa. An *A. striata* DeCand. Prodr. v. 1. 437. ? olim in horto Celsiano culta, patriâ ignotâ.

TABULA 663.

ALCEA FICIFOLIA.

ALCEA caule stricto hirsuto, foliis cordatis crenatis rugosis 5—7-lobis, racemis terminalibus multifloris, petalis obcordatis venosis : unguibus carnosis pubescentibus.

Alcea ficifolia. *Linn. Sp. Pl.* 967.

Althæa ficifolia. *Cavan. Diss. v.* 1. 92. *t.* 28. *f.* 2. *Willden. Sp. Pl. v.* 3. 774. *DeCand. Prodr. v.* 1. 437.

Althæa rosea hortensis maxima, folio ficûs. *Tourn. Inst.* 98.

In Cretâ passim. *D. Hawkins.* In montibus Sphacioticis legit Sibthorp ; ut et in agro Laconico. ♂ v. ♃.

Caulis erectus, bi-tripedalis, densissimè tomentosus. *Folia,* et omnes partes virides, tomento stellato densissimo cinereo tecta, cordata, 5-loba, rugosa, denticulata, lobis acutiusculis : intermedio productiori, inferioribus sæpiùs basi auriculatis. *Stipulæ* subulatæ. *Flores* in racemo longo terminali congesti, subsessiles, bracteis foliiformibus trilobis stipati, carnei, diametro 3-unciali. *Involucrum* 6-partitum, laciniis calyce æqualibus. *Calyx* 5-partitus, patentissimus. *Petala* obovata retusa, unguibus basi pilosiusculis. *Stamina* plurima, monadelpha ; *antheræ* albæ. *Styli* plurimi. *Fructus* glaber, omninò *A. roseæ.*

Hanc rectè, ut opinor, celeberrimus Smithius meram habuit præcedentis varietatem. Tantùm differt foliorum forma, floribus magìs sessilibus, minùs approximatis, et petalorum unguibus ferè depilatis. At species Sibirica, cui nomen *A. ficifoliæ* jure pertinet, si distincta sit, foliis altiùs lobatis gaudens, laciniis magìs obtusis, foliis superioribus hastatis, involucro calyce duplò breviore, denique floribus luteis, fortè synonyma suprà citata sibi vindicari debet.

a. Involucrum, et calyx, petalis divulsis, staminibus detectis.   b. Petalum.
c. Fructus maturus.   d. Carpellum unicum.
e. Ovarium paulò post anthesin, stylis abscissis.

Alcea ficifolia.

Malva althæoides.

MALVA.

Linn. Gen. Pl. 354. Juss. Gen. Pl. 272. Gærtn. t. 136. DeCand. Prodr. v. 1. 430.

Calyx 5-partitus. *Involucrum* 3-phyllum, nunc 5—6-phyllum, quandoquè obsoletum. *Carpella* plurima, 1-sperma, in orbem disposita.

TABULA 664.

MALVA ALTHÆOIDES.

Malva annua, hispida; caule ramoso subprostrato, foliis inciso-dentatis inferioribus subrotundis 5-angulatis, superioribus 3—5-partitis: laciniis lanceolatis obtusis, pedicellis axillaribus solitariis foliis longioribus, calycis involucrique laciniis lineari-lanceolatis, petalis calyce brevioribus cuneatis apice denticulatis.

M. althæoides. *Cavan. Ic. 2. p. 30. t. 135. Willden. Sp. Pl. v. 3. 784. DeCand. Prodr. v. 1. 432.*

Circa Athenas. ☉.

Radix gracilis, perpendicularis, pallidè fusca, apice ramosa. *Caulis* in pluribus ramis patentibus divisus, hispido-pilosus, pallidè viridis, pedalis v. sesquipedalis. *Folia* pubescentia, petiolis hispidis; *inferiora* suborbiculata, cordata, 5-loba, laciniis inciso-dentatis rotundatis; *superiora* 5-partita, laciniis lanceolatis obtusis dentatis, basi truncata; *summa* tripartita basi cuneata. *Stipulæ* lineari-subulatæ, elongatæ, foliaceæ. *Pedunculi* axillares, solitarii, hispidi, foliis longiores. *Involucrum* 3-phyllum; foliolis subulatis, hispidis, ciliatis, calyce brevioribus. *Calyx* 5-partitus; laciniis lanceolato-subulatis hispidis, ciliatis; pilis basi tuberculatis induratis. *Petala* rosea, calyce breviora, cuneata, apice dentata. *Fructus* depressus, intra calycem scaberrimum hispidum inclusus. *Carpella* circa discum parvum disposita depressum, circitèr 14, glabra, transversìm rugosa, monosperma.

a. Calyx apertus.　　*b.* Petalum.　　C. Adelphia, magnitudine aucta.　　*d.* Pistillum.
e. Carpellum.　　　　E. Idem, magnitudine auctum.

L A V A T E R A.

Linn. Gen. Pl. 354.　Juss. Gen. Pl. 272.　Gærtn. t. 136.　DeCand.
Prodr. v. 1. 438.

Calyx 5-partitus.　*Involucrum* foliolis 3—6 ad medium coalitis.　*Carpella*
capsularia circa axin variè dilatatum disposita.

TABULA 665.
LAVATERA ARBOREA.

Lavatera caule arboreo, foliis cordatis 7-angulatis tomentosis plicatis, pedicellis aggregatis
axillaribus unifloris petiolis multò brevioribus, foliolis involucri ovatis obtusis calyce
longioribus, petalis cuneatis truncatis : ungue pubescente.

L. arborea.　*Linn. Sp. Pl. 972.　Cavan. Diss. 2. t. 139. f. 2.　Willden. Sp. Pl. v. 3. 793.*
DeCand. Prodr. v. 1. 439.

Μαλάχη s. ἅλιμον *Theophrasti.*

Μαλάχη κηπευτή *Dioscoridis.*

Althæa arborea maritima veneta.　*Tourn. Inst. 97.*

In maritimis prope Athenas.　♂.

Exemplaria in herbario Sibthorpiano plantæ hujus vulgatissimæ descriptioni vix suppe-
tunt.　Græca nullo modo differre videntur à Gallicis, Hispanicis et Anglicis.

Lavatera arborea.

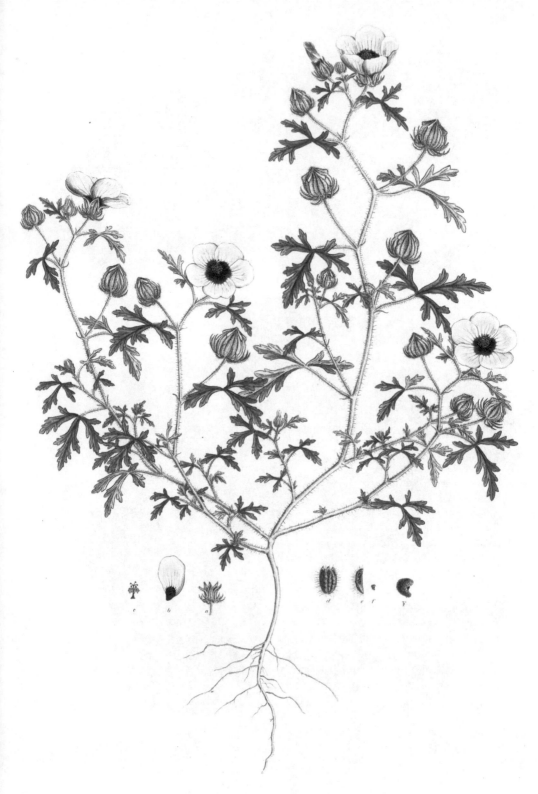

Hibiscus Trionum?

HIBISCUS.

Linn. Gen. Pl. 356. Juss. Gen. Pl. 273. Gærtn. t. 134. DeCand. Prodr. v. 1. 446.

Calyx 5-fidus. *Involucrum* polyphyllum, rariùs oligophyllum, v. foliolis inter se coalitis. *Petala* æquilatera. *Stigmata* 5. *Capsula* 5-locularis, 5-valvis, polysperma, rariùs 1-sperma; dehiscentiâ loculicidâ.

TABULA 666.

HIBISCUS TRIONUM.

HIBISCUS foliis superioribus tripartitis remotè dentatis: laciniâ intermediâ elongatâ, lateralibus basi altè lobatis, inferioribus subrotundis trilobis, calycibus fructiferis inflatis membranaceis subsphæricis angulatis, capsulâ polyspermâ.

H. Trionum. *Linn. Sp. Pl.* 981. *Cavan. Diss. v.* 1. 171. *t.* 64. *f.* 1. *Willden. Sp. Pl. v.* 3. 832. *Curt. Bot. Mag. t.* 209. *DeCand. Prodr. v.* 1. 453.

Ketmia vesicaria vulgaris. *Tourn. Inst.* 101.

Αλκεα *Dioscoridis.*

Inter segetes in insulæ Cypri arvis depressis, nec non in Achaiâ. ☉.

Radix annua, perpendicularis, pallida, apice ramosa. *Caulis* ramosus, diffusus, hispidus, teres. *Folia* hispida, tripartita, petiolorum longitudine; laciniis oblongis intermediâ elongatâ incisis, lateralibus basi altè lobatis; lobis omnibus remotis obtusis; *inferiora* nunc subrotunda obtusè triloba. *Flores* solitarii, axillares; pedicellis hispidis petiolis longioribus. *Involucrum* polyphyllum; foliolis linearibus, hispidis, calyce brevioribus, erectis. *Calyx* hispidus, membranaceus, pallidè viridis; angulis coloratis, 5-fidus; laciniis ovatis, obtusis, venis tribus viridibus ramulosis notatis. *Corolla* calyce multò major, sub sole aperta et campanulata, dio pluvioso v. nubilo convoluta; *petala* oblonga, unguiculata, pallidè straminea, subvirescentia, rubello hinc marginata, basi maculâ atro-purpureâ notata. *Stamina* plurima, in columnam brevem coalita, purpurea. *Stigmata* 5, capitata. *Capsula* oblonga, intra calycem vesicarium, membranaceum, angulatum, subrotundum inclusa, hispida, 5-locularis, 5-valvis, dehiscentiâ loculicidâ; loculi 4—6-spermi. *Semina* parva, nigra, reniformia, compressa, rugosa.

a. Calyx, cum involucro suo.	*b.* Petalum.	*c.* Adelphia.	*d.* Capsula.
e. Valvula unica sejuncta.	*f.* Semen.	F. Semen, magnitudine auctum.	

DIADELPHIA HEXANDRIA.

CORYDALIS.

DeCand. Fl. Fr. v. 4. 637. Pers. Syn. v. 2. 169. DeCand. Syst. v. 2. 113.

Capnoides. *Tourn. Inst. 423. t. 237.*

Calyx minimus 2-phyllus. *Petala 4*; supremum basi calcaratum. *Fructus* siliquiformis, 2-valvis, 1-locularis, compressus, polyspermus; stylo persistente.

TABULA 667.

CORYDALIS RUTIFOLIA.

CORYDALIS caule simplicissimo diphyllo, foliis duobus oppositis biternatis glaucis : laciniis ovatis integerrimis, bracteis obovatis obtusis.

C. rutæfolia. *DeCand. Syst. v. 2. 115. Prodr. v. 1. 126.*

Fumaria rutifolia. *Prodr. v. 2. 49.*

F. Cypria. *Sibthorp in Herb. Banks.*

In insulâ Cypro. ♃.

Radix ignota. *Caulis* ascendens, simplex, palmaris, glaber, in medio folia bina gerens opposita, tripartita, glauca; laciniarum tripartitarum lobis ovatis obtusis, lateralibus minoribus. *Racemus* simplex, terminalis, foliis multò altior, 6—10-florus. *Bracteæ* obovatæ, cucullatæ, foliaceæ. *Pedicelli* filiformes, bracteis longiores. *Flores* carnei. *Sepala* minima, ovata, membranacea, denticulata. *Petalorum exteriorum* supremum horizontale, inflatum, calcare cornuto, apice clavato, limbi longitudine; inferius oblongum, canaliculatum, apice reflexum; *petala* interiora alba, æqualia, apice 5-costata. *Stamina* in adelphias duas subulatas connata triandras. *Ovarium* subulatum, cum stylo subulato continuum. *Stigma* maximum, ex icone subhastatum, obtusum, compressum. *Capsula* immatura ovalis, apice stylo acuminata, polysperma. *Fructum* haud vidi.

Corydalis rutifolia.

Fumaria parviflora.

Species rarissima, sectioni primæ DeCandollii certissimè referenda, et reverà à *C. oppositi-*
foliá ejusdem auctoris parùm diversa nisi foliis simpliciter biternatis.

Cùm nemo hodiè dubitat de differentiâ genericâ *Fumariam* inter et *Corydalim*, nomen
Prodromi mutare ausus sum.

a. Petalum supremum.	*b.* Petalum inferius.	*c.* Pedicellus, cum sepalis et petalis interioribus.	
C. Eadem, aucta.	*d.* Petalum unicum interius.	*e.* Stamina.	E. Eadem, aucta.
F. Adelphia unica, aucta.		G. Pistillum, auctum.	

FUMARIA.

Linn. Gen. Pl. 362.   Juss. Gen. Pl. 237, exclusis speciebus plurimis.
DeCand. Syst. v. 2. 130.

Calyx minimus 2-phyllus.   *Petala* 4; supremum basi gibbosum v. calcaratum.   *Fructus* indehiscens monospermus; *stylo* deciduo.

TABULA 668.

FUMARIA PARVIFLORA.

Fumaria caule erecto subramoso, fructu sphærico subapiculato, sepalis maximis petaloideis
denticulatis, racemo juniore oblongo denso obtuso, foliis supradecompositis: laciniis
linearibus acutis canaliculatis.

F. parviflora *Prodromi, nec aliorum.*

F. densiflora.   *DeCand. Syst. v. 2. 137.   Prodr. v. 1. 130.*

Καπνος *Dioscoridis.*

Καπνὸ, ἢ καπνόχορτο, *hodiè.*

Στάκτερι *Eliensium.*

In cultis Græciæ et insularum vicinarum ubiquè vulgatissima. ☉.

Radix annua, pallida, perpendicularis, subramosa.   *Caulis* erectus, ramosus, angulatus,
lævis.   *Folia* supradecomposita, patentia, lætè viridia, nullo modo capreolata, laciniis
linearibus acutis canaliculatis.   *Racemi* terminales, primùm densi, ovales, obtusi,
demùm elongati, folia superantes.   *Pedicelli* bracteis æquales, erecti.   *Flores* rosei,
apicibus atropurpureis.   *Sepala* magna, oblonga, obtusa, denticulata, citò decidua.
Petalum superius basi gibbosum, apice emarginatum, costâ dorsi viridi.   *Fructus*
sphæricus, apiculatus.

VOL. VII.   s

Tres sunt *Fumariæ* Europææ fructu sphærico et sepalis magnis petaloideis donatæ, nempè *F. officinalis, media,* et *densiflora*; harum *F. officinalis* fructu obcordato, *media* fructu sphærico foliisque latis capreolatis, *densiflora* fructu sphærico, foliis angustissimis, capreolis nullis, benè distinguuntur. *F. parviflora* Prodromi ultimæ certo certiùs referenda, ut à diagnosibus accuratissimis DeCandollii et exemplaribus cel. Benthamio communicatis satìs liquet. *F. parviflora* vera, ferè semper albiflora, cui sepala minima, in opere *English Botany* dicto sàt benè depingitur, et cum *F. densiflorâ* nunquam confundenda.

Crescit in montibus Scotiæ Clovensibus *Fumaria,* huic simillima, foliis capreolatis diversa, fortè vera *F. tenuifolia* quorundam, quæ medium quasi tenet *F. densifloram* inter et *mediam,* verosimiliter ab utrâque diversa.

A. Flos, auctus.

Polygala venulosa

DIADELPHIA OCTANDRIA.

POLYGALA.

Linn. Gen. Pl. 364. Juss. Gen. Pl. 99. Gærtn. t. 62. DeCand. Prodr. v. 1. 321

Sepala duo interiora alæformia. *Petala* 3—5, inæqualia, inferiore carinato. *Stamina* basi monadelpha. *Antheræ* uniloculares. *Capsula* compressa. *Semina* hilo carunculata, comâ nullâ.

TABULA 669.

POLYGALA VENULOSA.

POLYGALA cæspitosa, caulibus ascendentibus, foliis ovalibus utrinquè acutis, racemis terminalibus laxis multifloris, alis oblongis trinerviis venulosis corollâ dimidio brevioribus.

P. venulosa. *Prodr. v. 2. 52. DeCand. Prodr. v. 1. 324.*

In insulâ Cypro, necnon in Argolidis et Laconiæ montibus; Maio florens. ♃.

Radix perennis, lignosa, fusca, perpendicularis, ramosa. *Caules* plurimi, herbacei, subsimplices, ascendentes, levissimè pubescentes, substriati. *Folia* alterna, sessilia, ovalia, subacuta, atro-viridia, omnia conformia. *Racemi* longi, terminales, laxi, multiflori. *Flores* sub anthesin erecti, posteà reflexi. *Bracteæ* nullæ. *Sepala* tria *exteriora* minuta, ovato-subulata, acutiuscula, membranaceo-marginata; *interiora* oblonga, basi angustata, corollâ duplò breviora, carnea, triplinervia, venis viridibus reticulata. *Petala* duo superiora spatulata, connata, obtusa, purpurascentia; *carina* alba, fimbriata: laciniis lateralibus membranaceis, medio unidentatis. *Ovarium* obovatum, compressum, marginatum. *Stigma* bilabiatum; labio altero abbreviato, recurvo, emarginato; altero lineari, recto, obtuso.

a. Flos à fronte visus.   *b.* Idem, à latere.   C. Ala altera, aucta.
D. Calyx, alis ademptis, cum carinâ, auctus.   E. Pistillum, auctum.
f. Fructus maturus.

TABULA 670.

POLYGALA GLUMACEA.

Polygala cæspitosa, caulibus ascendentibus, foliis lineari-lanceolatis, racemis terminalibus laxis multifloris, alis oblongo-lanceolatis trinerviis corollâ duplò longioribus.

P. glumacea. *Prodr. v.* 2. 52.

P. monspeliaca. *Linn. Sp. Pl.* 987. *Willden. Sp. Pl.* 874. *DeCand. Prodr. v.* 1. 325.

In insulæ Cypri herbidis montosis; Maio florens. ☉.

Radix annua, perpendicularis, fibrosa. *Caules* plures, ascendentes, sæpiùs spithamæi, simplicissimi, minutissimè pubescentes. *Folia* lineari-lanceolata, acuminata; radicalibus latioribus. *Racemi* terminales, laxi, multiflori. *Flores* sub anthesin erecti, mox penduli. *Bracteæ* nullæ. *Sepala* tria *exteriora* subulata, lateralibus approximatis parallelis; *interiora* oblonga v. oblongo-lanceolata, alba, venis tribus primariis viridibus. *Corolla* calycis alis duplò brevior, alba. *Petala* duo superiora linearia, in unum emarginatum connata; *carina* fimbriata; laciniis quasi in phalanges duas dispositis. *Ovarium* cuneatum, membranaceo-marginatum. *Stylus* albus. *Stigma* bilabiatum, labio superiore nano.

Miror cel. Smithium hanc pro specie propriâ divulgâsse, cùm nè minimò quidem differt à genuinâ *P. monspeliacâ* Linnæi autorumque variorum.

a. Flos à fronte visus.   A. Idem, auctus.   B. Corolla, cum sepalis tribus minoribus, aucta.
C. Adelphia, cum petalis superioribus adnatis, aucta.   D. Pistillum.

Polygala glumacea.

Spartium junceum.

DIADELPHIA DECANDRIA.

SPARTIUM.

Linn. Gen. Pl. 368.   Gærtn. t. 153.

Genista.   *Juss. 353.*

Genistæ, Spartii, et Cytisi species.   *DeCand. Prodr. v. 2.*

Calyx labio inferiore productiore.   *Stamina* monadelpha.   *Stigma* longitudinale, suprà villosum.

---

* Foliis simplicibus.

TABULA 671.

SPARTIUM JUNCEUM.

Spartium calyce membranaceo posticè fisso, ramis teretibus sulcatis verticillatis, foliis
    linearibus simplicibus.

S. junceum.   *Linn. Sp. Pl. 995.   Willden. Sp. Pl. v. 3. 926.   DeCand. Prodr. v. 2. 145.*

Spartianthus junceus.   *Link Enum. Hort. Berol. v. 2. 223.*

Genista juncea.   *Tourn. Inst. 643.*

Σπαρτιον *Dioscoridis.*

Σπάρτο *hodiè.*

In collibus siccis per totam Græciam, nec non in Archipelagi insulis, frequens.   ♄.

Frutex 5—6-pedalis, strictus, sempervirens, glaber.   *Rami* alterni v. subverticillati,
    teretes, sulcati, atrovirides, medullâ copiosâ tenerâ farcti; juniores pilosi.   *Folia*
    alterna v. opposita, exstipulata, linearia, glabra, unicostata, venis lateralibus obsoletis.
    Racemi terminales, multiflori.   *Bracteæ* subulatæ, glabræ.   *Pedicelli* teretes, bracteis
    æquales.   *Calyx* membranaceus, ovatus, dorso fissus, apice 5-dentatus.   *Petala*
    lutea; *vexillum* subrotundum, erectum, acutum; *alæ* oblongæ, obtusæ, convexæ,
    levissimè pubescentes, carinâ breviores; *carina* subfalcata, acuta, anticè pilosa.
    Stamina monadelpha.   *Ovarium* lineare, pilosum.   *Stylus* filiformis, glaber, sub

apice incurvo pubescens. *Legumen* lineare, compressum, glabrum, atrobrunneum, replo incrassato cinctum, polyspermum. *Semina* subrotunda, compressa, pallidè viridia.

Græcos hodiè, ut in tempore Dioscoridis, hoc aliquandò ad viticulas ligandas uti memorat Sibthorpius; Albanos etiam pauperes fila e virgis in aquâ contusis ad subuculas conficiendas præparare.

a. Calyx.	*b.* Vexillum.	*c.* Ala.	*d.* Carina, cum staminibus.
e. Adelphia staminum.	*f.* Legumen.	*g.* Semen.	G. Idem, auctum.

** *Foliis ternatis.*

TABULA 672.

SPARTIUM ANGULATUM.

Spartium foliis ternatis subsessilibus sericeis: foliolis lineari-oblongis, racemis terminalibus laxis, leguminibus compressis 1—3-spermis oblongis apice subfalcatis pubescentibus patulis, ramis angulatis junceis.

S. angulatum. *Linn. Sp. Pl.* 996. *Willden. Sp. Pl. v.* 3. 931.

S. parviflorum. *Vent. Hort. Cels. t.* 87.

Genista parviflora. *DeCand. Prodr. v.* 2. 145.

Spartium orientale, siliquâ compressâ glabrâ et annulatâ. *Tourn. Cor.* 44.

Ad viam inter Bursam et Smyrnam. ♄.

Frutex erectus, junceus, ramosus. *Rami* graciles, angulati, levitèr pubescentes, parcè foliosi. *Folia* ternata, subsessilia, sericea; *foliolis* lineari-oblongis, mucronulatis. *Racemi* terminales, laxi, pauciflori; *rachi* pubescente. *Bracteæ* minutissimæ. *Calyx* minimus, sericeus, campanulatus, ore valdè obliquo, 5-dentatus; *dentibus* 2 posticis distantibus, 3 anticis approximatis. *Corolla* lutea; *vexillum* subrotundum, emarginatum, erectum; *alæ* oblongæ, obtusæ, cum carinâ parallelæ; *carina* cæteris longior, oblonga, apice subfalcata. *Stamina* monadelpha, nunc ultra carinam exserta. *Ovarium* ovatum, pubescens. *Stylus* glaber, filiformis, apice incurvus. *Legumen* pendulum, oblongum, compressum, marginatum, apice subfalcatum, 1—3-spermum. *Semina* atro-brunnea, reniformia.

a. Calyx.	*b.* Vexillum.	*c.* Ala.	*d.* Carina.	*e.* Legumen. *f.* Semen.

672.

Spartium angulatum?

Spartium villosum.

Spartium horridum.

TABULA 673.

SPARTIUM VILLOSUM.

Spartium foliis ternatis petiolatis sericeis: foliolis obovatis, floribus axillaribus solitariis, leguminibus linearibus villosis polyspermis, ramis rigidis spinosis, calyce truncato basi bracteato.

S. villosum. *Vahl. Symb. v. 2. 80. Willden. Sp. Pl. v. 3. 935.*

S. lanigerum. *Desf. Fl. Atlant. v. 2. 135.*

Calycotome villosa. *Link in Schrad. Neu. Journ. v. 2. 50.*

Cytisus lanigerus. *DeCand. Prodr. v. 2. 154.*

Cytisus spinosus creticus, siliquâ villis densissimis longissimis et incanis obductâ. *Tourn. Cor. 44.*

Ασπαλαθος *Dioscoridis.*

Ασπάλατος, ἢ ασπάλαθεια, *hodiè.*

In Græciâ, et Archipelagi insulis ubiquè. ♄.

Frutex ramosissimus, erectus, pubescens. *Rami* teretes, sulcati, intricati, rigidi, spinosi, apice pubescentes. *Folia* petiolata, ternata, exstipulata, subtùs pubescentia; *foliolis* obovatis, obtusiusculis. *Flores* axillares, solitarii. *Pedunculi* villosi, apice sub flore bracteati; *bracteá* latâ, ovatâ, acutâ, villosâ, calyci arctè appressa. *Calyx* membranaceus, villosus, truncatus, subbilabiatus; dentibus deciduis. *Corolla* lutea, glabra; *vexillum* subrotundum, apiculatum; *alæ* obovatæ, obtusæ, patulæ; *carina* alarum longitudine, apice falcata, acuta. *Stamina* inclusa. *Legumina* pendula, villosa, linearia, compressa, polysperma.

a. Calyx, cum carinâ.
c. Ala.

b. Vexillum.
d. Legumen.

TABULA 674.

SPARTIUM HORRIDUM.

Spartium foliis ternatis subsessilibus sericeis: foliolis linearibus complicatis, floribus axillaribus solitariis, leguminibus ovatis monospermis, ramis omnibus spinescentibus, calyce bilabiato basi 2-bracteolato.

S. horridum. *Prodr. v. 2. 54. nec Vahlii.*

Genista acanthoclada. *DeCand. Prodr. v. 2. 146.*

G. Lobelii. *D'Urv. Enum. 85.*

In Græciæ et Archipelagi montibus. ♄.

Frutex humilis, *ramis* spinescentibus, intricatis, subrecurvis, striatis, subaphyllis horridus. *Folia* minuta, opposita et alterna, subsessilia, ternata, pubescentia; *foliolis* linearibus, complicatis, deciduis, petiolo indurato squamiformi relicto. *Flores* prope apicem spinarum axillares, solitarii. *Bracteæ* subulatæ, deciduæ, pubescentes. *Pedunculi* apice bibracteolati. *Calyx* sericeus, campanulatus, bilabiatus; *labio* superiore latiore emarginato, inferiore tridentato. *Corolla* lutea; *vexillum* subrotundum, cordatum, apiculatum, extùs pubescens, intùs et unguis glabrum; *alæ* lineari-oblongæ, glabræ, *carinâ* obtusâ, pubescente duplò breviores. *Legumen* ovato-rhomboideum, mucronatum, sericeum, monospermum. *Semen* subrotundum, viridi-fuscum.

S. horridum Vahlii differt foliis petiolatis sæpiùs oppositis, nec non ramulis floriferis muticis.

a. Calyx.	*A.* Idem, auctus.	*b.* Vexillum.	*c.* Ala altera.
d. Calyx, cum carinâ.	*e.* Legumen.	*f.* Ejusdem valvula altera intùs visa, cum semine.	
g. Semen.	*G.* Idem, auctum.		

ONONIS.

Linn. Gen. Pl. 370.   *Juss.* 354.   *Gærtn. t.* 154.   *DeCand. Prodr. v.* 2. 158.

Calyx 5-partitus, laciniis linearibus.   *Vexillum* striatum.   *Legumen* turgidum, sessile.   *Stamina* monadelpha.

* *Floribus subsessilibus.*

TABULA 675.

ONONIS ANTIQUORUM.

Ononis caulibus procumbentibus undiquè pubescentibus: floriferis ascendentibus, foliis inferioribus trifoliolatis superioribus simplicibus: foliolis oblongis obtusis serratis glanduloso-pubescentibus, laciniis calycinis leguminibus paulò longioribus.

O. spinosa et repens.   *Linn. Sp. Pl.* 1006.

O. arvensis, repens, et spinosa.   *Linn. Syst. Veget. ed.* 14. 651.

O. procurrens.   *Wallr. Sched. Crit.* 381.   *DeCand. Prodr. v.* 2. 162.

O. arvensis α et γ.   *Smith Engl. Fl. v.* 3. 267.

O. spinosa.   *Fl. Dan. t.* 783.

O. arvensis.   *Bentham in Engl. Bot. Suppl.* 2659.

Anonis legitima antiquorum.   *Tourn. Cor.* 28.

Ononis antiquorum.

Ononis Columnæ.

Ανωνις *Dioscoridis.*

Ανόνειδα *hodiè, apud Lemnios.*

Παλαμονίδα *Eliensium et Messenensium.*

In Græciâ, et Archipelagi insulis, vulgaris.   Circa Athenas, in arvis inter stipulam, copiosè
provenit. ♃.

Undiquè pubescens. *Caules* lignosi, procumbentes, spinosi, pubescentes, floriferis ascendentibus. *Folia* glanduloso-pubescentia; *superiora* simplicia, *inferiora* ternata;
foliolis oblongis, obtusis, apice dentatis, basi cuneatis integris. *Flores* solitarii,
sessiles. *Calyx* 5-fidus; *laciniis* subulatis, pubescentibus. *Vexillum* carneum, basi
album; *alæ* albæ; *carina* alba, apice refracta carnescens. *Legumen* subrotundum,
1-spermum, calyci æquale. *Semen* verrucosum, compressum, atro-brunneum.

De synonymiâ *O. arvensis* et *antiquorum* confer Benthamium in Supplemento operis
English Botany nuncupati, loco suprà citato, ubi clarè patet *O. antiquorum* hujus
operis esse *O. arvensem* Linnæi, dum *O. spinosa* plurium auctorum, species erecta
glabra, reverà Linnæi nomen *O. antiquorum* sibi vindicat.

a. Calyx.	*b.* Vexillum.	*c.* Ala.	*d.* Carina.	*e.* Adelphia staminum.
f. Legumen.	*g.* Ejusdem valvula altera, intùs visa.	*h.* Semen.		

TABULA 676.

ONONIS COLUMNÆ.

Ononis glanduloso-pilosa; caulibus ascendentibus subsimplicibus, foliis summis simplicibus: foliolis cuneatis petiolo brevioribus stipulisque serratis, floribus subsessilibus
foliis obtectis, calyce corollâ longiore.

O. Cherleri. *Herb. Linn., fide Benthamii.*

O. Columnæ. *Allion. Fl. Pedem. v.* 1. 318. *t.* 20. *f.* 3. *Willden. Sp. Pl. v.* 3. 993. *DeCand.
Prodr. v.* 2. 164.

O. minutissima. *Jacq. Austr. v.* 3. 23. *t.* 240.

O. subocculta. *Villars Dauph. v.* 3. 429.

O. parviflora. *Lam. Dict. v.* 1. 510.

O. lutea sylvestris minima. *Column. Ecphr. v.* 1. 304. *t.* 301. *f.* 4.

Anonis flore luteo parvo. *Tourn. Inst.* 409.

In montibus prope Athenas. ♃.

Radix perennis, lignosa, multiceps. *Caules* herbacei, cæspitosi, simplices, ascendentes,
nunc subramosi, glanduloso-pilosi, 2—3-unciales. *Folia* trifoliata, glanduloso-pilosa,
suprema aliquandò simplicia; *foliolis* petiolo communi brevioribus, cuneatis, serratis

intermedio petiolato. *Stipulæ* serratæ, foliolis delapsis persistentes. *Flores* axillares, subsessiles, solitarii. *Calyx* glanduloso-villosus, 5-fidus; *laciniis* subulatis corollâ longioribus. *Corolla* lutea; *vexillum* ovato-subrotundum, basi striatum; *alæ* carinâ falcatâ paulò breviores. *Stamina* monadelpha. *Stylus* filiformis, glaber, staminibus longior; *stigma* obscurè emarginatum. *Legumen* lineari-oblongum, pallidè testaceum, pilosum, calyce pallido persistente inclusum, 2-spermum. *Semina* brunnea, tuberculata.

a. Calyx à fronte visus.   *b.* Vexillum.   *c.* Ala.
d. Carina.   *e.* Adelphia staminum.   *f.* Legumen.
g. Ejusdem valvula altera, intùs visa.   *h.* Semen.   H. Idem, auctum.

** *Floribus pedunculatis, pedunculo mutico.*

TABULA 677.

ONONIS CHERLERI.

ONONIS, caulibus diffusis hirsutis, foliis summis simplicibus: foliolis cuneatis apice denticulatis lateralibus minoribus, stipulis serratis, pedunculis unifloris muticis racemosis, calyce corollæ æquali legumine pendulo 3-spermo breviore.

O. Cherleri. *Prodr. v. 2. 57. nec Linnæi. Willden. Sp. Pl. v. 3. 1004. DeCand. Prodr. v. 2. 162.*

Anonis pusilla, villosa et viscosa, purpurascente flore. *Tourn. Inst. 408.*

In insulâ Cypro. ☉.

Radix subsimplex, perpendicularis. *Caules* diffusi, 3—4 uncias longi, viscido-hirsuti, apice subpurpurascentes. *Folia inferiora* trifoliata, *superiora* sæpiùs simplicia, viscido-pilosa; *foliolis* cuneatis v. oblongo-cuneatis, apice denticulatis, lateralibus sæpè angustissimis. *Stipulæ* ovatæ, subserratæ. *Pedunculi* mutici, axillares, solitarii, foliis subæquales. *Calyx* villosus, 5-partitus; *laciniis* subulatis, corollæ æqualibus. *Vexillum* subrotundum, purpurascens; *alæ carinaque* albæ. *Legumina* pendula, pilosa, oblonga, apiculata, testacea, 3-sperma, calyce paulò longiora. *Semina* fusca, tuberculata.

Species latitudine et hirsutie foliorum variabilis, floribus parvis purpurascentibus racemosis semper distinguenda.

Ab *O. reclinatâ* Linnæi vix diversa, monente Benthamio nostro, nisi foliis angustioribus. Hujus loci etiam, ut videtur, est *O. mollis. O. Cherleri* Linn. est *O. Columnæ* Allionii.

a. Flos, à fronte.   *b.* Calyx, cum adelphiâ.   *c.* Vexillum.   *d.* Ala.
e. Carina.   *f.* Legumen, calyce vestitum.   *g.* Idem, calyce adempto.
h. Valvula altera Leguminis, intùs visa.   *i.* Semen.   I. Idem, auctum.

Ononis Cherleri

Ononis viscosa

Ononis ornithopodioides.

*** *Pedunculis aristatis.*

TABULA 678.

ONONIS VISCOSA.

Ononis annua; caule erecto villoso, foliis plerisque unifoliolatis oblongis obtusis serratis, stipulis subintegris foliaceis, pedunculis unifloris foliis brevioribus, calyce corollâ longiore.

O. viscosa β. *Linn. Sp. Pl.* 1009. *Willden. Sp. Pl. v. 3.* 1005.

O. breviflora. *DeCand. Prodr. v. 2.* 160.

Anonis annua erectior latifolia glutinosa lusitanica. *Tourn. Inst.* 409.

In arvis Græciæ. ☉.

Radix annua, perpendicularis, parùm ramosa. *Caulis* erectus, pilosus, subsimplex, spithamæus. *Folia* sæpiùs unifoliolata, glabriuscula, obovata v. oblonga, denticulata, basi integra; *petiolis* pubescentibus. *Stipulæ* magnæ, latæ, foliaceæ, acutæ, integræ, pubescentes. *Pedunculi* solitarii, villosi, aristati, erecti, uniflori, foliis breviores. *Calyx* 5-partitus, *laciniis* subulatis, villosis. *Corolla* lutea, calyce brevior; *vexillum* obtusum. *Legumen* cernuum, lineari-oblongum, pubescens, calyce duplò longius, 3—4-spermum. *Semina* scabriuscula.

a. Calyx.	b. Vexillum.	c. Ala.
d. Legumen.	e. Valvula altera, intùs visa.	f. Semen.

TABULA 679.

ONONIS ORNITHOPODIOIDES.

Ononis erecta, viscoso-pubescens; foliis omnibus trifoliolatis: foliolis oblongis denticulatis intermedio longiùs petiolato, pedunculis 1—2-floris aristatis, leguminibus linearibus pendulis polyspermis inter semina contractis.

O. ornithopodioides. *Linn. Sp. Pl.* 1009. *Cavan. Ic. v. 2. t.* 192. *Willden. Sp. Pl. v. 3.* 1005. *DeCand. Prodr. v. 2.* 160.

Anonis lutea pusilla viscosa, Ornithopodii siliquis singularibus. *Cupan. Panph. ed. 2. t.* 20.

Fœnum-Græcum Siculum, siliquis Ornithopodii. *Tourn. Inst.* 409.

In insulæ Cypri, necnon in Græciæ montibus. ☉.

Radix annua, perpendicularis, ramosa. *Caulis* erectus, parùm ramosus, viscoso-pubescens, spithamæus. *Folia* omnia trifoliolata; *foliolis inferioribus* subrotundis, *superioribus* oblongis, omnibus denticulatis. *Stipulæ* ovatæ, dimidiatæ, integræ. *Flores* parvi, flavi. *Pedunculi* 1—2-flori, aristati, valdè viscosi, foliis breviores. *Calyx* 5-partitus, laciniis subulatis corollæ longitudine. *Vexillum* subrotundum, apiculatum; *alæ carinaque* parallelæ. *Legumen* pendulum, glandulosum, lineare, 8—9-spermum, calyce multotiès longius. *Semina* pallidè brunnea, minuta, scabra.

a. Calyx.	*b.* Vexillum.	*c.* Ala.	*d.* Carina.
e. Legumen.	*f.* Semen.	F. Idem, auctum.	

TABULA 680.

ONONIS CRISPA.

Ononis fruticosa, glanduloso-pubescens; foliis trifoliolatis complicatis dentatis, pedicellis unifloris aristatis foliis longioribus.

O. crispa. *Linn. Sp. Pl.* 1010. *Willden. Sp. Pl. v.* 3. 1009. *DeCand. Prodr. v.* 2. 159.

Anonis hispanica frutescens, folio rotundiori. *Tourn. Inst.* 409.

In insulâ Cypro. ♄.

Caulis fruticosus, erectus, ramosissimus; *ramulis* herbaceis, pubescentibus. *Folia* glanduloso-pubescentia, trifoliolata; *foliolis* oblongis, complicatis, dentatis. *Stipulæ* acuminatæ, integræ. *Pedunculi* axillares, uniflori, aristati, foliis longiores, glandulis hispidi. *Calyx* 5-partitus, pariter hispidus; *laciniis* subulatis, corollâ brevioribus. *Vexillum* subrotundum, luteum, venis sanguineis extùs pictum; *alæ* carinâ paulò breviores, concolores. *Legumen* pendulum, lineare, compressum, pubescens, polyspermum. *Semina* atrobrunnea, lævia.

O. hispanica Linnæi filii ab hâc vix distinguenda.

a. Pedunculus cum aristâ, calyx, alæ et carina.	*b.* Vexillum.	*c.* Ala.	*d.* Carina.
e. Calyx, cum staminibus, corollâ delapsâ.	F. Adelphia staminum, magnitudine aucta.		
G. Pistillum, auctum.	*h.* Legumen.	*i.* Ejusdem valvula altera, intùs visa.	
i. Semen.	J. Idem, auctum.		

Ononis crispa.

b c   a   e c   d

Anthyllis tetraphylla.

Anthyllis Barba Jovis.

ANTHYLLIS.

Linn. Gen. Pl. 371.   *Juss. Gen.* 355.   *Gærtn. t.* 145.   *DeCand.*
Prodr. v. 2. 168.

Calyx ventricosus.   *Legumen* subrotundum, tectum, 1—3-spermum.

***

* *Herbaceæ.*

TABULA 681.

ANTHYLLIS TETRAPHYLLA.

ANTHYLLIS herbacea, diffusa; foliis pinnatis: foliolo terminali maximo obovato; lateralibus
multò minoribus acutis, capitulis sessilibus paucifloris, legumine dispermo, calyce
fructûs ventricoso.

A. tetraphylla. *Linn. Sp. Pl.* 1011.   *Willden. Sp. Pl. v.* 3. 1013.   *DeCand. Prodr. v.* 2. 171.

Vulneraria vesicaria.   *Lam. Fl. Fr. v.* 2. 650.

V. pentaphyllos.   *Tourn. Inst.* 391.

In vineis saxosis Archipelagi, tum in agro Argolico et Laconico.   ☉.

Caules diffusi, pilosi v. villosi, spithamæi, pallidè virides. *Folia* exstipulata, pinnata,
pilosa: *foliolo* ultimo maximo, obovato, apiculato; lateralibus alternis, multò
minoribus; inferioribus subfalcatis acutis. *Flores* capitati, sessiles, axillares, ternati
v. quaternati. *Calyx* oblongus, æqualitèr 5-dentatus, sericeo-villosus. *Corolla*
longior, unguibus petalorum elongatis; *vexillum* oblongum, submarginatum, flavum;
alæ obtusæ, aurantiacæ, carinâ longiores. *Legumen* lineare, compressum, erectum,
dispermum, calyce vesicario inclusum. *Semina* compressa, subquadrata, testacea.

a. Flos.   b. Calyx.   c. Petala.   d. Calyx fructûs.   e. Legumen.   f. Semen.

***

** *Fruticosæ.*

TABULA 682.

ANTHYLLIS BARBA JOVIS.

ANTHYLLIS fruticosa, sericeo-tomentosa; foliis pinnatis: foliolis oblongo-linearibus 7-jugis,
capitulis pedunculatis subrotundis multifloris, calyce bilabiato.

VOL. VII.   X

A. Barba Jovis. *Linn. Sp. Pl.* 1013. *Willden. Sp. Pl. v.* 3. 1018. *DeCand. Prodr. v.* 2. 169.
Vulneraria argentea. *Lam. Fl. Fr. v.* 2. 651.
Barba Jovis pulchrè lucens. *Tourn. Inst.* 651.

In insulâ Capræâ legit Sibthorp. ♄.

Caulis fruticosus, cinereus, erectus, ramosus, 3—4-pedalis; *ramis* subangulatis, densissimè
    sericeis. *Folia* pinnata, sericea, 7-juga, cum impare; *foliolis* oblongo-linearibus,
    cinereis. *Stipulæ* cum petiolo connatæ, membranaceæ. *Capitula* globosa, multiflora,
    pedunculata, axillaria et terminalia, foliis evectiora. *Bracteæ* lineari-oblongæ, obtusæ,
    capitulis paulò breviores. *Calyx* sericeus, bilabiatus; *labio* superiore 2-, inferiore
    3-dentato. *Petala* pallidè citrina, unguibus brevibus; *vexillum* obovatum; *alæ*
    carinâ paullò breviores.

a. Flos.   *b.* Calyx.   *c.* Petala.

TABULA 683.

ANTHYLLIS HERMANNIÆ.

ANTHYLLIS fruticosa, ramosissima, albido-sericea, spinescens; foliis sessilibus simplicibus
    ternatisque angustè obovatis, capitulis paucifloris ad axillas superiores sessilibus
    foliis longioribus.
A. Hermanniæ. *Linn. Sp. Pl.* 1014. *Willden. Sp. Pl. v.* 3. 1020. *DeCand. Prodr. v.* 2. 169.
Cytisus græcus. *Linn. Sp. Pl.* 1043. *Willden. Sp. Pl. v.* 3. 1128.
Barba Jovis cretica, linariæ folio, flore luteo parvo. *Tourn. Cor.* 44.
Σάρωμα *hodiè.*
Σάριχα *Zacynthorum.*

In Græciâ et Archipelagi insulis, copiosè. ♄.

Caulis fruticosus, erectus, ramosissimus; *ramulis* sericeis spinescentibus, intricatis. *Folia*
    albida, sericea, simplicia v. ternata, sessilia, angustè obovata. *Capitula* pauciflora,
    secus ramulorum fastigium sessilia, folio simplici v. ternato stipata. *Flores* parvi,
    lutei. *Calyx* subcampanulatus, 5-dentatus. *Vexillum* subquadratum; *alæ* lineares
    obtusæ, *carinæ* obtusæ longitudine.

a. Flos, à fronte visus.	*b.* Calyx, cum staminibus.	B. Idem, auctus.
c. Vexillum.	*d.* Ala.	D. Eadem, aucta.
e. Carina.	E. Eadem, aucta.	F. Pistillum, auctum.

Anthyllis hermanniæ.

Lupinus pilosus.

LUPINUS.

*Linn. Gen. Pl. 371.   Juss. Gen. 354.   Gærtn. t. 150.   DeCand.
Prodr. v. 2. 406.*

Calyx 2-labiatus.   *Antheræ* 5 oblongæ ; 5 subrotundæ.   *Legumen* coriaceum, torulosum, compressum.

TABULA 684.

LUPINUS PILOSUS.

Lupinus villosissimus, floribus verticillatis pedicellatis bracteolatis, calycis labio superiore
  bipartito : inferiore integro, foliolis subdenis obovatis basi angustatis.

L. pilosus.   *Linn. Syst. Veg. ed.* 14. 655.   *Willden. Sp. Pl. v.* 3. 1024.   *DeCand.
  Prodr. v.* 2. 407.

L. peregrinus major, vel villosus cœruleus major.   *Bauh. Pin.* 348.   *Prodr.* 148.   *Tourn.
  Inst.* 392.

Θερμος *Dioscoridis.*

Λύπευι *hodiè.*

In variis Græciæ insulis.   ☉.

Caulis strictus, ramosus, villosissimus, 2—3-pedalis. *Folia* digitata, *petiolo* villoso ; *foliolis*
  denis v. undenis, obovatis, basi angustatis. *Stipulæ* angustissimæ, subulatæ, basi
  petiolo adnatæ. *Flores* verticillati, pedicellati, purpureo-cœrulei, speciosi. *Bracteæ*
  lineari-lanceolatæ, acuminatissimæ, villosæ. *Calyx* villosus, bilabiatus ; *labio* superiore bipartito, inferiore integro ; *bracteolis* subulatis, labiis alternis. *Vexillum* subrotundo-ovatum, emarginatum, basi maculâ albidâ notatum ; *carina* pallida, acuta,
  glabra, intra alas inclusa. *Legumen* oblongum, compressum, mucronatum, torulosum,
  villosissimum.

a. Calyx, cum carinâ.   b. Vexillum.   c. Ala.
d. Adelphia.   D. Eadem, aucta.   E. Pistillum, auctum.

TABULA 685.

LUPINUS ANGUSTIFOLIUS.

Lupinus floribus alternis brevitèr pedicellatis bracteolatis, calycis labio superiore bifido inferiore integro, foliolis linearibus obtusis, leguminibus villosis subhexaspermis.

L. angustifolius. *Linn. Sp. Pl.* 1015. *Willden. Sp. Pl. v.* 3. 1024. *DeCand. Prodr. v.* 2. 407.

L. angustifolius cœruleus elatior. *Tourn. Inst.* 392.

Θερμος αγριος *Dioscoridis.*

Αγριο-λύπανι, ἢ λέπινι, *hodiè.*

In Græciâ et Archipelagi insulis, frequens. ☉.

Deest in herbario.

    a. Calyx, cum alis et carinâ.   *b.* Idem, alis divulsis.   *c.* Vexillum.
    d. Legumen.   *e.* Semen.

TABULA 686.

LUPINUS LUTEUS.

Lupinus floribus verticillatis sessilibus bracteolatis, calycis labio superiore bi-, inferiore 3-partito, foliolis lanceolatis basi angustatis pilosis.

L. luteus. *Linn. Sp. Pl.* 1015. *Willden. Sp. Pl. v.* 3. 1025. *DeCand. Prodr. v.* 2. 407.

L. sylvestris, flore luteo. *Tourn. Inst.* 393.

In Siciliâ legit Sibthorp, nec in Græciâ. ☉.

Radix saepiùs nodosa, perpendicularis, ramulosa.   *Caulis* erectus, subsimplex, pedalis sesquipedalisve, pilosissimus.   *Folia* digitata, petiolo piloso; *foliolis* novenis v. denis, lanceolatis, basi angustatis.   *Flores* sessiles, verticillati, lutei.   *Calyx* pilosus, bibracteolatus, bilabiatus; *labio* superiore bipartito, inferiore 3-fido longiore.   *Vexillum* ovatum, retusum; *alae* apice paullò angustatae, obtusae; *carina* glabra.   *Legumen* oblongum, compressum, villosum, mucronatum, subtetraspermum, torulosum.   *Semina* sphæroidea, alba, castaneo-maculata, laevia.

    a. Flos.   *b.* Calyx, cum carinâ.   *c.* Vexillum.   *d.* Legumen.   *e.* Semen.

Lupinus angustifolius.

Lupinus luteus.

Pisum arvense?

Pisum fulvum.

PISUM.

Linn. Gen. Pl. 374. Juss. Gen. 360. Gærtn. t. 152. De Cand. Prodr. v. 2. 368.

Stylus triangulus, suprà carinatus pubescens.   *Calycis* laciniæ superiores
2 breviores.

TABULA 687.

PISUM ARVENSE.

Pisum, foliolis bijugis ovato-oblongis truncatis dentatis, stipulis semicordatis basi denticulatis apice integerrimis rotundatis, pedunculis unifloris longissimis.

P. arvense.   *Linn. Sp. Pl.* 1027.?   *Prodr. v. 2.* 62.

In arvis circa Byzantium.   ☉.

Deest in herbario.   Species verosimilitèr à *Piso arvensi* plurium auctorum diversa pedunculis longissimis, stipulis obtusissimis, et foliis semper bijugis.

      a. Calyx, cum carinâ.   *b.* Vexillum.   *c.* Ala.

TABULA 688.

PISUM FULVUM.

Pisum, petiolis teretibus, stipulis infernè rotundatis acutè dentatis, pedunculis bifloris,
leguminibus abbreviatis.   *Prodr. v. 2.* 62.   *De Cand. Prodr. v. 2.* 369.

In Asià minore.   ☉.

Caules diffusi, teretes, glabri.   *Folia* bijuga, *petiolo* in cirrhum compositum producto;
foliolis ovatis, denticulatis, obtusis.   *Stipulæ* foliolis duplò majores, semicordatæ,
denticulatæ, apicem versus integræ, acutæ.   *Pedunculi* erecti, biflori, foliis breviores.
Calyx 5-fidus; *laciniis* subæqualibus.   *Vexillum* transversum, obcordatum cum
mucronulo, fulvum, venosum; *alæ* fulvæ, supra carinam conniventes, obtusæ;
carina pallidior.   *Stamina* diadelpha.   *Stylus* suprà ad apicem barbatus.   *Legumen*
testaceum, membranaceum, suturâ ventrali vix marginatâ.

    a. Calyx et corolla, adempto vexillo.   *b.* Vexillum.   *c.* Alæ etcarina, à fronte.
    d. Adelphia.   *e.* Pistillum.   *f.* Legumen.

VOL. VII.   Y

TABULA 689.

PISUM OCHRUS.

Pisum, petiolis decurrentibus membranaceis diphyllis.

P. Ochrus.   *Linn. Sp. Pl.* 1027.   *Willden. Sp. Pl. v.* 3. 1071.

Lathyrus Ochrus.   *DeCand. Prodr. v.* 2. 375.

Ochrus pallida.   *Pers. Synops. v.* 2. 305.

Ochrus folio integro, capreolos emittente, semine subluteo.   *Tourn. Inst.* 396.

"Αυκως ἄγριος Ζacynthorum.

In Græciæ arvis frequens, tum in Cypro et Zacyntho insulis.   ☉.

Caules diffusi, angulati, petiolis stipulisve decurrentibus alati.   *Petioli* cum stipulis
  verosimilitèr connati, decurrentes, foliacei, subparallelè venosi; *inferiores* lanceolati,
  tum apice furcati cirrhosi; *superiores* magìs dilatati, obtusi, in cirrhos compositos
  producti, foliola bina, ovata, mucronulata, integra, gerentes.   *Pedunculi* uniflori,
  brevissimi.   *Calyx* campanulatus, ore paullò obliquo 5-fido.   *Corolla* pallidè citrina;
  vexillum subrotundum, versus basin cornua duo brevia gerens; *alæ* obovatæ, conniventes; *carina* falcata, acuta.   *Stamina* diadelpha.   *Pistillum* dorso alatum, *stylo*
  ascendente infra apicem hinc barbato.   *Legumen* compressum, chartaceum, suturâ
  ventrali utrinquè alatâ.   *Semina* sphærica, albida, lævia.

a. Calyx.	*b.* Vexillum.	*c.* Ala.	*d.* Carina.
e. Adelphia.	F. Pistillum.	*g.* Legumen.	*h.* Semen.

OROBUS.

Linn. Gen. Pl. 374.   Juss. Gen. 360.   *Gærtn. t.* 151.   *DeCand.*
Prodr. v. 2. 376.

Stylus linearis.   *Calyx* basi obtusus: laciniis superioribus profundioribus,
brevioribus.

TABULA 690.

OROBUS HIRSUTUS.

Orobus, foliolis conjugatis ovatis acutis parallelè venosis, stipulis conformibus semisagittatis,
  racemis axillaribus paucifloris, leguminibus villosis.

Pisum Ochrus

Orobus hirsutus

Orobus vernus.

O. hirsutus. *Linn. Sp. Pl.* 1027. *Willden. Sp. Pl. v.* 3. 1072. *DeCand. Prodr. v.* 2. 376.

O. laxiflorus. *Desfont. Ann. Mus. Par. v.* 12. 57. *t.* 8. *DeCand. Prodr. v.* 2. 376.

O. orientalis totus ramosus, foliis unicâ conjugatione dispositis. *Tourn. Cor.* 26.

O. sylvaticus, foliis circa caulem auriculatis. *Buxb. Cent. v.* 3. 22. *t.* 41.

In Parnasso, Hæmo, et Sphacioticis Cretæ, montibus. ♃.

Caules diffusi, angulati, glabriusculi, ramosissimi; juniores hirsuti. *Foliola* conjugata, petiolo mucronato sæpè breviora; juniora hirsuta, adulta glabra. *Stipulæ* foliolis conformes, et subæquales, basi hinc sagittatæ. *Pedunculi* 3—4-flori, foliis longiores. *Calyx* hirsutus, basi obtusus; *laciniis* 5, subulatis, subæqualibus. *Vexillum* purpureum, venosum, subrotundum, emarginatum, basi supra unguem membranulâ fasciatum; *alæ* subpatentes, subrotundæ, longiùs unguiculatæ; *carina* pallida, recurva. *Legumen* compressum, lineare, villosum, polyspermum. *Semina* subrotunda, lævia.

Species quoad villositatem, et pedunculorum longitudinem variabilis; cæteroquin omninò sibi constans. *O. laxiflorus* Desfontainii haud etiam ut varietas distinguendus.

a. Calyx.	*b.* Vexillum.	*c.* Alæ et carina, calyce adempto.
d. Adelphiæ.	*e.* Legumen.	*f.* Semen.

TABULA 691.

OROBUS VERNUS.

OROBUS, foliolis 2—3-jugis ovatis acuminatis reticulatìm venosis, stipulis ovatis acuminatis semisagittatis foliolis minoribus, floribus subsecundis nutantibus, caulibus subsimplicibus.

O. vernus. *Linn. Sp. Pl.* 1028. *Curt. Bot. Mag. t.* 521. *Willden. Sp. Pl. v.* 3. 1073. *DeCand. Prodr. v.* 2. 377.

Orobus sylvaticus purpureus vernus. *Tourn. Inst.* 393.

In Athô et Olympo Bithyno montibus. ♃.

Deest in herbario.

a. Calyx, cum alis corollæ et carinâ.	*b.* Vexillum.	*c.* Calyx, petalis ademptis.

DIADELPHIA DECANDRIA.

TABULA 692.

OROBUS SESSILIFOLIUS.

OROBUS, foliis conjugatis subsessilibus ensiformibus, stipulis subulatis, caulibus numerosis simplicibus. *Prodr. v.* 2. 64. *Smith in Rees. Cycl. v.* 25.

O. sessiliflorus. *DeCand. Prodr. v.* 2. 377.

O. orientalis, foliis angustissimis, costæ brevissimæ innascentibus. *Tourn. Cor.* 26.

Circa Athenas ; nec non in agro Messeniaco. ♃.

Radix lignosa, ramosa. *Caules* diffusi, angulati, ramosi. *Foliola* conjugata, subsessilia, ensiformia, nunc subulata, glabra. *Stipulæ* subulatæ, semisagittatæ. *Pedunculi* 2—4-flori, erecti, foliis longiores. *Calyx* campanulatus, 5-dentatus, glaber ; *dentibus* 2 superioribus brevioribus. *Vexillum* subrotundum, atropurpureum, limbo ungue longiore ; *alæ* atro-purpureæ, vexillo multò minores, obtusæ ; *carina* pallidior. *Legumen* ensiforme, glabrum, polyspermum.

a. Calyx. *b.* Vexillum. *c.* Alæ et carina. *d.* Ala unica.
e. Carina. *f.* Adelphia. *g.* Legumen.

L A T H Y R U S.

Linn. Gen. Pl. 375. *Juss. Gen. Pl.* 359. *Gærtn. t.* 152. *DeCand. Prodr. v.* 2. 369.

Stylus planus, suprà villosus, supernè latior. *Calycis* laciniæ superiores 2 brevissimæ.

---

* *Pedunculis unifloris.*

TABULA 693.

LATHYRUS AMPHICARPOS.

LATHYRUS, caulibus diffusis foliolisque conjugatis linearibus acutis pilosis, stipulis semi-sagittatis petiolo longioribus, pedunculis unifloris foliis brevioribus, leguminibus oblongis pilosis dorso alatis submonospermis.

Orobus sessilifolius.

Lathyrus amphicarpos.

Lathyrus Cicera.

L. amphicarpos. *Linn. Sp. Pl.* 1029. *Willden. Sp. Pl. v.* 3. 1078. *DeCand. Prodr. v.* 2. 373.

L. αμφικαρπος, seu supra infraque terram siliquas gerens, *nobis. Moris. Hist. v.* 2. 51. sect. 2. *t.* 23. *f.* 1.

In Rhodo et Cypro insulis. ☉.

Radix annua, perpendicularis, parùm ramosa. *Caules* diffusi, palmares, angulati, pilosi. *Folia* parva, unijuga, pilosa; *foliolis* inferioribus ovatis acutis, superioribus linearibus acutis. *Petioli* alati, *stipulis* semisagittatis acutis breviores. *Pedunculi* uniflori, medio bracteolati, foliis breviores. *Calyx* subcampanulatus, 5-fidus, vix 2-labiatus, levitèr pubescens. *Corolla* vexillo retuso alisque lateritiis, carinâ minore flavâ. *Legumen* oblongum, pallidè testaceum, pilosum, dorso alatum, sæpiùs monospermum, stylo reflexo mucronatum.

a. Calyx, cum staminibus.	*b.* Vexillum.	*c.* Ala.
d. Carina.	*e.* Pistillum.	*f.* Legumen.

TABULA 694.

LATHYRUS CICERA.

Lathyrus glaber, caulibus diffusis alatis, foliolis conjugatis linearibus acuminatis cirrhosis, stipulis semisagittatis subdentatis petiolo longioribus, pedunculis unifloris foliis brevioribus, leguminibus oblongis glabris 3—4-spermis dorso canaliculatis.

L. Cicera. *Linn. Sp. Pl.* 1030. *Willden. Sp. Pl. v.* 3. 1079. *DeCand. Prodr. v.* 2. 373.

L. sativus, flore purpureo. *Tourn. Inst.* 395.

In Asiâ minore. ☉.

Radix annua. *Caules* diffusi, alati, sesquipedales, glabri, ramosi. *Folia* conjugata; *foliolis* linearibus, acuminatis, elongatis, glabris, *cirrho* tripartito ipsis breviore. *Stipulæ* acuminatæ, semisagittatæ, basi denticulatæ, petiolo breviores. *Pedunculi* axillares, solitarii, foliis breviores, bracteolâ minimâ subulatâ versus apicem. *Calyx* 5-fidus; laciniis subulatis foliaceis. *Corolla* purpureo-lateritia; *vexillo* obcordato, *carinâ* pallidiore. *Legumen* (immaturum) compressum, dorso canaliculatum, 3—4-spermum.

a. Calyx, cum carinâ.	*b.* Vexillum.	*c.* Ala.

TABULA 695.

LATHYRUS SATIVUS.

Lathyrus glaber, caulibus diffusis alatis, foliolis conjugatis linearibus acuminatis cirrhosis, stipulis semisagittatis petiolo brevioribus, pedunculis unifloris petiolo longioribus apice 2-bracteolatis, leguminibus dorso alatis sub-4-spermis, seminibus truncatis.

L. sativus.   *Linn. Sp. Pl.* 1030.   *Willden. Sp. Pl. v.* 3. 1079.   *DeCand. Prodr. v.* 2. 373.

L. sativus, flore fructuque albo.   *Tourn. Inst.* 395.

᾽Αγριολαθέρι *hodiè.*

In Peloponnesi arvis. ☉.

Caules diffusi, alati, glabri, ramosi, sesquipedales.   *Folia* conjugata; *foliolis* elongatis, linearibus, acuminatis, *cirrho 3—5-partito* æqualibus v. longioribus; *petiolo* stipulis semisagittatis, acuminatis, basi denticulatis, valdè productis longiore.   *Pedunculi* erecti, petiolo ferè duplò longiores, versus apicem bibracteolati, arcuati.   *Calyx* laciniis foliaceis, subulatis, tubo suo longioribus.   *Vexillum* album, pallidè cœruleo-venosum, obcordatum; *alæ* pallidè cœruleæ; *carina* brevior, flavescens.   *Legumen* glabrum, dorso alatum, subtetraspermum.   *Semina* ferè cubica, alba.

a. Calyx, cum alis et carinâ.   b. Vexillum.   c. Calyx, cum adelphiâ.
d. Legumen.   e. Valvula altera, intùs visa.   f. g. h. Semina.

TABULA 696.

LATHYRUS ANGULATUS.

Lathyrus, caulibus suberectis tetragonis apteris, foliolis conjugatis linearibus acuminatis, cirrhis simplicissimis, stipulis subulatis semisagittatis petiolo subæqualibus, pedunculis aristatis petiolis longioribus, leguminibus ensiformibus polyspermis.

L. angulatus.   *Linn. Sp. Pl.* 1031.   *Willden. Sp. Pl. v.* 3. 1081.   *DeCand. Fl. Fr. v.* 5. 580.
    Prodr. v. 2. 372.

L. foliis angustis, floribus singularibus coccineis.   *Segu. Veron. v.* 2. 82.

In Agro Cariensi. ☉.

Radix annua, ramosissima, tortuosa, tubercula hìc illìc gerens.   *Caules* pedales v. ultrà, nunc palmares, suberecti, parùm ramosi, tetragoni, nec alati.   *Folia* conjugata; *foliolis* linearibus, acuminatis, glabris; *cirrho* brevi simplici.   *Stipulæ* subulatæ, semisagittatæ, petiolo æquales.   *Pedunculi* solitarii, petiolo paullò longiores, apice bracteâ subulatâ aristæformi instructi.   *Calyx* 5-fidus, laciniis tubo longioribus,

Lathyrus sativus.

Lathyrus angulatus.

Lathyrus alatus

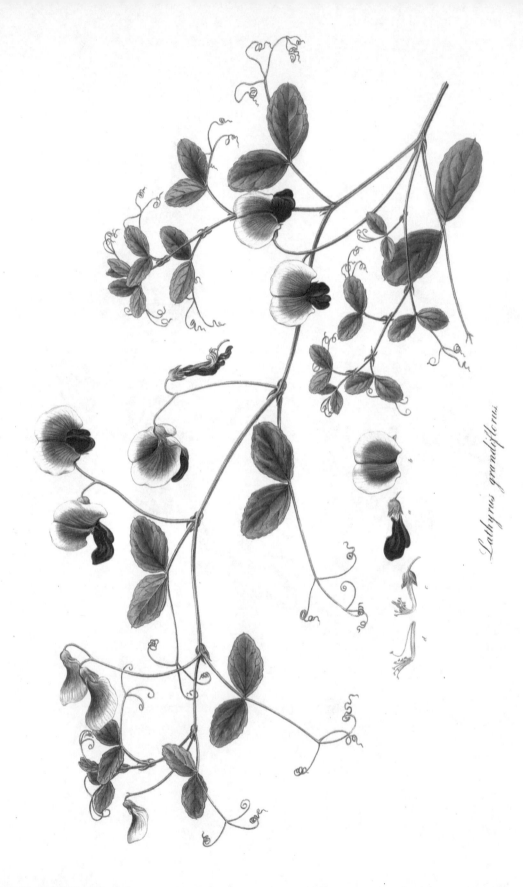

Lathyrus grandiflorus

erectis, superioribus paullò minoribus. *Vexillum* rotundatum, retusum, cum ungue cuneatum, lateritio-coccineum; *alæ* ejusdem coloris; *carina* pallidior.

Cætera synonyma in Prodromo citata *L. sphærico* potiùs quàm *L. angulato* pertinere videntur.

a. Calyx, cum pedunculo aristato, vexillo dempto. *b.* Vexillum, à fronte.

TABULA 697.

LATHYRUS ALATUS.

LATHYRUS, caule petiolisque latè ovatis, petiolis inferioribus lanceolatis acutis, foliolis 4—6 alternis linearibus obtusis mucronatis, stipulis parvis subulatis subhastatis, cirrhis 3—5-partitis, pedunculis unifloris petiolo brevioribus, vexillis basi bicornutis, leguminibus sub-5-spermis.

L. alatus.   *Prodr. v.* 2. 67. *non Tenorii.*

L. purpureus.   *Desfont. Coroll.* 81. *t.* 61.   *DeCand. Prodr. v.* 2. 375.

Clymenum græcum, flore maximo singulari.   *Tourn. Cor.* 26.

In Asiâ minore. ⊙.

Radix annua, perpendicularis, subsimplex, tuberculosa.   *Caules* diffusi, subpedales, glabri, margine lato foliaceo alati.   *Petioli* alati; inferiores aphylli, lanceolati.   *Foliola* 4—6, linearia, obtusa, mucronata, alterna; *cirrhi* foliis subæquales, 3—5-partiti. *Stipulæ* parvæ, subulatæ, basi subhastatæ.   *Pedunculi* axillares, solitarii, petiolis multò breviores.   *Calyx* 5-dentatus; *dentibus* superioribus brevioribus.   *Vexillum* tristè sanguineum, ovatum, retusum, basi utrinque cornu brevi instructum; *alæ* et *carina* dilutiores.   *Legumen* (immaturum) lanceolatum, dorso marginatum, 5-spermum.

a. Calyx.   *b.* Vexillum, à latere.   *c.* Idem, à fronte.   *d.* Ala.
e. Carina.   *f.* Adelphia.   F. Eadem, aucta.   G. Pistillum, auctum.

** *Pedunculis bifloris.*

TABULA 698.

LATHYRUS GRANDIFLORUS.

LATHYRUS, caulibus scandentibus tetragonis, foliis conjugatis cirrhosis: foliolis ovatis obtusis mucronulatis cirrhis brevioribus, stipulis minutis semisagittatis, pedunculis bifloris folio brevioribus, vexillo maximo obcordato.

L. grandiflorus. *Prodr. v. 2. 67. Bot. Mag. t. 1938. DeCand. Prodr. v. 2. 374.*
L. orientalis rotundifolius, flore rubro. *Tourn. Cor. 26.*

In monte Athô ; etiam in Peloponnesi agris. ☉ ?

Caules latè scandentes, tetragoni, striati ; juniores levissimè pubescentes ; adulti glabri.
　　　Foliola ovata, obtusa, mucronulata, subtùs secus costam minutissimè pubescentia,
　　　petiolo paululùm cirrhis 3—5-partitis duplò breviora. *Stipulæ* parvæ, semisagittatæ,
　　　acutæ. *Pedunculi* petiolis breviores, biflori, ebracteolati. *Calyx* glaber, campanu-
　　　latus, dentibus 5, ovatis, tubo brevioribus. *Vexillum* latum, ferè obcordatum, roseo-
　　　purpureum, juxta marginem dilutius ; *alæ* intensè atro-purpureæ, obtusissimæ ;
　　　carina apice recurva, dilutior.

　　　a. Calyx, alæ, et carina.　　　*b.* Vexillum.　　　*c.* Calyx, cum adelphiâ.　　　*d.* Adelphia seorsùm.

V I C I A.

Linn. Gen. Pl. 376. Juss. Gen. 360. Gærtn. t. 151. DeCand.
Prodr. v. 2. 354.

Stylus sub apice transversè barbatus.　*Calyx* 5-fidus.

* *Pedunculis elongatis.*

TABULA 699.

VICIA POLYPHYLLA.

Vicia, caule ramoso, foliis multijugis : foliolis linearibus acutis subalternis pubescentibus,
　　　stipulis superioribus simplicibus acuminatis, pedunculis multifloris foliis longioribus,
　　　racemis confertis secundis.
V. polyphylla. *Prodr. v. 2. 70. nec Desfont.*
V. tenuifolia. *Roth. Germ. v. 1. 309. Willden. Sp. Pl. v. 3. 1099. DeCand. Prodr.*
　　　v. 2. 358.

In Peloponnesi et montis Hæmi dumetis. ♃.

Caules elongati, ramosi, prostrati, pubescentes. *Folia* multijuga, levitèr pubescentia ;
　　　cirrhis brevibus, 3—5-partitis ; *foliolis* subalternis, angustè linearibus, acutis, basi

Vicia polyphylla?

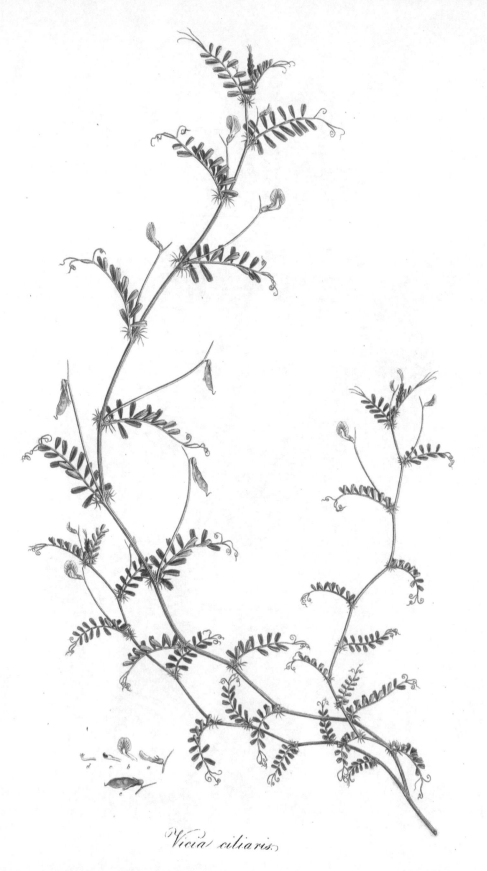

Vicia ciliaris.

angustatis; venis primariis costâ subparallelis. *Stipulæ* parvæ, lineares, subulatæ; *inferiores* semisagittatæ, *superiores* basi simplices. *Pedunculi* multiflori, foliis longiores, pubescentes. *Racemi* imbricati, secundi. *Calyx* campanulatus, pubescens; *dentibus* superioribus abbreviatis, inferioribus subulatis tubi longitudine. *Vexillum* cœruleum, sanguineo-venosum, emarginatum; *alæ* vexillo æquales, lacteæ; *carina* lactea, apice cœrulea. *Legumina* (immatura) lanceolata, 4—6-sperma.

    a. Calyx, alæ, et carina.   *b.* Vexillum.   *c.* Carina.

TABULA 700.
VICIA CILIARIS.

Vicia, pedunculis unifloris aristatis longitudine foliorum, foliolis emarginatis, stipulis multifido-setosis. *Prodr. v.* 2. 71.

In Asiâ minore. ♃ ?

Caules diffusi, angulati, glabri. *Folia* multijuga, cirrhosa; *foliolis* alternis linearibus basi angustatis apice emarginatis mucronatis; *cirrhis* 3-partitis, foliis multò brevioribus. *Stipulæ* multipartitæ, laciniis setaceis. *Pedunculi* solitarii, axillares, erecti, uniflori, foliis longiores, apice cirrhum simplicem rectum gerentes. *Flores* subcernui, brevè pedicellati. *Calyx* glaber; *dentibus* subulatis: superioribus brevioribus. *Vexillum* subcœruleum, venosum, limbo emarginato ungui æquali; *alæ* concolores; *carina* linearis apice maculâ intensiore. *Legumina* pendula, stipitata, lanceolata, compressa, disperma.

    a. Calyx, cum alis et carinâ.   *b.* Vexillum.   *c.* Carina.
    d. Adelphia.   *e.* Legumen.

ADMONENDA.

Hujusce operis elaboratione ad calcem Centuriæ Sextæ jam perductâ, morte eheu! præmaturâ abreptus est celeberrimus Smithius eo ipso tempore quo Primam Centuriæ Septimæ Partem prelo mandare paratus erat. Quæ superfuêre partes à curatoribus beati Sibthorpii testamentariis meæ confisæ sunt curæ, unà cum schedis herbarioque ab illo peregrinatore perillustri relictis. Cùm ratio operis, synonymaque plurima plantarum, jam multis abhinc annis à Smithio ipso in Prodromo Floræ Græcæ sint promulgata, mihi leve tantùm restat officium characteres specierum, synonyma quædam recentiorum, et descriptiones perficere, denique opus ipsum diligentissimè ad metam perducere felicem.

JOHANNES LINDLEY.

Dabam Londini,
Die 12mâ Augusti A.D. 1832.

FINIS VOLUMINIS SEPTIMI.

LONDINI
IN ÆDIBUS RICHARDI TAYLOR
M.DCCC.XXXII.

- 822 -